AF871736

HANDBUCH

DER

ZOOTOMIE

VON

v. SIEBOLD UND STANNIUS.

ZWEITER THEIL.

DIE WIRBELTHIERE

VON

HERMANN STANNIUS,
PROFESSOR AN DER UNIVERSITÄT ZU ROSTOCK

ZWEITE AUFLAGE.

ZWEITES HEFT: ZOOTOMIE DER AMPHIBIEN.

BERLIN.
VERLAG VON VEIT & COMP.
1856.

HANDBUCH

DER

ZOOTOMIE

VON

v. SIEBOLD UND STANNIUS.

ZWEITER THEIL.

DIE WIRBELTHIERE

VON

HERMANN STANNIUS,
PROFESSOR AN DER UNIVERSITÄT ZU ROSTOCK

ZWEITE AUFLAGE.

ZWEITES BUCH: ZOOTOMIE DER AMPHIBIEN.

BERLIN.
VERLAG VON VEIT & COMP.
1856.

HERRN

WILHELM PETERS.

Sie ermunterten, lieber Peters, zur Fortsetzung meiner Schrift; Sie bewiesen Ihre Theilnahme an derselben während meines kurzen Aufenthaltes in Berlin im vorigen Herbste, nachdem mir durch Herrn Geheimen Rath Müller's dankbar anzuerkennende Liberalität die Schätze des Königlichen anatomischen Museums zu freier Benutzung zu Gebote gestellt waren. So darf ich wol Ihren Namen diesem Buche voransetzen.

Rostock, Ostern 1856.

H. Stannius.

ZWEITES BUCH.

DIE AMPHIBIEN.

Classis II.

Amphibia.[1])

Uebersicht der Gruppen.

Subclassis I. *AMPHIBIA DIPNOA* [2]).

Ordo 1.: *Urodela* [3]).

---

1) Linné.

Duméril et Bibron, Erpétologie générale ou histoire naturelle complète des Reptiles. Paris 1834—54. — J. G. Schneider, Historia Amphibiorum naturalis et litteraria fasc. 1. et 2. Jenae 1799—1801. — J. Müller, Beiträge zur Anatomie der Amphibien in Tiedemann und Treviranus Zeitschrift für Physiologie Bd. 4. S. 190 ff. — Rymer Jones: Reptilia in Todd Cyclopaedia of Anatomy and Physiology. Vol. 4. p. 264—325. — C. F. A. Mayer, Analekten zur vergleichenden Anatomie. Bonn 1835—1837. 4.

2) Leuckart der Aeltere. Kiemenathmung der Larven. Epigonale pneumatische Respiration.

3) Cuvier, Recherches sur les reptiles douteux in Humboldt et Bonpland Recueil d'observations de Zoologie et d'Anatomie comparée. Vol. 1. — Luigi Calori Sulla Anatomia dell' Axolotl in den Memorie della Accademia delle scienze dell' istituto di Bologna. Tomo 3. Bologna 1851. 4. p. 269 sqq. Tb. 22—25. — Rusconi e Configliachi, Del proteo anguino di Laurenti monografia. Pavia 1818. 4. — Rusconi, Observations anatomiques sur la Sirène, mise en parallèle avec le Protée et le têtard de la Salamandre aquatique. Pavie 1837. 4. — Harlan, Annals of the Lyceum of Newyork. 1825. T. 1. — Leuckart, über Menopoma in der Isis. 1821. 1. S. 257. — Cuvier, über Amphiuma in den Mémoires du Musée d'hist. natur. T. XIV. — A. F. Funk, De Salamandrae terrestris vita, evolutione formatione, tractatus. Berol. 1827. Fol. — E. F. C. de Siebold, Observationes de Salamandris et Tritonibus. Berol. 1828. 4. — Rusconi, Amours des Salamandres aquatiques. Milan 1821. 4. — Reichert, Entwickelungsgeschichte des Kopfes der nackten Amphibien. Berlin 1838. 4. — Rusconi, Histoire naturelle, développement et métamorphose de la Salamandre terrestre. Avec 6 planches. Pavie 1854. 4. — Ueber Salamandra maxima Schl. handelt van der Hoeven in der Tijdschrift voor natuurlijke Geschiedenis. V. p. 375 sqq.

Subordo 1.: ***Perennibranchiata.***

Familia 1.: ***Acholotida*** 4).

Siredon.

Familia 2.: ***Trachystomata*** 5).

Siren.

Familia 3.: ***Proteidea*** 6).

Proteus. Menobranchus.

Subordo 2.: ***Derotremata*** 7) Müller.

Amphiuma. Menopoma.

Subordo 3.: ***Myctodera*** 8)

Triton. Salamandra.

Ordo 2.: ***Batrachia*** 9).

Subordo 1.: ***Aglossa*** 10).

Pipa. Dactylethra.

Subordo 2.: ***Phaneroglossa.***

Sect. 1.: ***Membrana tympani et Tuba carentia*** 11).

Fam. 1.: ***Pelobatoidea.***

Cultripes, Pelobates, Bombinator, Phryniscus, Telmatobius, Brachycephalus.

Sect. 2.: ***Membrana tympani et Tuba praedita.***

---

4) Durch die Zahl der Kiemenbogen, die Verhältnisse des Schedels, den *Processus odontoideus* des ersten Wirbels, die Nasenbildung wesentlich verschieden von den *Proteidea.*

5) Durch die Bewaffnung der Kiefer mit Hornscheiden, Mangel des Beckens und der Hinterextremitäten wesentlich verschieden.

6) Hintere Nasenöffnung an der Lippengrenze liegend; Nase ohne *Cartilagines laterales.* Gerüst der Riechnervenausbreitung mit Querfalten versehen.

7) Jederseits eine Kiemenspalte perennirend. Zungenbein-Apparat ohne bedeutende Metamorphose.

8) *δερη collum*; *μυω claudo.* Kiemenspalten obliterirt. Zungenbein-Apparat reducirt.

9) Dugès, Recherches sur l'ostéologie et la myologie des Batraciens à leurs différens ages. Paris 1834. 4. — Townson, Observationes physiologicae de Amphibiis. Gött. 1794. 4. — Steffen, de ranis nonnullis observationes anatomicae. Berol. 1815. 4. — Kloetzke, Diss. anat de Rana cornuta Berol. 1816. 4. — Breyer, Observationes anatomicae circa fabricam Ranae pipae. Berol. 1811 4. — Mayer, Ueber Pipa in den Nova Acta Acad. Caes Leopold Carol. T. XII. p. 2. 1825. — Steinheim, Entwickelungsgeschichte der Frösche. Hamburg 1820. 8. — van Hasselt, de metamorphosi quarundam partium Ranae temporariae Groning. 1820. — Rusconi, Développement de la grenouille commune. Milan 1826. 4.

10) Mangel der Zunge. *Tubae Eustachii* haben ein gemeinsames *Ostium pharyngeum.* Pneumatischer Apparat sehr eigenthümlich.

11) Zuerst durch J. Müller in Folge einer Entdeckung von Huschke gesondert.

Fam. 2.: ***Systomata*** [12]).

Breviceps.

Fam. 3.: ***Bufonina*** [13]).

Bufo. Ceratophrys.

Fam. 4.: ***Ranina*** [14]).

Rana. Cystignathus. Rhinoderma.

Fam. 5.: ***Hyloidea*** [15]).

Hyla. Notadelphys.

Ordo 3.: ***Gymnophiona*** [16]) Müller.

Coecilia. Siphonops. Epicrium.

Subclassis 2.: ***AMPHIBIA MONOPNOA*** [17]).

Sectio 1.: ***Streptostylica*** [18]).

Ordo 1.: ***Ophidia*** [19]).

Subordo 1.: ***Eurystomata*** Müller.

Tribus 1.: ***Iobola*** [20]).

Fam. 1.: ***Viperina.***

Pelias. Vipera. Echidna.

Fam. 2.: ***Crotalina.***

Crotalus. Trigonocephalus.

Fam. 3.: ***Elapina.***

Elaps. Pseudoelaps. Naja. Bungarus.

Fam. 4.: ***Hydrophida.***

Hydrophis. Platurus. Aipysurus. Acalyptus. Astrotia.

Tribus 2.: ***Asinea*** [21]).

---

12) Verhältnisse des Schedels, des Unterkiefers, des Zungenbeines, der Hautdecken sehr eigenthümlich.

13) Mangel des *Manubrium sterni.*

14) Besitz eines *Manubrium sterni.*

15) Eigenthümliche Bildung der Zehen.

16) Kiemenathmung der Larven Mangel von Schulter- und Beckengurt. Mangel einer Schwanzgegend. Herz weit nach hinten gerückt.

Rathke in Müller's Archiv 1852. S 334.

17) Leuckart der Aeltere. Keine Metamorphose; keine Kiemenathmung in der Jugend

18) *στρεπτος versabilis, flexilis; στυλος suspensorium.* — *Suspensorium* dem Schedel beweglich verbunden; zwei ausserhalb der Höhle der Cloake gelegene Ruthen.

19) Schlegel, Essai sur la physiognomie des serpens. Amsterdam 1837. 8. — J. G. Fischer, die Familie der Seeschlangen. Hamburg 1855. — H. Rathke, Entwickelungsgeschichte der Natter. Königsberg 1839. 4.

20) *ἰοβολος venenum ejaculans.* Giftdrüse. Giftzähne.

21) *ἀσινης innoxius.*

Fam. 1.: *Glyphodonta.*

Psammophis. Dipsas. Dryiophis. (Schl. species plur.). Homalopsis.

Fam. 2.: *Colubrina.*

Tropidonotus. Rhachiodon. Coluber. Coronella. Xenodon. Heterodon. Lycodon.

Eam. 3.: *Calamarina.*

Calamaria. Oligodon.

Fam. 4.: *Acrochordina.*

Acrochordus. Chersydrus.

Fam. 5.: *Peropoda.*

Boa. Python. Eryx.

Subordo 2.: *Angiostomata* Müller.

Fam. 1.: *Tortricina.*

Tortrix. Cylindrophis.

Fam. 2.: *Typhlopina.*

Typhlops. Onychocephalus.

Fam. 3.: *Uropeltacea.*

Uropeltis.

Ordo 2.: *Sauria.*

Subordo 1.: *Amphisbaenoidea* [22]).

Amphisbaena. Lepidosternon. Chirotes.

Subordo 2.: *Kionocrania* [23]).

Fam. 1.: *Lacertina.*

1) *Varani.*

Varanus. Psammosaurus.

2) *Ameivae.*

Podinema.

3) *Lacertae.*

Lacerta. Zootoca.

Fam. 2.: *Chalcidea* [24]).

Gerrhosaurus, Zonurus, Gerrhonotus, Chalcis, Chamaesaura, Pseudopus, Ophisaurus.

Fam. 3.: *Scincoidea.*

Scincus. Gongylus. Lygosoma. Seps.

---

22) Die Verhältnisse des Zungenbeins, des *Tractus intestinalis*, der Nieren, die Anwesenheit einer Harnblase, eines Schultergerüstes u. s. w. sind entscheidend für die Stellung unter den *Sauria.*

23) Schedel mit *Columellae* versehen. (*Κιων columna.*)

24) *Ptychopleurae Wiegm.* Wirtelförmig gestellte Schuppen.

Anguis. Acontias. Typhline. Ablepharus. Gymnophthalmus.

Fam. 4.: ***Pachyglossa.***

Tribus 1.: ***Iguanoidea.***

Iguana. Anolis. Polychrus. Chamaeleopsis.

Tribus 2.: ***Agamida.***

Sect. 1.: ***Pleurodonta.***

Phrynosoma [25]). *Sceleporus. Urocentron (Doryphorus Cuv.). Basiliscus.*

Sect. 2.: ***Acrodonta.***

Agama. Stellio. Uromastix. Phrynocephalus. Draco. Lyriocephalus. Calotes.

Fam. 5.: ***Ascalobota.***

Platydactylus. Ptyodactylus. Hemidactylus. Stenodactylus.

Subordo 3.: ***Chamaeleonidea*** [26]).

Chamaeleo.

Sectio 2.: ***Monimostylica*** [27]).

Ordo 1.: ***Chelonia*** [28]).

Subordo 1.: ***Testudinea.***

Testudo. Pyxis. Cinixys.

Subordo 2.: ***Emydea.***

Tribus 1.: ***Emydea streptopelyca*** [29]).

Sect. 1.: *Emys. Cistudo. Cinosternum.*

Sect. 2.: *Staurotypus. Chelydra (Emysaura D. B.)*

---

25) Spring und Lacordaire, Notes sur quelques points de l'organisation du Phrynosoma Harlanii. Bulletin de l'Academie de Bruxelles. Extrait du Tome IX. 1842. No. 8. — Giuseppe de Natale, Ricerche anatomiche sullo Scinco variegato. Torino 1852. 4. — Sicherer, Seps tridactylus. Tübingen 1835. 4. — Tiedemann, Anatomie und Naturgeschichte des Drachens. Heidelberg 1810. 4.

26) Die Verhältnisse des Schedels, der Zunge, der Augen, der Zehen, des Schultergürtels, des Thorax u. A., vernothwendigen eine Trennung von den übrigen *Sauria*. Die *Columellae* des Schedels fehlen

27) *μονιμος stabilis immobilis, στυλος pro suspensorio.* Suspensorium dem Schedel durch Naht verbunden. Innerhalb der Höhle der Cloake gelegene Ruthe.

28) Bojanus, Anatome testudinis Europaeae. Vilnae 1819. 4. — Ueber *Sphargis coriacea:* Biagi, Nuovi Annali delle scienze naturali. T. 2. Bologna 1843. (S. Isis 1843. S. 542.) — Rathke, Ueber die Entwickelung der Schildkröten. Braunschw. 1848. 4.

29) *στρεπτος flexilis, mobilis; πελυξ pelvis.* Becken mit Rücken- und Bauchschild unverwachsen.

Tribus 2.: *Emydea monimopelyca* 30).
Chelys. Chelodina. Platemys. Sternotherus. Pelomedusa. Podocnemis.
Subordo 3.: *Trionychoïdea.*
Trionyx (Gymnopus D. B.).
Emyda (Cryptopus D. B.). Cycloderma.
Subordo 4.: *Euereta* 31).
Chelonia.
Sphargis.
Ordo 2.: *Crocodila* 32).
Alligator. Crocodilus. Rhamphostoma.

Erster Abschnitt.

Vom Skelete.

I. Von der Wirbelsäule, den Rippen und dem Brustbeine.

§. 1.

Allgemeine Gesichtspunkte sind folgende:

1) Die Anwesenheit eines zusammenhangenden Axensystems, bestehend aus weichem Inhalte und aus Hüllen, dessen beide Bestandtheile in der Längendimension gleichartig bleiben (*Chorda dorsalis*), ist wesentliches Moment der primordialen Anlage. 2) Eine Reihe ossificirter Wirbelkörper, durch histologisch differente Substanz von einander getrennt, vertritt nach absolvirter Entwickelung seine Stelle. 3) Das Vorkommen von paarigen verticalen Schenkeln 1), die vom Axensysteme oder von den seine Stelle vertretenden Wirbelkörpern aus, einerseits aufsteigen und andererseits absteigen,

---

30) *μονιμος stabilis*, *πελυξ pelvis.* Becken mit Rücken- und Bauchschild verwachsen.

31) *ἐρετης remex.*

32) Jäger (Rapp), Beobachtungen über die Anatomie des Nilcrocodils. Tübingen 1837. 8.

1) Sollte es wirklich im Bedürfnisse der Wissenschaft liegen, für diese auf- und absteigenden Bogenschenkel kurze technische Bezeichnungen zu finden, so empfehlen sich die von Herrn Owen gewählten: *Neurapophyses* und *Haemapophyses* nicht, theils weil sie functionelle Beziehungen ausdrücken, die keinesweges erschöpfend sind, theils wegen des wunderlichen Spieles, das der genannte

liegt im Plane der Wirbelanordnung, zugleich eine verschiedene Ausdehnung beider Gruppen dieser verticalen Schenkel längs der Wirbelsäule, denn die aufsteigenden sind in ganzer Länge derselben vorhanden, die ihnen symmetrisch entgegengesetzten absteigenden als paarige Bogenschenkel, nur in der Schwanzgegend vorhanden. — Die paarigen aufsteigenden Bogenschenkel sind immer geschlossen, canalbildend, die absteigenden meistentheils. Letztere sind nicht überall gleichartig. Bei einzelnen Gruppen, namentlich den *Ophidia*, sind die unvereinigt bleibenden absteigenden Bogenschenkel theils starre Umgebungen der Caudalgefässe, theils bestimmt zur Anlagerung einer der unter den Wirbelkörpern der Rumpfgegend fortgesetzten Muskelreihen. Die unten geschlossenen der meisten übrigen Amphibien dienen dagegen subcaudalen Strecken ventraler Muskeln zu Befestigungspunkten. Gleichwie die ventralen Schwanzmuskeln — unmittelbare Fortsetzungen oder durch das Becken unterbrochene Wiederholungen der ventralen Muskeln der Rumpfgegend — sich an einander legen, schliessen sich paarige Wirbelfortsätze in der Schwanzgegend zwischen ihnen an einander. 4) Seitwärts von den Wirbeln ausgehende Querschenkel bilden die Grenze zwischen zwei Muskelmassen: einer oberen und einer unteren. 5) In dem näheren Verhalten dieser

---

Naturphilosoph mit denselben treibt. (Man vergleiche seine Schriften: On the archetype and the homologies of the vertebrate sceleton. Lond. 1848. 8. und On the nature of limbs. Lond. 1849., so wie seine einzelnen Abhandlungen). Beiderlei Bogenschenkel gehen aus von der Axe ἄξων; die Einen könnten ἐπαξονιοι, die Andern ὑπαξονιοι, epaxonisch und hypaxonisch genannt werden. Diese Ausdrücke wären wenigstens rein anatomisch. — In so fern diese paarigen absteigenden Schenkel der Schwanzgegend zwei Elemente enthalten können (manche Fische) oder zwei diverse Elemente sind (Gegensatz der *Ophidia* und der meisten übrigen Amphibien); tiefere, d. h Fortsätze, die solchen Schwanzmuskeln zur Anheftung dienen, welche am Rumpfe hypaxonisch oder subvertebral fortgesetzt sind (*Ophidia*), und oberflächlichere, d. h. solche, von denen ventrale Schwanzmuskeln ausgehen, können zwei Arten von Hartgebilden längs der Rumpfgegend, in welcher beide genannten Muskel-Systeme gleichzeitig vorkommen, ihnen annähernd correspondiren: den ersten solche Fortsätze, von denen tiefe subvertrebrale oder hypaxonische Muskeln ausgehen (*Processus spinosi inferiores* der Rumpfgegend der *Ophidia*, der Halsgegend der *Sauria, Crocodila, Chelonia*), den zweiten aber Hartgebilde, welche ventralen Muskeln der Rumpfgegend eingetragen sind, die entweder frei in der Continuität solcher Muskeln liegen, wie z. B. das *Sternum abdominale* der Crocodile, ähnliche Leisten bei *Iguana* und anderen *Sauria* oder von den Enden der Vertebralstücke der Rippen, oder von den unteren Grenzen der Anheftungsstellen dorsaler Muskeln an Rippen ausgehen (Rippentheile, Sternocostalleisten, Sternum). Die oberen Anfänge dieser letzt genannten Hartgebilde sind bald integrirende Theile der Rippen (*Ophidia*, manche *Sauria*), bald von ihnen abgesetzt (*Crocodila*). Alle diese Hartgebilde im Bereiche der ventralen Rumpfmuskeln liegen jedoch nicht in gleicher Tiefe mit den absteigenden Bogen der Schwanzgegend; daher das Hinkende specieller Vergleichungen.

Schenkel herrscht Mannichfaltigkeit. Ihre Ausgangspunkte liegen in verschiedener Höhe; solche können sein einmal die oberen Bogenschenkel, dann die Wirbelkörper, dann beide zugleich; einige der hintersten Querschenkel können, indem ihre Wurzeln an die untere Hälfte der Wirbelkörper reichen, subvertebrale Elemente enthalten (*Menobranchus* und einige andere *Urodela*).

Bei vielen Amphibien stehen die queren Schenkel sämmtlich oder theilweise mit den Wirbeln in unbeweglicher Verbindung (Querfortsätze), wobei sie entweder von ihnen gar nicht abgegrenzt (Querfortsätze der *A. dipnoa*, des Schwanzes der *Ophidia* und *Sauria*), oder mit ihnen durch Naht verbundene Stücke sind (*Chelonia*, Querfortsätze des Schwanzes der *Crocodila*). Nicht minder häufig sind die Querschenkel den Wirbeln beweglich angeschlossen (Rippen). Das Vorkommen dieser ist fast immer, wenn auch nicht ausnahmslos (*Menopoma*), auf die Rumpfgegend beschränkt. Das nähere Verhalten der Rippen zu den Wirbeln ist ungleichartig; sie können denselben unmittelbar angeschlossen sein, jede also eine Strecke besitzen, die dem fehlenden Querfortsatze entspricht (Rumpfgegend der *Ophidia*, vieler *Sauria*), oder den Enden von Querfortsätzen angefügt sein (*Urodela*, *Gymnophiona*, *Crocodila*, Halsgegend und hinterste Strecke der Rumpfgegend einiger *Sauria*). — Der auswendige Bereich der Rippen ist von verschiedener Ausdehnung. Bei manchen Amphibien sind sie über die Grenze der dorsalen Muskelmasse hinaus nach aussen nicht verlängert (*Urodela*, *Gymnophiona*), bei anderen über dieselbe hinaus erstreckt (*Ophidia*, *Sauria*, *Crocodila*). Unter dieser letzteren Bedingung liegt ihre jenseits der dorsalen Muskelmasse hinausreichende Verlängerung blos im Bereiche der ventralen, zur Umschliessung der Visceralhöhlen bestimmten Muskelausbreitungen; diese verlängerte Strecke der Rippe vertritt die Stelle der Strecke eines *Ligamentum intermusculare*. Diese letztere Strecke ist entweder durch ein discretes Stück eingenommen (*Crocodila*) oder ist eine ununterbrochene Fortsetzung des andern Rippentheils (*Ophidia*, viele *Sauria*). 6) Der unter Winkelbildung erfolgende Anschluss harter, in der Continuität ventraler *Ligamenta intermuscularia* liegender oder sie vertretender Leisten an die Enden der verlängerten Rippen und die Einlenkung dieser Leisten an medianen, in der Continuität der ventralen Muskelschichten gelegenen Hartgebilden (Sternalapparat, Sternocostalleisten) liegt im Plane einzelner Gruppen (viele *Sauria*, *Crocodila*).

[Ueber das Skelet der Amphibien vergleiche man, ausser den Handbüchern von Cuvier und von Meckel, besonders die classischen Arbeiten von Cuvier in den Recherches sur les ossemens fossiles. 4me édition. Paris 1836. Tome IX. et X., enthaltend die Osteologie der Crocodile, Chelonier, Saurier und der Dipnoa. — In Betreff der *Urodela* ist zu verweisen auf die angeführten Schriften von Rusconi, Cuvier, Funk, Dugès. — Ueber die *Batrachia* vergl., ausser Dugès, noch C. H. Mertens, Anatomiae Batrachiorum prodromus sistens observationes nonnullas in osteologiam Batrachiorum nostratium. Halae 1820. 8. — A. G. F. Schultz, De sceleto Bufonis palmarum. Berol. 1832. 8. — Ueber die *Gymnophiona* siehe Dugès und Müller. — Ueber die *Ophidia*: d'Alton, de Pythonis et Boarum ossibus. Halae 1836. 4., und J. Müller l. c. — Ueber einige *Sauria*: J. Müller l. c. — F. H. Troschel, Symbolae de Helodermate horrido. Bonnae 1851. 4. — Ueber die *Chelonia*, ausser Bojanus, Peters, Observationes ad Anatomiam Cheloniorum. Berol. 1848. 4. — C. A. Mohring, Diss. sist. Descriptionem Trionychos aegyptiaci osteologicam. Berol. 1824. 4.].

§. 2.

Allen *Amphibia dipnoa* gemeinsame Eigenthümlichkeiten sind folgende: 1) die Gliederung der Wirbelsäule in eine Reihe discreter Wirbelkörper und die Continuität der allen Wirbelkörpern zukommenden aufsteigenden, so wie der in der Schwanzgegend etwa vorhandenen absteigenden Bogenschenkel mit diesen. 2) Die Anwesenheit paariger seitlicher Gelenkvertiefungen am vordersten Wirbel zur Articulation mit den paarigen *Condyli* der Hinterhauptgegend des Schedels. 3) Mangel oder bedeutende Kürze von Rippen, die, wo sie vorkommen, Wirbelquerfortsätzen beweglich angeschlossen sind. 4) Mangelnder Anschluss solider Sternocostalleisten an die freien Rippenenden und damit verbundener Mangel eines mit der Wirbelsäule in Zusammenhang stehenden *Thorax*. 5) Mangel eines Atlas-Ringes.

Wenn schon Anwesenheit einer vom Rücken erhobenen, in der unteren Schwanzhälfte bis zur Aftergegend erstreckten Flosse in den Organisationsplan der meisten *Amphibia dipnoa* gehört, indem sie bei den *Urodela perennibranchiata* und *derotremata* perennirend, bei den *Myctodera* und den *Batrachia* während des Larvenzustandes vorhanden ist, ermangelt sie doch immer eingetragener Hartgebilde: der Flossenstrahlen, wie denn auch niemals solide Strahlenträger vorkommen.

§. 3.

Die Wirbelsäule der *Urodela* besitzt folgende Einrichtungen: 1) Perennirenden Gegensatz einer Rumpfgegend und Schwanzgegend; 2) Anwesenheit von paarigen Querfortsätzen an einer grossen Anzahl von Wirbeln; 3) den Ursprung jedes Querfortsatzes mit zwei Wurzeln: einer tiefen, vom Körper, und einer höher an der Abgangsstelle des oberen Bogenschenkels gelegenen; 4) den am Ende eines jeden Querfortsatzes oder einzelner derselben statthabenden Anschluss einer Rippe, welche zwei Wurzelschenkel: ein *Capitulum* und ein *Tuberculum*, besitzt; 5) das auf die Schwanzgegend beschränkte Vorkommen zweischenkelig beginnender, am Ende in einen Dorn vereinigter, einen zur Aufnahme der Caudalgefässstämme bestimmten Canal bildender, absteigender Bogenschenkel und den Ausgang derselben von der hinteren Hälfte je eines

Wirbelkörpers, dessen unabgegliederte Fortsätze sie sind [1]). 6) Die durch paarige Gelenkfortsätze, von denen die hinteren die folgenden vorderen decken, geschehende Verbindung der einzelnen aufsteigenden Bogen.

Diesem allgemeinen Plane untergeordnete Ausführungen sind gegeben zunächst in dem Verhalten der Wirbelkörper, deren correspondirende Enden bei einigen biconcav, bei anderen convex-concav sind. Ersteres Verhalten zeigen sie bei den ***Perennibranchiata***, den ***Derotremata*** und bei ***Salamandra maxima***; jeder Wirbelkörper, mit Ausnahme des vordersten, besitzt vorn und hinten eine kegelförmige Aushöhlung, deren Spitze seine Mitte einnimmt, deren Inhalt ein Ueberrest der gallertigen ***Chorda*** bildet. Ein ähnliches Verhalten charakterisirt die Wirbel der Larven der ***Myctodera*** in einem bestimmten Stadium. Nach absolvirter Entwickelung ist jeder Wirbelkörper hinten ausgehöhlt, vorne flach, oder seicht convex, oder mit einem in jene Aushöhlung passenden Gelenkkopfe versehen. — Die Vorderseite des vordersten Wirbelkörpers ist zwischen den beiden Gelenkfortsätzen wenig convex bei ***Proteus***, etwas frei verlängert bei ***Menobranchus,*** dagegen bei ***Siredon***, den ***Derotremata*** und ***Myctodera*** an ihrer unteren Hälfte in einen vorwärts gerichteten freien ***Processus odontoideus*** ausgezogen, der bei ***Siredon*** und ***Salamandra maxima*** besonders stark ist. — Die beiden Wurzeln jedes Wirbelquerfortsatzes schliessen bei den ***Proteidea***, bei ***Siredon*** und ***Salamandra maxima*** ein ***Foramen transversarium*** ein. Die fortlaufende Reihe dieser ***Foramina*** bildet einen ***Canalis vertebralis,*** der, wenigstens bei den ***Proteidea,*** eine ***Arteria vertebralis*** einschliesst [2]). — Das Vorkommen von Rippen ist bei ***Proteus*** nur auf einige Rumpfwirbel beschränkt, bei den übrigen auf sämmtliche ausgedehnt. — Mit Ausnahme von ***Proteus*** ist bei den mit Becken versehenen Gattungen der einzige Kreuzwirbel rippentragend und dem Rippenende das ***Os ileum*** angeheftet. — Bei einigen, wie bei ***Menopoma, Salamandra***, sind den vordersten Schwanzwirbeln Rippenrudimente angeschlossen, dort dreien, hier zweien. — Die Rippen sind immer kurz. Bei mehren, z. B. bei ***Menobranchus,*** besitzt jede der vordersten Rippen zwei knorpelige Epiphysen: eine absteigende, in das ***Ligamentum intermusculare*** der ventralen, und eine aufsteigende, in das entsprechende Ligament der dorsalen Muskelmasse eingehende. — Bei ***Siredon*** sind die hintersten Rippen schräg hinterwärts und aufwärts gerichtet, mit ihren

---

1) Ihre Verknöcherung hat bei *Siredon*, *Menopoma, Salamandra maxima* so Statt, dass ein centraler Knorpel von einem Knochenringe umfasst wird. — Bei *Menobranchus* und *Proteus* sind keine knorpelige Theile vorhanden, sondern dünne Knochen. Die absteigenden Bogen fehlen dem ersten oder den beiden ersten der zunächst hinter dem Kreuzbeine gelegenen Wirbel.

2) Die tiefe Wurzel jedes Querfortsatzes ist durchbohrt für einen *R. communicans* von der *Aorta*.

anderswo oberen Flächen an die dorsale Muskelmasse angelehnt und in diese eindringend.

Die meisten Querfortsätze der *Urodela* sind durch Fusion von Fortsätzen zwiefacher Art gebildet, nämlich durch solche, die von Wirbelkörpern, und durch andere, die von den Wurzeln der aufsteigenden Bogenschenkel ausgehen. Ein näheres Studium überzeugt, dass an mehren Wirbeln die Grundflächen absteigender (hypaxonischer) Bogenschenkel mit denen der Querfortsätze verschmolzen sind, sowie dass die Wurzeln der Querfortsätze mehrer an der Grenze von Schwanz und Rumpf gelegener Wirbel, denen absteigende Bogenschenkel fehlen, an die untere Hälfte der Wirbelkörper reichen [3]).

Bei den meisten *Urodela* kommen in der Continuität der die ventralen Muskeln durchziehenden medianen Aponeurose (***Linea alba***), und der ihr zunächst gelegenen ***Ligamenta intermuscularia*** Solidificationen vor, welche dem Brustbeine allein oder zugleich auch den Sternocostalleisten (Rippenknorpeln) höherer Wirbelthiere homolog sind. Unter den ***Proteidea*** fehlen sie bei ***Proteus*** spurlos, sind bei ***Menobranchus*** spurweise vorhanden in einem Längsknorpelstreifen, der oberhalb der ***Partes coracoideae*** des Schultergürtels in der Continuität der medianen ventralen Aponeurose (***Linea alba***) liegt und in zwei Paar von ihm aus in ***Ligamenta intermuscularia*** übergehenden, knorpeligen Seitenfortsätzen. — ***Siredon***, die ***Derotremata*** und ***Myctodera*** besitzen ein ausgebildeteres ***Sternum*** (***Processus ensiformis***), das jenseits der hinteren Grenze der

3) Es ist dies ein Ergebniss von Untersuchungen an mehren *Urodela*, namentlich an *Menobranchus*, *Menopoma*, *Salamandra maxima*. Besonders instructiv ist in dieser Hinsicht *Menobranchus*. Der vierte der mit absteigenden Bogenschenkeln versehene Schwanzwirbel besitzt jederseits nur einen Querfortsatz, der vom Wirbelkörper ausgeht. Der dritte besitzt zwei getrennt bleibende Querfortsätze: einen, der vom Wirbelkörper ausgeht, und einen böheren, der von der Basis des aufsteigenden Bogenschenkels entsteht. Am zweiten sind diese beiden Querfortsätze vereinigt und die Basis des Wirbelkörperfortsatzes hangt durch eine Knochenbrücke mit derjenigen des absteigenden Bogenschenkels zusammen. Am ersten ist die Verschmelzung der Grundfläche des absteigenden Bogenschenkels mit der Basis des Querfortsatzes noch inniger und ausgedehnter. Der nächst vordere Wirbel besitzt nur einen Querfortsatz, dessen Grundfläche aber an die untere Hälfte des Wirbelkörpers hinabreicht. Dasselbe gilt von den Querfortsätzen einiger der weiter vorwärts gelegenen Wirbel — Es ist ferner eine Reihe von Oeffnungen zum Durchtritte von Gefässen, die an der Basis der absteigenden Bogenschenkel vorkommen, von da an, wo diese fehlen, in die Basis der Querfortsätze verlegt. Diesen Verhältnissen correspondirt der allmäliche Uebergang der ventralen Schwanzmuskeln, zunächst auf Oberflächen der Enden der Querfortsätze und Rippen und weiter vorne an die Aussenränder der Rippen.

Partes coracoideae liegt, hinten einfach, vorne in zwei Blätter gespalten und so zur Umfassung der Enden jener Schultertheile geeignet ist. Es liegt gleichfalls in der Continuität der *Linea alba*; das untere oberflächliche Blatt steht bisweilen in Continuität mit einer an die unteren Schulterstücke übergehenden dünnen *Fascia*. Bei *Menopoma* gehen von der Sternalplatte zwei Paar kurze cartilaginöse Seitenfortsätze in *Ligamenta intermuscularia* über. Bei *Salamandra* ist das höhere Blatt ein wenig aufwärts gekrümmt, so dass es den unteren hinteren Theil des Herzbeutels etwas umfasst.

§. 4.

Im Organisationsplane der *Batrachia* liegt es, dass ihre Wirbelsäule primitiv in ähnlicher Ausdehnung, wie bei den *Urodela* angelegt und bei ihren Larven in dieser Ausdehnung vorhanden, um die Zeit der Metamorphose eine bedeutende Reduction erfährt. Das durch die ganze Körperlänge erstreckte Axensystem der Larven besteht in einem zusammenhangenden, gallertartigen Cylinder, der bei vielen, z. B. *Pseudis* und *Pelobates*, durch seine Dicke der *Chorda* vieler Fische ähnlich ist. Eine fibröse Scheide umschliesst die Gallertmasse. Paarige vom äusseren Umfange der Scheide des Axencylinders aufsteigende fibröse Schenkel bilden die Begrenzung des *Canalis spinalis*. Vermöge der Einrichtung, dass nur unterhalb der hintersten Strecke des Axencylinders noch ein unterer, zur Einschliessung der Gefässe bestimmter häutiger Canal gelegen ist, sind zwei Regionen in der Anlage des Wirbelsystems zu unterscheiden: die des Rumpfes und des Schwanzes. — Von den Schlussstellen des oberen, wie des unteren Canales aus sind die fibrösen Schenkel in verticaler Richtung verlängert, als *Septa*, welche die paarigen epaxonischen und hypaxonischen Muskeln trennen und an weichen, gallertartigen, fettreichen Cylindern enden, welche die Grundlagen einer dorsalen und einer ventralen häutigen Flosse bilden. — Von den Seiten der äusseren *Chorda*-Scheide und ihrer Verlängerungen gehen transverselle *Septa* aus, welche die Muskelmassen durchsetzen: *Ligamenta intermuscularia*. — Bereits während des Larvenzustandes werden in der Rumpfgegend die häutigen Begrenzungen des *Canalis spinalis* durch discrete Solidificationen verdrängt, welche auch in Querfortsätze sich ausziehen; die Solidification des Schwanztheiles beschränkt sich dagegen nur auf eine ganz kurze der Rumpfgegend zunächst gelegenen Strecke. — Um die Zeit der Metamorphose atrophirt der übrige Schwanztheil und wird abgestossen. — Besonderheiten des Entwickelungsplanes der definitiven Wirbelsäule bei den verschiedenen *Batrachia* bestehen darin, dass das bei den Larven angelegte primordiale Axensystem des Rumpfes in verschiedener Art verdrängt wird. Bei einigen *Batrachia* entstehen nämlich im Umkreise der *Chorda*-Scheide paarig angelegte Solidificationen von knorpeliger Textur, und in einem späteren Stadium sind ringförmige Ossificationen vorhanden, welche eine Zeitlang in doppelt conischen Aushöhlungen Gallertmasse mit *Chorda*-Zellen enthalten, während noch später *Condyli* und ihnen entsprechende Gruben entstehen. Zu diesen *Batrachia* gehören z. B. die Gattungen *Rana, Cystignatus, Alytes.* — Bei anderen, wie bei *Cultripes, Pelobates, Pseudis* wird die *Chorda* dagegen nicht von Hartgebilden umfasst und es erfolgt keine Bildung eines Knochenringes in ihrer Circumferenz; die *Chorda* bleibt mit ihrer Scheide unumwachsen liegen; der allmälich weich und flüssig gewordene Inhalt ihrer Scheide wird aufgesogen; die Scheide selbst fällt zusammen. Die Basis der oberhalb der *Chorda* gelegenen soliden oberen Bogen verdickt sich und ossificirt in einzelnen Wirbelkörpern ähnlichen Segmenten. Nur der Basilartheil des *Os coccygis* entsteht unterhalb der *Chorda*; oberhalb derselben dagegen diejenige Strecke des *Os coccygis*, welche als Fortsetzung der oberen Bogenschenkel das Ende des Rückenmarkes umschliesst.

Cuvier hatte, nach Dutrochet (Observations sur l'ostéogenie Journal de physique T. XCV p. 161 und Mémoires pour servir à l'hist. nat. et phys. Paris 1837. T. 2. p. 302.) kurz angegeben, dass bei Froschlarven doppelt conische Aushöhlungen der Wirbelkörper vorhanden sind. Recherches Tome X p. 294. Dies liess auf eine ringförmige Umwachsung der *Chorda* durch Knochensubstanz schliessen. In der That umgeben, wie Dugès (Recherches p. 102 sqq.) gezeigt hat, bei *Rana esculenta*, ringförmige Ossificationen die *Chorda dorsalis* so, dass später doppelt conische Aushöhlungen vorhanden sind. Denselben Entwickelungsgang kenne ich an einem südamerikanischen *Cystignathus.* — Einen ganz anderen Entwickelungsgang beobachtete indessen Dugès bei *Cultripes provincialis.* Um die Zeit des Hervortretens der vorderen Extremitäten bildet der ossificirte obere Theil der Wirbel (die oberen Bogenschenkel) abwärts eine Rinne. Diese Rinne ist das Dach der *Chorda.* Die Scheide der letzteren behält ihre Form, während ihr Inhalt erweicht. Nach dem Schwinden des Schwanzes ist die an der ventralen Seite der Wirbelsäule anhangende Scheide collabirt, die Rinne oberhalb derselben zu Knochen erhärtet. Die Scheide erhält sich als plattes Band unterhalb der Wirbelkörperreihe, ohne von einer Ossification ringförmig umwachsen zu werden — Auch die *Condyli* der Wirbelkörper bilden sich unabhängig von der *Chorda.* Zwischen den Wirbeln über der Scheide der *Chorda* erscheinen knorpelige Kugeln, welche erst nach der Metamorphose verknöchern und dann durch eine Hemisphäre mit je einem Wirbelkörper verschmelzen (s. die Abb. Pl. IV Fig. 33). — J. Müller (vergl. Neurologie der Myxinoïden S. 69) beobachtete den gleichen Entwickelungsgang bei *Pseudis paradoxa*, die auch von mir untersucht ward. — Bei ganz kleinen, den Säcken der Rückenhaut entnommenen Individuen von *Pipa americana* finde ich, nach absolvirter Metamorphose, keine Spur von Wirbelkörpern. Die unteren Halbringe der das Rückenmark einschliessenden oberen Bogen sind an ihrer Basis kaum verdickt und unter ihnen liegen keine eigenen Wirbelkörper, welche die *Chorda* ringförmig einschliessen. Von letzterer ist keine deutliche Spur mehr vorhanden.

Die definitive Wirbelsäule der *Batrachia* ist kurz und besteht in wenigen, innig verbundenen Wirbeln. Diese bilden eine Rumpfgegend, deren letzter Wirbel ein einziges Kreuzbein ist und eine aus einem einzigen Knochen

(Os coccygis) bestehende Schwanzgegend. Bewegliche Rippen fehlen; knorpelige Anhänge, die an den Enden der Querfortsätze einzelner Wirbel vorkommen, sind bestimmt zur Anheftung von Köpfen des inneren schiefen Bauchmuskels [1]. — Die typische Wirbelzahl beträgt zehn. Sie sinkt bei einigen Gattungen durch Fusion je zweier Wirbel auf neun oder acht [2]. — Die den aufsteigenden Bogen angehörigen Querfortsätze sind undurchbohrt. — Die Ränder der Wirbelbogen berühren sich oder das Ende eines Bogens liegt dachziegelförmig über der vorderen Grenze des nächst hinteren. — Hintere Gelenkfortsätze eines Bogens decken die vorderen der nächst hinteren; accessorische verticale oder schräge Gelenkflächen können die Verbindung noch inniger machen. — Die Verbindung der Basilartheile je zweier Wirbel geschieht durch Gelenkköpfe, die in entsprechende Gruben passen. Bei den meisten ***Batrachia*** liegt der Gelenkkopf an der hinteren Grenze eines Wirbelkörpers; die Grube an der vorderen. Bei ***Pipa*** und bei ***Bombinator*** findet die umgekehrte Anordnung Statt. Bisweilen, aber anscheinend nur individuel, wechselt die Lage des Gelenkkopfes an den einzelnen Wirbeln [3]. — Meistens ist der achte Wirbel biconcav, indem das Kreuzbein vorne einen Gelenkkopf besitzt. — Das ***os sacrum*** besitzt hinten meist zwei ***Tubercula***, welche in entsprechende Höhlungen an der Vordergrenze des Basilartheiles des ***Os coccygis*** passen; bei ***Bombinator*** nur einen Gelenkkopf.

Der vorderste Wirbel ermangelt immer eines Zahnfortsatzes und, sobald er nicht mit dem zweiten verschmolzen ist, auch der Querfortsätze; unter dieser Bedingung trägt er Querfortsätze, wie z. B. bei ***Pipa, Breviceps*** u. A. — Die zunächst folgenden Wirbel sind häufig durch Länge ihrer Querfortsätze ausgezeichnet. — Das ***Os sacrum*** pflegt umfängliche Querfortsätze zu besitzen. Bei den ***Aglossa***, wo sie dem durch Fusion des ***Os sacrum*** und ***Os coccygis*** entstandenen Knochen angehören, sind sie besonders ausgedehnt. — Das ***Os coccygis***, wenn, wie gewöhnlich, discret, ist lang, schmal, schwertförmig, bildet einen oberen Canal, besitzt in seinem Basilartheile einen von einer Knochenröhre umschlossenen Knorpel, ermangelt absteigender Bogenschenkel und gewöhnlich auch der

1) Sie erinnern einigermaassen an die *Processus uncinati* der Rippen bei Crocodilen und Vögeln.

2) *Pelobates* besitzt wegen Fusion des *Os sacrum* und *Os occygis* 9 Wirbel; *Ceratophrys dorsata*, *Atelopus varius Mus. zool. Berol.* wegen Fusion der beiden vordersten Wirbel 9; die *Aglossa* und *Breviceps* wegen Fusion der beiden vordersten und der beiden hintersten Wirbel 8.

3) Bei einem Exemplare von *Pelobates fuscus* finde ich den zweiten Wirbel biconvex, den dritten biconcav, den vierten biconvex, den fünften concav-convex, den sechsten biconcav, den siebenten convex-concav, den achten biconvex, den neunten vorne concav. — Ein zweites Exemplar zeigte die gewöhnliche Bildung.

Querfortsätze. Doch kommen diese den Gattungen ***Bombinator*** und ***Alytes*** zu.

Eine Eigenthümlichkeit einiger ***Batrachia*** besteht in dem Besitze von dorsalen Knochenschildern. Bei ***Ceratophrys dorsata*** liegen solche in der Continuität der Rückenhaut [4]). ***Brachycephalus ephippium*** besitzt aber ein ausgedehntes, mit den dorsalen Enden der meisten Rückenwirbel verschmolzenes Rückenschild [5]).

§. 5.

Die bei den ***Batrachia*** vorkommenden Brustbeinstücke sind hintere und vordere, jedes ein unpaares Stück; das hintere Stück: ***Pars xiphoidea***, ist den ***Partes coracoideae*** des Schultergürtels hinten angeschlossen und fehlt nie [1]). Das vordere, ein ***Manubrium***, von der Verbindungsstelle der ***Claviculae*** aus vorwärts erstreckt, ist unbeständig. Es kömmt zu den Gattungen ***Rana***, ***Cystignathus***, ***Oxyglossa***, ***Rhinoderma***, ***Pyxicephalus***, ***Microps***, sowie den ***Hylae***; es fehlt den ***Aglossa***, allen ***Bufones***, den Gattungen ***Ceratophrys***, ***Otilophus***, ***Alytes***, ***Pelobates***, ***Bombinator***, ***Atelopus***, ***Brachycephalus***, ***Breviceps***.

§. 6.

Der Wirbelsäule der ***Gymnophiona*** mangelt eine Schwanzgegend. Alle Wirbel, mit Ausnahme des ersten und letzten, sind rippentragend. Jede kurze Rippe ist an ihrem Wirbelende zweischenklig. Der kürzere obere Schenkel ist unterhalb des Gelenkfortsatzes des oberen Bogens angeheftet. Dem längeren unteren Schenkel dient die Andeutung eines Wirbelkörper-Querfortsatzes zur Befestigung. Eine vordere Verlängerung dieses letztgenannten Fortsatzes umfasst eine kurze Strecke des nächst vorderen

---

4) Vergl. Duméril und Bibron T. 8. p. 434. Nur *Ceratophrys dorsata*, nicht *C. Daudini* und *Bojei*, besitzen diese Eigenthümlichkeit.

5) Erwähnt zuerst von Wagler, Natürl. System der Amphibien 1830. S. 207, abgeb. bei Guérin Magasin Zool. classe 3. 1835 pl. 7. 8. — Das nähere Verhalten ist folgendes: Ein unpaares Rückenschild ist mit den Dornen von fünf Wirbeln eng verwachsen. Seine Querdimension ist beträchtlicher, als seine Länge; jene entspricht der ganzen Breite der oberen Körperhälfte. Mit der Mitte des Vorderrandes dieses Schildes ist ein sehr kleines medianes, über dem dritten Wirbel gelegenes, eng verbunden; mit dem Vorderrande des letzteren ein drittes wenig breiteres, das die verschmolzenen zwei vordersten Wirbel bedeckt. Der Querdurchmesser dieser beiden vorderen Schilder beträgt etwa den vierten oder fünften Theil desjenigen des grossen. Alle Schilder liegen in gleicher Ebene mit einander und mit der Schedeloberfläche. Letztere ist, gleich der Oberfläche der Schilder, rauh; der Zusammenhang mit der dünnen *Cutis* ist sehr innig. — Das Verhalten des grossen Schildes zu den Querfortsätzen einiger Wirbel ist so, dass deren Enden seine untere Fläche berühren. So am vierten und fünften Wirbel. Zwischen Querfortsätzen und Rückenschildern liegen die Rückenmuskeln. — Die einzelnen Wirbel sind übrigens innig mit einander verbunden, fast untrennbar verwachsen. — Kreuzbein und Schwanzbein sind unbelegt vom Rückenschilde. Ein entsprechendes Bauchschild ist nicht vorhanden.

1) Sie ist bei *Alytes* hinten in paarige Fortsätze ausgezogen.

Wirbelkörpers zangenartig. Zwischen jedem Wirbel und den Rippenschenkeln bleibt eine Lücke; die fortlaufende Reihe dieser Lücken bildet einen *Canalis vertebralis.* — Die Wirbelkörper besitzen doppelt conische Aushöhlungen, Ueberreste einer *Chorda* einschliessend. Dem Vorderende des ersten Wirbels fehlt die Aushöhlung. Die oberen Wirbelbogen articuliren durch Gelenkfortsätze; die des Atlas sind zur Aufnahme der *Condyli occipitales* bestimmt. Eigentlicher Dornen ermangeln die oberen Bogen; sie sind an ihren Dorsalenden abgerundet oder in sehr schwache *Cristae* ausgezogen. Der Hinterrand eines Wirbelbogens ragt über den vorderen des nächst folgenden Bogens hinaus, dachziegelförmig ihn deckend. Die Wirbelzahl ist sehr beträchtlich. — Ein *Sternum* mangelt.

§. 7.

Gemeinsame Eigenthümlichkeiten der einzelnen Wirbel der *Streptostylica* sind folgende: Die Wirbelkörper und ihre oberen Bogen sind Continua. In der grössten Strecke der Rumpfgegend sind den Wirbeln Rippen angeschlossen. Alle oder die meisten Rippen sind ohne Vermittelung von längeren Querfortsätzen mit den Wirbeln verbunden. Sie pflegen beweglich eingelenkt zu sein an einfachen oder doppelten Gelenkvertiefungen, welche an der Basis jedes oberen Bogens, etwa in der Mitte der Höhe eines Wirbelkörpers, an seinem vorderen Ende vorkommen. Das Wirbelende jeder Rippe ist ungespalten, besitzt zwar oft zwei Höcker, die jedoch niemals eine Oeffnung einschliessen, weshalb ein *Canalis vertebralis* allgemein fehlt. In der Schwanzgegend beständig, und oft, namentlich bei Anwesenheit von Kreuzwirbeln, schon in der hintersten Strecke der Rumpfgegend, wird die Reihe der Rippen ersetzt durch unabgegliederte Querfortsätze, welche die nämlichen Ausgangsstellen von den Wirbeln haben, wie die Rippen, von diesen letzteren jedoch unterschieden sind durch ihren ununterbrochenen Zusammenhang mit den Wirbeln, so wie auch meistens durch beträchtlichere Kürze.

Die Einrichtung der beiden vordersten Wirbel ist wesentlich übereinstimmend. Vor dem Körper des *Epistropheus* liegt eine freie Verlängerung des Axensytems, bald als Fortsatz, bald als discretes Stück (*Pars odontoidea*). Der Atlas bildet einen Ring, bestehend aus einem corticalen Basilarstück, das oft in einen unteren Dorn ausgezogen ist, und aus einem oberen Bogen, der, selten ein unpaares Stück (*Amphisbaena*), meistens paarige Seitenschenkel besitzt. Ein zwischen den Bogenschenkeln ausgespanntes *Ligamentum transversum* bedeckt die vom Körper des *Epistropheus* ausgehende *Pars odontoidea*. Im Plane der *Ophidia* liegt Mangel, in dem der *Sauria* Besitz eines Brustbeines.

§. 8.

Die Wirbelsäule der *Ophidia* besteht in einer sehr beträchtlichen Anzahl discreter Wirbel. Sie besitzt eine Rumpf- und eine Schwanzgegend. Die Wirbel der ersteren sind rippentragend; die der Schwanzgegend besitzen statt der Rippen Querfortsätze; von den Wirbelkörpern dieser Gegend steigen paarige, untere, abwärts unvereinigt bleibende Schenkel ab. — Den einzelnen Rippen sind niemals Sternocostalleisten angeschlossen. — Ein *Thorax* fehlt. — Die Anzahl der der Schwanzgegend angehörigen Wirbel ist sehr verschieden [1]. — Die einzelnen Wirbel sind bei den kletternden Baumschlangen länger als bei den übrigen.

Eigenthümlichkeiten der Verbindung der einzelnen Wirbel [2]) sind folgende: Der vom Hinterende jedes Wirbelkörpers ausgehende Gelenkkopf ist das grössere Segment einer Kugel; er ist einer entsprechend gestalteten Vertiefung des Vorderrandes des nächsten Wirbels eingefügt. Jeder Gelenkfortsatz des oberen Bogenschenkels bildet zwei Gelenkflächen: eine untere horizontale und eine obere schräg absteigende. Bei vielen *Ophidia* ist der vordere Gelenkfortsatz in eine freie Spitze (*Processus accessorius*) ausgezogen [3]).

Rippentragend sind sämmtliche Rumpfwirbel, mit Ausnahme des Atlas. Ausgangspunkt jeder Rippe ist ein am Vorderende jedes Wirbels liegender, gewöhnlich doppelter Höcker. Jede Rippe besitzt gewöhnlich, ziemlich nahe ihrem Gelenke, einen von ihrem Hinterrande ausgehenden kurzen auf- und hinterwärts gerichteten freien Fortsatz [4]). Absteigend und abwärts gebogen umfassen die Rippen die Rumpfhöhle, mit Ausnahme der unteren Mittellinie des Bauches. An ihrem freien Ende trägt jede Rippe sehr gewöhnlich eine knorpelige Epiphyse. Die vordersten Rippen pflegen verkürzt zu sein. — Die die Reihen der Rippen in der Schwanzgegend fortsetzenden Querfortsätze stehen entweder quer oder sind, wie die Rippen der Rumpfgegend, obschon unabgegliederte Fortsätze, abwärts gerichtet; letzteres namentlich bei solchen Schlangen, deren Schwanz, als Steuer im Wasser dienend, seitlich mehr oder minder comprimirt ist, wie bei *Eunectes murinus*, besonders aber bei den *Hydrophida*, z. B. bei *Hydrophis*. — Eine Eigenthümlichkeit mehrer an der Grenze von Rumpf- und Schwanzgegend gelegener Wirbel ist die, dass ihre Querfortsätze oder Rippen zweischenkelig sind. Von der Basis einer Rippe oder eines Querfortsatzes geht nämlich ein oberer, frei endender accessorischer Fortsatz

---

1) Sie schwankt zwischen fünf und nahe an zweihundert.

2) Die Verbindung der einzelnen Wirbel ist auch in der Schwanzgegend; im Gegensatze zu denen der *Sauria*, eine sehr innige.

3) Z. B. bei mehreren *Coluber*, bei *Tropidonotus, Dipsas, Dendrophis, Crotalus, Naja*. — Statt einer freien Spitze besitzt die Gattung *Bungarus* eine vom vorderen Gelenkfortsatze jedes Wirbels mit schmalerer Basis ausgehende, verbreiterte, scheibenförmige, horizontale freie Platte, welche den Rippenkopf überragt.

4) Z. B. bei *Dipsas, Vipera, Naja* u. A. An ihm haftet ein Ligament, das die Rippe mit einem oberen Wirbelbogen verbindet.

ab, welcher über der eigentlichen Rippe oder dem Querfortsatze ein Dach bildet. Diese Einrichtung ist für das Lymphherz und die eintretenden und austretenden Gefässe getroffen, welche supracostal gelegen, durch die accessorischen Fortsätze bedacht werden 5). — Die aufsteigenden Bogenschenkel gehen bei den *Ophidia eurystomata* längs der Rumpfgegend oder auch dem Anfange der Schwanzgegend in einen einfachen, oft starken oberen Dorn aus — ein Charakter, der vielen *Ophidia angiostomata* fehlt. Viele oder fast alle Rumpfwirbelkörper besitzen abwärts einfache, zu Ansätzen hypaxonischer Muskeln verwendete untere Dornen. Diese *Processus spinosi inferiores* sind allgemein, und oft besonders stark, entwickelt an den vordersten, bei den meisten Schlangen, mit Ausnahme der *Tortrices, Boae* und einiger *Coluber* aber an allen Wirbeln der Rumpfgegend und wieder besonders an den hintersten 6). Sie setzen die Reihe der paarigen absteigenden Bogenschenkel der Schwanzgegend in der Rumpfgegend fort. Dem letzten einfachen unteren Dorn folgt im Beginne der Schwanzgegend bisweilen unmittelbar ein mit einfacher Basis vom Wirbelkörper ausgehender, darauf abwärts in zwei Seitenschenkel gespaltener 7). Dieser bildet den Anfang der Reihe paariger, von den einzelnen Wirbelkörpern ausgehender, mehr oder minder einwärts gebogener, die Caudalgefässe umfassender Bogenschenkel. Diese subcaudalen Bogenschenkel sind immer ununterbrochene Fortsätze einzelner Wirbelkörper, von deren ganzer Grundfläche sie oft ausgehen. Die paarigen Schenkel bleiben unter einander unvereinigt, schliessen die subcaudalen Gefässstämme ein und dienen zugleich auswendig tiefen hypaxonischen Muskeln zur Anheftung, welche mit denjenigen der Rumpfgegend in Continuität stehen oder ihre Reihe ununterbrochen fortsetzen. Sie repräsentiren demnach eines der verschiedenen Elemente, die in den absteigenden Bogenschenkeln der Wirbelthiere enthalten sein können und zwar die innerste, blos die Caudalgefässe umschliessende Schicht. Sie zeigen sich dadurch wesentlich ver-

---

5) Sie kommen z. B. vor bei *Boa constrictor* an den zwei letzten Rippen und den drei vordersten *Processus transversi*; bei *Naja haje* an der letzten Rippe und den sieben vordersten *Proc. transversi*, bei *Echidna gabonica* an den sechs vordersten *Processus transversi* und spurweise an einigen der folgenden; bei *Python natalensis* an den vier vordersten Querfortsätzen.

6) Sie fehlen den *Ophidia angiostomata* nicht allgemein; die *Tortrices* besitzen sie an vielen der vorderen Rumpfwirbel. — Eine ganz eigenthümliche Verwendung erhalten die unteren, von einer schmelzähnlichen Schicht überzogenen Dornen der 31 auf den *Epistropheus* folgenden Wirbel bei *Rhachiodon scaber*. Theils conisch, stumpf und gerade, theils spitz und schief, die letzten acht verlängert und von hinten schräg vorwärts gerichtet, durchbohren sie zahnartig die Wände des *Oesophagus*. — Den folgenden Wirbeln fehlen ausgebildete untere Dornen. — Es ist dies eine Entdeckung von Jourdan, Institut 1834. No. 60. 61.

7) Z. B. bei einigen nordamerikanischen *Trigonocephali*.

schieden von denjenigen der *Sauria*, die unter Bildung von Spitzbogen sich vereinigen und solchen subcaudalen Muskeln Anheftungspunkte gewähren, die den ventralen Muskeln der Rumpfgegend entsprechen. (Ventrale Muskeln der Schwanzgegend.)

§. 9.

Bei den *Sauria* hangt die nähere Unterscheidung der Rumpfgegend ihrer Wirbelsäule in eine Halsgegend und Brustgegend von der Anwesenheit eines geschlossenen *Thorax* ab. Derjenige Wirbel, dessen Rippen mittelst Sternocostalleisten mit dem Brustbeine in Verbindung stehen, ist der erste der Brustgegend; die vor ihm liegenden sind Halswirbel. Rippenlose, vor dem Kreuzbeine gelegene Wirbel, wie sie selten vorkommen, bilden eine Lendengegend; die beiden Wirbel, denen das *Os ileum* angeschlossen ist, sind Kreuzwirbel; die jenseits der letzteren gelegenen Schwanzwirbel. — Bei denjenigen *Sauria*, die keinen geschlossenen Thorax besitzen, fällt die Unterscheidung einer Halsgegend weg, oder ist nur approximativ ermöglicht.

Eigenthümlichkeiten der einzelnen Wirbel der *Sauria* sind folgende: 1) die mehr oder minder quer elliptische Form der Gelenkenden ihrer Körper; 2) die Beschränkung des Vorkommens einfacher absteigender zur Anfügung hypaxonischer Muskeln bestimmter Wirbelkörperfortsätze auf die Halswirbel und die vordersten Brustwirbel; 3) das Vorkommen absteigender paariger, unten zu einfachem Dorne vereinigter canalbildender Bogenschenkel unter den meisten Wirbelkörpern der Schwanzgegend; 4) endlich besitzt jeder der beiden hinteren Gelenkfortsätze eines Wirbelbogens nur eine Gelenkfläche, welche die des vorderen Gelenkfortsatzes des nächsten Wirbels deckt.

Einige Besonderheiten sind folgende: Die Gelenkköpfe der Wirbelkörper sind bei den *Amphisbaenoidea* rundlicher, weniger quer verlängert, als bei den *Kionocrania* und den *Chamaeleonidea* [1]. — Die absteigenden Leisten der Wirbelkörper der vorderen Rumpfgegend sind meist discrete Stücke, selten den hinteren Enden der Wirbelkörper angewachsen, wie z. B. bei *Podinema Teguixin*. — Die nämlichen Verschiedenheiten ihrer Befestigungsweise zeigen die absteigenden paarigen Bogenschenkel der Schwanzgegend. Gewöhnlich discrete Stücke, sind sie namentlich bei kriechenden, fusslosen *Sauria* mit den hinteren Enden der Wirbelkörper verwachsen [2]. Bei den *Amphisbaenae* bleiben die Schenkel der vorderen unverbunden. — Die von den Schlussstellen der oberen Bogenschenkel

---

1) Dass bei *Anguis* die Schwanzwirbelkörper biconcav sein können, hat J. Müller gezeigt. Als Regel finde ich dies Verhalten weder bei *Anguis*, noch bei *Ophisaurus* u. A.

2) So z. B. bei *Amphisbaena, Pseudopus, Ophisaurus, Anguis.*

ausgehenden Dornen sind von verschiedener Höhe; bei *Lophura amboinensis* sind die vieler Rückenwirbel und der vordersten Schwanzwirbel ausserordentlich verlängert, indem sie die soliden Stützen des hohen Rückenkammes bilden. — Eine Eigenthümlichkeit der Schwanzwirbel vieler *Kionocrania* [3]) ist die, dass jeder aus zwei Hälften zusammengesetzt ist: einer vorderen kürzeren, von welcher die Querfortsätze ausgehen, und einer längeren hinteren. Diese Trennung erstreckt sich sowol auf die Körper als auf die oberen Bogen. Die Verbindung beider Hälften ist bald locker, durch Bindegewebe bewirkt, bald sehr innig, so dass die Zusammensetzung der Wirbel aus zwei hinter einander gelegenen Hälften schwer erkannt wird.

Rippen sind in der Regel allen Rumpfwirbeln, mit Ausnahme des Atlas, angeschlossen. Nicht selten fehlen sie auch dem *Epistropheus* und den letzten Wirbeln der Rumpfgegend, so wie immer den Kreuzwirbeln. Die rippenlosen Wirbel besitzen dann Querfortsätze. Auch die Rippen der vordersten und hintersten Wirbel sind nicht selten den Enden schwacher oder selbst ausgebildeterer Querfortsätze angehängt. — Der Rippenhals hangt gewöhnlich durch ein kurzes straffes Ligament mit dem oberen Wirbelbogen zusammen; an der Insertionsstelle dieses Ligamentes, also an der Hinterseite ihres Halses, besitzt die Rippe bisweilen einen kurzen Fortsatz [4]). — Die Rippen der vordersten und der hintersten Rumpfwirbel sind kürzer als die mittleren.

Nicht alle Rippen sind immer einfache Knochen. Namentlich zeigen sich die Halsrippen der *Kionocrania* häufig aus mehreren Stücken zusammengesetzt. Gewöhnlich [5]) ist dem Ende derjenigen Strecke, die vom Halstheile des *M. ileocostalis* bedeckt wird, ein discretes freies Stück angeschlossen, das zwischen Fortsetzungen ventraler Muskeln liegt. Hier sind also zwei in den meisten Rippen verschmolzene Strecken oder Elemente, ein den dorsalen Muskeln zur Stütze dienendes und ein in ventrale Muskeln wie eine Fleischgräthe oder ein *Ligamentum intermusculare* fortgesetztes, getrennt. Complicirter erscheinen die Verhältnisse dadurch, dass bei manchen *Kionocrania* noch ein Schenkel hinzutritt. Bei den *Scincoidea* [6]) und Andern nämlich ist dem von den Rückenmuskeln bedeckten knöchernen Vertebralstücke jeder Halsrippe ein Knorpel angeschlossen, der zwei Schenkel besitzt: einen absteigenden, zwischen ven-

---

3) Cuvier, Recherches Vol. X. p. 13 hat diese Einrichtung zuerst hervorgehoben. Sie findet sich bei Sauriern verschiedener Familien z. B. bei *Lacerta, Iguana, Polychrus, Platydactylus, Gerrhosaurus.*

4) Z. B. bei *Pseudopus.*

5) Z. B. bei *Lacerta, Uromastix* u. A.

6) Z. B. bei *Scincus, Euprepes* (besonders deutlich bei *Leiolopisma Telfairii*) *Lygosoma* u. A., auch bei einigen *Chalcidea*, z. B. *Gerrhosaurus.*

trale Muskelschichten eintretenden und einen aufsteigenden, der in die Rückenmuskelmasse, namentlich die des *M. ileocostalis*, eintritt, wieder ein chondrificirtes *Ligamentum intermusculare*, eine Fleischgräthe darstellend.

Die hinterste Rippe oder einige der hintersten, gleichwie auch Querfortsätze der vordersten Schwanzwirbel besitzen bei *Amphisbaena*, mehreren *Scincoidea* und *Chalcidea* oben freie Schenkel, die das unmittelbar auf dem Querfortsatze oder der Rippe gelegene Lymphherz überwölben.

Mit Ausnahme der *Amphisbaenoidea* und einiger der Vorderextremitäten ermangelnder *Chalcidea* und *Scincoidea* ist ein Theil der Rippen der Brustgegend mit dem *Sternum* verbunden durch solide, gewöhnlich chondrificirte Leisten: die Sternocostalleisten. Jede dieser den Rippenknorpeln der Säuger homologen Leisten articulirt beweglich sowol mit dem entsprechenden Rippenende, als auch mit dem *Sternum*. Mit dem Rippenende bildet sie einen vorn offenen Winkel, wie er durch zwei zusammenstossende *Ligamenta intermuscularia* der Bauchhälfte der ventralen Muskeln bei Fischen und bei einigen *Perennibranchiata* gebildet wird. Die Anzahl der durch solche Leisten mit dem Brustbeine verbundenen Rippen ist bei den verschiedenen Gattungen ungleich. — Bei vielen *Sauria* kommen noch jenseits des unpaaren Brustbeines und seiner etwa vorhandenen paarigen Verlängerungen ventrale Verbindungen der gegenständigen Rippen durch ähnliche Leisten zu Stande. Die Ausdehnung der Strecken, in denen dies Statt hat, ist bei einzelnen Gattungen verschieden. Bei einigen *Platydactylus, Scincus, Seps* ist die Zahl der so verbundenen Rippen gering. Es folgen bei *Platydactylus guttatus* den Leisten, welche mehre Rippenpaare verbinden, alsbald weiche *Inscriptiones tendineae*; bei einigen *Seps, Scincus, Iguana* u. A. kommen dagegen in der Continuität *der Ligamenta intermuscularia* noch solide Leisten vor, deren auswendige Enden jedoch die Rippenenden nicht erreichen. Die Vereinigung der gegenständigen Sternocostalleisten geschieht bei *Platydactylus*, bei *Seps chalcides* und *tridactylus* unter vorwärts gerichteten spitzen Winkeln. Von dem Vereinigungspunkte oft aus ist ein medianer Fortsatz vorwärts erstreckt, der eine Verbindung je zweier Bogen bewirkt. Bei einigen *Scincus* sind kreuzförmig angeordnete mediane Verbindungsknorpel vorhanden. Bei den *Chamaeleonidea* sind alle oder die meisten Rippen durch solche Leisten verbunden. Zwischen den ventralen Enden je zweier solcher Knorpel liegt ein unpaarer medianer Verbindungsknorpel, dem jene beweglich eingelenkt sind. Diese *Copulae* liegen tiefer als das *Sternum*, so dass die vordersten unter dasselbe geschoben sind. Die eines Brustbeines ermangelnde Gattung *Typhline*, so wie die mit sehr verkümmertem *Sternum* versehenen *Acontias* besitzen ebenfalls die Einrichtung, dass zahlreiche gegenständige vor dem Anfange der Bauchhöhle gelegene

Rippen durch solche Knorpel verbunden sind. Die Verbindungsknorpel sind einfache Bogen [7]).

Eine eigenthümliche Verwendung mehrer hinteren Rippenpaare ist der Gattung *Draco* eigen, indem sie sehr verlängert zwischen die Blätter der Flughaut erstreckt sind, an deren Aussenrande die knorpelige Epiphyse jeder Rippe umgebogen ist.

§. 10.

Das Brustbein der meisten *Kionocrania* besteht aus zwei, nach Lage, Umfang, Textur und mechanischer Verwendung verschiedenen Platten. Diese sind 1) eine höher gelegene, umfänglichere Platte von weicherem Gefüge, bestimmt zur Unterstützung der *Partes coracoïdeae* des Schultergürtels und zur Fixirung von Sternocostalleisten und 2) eine tiefere, unbeträchtlichere, härtere, ganz ossificirte Platte. Jene ist die Sternalplatte, diese wird als *Os episternale* bezeichnet. — Die Sternalplatte ist meist von rhomboïdaler Gestalt; Rinnen oder Falze der Vorderränder des Rhomboïds nehmen die Sternalränder der *Partes coracoïdeae* auf; in Gruben der Hinterränder sind die Enden von zwei bis vier Paar Sternocostalleisten verschiebbar eingefügt. Dem hinteren Ende der Platte sind gewöhnlich paarige divergirende Leisten durch Ligament angeschlossen, deren jede einer bis vier Sternocostalleisten zur Befestigung dient. — In der Continuität der Sternalplatte kömmt häufig bald eine unpaare mediane, bald ein Paar seitlicher fibrös-häutiger Fontanellen vor. — Das *Os episternale* liegt gewöhnlich vorn frei, ist daher nur in dem hinteren Theile seiner Länge unterhalb der Sternalplatte gelegen und ihr eng verbunden. Seine Ausdehnung ist verschieden. Es besitzt einen unpaaren Körper und ein Paar quere Seitenfortsätze. Der Körper ist gewöhnlich länglich, schmal, platt, seltener in die Breite ausgedehnt. Die Seitenfortsätze gehen bald von dem Vorderende des Körpers ab und dann hat das *Os episternale* ungefähr die Form eines T [1]), bald liegen ihre Ausgangspunkte weiter hinten, unter welcher Bedingung ihm die Form eines † zukommt [2]).

Abweichungen von dem eben geschilderten Typus bieten einzelne der Vorderextremitäten ermangelnde Gattungen in so fern dar, als ein An-

---

7) Diese für *Acontias meleagris* durch Cuvier und Heusinger geschilderte Einrichtung findet sich, wie eine gemeinsam mit Prof. Peters angestellte Untersuchung gezeigt hat, auch bei *Acontias niger* und bei *Typhline aurantiaca*. Bei *Acontias meleagris* wird durch 27 solcher Knorpel ein Brustkorb gebildet. Bei *A. niger*, wo das kleine *Sternum* vor dem freien Ende der zweiten Rippe liegt, sind die Enden der vordersten fünf Rippen unverbunden, die folgenden 23 geschlossen. Bei *Typhline aurantiaca* sind die Enden der vordersten 6 Rippen unverbunden, die folgenden 25 Rippenpaare geschlossen.

1) Z. B. bei *Podinema, Iguana, Stellio, Cyclura.*

2) Z. B. bei *Lacerta, Scincus, Seps*, den *Ascalobota, Uromastix.*

schluss von Rippenknorpeln an ihr rudimentäres Brustbein ausbleibt. Dies ist z. B. der Fall bei *Acontias*, *Anguis*, *Ophisaurus*, *Pseudopus*. Mit Ausnahme von *Acontias* besteht das Brustbein dieser *Sauria* in zwei Stücken von ungleicher Grösse, deren eines das andere bedeckt. Die *Partes coracoïdeae* des Schultergürtels liegen über diesem Sternum. — *Acontias niger* besitzt eine unbeträchtliche Brustbeinplatte, der jederseits ein Schulterknochen angeschlossen ist [3].) Bei *Acontias meleagris* kommen paarige kleine Ossificationen in der Continuität der *Linea alba* vor [4]), die hinter dem vordersten Rippenpaare liegen.

Das *Sternum* der *Chamaeleonidea* ist charakterisirt durch den Mangel des *Os episternale*. Die Sternalplatte ist hinten in einen verschmälerten unpaaren Fortsatz ausgezogen.

Unter den *Amphisbaenoïdea* mangelt ein Sternum den Gattungen *Amphisbaena* und *Lepidosternon*, während es *Chirotes* [5]) zukömmt.

[Ueber das *Sternum* der *Sauria* vgl., ausser Cuvier, Recherches Tome X. p. 79 sq., reiche Detailangaben bei H. Rathke, Ueber den Bau und die Entwickelung des Brustbeins der Saurier. Königsberg 1853. 4.]

§. 11.

Eigenthümlichkeiten der Wirbelsäule und ihrer Anschlüsse sind bei den *Crocodila* folgende: 1) das Vorkommen von Rippen an den meisten Rumpfwirbeln und namentlich auch an den beiden vordersten Halswirbeln, so wie besondere Einrichtungen der meisten Halsrippen, wodurch die Seitenbewegung des Halses gehindert wird; 2) die in der vordersten Strecke der Wirbelsäule ausgeführte, weiterhin angedeutete Bildung eines *Canalis vertebralis* mittelst zweier Wirbelenden der Rippen.

An den meisten Wirbeln sind Körper und obere Bogenschenkel durch Naht verbunden. — Das hintere Ende der in ihrer Circumferenz kreisförmigen Wirbelkörper ist schwach convex; das vordere entsprechend ausgehöhlt. Fast alle Wirbelkörper, mit Ausnahme des hintersten der Schwanzgegend, besitzen mehr oder minder lang ausgezogene Querfortsätze. Die Ausgangsstelle derselben ist an den Wirbeln der verschiedenen Regionen ungleich. Die der Schwanzgegend gehen von der Grenze des Körpers und des ihm durch Naht verbundenen oberen Bogenschenkels aus und sind durch eine Sutur beiden angeschlossen; die starken Querfortsätze der beiden Kreuzwirbel gehen vom Körper und oberen Bogen zugleich aus, ihnen mittelst Nähten verbunden; die der Lendengegend entstehen von der Basis

---

3) Nach gemeinschaftlicher Untersuchung mit Prof. Peters; bei *Typhline aurantiaca* wurde jede Spur eines *Sternum* vermisst.

4) Nach den Untersuchungen von Rathke s. l. c. S. 4.

5) Ueber das *Sternum* von *Chirotes* s. Müller in Tiedemann's Zeitschrift f. Phys. Bd. 4. S. 259. Abb. Tf. XXI. Fig. 12.

der aufsteigenden Bogenschenkel, an welche die der Brustwirbel noch höher hinauf reichen; in der Halsgegend treten sie allmälich weiter abwärts zur Grenze der Körper, von denen in dieser Region ausserdem eigene kurze Fortsätze abgehen. — Die Schenkel der canalbildenden unteren Bogen der Schwanzgegend, welche nur den vordersten Wirbeln derselben fehlen, gehen von den Hinterrändern der Wirbelkörper und der Zwischenwirbelsubstanz aus. — Unpaare absteigende Fortsätze, zur Insertion hypaxonischen Muskeln, besitzen die Körper der drei vordersten Brustwirbel und der Halswirbel. — Dem Körper des *Epistropheus* ist ein *Os odontoideum* angeschlossen. Der Ring des *Atlas* besteht aus einem basilaren Stücke, zwei aufsteigenden Schenkeln und einem dachförmigen oberen Schlussstücke. Ueber dem *Os odontoideum* liegt ein *Ligamentum transversum.* — Rippen sind angeschlossen allen Halswirbeln und den meisten übrigen Rumpfwirbeln, mit Ausnahme der hintersten, deren Summe eine Lendengegend ausmacht. Die Rippen des Atlas gehen mit einfacher Basis von dessen Basilartheil aus. Sämmtliche folgende Rippen sind an ihren Wirbelenden zweischenkelig; die beiden Schenkel derjenigen des *Epistropheus* sind an der Grenze seines Körpers und des *Os odontoideum* befestigt; das *Capitulum* jeder der folgenden Halsrippen haftet am Wirbelkörper, das *Tuberculum* am oberen Bogenschenkel; ihre Befestigung hat Statt an kurzen Querfortsätzen beider Wirbeltheile. Das freie Ende jeder Rippe besitzt einen theils nach vorn, theils nach hinten gerichteten longitudinalen Fortsatz; der hintere Fortsatz einer Rippe deckt den vorderen der nächsten. Der letzten verlängerten Halsrippe fehlt diese Einrichtung; sie besteht, im Gegensatz zu allen übrigen Halsrippen, aus zwei Stücken: einem Wirbelstücke und einem freien Endstücke. Jede der 10 ersten Rippen der Brustgegend besteht gleichfalls aus zwei Stücken. Das dem Ende des ossificirten Wirbelstückes angeschlossene Endstück bleibt weicher, knorpelähnlicher, es setzt die Rippe abwärts fort, ohne einen Winkel mit ihr zu bilden. Die achte Rippe besteht aus drei Stücken. Das Wirbelstück ist belegt von dem *M. ileocostalis*, der über seine äussere Grenze nicht hinausreicht; das zweite Stück wird von ventralen Muskeln bedeckt. So sind bei den Crocodilen zwei Strecken der einfachen langen Rippen anderer Wirbelthiere, deren eine durch Ausbreitungen der dorsalen und epaxonischen Muskelmasse bedeckt und deren zweite durch ventrale Muskeln umfasst wird, von einander getrennte Stücke. Das Wirbelstück besitzt ein *Capitulum* und ein *Tuberculum*, welches letztere an dem Ende des Bogenquerfortsatzes haftet. Die *Capitula* der beiden vordersten Brustwirbel sind an Wirbelkörpern angeheftet; die der folgenden Wirbel bleiben ausser Verbindung mit Wirbelkörpern, enden frei unter den Querfortsätzen der Bogenschenkel. So ist die Bildung eines *Canalis vertebralis* in der vordersten Strecke der Wirbelsäule durchgeführt, in der hinteren durch die geschilderte

Eigenthümlichkeit der Rippen angelegt. — Den Enden der Wirbelstücke der dritten bis sechsten Rippe sind, nach Analogie der *Processus uncinati* der Vogelrippen gebildete Fortsätze, angeschlossen, welche in knorpeliger Grundlage je eine Ossification enthalten und den Köpfen des *M. obliquus externus* zur Befestigung dienen. — Jenseits des zehnten Brustwirbels kommen an den Enden eines oder zweier Querfortsätze kurze Rippenrudimente vor. — Den Enden von acht Rippenpaaren der Brustgegend sind noch Sternocostalleisten angeschlossen, in solcher Weise, dass sie mit den Rippen unter vorne offenen Winkeln zusammenstossen.

§. 12.

Das Brustbein besteht in einer medianen unpaaren Platte und einem gleichfalls medianen *Os episternale.* Die Brustbeinplatte ist rhomboïdal oder ellipsoïdisch. Rinnen der Seitenränder ihrer vorderen Hälfte nehmen die ventralen Ränder des *Ossa coracoïdea* auf; mit den Seitenrändern ihrer hinteren Hälfte articuliren die Enden zweier Paare von Sternocostalleisten. Dem hinteren verschmälerten Ende der Brustbeinplatte ist eine schmale mediane längliche Leiste durch Ligament angefügt, welche hinten in ein Paar freier langer, zu Ansätzen des *M. pectoralis maior* dienender Fortsätze ausgezogen ist. Mit den Rändern des medianen Stückes articuliren die Enden zweier Paare von Sternocostalleisten, mit dem Aussenrande jedes Fortsatzes sechs Sternocostalleisten. — Die paarigen Fortsätze selbst liegen etwas tiefer, als das übrige Brustbein. — Das *Os episternale*, von dichtem Knochengefüge, ist schmal, länglich, platt; im beträchtlichsten Theile seiner Länge unter der vorderen Brustbeinplatte gelegen, über ihre vordere Grenze hinaus aber frei verlängert.

Den genannten Sternaltheilen folgen Glieder eines *Sternum abdominale*, die mit der Wirbelsäule nicht in Continuität stehen. Dies System solidificirter Leisten von knöcherner Textur liegt in der Continuität der oberflächlichen, der *Cutis* nächsten Aponeurose der *M. M. obliqui externi*, demnach tiefer, als Sternum und Sternocostalleisten. Ihrer sind acht Paar von verschiedener Stärke vorhanden; die meisten gegenständigen Leisten sind in der ventralen Mittellinie verbunden; schräg von hinten und aussen nach vorn und innen erstreckt, lehnen sich die inneren Enden derselben an einander unter Bildung vorwärts gerichteter, spitzer Winkel, oft, von Beginn ihrer Berührung an, noch in kurzer Strecke gerade vorwärts verlängert. Das vorderste Paar der schmalsten Leisten bleibt unverbunden; das achte Paar besteht in breiteren mit den *Ossa pubis* in Contiguität stehenden Knochenplatten.

§. 13.

Bei den *Chelonia* sind die wesentlichsten Eigenthümlichkeiten der Wirbelsäule und ihrer Anschlüsse folgende: 1) die Freibeweglichkeit ihrer Halswirbel, welche der *Processus transversi* ermangeln, oder sie nur spurweise besitzen und nie rippentragend sind. 2) Die Ueberwölbung ihrer Brustwirbel durch ein zusammenhangendes starres Schild, das aus aneinander geschlossenen Platten besteht: medianen, die mit den Enden der oberen Bogen, und seitlichen, die mit den Oberflächen querer ausgedehnter und deshalb rippenähnlicher Anhänge verwachsen sind. 3) Der Ausschluss der Wirbel der Kreuz- und der beweglichen Schwanzgegend von dieser Verwachsung mit dem Rückenschilde; 4) der Besitz eines auswendig von Muskeln unbedeckten, ausgedehnten, soliden Bauchschildes.

Die näheren Verhältnisse der einzelnen Wirbel sind diese: die Halsgegend besitzt — anscheinend allgemein — acht Wirbel. Die beiden vordersten derselben sind nicht überall gleichartig angeordnet. Ihr gewöhnliches Verhalten ist so, dass dem Körper des *Epistropheus* vorn ein discretes *Os odontoideum* angefügt ist, und dass der Atlas ein Basilarstück und paarige obere Schenkel besitzt, zwischen welchen über dem *Os odontoideum* ein *Ligamentum transversum* liegt. Ihre Eigenthümlichkeit bei den *Emydea monimopelyca* — mit Ausnahme der Gattung *Podocnemis* — besteht darin, dass beide ganz wie die übrigen Wirbel gebildet sind und dass der Körper des *Atlas* eine rundliche, zur Aufnahme des *Condylus occipitalis* bestimmte Gelenkgrube besitzt [1]. — Die Verbindungsweise der Körper der einzelnen Halswirbel ist bei allen Schildkröten eigenthümlich; einige Körper sind vorn convex, hinten concav, andere zeigen die umgekehrte Anordnung, was dadurch ermöglicht ist, dass jenen ein biconcaver und ein biconvexer Wirbelkörper eingeschoben sind. Die Wirbelkörper besitzen gewöhnlich absteigende zu Muskelinsertionen bestimmte Leisten; die des letzten pflegt die stärkste zu sein. An den vordersten Wirbeln einiger Schildkröten werden diese Fortsätze vertreten durch discrete Stücke, deren Ausgangspunkt zwischen je zwei Wirbelkörpern liegt. So kömmt z. B. bei *Chelonia mydas* zwischen dem *Os odontoideum* und dem *Epistropheus* ein einfaches Stück vor; zwischen dem zweiten und dritten Wirbelkörper liegen jedoch häufig paarige absteigende Stücke. — Die beiden aufsteigenden Bogenschenkel bilden oben ein Continuum. Ihre Grundflächen sind mit dem Körper durch Naht verbunden. Bei einigen Schildkröten, namentlich der Gattung *Chelonia*, gehen die der letzten Halswirbel nur von der vorderen Hälfte der Körper aus. Eigentliche Dornfortsätze fehlen den Halswirbeln, mit Ausnahme des letzten; die gewöhnlich fehlenden Querfortsätze sind bei einigen *Emydea* [2]) schwach entwickelt vorhanden. — Die Gelenkfortsätze sind bei den meisten Schildkröten paarig; bei den *Emydea monimopelyca* dagegen durch eine unpaare Platte reprä-

1) Von Cuvier zuerst bei *Chelys*, von Peters bei *Chelodina* beobachtet; ebenso beschaffen bei *Platemys*, *Sternotherus*, *Pelomedusa*.

2) Z. B. bei *Chelodina*, *Pelomedusa*.

sentirt [3]). — Jeder Brustwirbel besitzt paarige, quere, nicht verschiebbare Anhänge: rippenähnlich verlängerte Querfortsätze, der Kürze des Ausdruckes wegen, Rippen [4]) genannt. Jede Rippe geht mit einfacher, ungespaltener Basis aus von der Grenze des Wirbelkörpers und Bogenschenkels, meist zwischen je zwei Wirbelkörpern. Die vorderste und die hinterste Rippe sind gewöhnlich kürzer, als die übrigen. Die oberen Bogenschenkel liegen so, dass die Basis eines jeden den Hälften je zweier Wirbelkörper entspricht, weshalb auch jedes *Foramen intervertebrale* über der Mitte eines Wirbelkörpers liegt. — Die Dornen der Brustwirbel — mit Ausnahme des vordersten und des hintersten vor dem Kreuzbeine gelegenen Lendenwirbels — gehen ohne Unterbrechung in die Masse medianer Platten des knöchernen Rückenschildes über. Die vorderste und hinterste Rippe sind nur an ihren Enden mit Seitenplatten des Rückenschildes verwachsen; wenn die Anlagen der übrigen langen rippenähnlichen Fortsätze perenniren, sind sie blos an ihren Wirbelanfängen von einer Strecke des Rückenschildes frei überwölbt, weiter auswärts dagegen mit seinen Seitenplatten verwachsen. Indem die Oberflächen der den Wirbeln zunächst gelegenen Rippenanfänge von den sie überwölbenden Platten des Rückenschildes durch einen Zwischenraum getrennt bleiben, entsteht ein Längsraum, dessen Dach Theile des Rückenschildes, dessen Boden die Oberflächen der Anfänge der Rippen sind [5]). — Die Kreuzwirbel — gewöhnlich zwei an der Zahl — wie auch die Schwanzwirbel, besitzen quere Anhänge, sogenannte Querfortsätze, welche mit den Wirbeln gewöhnlich, obschon nicht allgemein, durch Naht verbunden, sowol in Betracht dieses Verhaltens als auch ihrer Lage und ihrer Ausgänge, Wiederholungen der Rippen der Brustgegend sind. — Die Basis des Querfortsatzes geht aus von der vordersten Grenze des Wirbelkörpers und der Basis des Bogenschenkels. — Die Verbindung des *Os ileum* mit den Kreuzwirbeln wird vermittelt durch eine letzteren gemeinsame Längsknorpelscheibe. — Die oberen Bogen der Schwanzwirbel pflegen mit ihren Körpern durch Naht verbunden zu sein. Sie ermangeln gewöhnlich oberer Dornen. Die Wirbelkörper sind vorne ausgehöhlt und besitzen hinten querconvexe Gelenkköpfe. — Untere Bogen sind verschiedentlich entwickelt; oft nur spur-

---

3) Z. B. bei *Chelodina*, *Pelomedusa*, *Sternothaerus*.

4) Die Verknöcherung der Anlagen dieser mit den weichen Anlagen der Wirbel ursprünglich continuirlich verbundenen Stücke geschieht, wie Rathke bereits gezeigt hat, bei der Gattung *Chelonia* peripherisch, so dass der weiche Knorpel in einer knöchernen Capsel steckt.

5) Der Vergleich dieses Canales mit dem *Canalis vertebralis* anderer Wirbelthiere würde ein unpassender sein. Ersterer ist ein Raum, den dorsale Muskeln wesentlich einnehmen. Letzterer ist Gefässcanal, der einen indifferenten zwischen dorsalen und ventralen oder hypaxonischen Muskeln gelegenen, sie trennenden Raum bildet.

weise, als paarige, discrete, von der Grenze je zweier Wirbel ausgehende Stücke. Am meisten entwickelt sind sie bei *Chelydra serpentina.* Hier kommen sie, mit Ausnahme der beiden vordersten, allen Schwanzwirbeln zu: die meisten sind von den Wirbeln selbst getrennte Stücke, zwischen je zweien gelegen. Die Seitenschenkel der beiden vordersten bleiben unvereinigt; die folgenden bilden nach ihrer Vereinigung einfache Dornen; an den hintersten Schwanzwirbeln werden sie abortiv.

§. 14.

Das Rückenschild besteht aus discreten, durch Nähte verbundenen Platten. Es kommen den Schildkröten meistens drei durch ihre Lagenverhältnisse unterschiedene Reihen oder Reihenpaare solcher Platten zu. Diese sind: 1) unpaare mediane Rückenplatten, 2) paarige Seitenplatten und 3) Randplatten. — Von den in einer Längsreihe gelagerten medianen Rückenplatten stehen die meisten in unmittelbarer, durch scharfe Grenzen nicht bezeichneter Verbindung mit den oberen Wirbelbogen. Wenige sind oberhalb solcher Wirbeltheile gelagert, ohne dass eine Verwachsung mit den oberen Enden derselben Statt fände. Zu diesen gehört die vorderste; sie besitzt an ihrer unteren Seite in der Regel einen absteigenden Fortsatz, mit dem der obere Dorn des letzten Halswirbels ohne Verwachsung, durch Vermittelung von Weichtheilen verbunden ist. Die zweite mediane Platte liegt oberhalb des ersten und zweiten Rückenwirbels; der obere Bogen des ersten hangt durch Synchondrose mit ihr zusammen; der des zweiten ist mit ihr verwachsen. In der Brustgegend ist jede der folgenden Platten mit dem Bogen eines Wirbels verwachsen; die Platte selbst entspricht, ihrer Ausdehnung nach, den einander berührenden Hälften je zweier Wirbelkörper, weil die Basis jedes Wirbelbogens je zwei Wirbelkörper: die hintere Hälfte des einen und die vordere des zweiten berührt. — Die Reihe der Rückenplatten ist hinten jenseits der Brustgegend fortgesetzt, ohne dass eine Verwachsung mit dem letzten Rückenwirbel (Lendenwirbel), den Kreuz- und Schwanzwirbeln Statt fände. — Bei dieser Ausdehnung der genannten Platten über die Grenze der Brustgegend hinaus kann ihre Gesammtzahl auf funfzehn steigen.

Von Seitenplatten sind acht Paar vorhanden, indem den verlängerten Querfortsätzen von acht Wirbeln je eine Platte entspricht; es kommen demnach auf den ersten Brustwirbel und den vor dem Kreuzbeine gelegenen sogenannten Lendenwirbel keine Seitenplatten. Das Verhältniss dieser Seitenplatten zu den ursprünglich freien queren Verlängerungen der Wirbel ist derartig, dass sie mit ihnen mehr oder minder vollständig verwachsen oder sie selbst verdrängen. Bei den *Euereta* und *Trionychoidea* bleibt nicht nur der ursprünglich discret angelegte quere Fortsatz unterhalb der Seitenplatte deutlich erkennbar, sondern die äusseren Enden jener Querfortsätze bleiben auch durch Lücken getrennt, die durch knöcherne Verlängerungen der Seitenplatten unausgefüllt sind. Bei den *Testudinea* und den *Emydea* ist die Verwachsung der epigonal entstehenden Seitenplatten mit den früher discret angelegten Querfortsätzen äusserst innig oder es hat die Ausbildung der Seitenplatten Resorption und Verdrängung der primitiven weichen Anlagen der Querfortsätze im Gefolge. 1)

Randplatten kommen allen Schildkröten, mit Ausnahme der *Trionychoidea*, zu. Es sind deren jederseits eilf vorhanden, die durch Nähte mit einander in Verbindung stehend, bei den *Testudinea* und *Emydea* die Seitenplatten so wie die freien Ränder der vordersten und hintersten Rückenplatte umgürten und auch mit ihnen durch Nähte verbunden sind. Da bei den *Euereta* die Seitenplatten nicht weit genug nach aussen ausgedehnt sind, liegen die Randplatten, mit Ausnahme der vordersten und hintersten, die den entsprechenden Rückenplatten angeschlossen sind, über den Enden der Querfortsätze, die in Vertiefungen derselben eingesenkt zu sein pflegen. Da je eine Platte die Enden zweier solcher Fortsätze bedecken oder einschliessen kann, entsprechen Querfortsätze und Randplatten einander nicht genau. — Bei den *Trionychoidea* bleibt die Gegend der Randplatten gewöhnlich weich; doch kommt bei einzelnen Arten die Entwickelung von Knochenkernen in dieser weichen Grundlage vor. Solcher finden sich z. B. bei *Cryptopus granosus* hinten jederseits vier. — Eine Eigenthümlichkeit der Gattung *Cinixys* besteht darin, dass der hintere Theil ihres Rückenschildes etwas beweglich ist.

§. 15.

Dem Rückenschilde entspricht abwärts ein solidificirtes Bauchschild (*Plastron*). Dasselbe ist vorne unterhalb der unteren Schenkel des Schultergerüstes, hinten unterhalb derjenigen des Beckengerüstes erstreckt, so dass beide Gerüste zwischen den starren Schildern eingeschlossen sind. Gemeinsam ist den meisten Schildkröten die Zusammensetzung des Bauchschildes aus neun ossificirten Stücken, von denen acht paarig angeordnet sind, während das neunte unpaar ist. Einige *Trionychoidea*, namentlich die Gattungen *Cryptopus* und *Cycloderma*, nicht aber die übrigen Gattungen dieser Gruppe, bilden dadurch eine Ausnahme, dass die Zahl der Knochenstücke auf sieben reducirt ist. Das unpaare Stück, das fast immer vorhanden, bei der Gattung *Staurotypus* [1]) aber vermisst wird, ist der Vereinigungsstelle der vordersten paarigen Stücke hinten angeschlossen; an seiner Innenfläche sind gewöhnlich die Enden der abstei-

1) So finde ich es bei Embryonen einer Emys, wo die Wirbelenden der Querfortsätze dicht verknöchert sind, die übrigen Strecken unter den Seitenplatten aber aus weichem Knorpel bestehen.

1) Die Enden der beiden *Claviculae* sind beim ausgewachsenen *St. odoratus* durch dicke Ligamente an den vorderen paarigen Stücken befestigt. Ob das unpaare Stück primordial angelegt ist, kann ich nicht bestimmen.

genden Acromialfortsätze des Schultergürtels durch Syndesmose oder Synchondrose fixirt; sein Knochengefüge bietet häufig ein von dem der übrigen Stücke abweichendes Aussehen dar. Es ähnelt dem *Os episternale* der *Sauria* in einigen seiner Verhältnisse. Das Bauchschild ist nicht bei allen Schildkröten gleichförmig gebildet. Die Besonderheiten seiner An ordnung betreffen, ausser der Zahl, die Ausdehnung seiner einzelnen Ossificationen, die Verbindungsweise seiner Ränder mit dem Rückenschilde und die mangelnde oder vorhandene Verschiebbarkeit einzelner seiner Strecken. Bei den *Testudinea* und den meisten *Emydea* 2), wo die Verknöcherung seiner primitiv weichen Grundlage rasch vorschreitet, bildet die Gesammtheit seiner einzelnen durch Näthe mit einander verbundenen Knochenstücke eine allseitig zusammenhangende Knochenplatte. Zugleich sind einzelne seiner mittleren Knochenpaare durch ihre Aussenränder mit denen der mittleren Randtafeln des Rückenschildes durch Nähte fest verbunden. Der Antheil, den die beiden mittelsten Knochenpaare des Bauchschildes an dieser Verbindung haben, ist ungleich. Bei den meisten geschieht sie durch die beiden mittelsten Knochenpaare und zwar entweder durch deren flache Aussenränder oder durch aufwärts gerichtete Fortsetzungen der letzteren. Bei einigen Gattungen, deren hintere Hälfte mit der vorderen, aus den fünf vordersten Stücken gebildeten Hälfte beweglich verbunden ist, geschieht jene Verbindung nur durch die Aussenränder des dritten Knochenpaares. In beiden Gruppen gibt es nämlich Gattungen, deren Bauchschild bewegliche Strecken besitzt. So ist bei *Pyxis* der vordere Theil des Bauchschildes beweglich; dagegen ist es der hintere bei den Gattungen *Staurotypus, Cinosternum, Cistudo.* — Bei den *Euereta* und den *Trionychoidea* bleibt eine Vereinigung sämmtlicher Brustbeinstücke zu einer allseitig zusammenhangenden Knochenplatte immer aus; eine faserige Grundlage enthält immer nur die einzelnen blos in gewissen Strecken verbundenen Ossificationen, deren Interstitien demnach weich bleiben. Bei den *Euereta* erstrecken sich die einzelnen Ossificationen mit scharfen spitzen Zacken ihrer Ränder in ihre weiche Grundlage hinein. Bei den *Euereta* hat die Verbindung des Bauchschildes mit den Marginalstücken des Rückenschildes unter Vermittlung der weichen Grundlage Statt; die einzelnen Knochen hangen nicht durch Nähte mit den

2) Einige *Emydea* sind durch eine langsamere Verknöcherung ausgezeichnet. Bei *Chelydra serpentina* erhalten sich jederseits von dem langen schmalen unpaaren Stücke weiche Lücken von fibröser Textur. Sie liegen zwischen dem ersten und zweiten Paar der paarigen Stücke. Bei *Pelomedusa capensis* liegt zwischen den vier mittelsten paarigen Stücken eine grosse knorpelige Fontanelle; eine zweite kleinere in der Mitte zwischen der Berühr.ngsstelle der vier hintersten. Der Ossificationsgang des Bauchschildes ist demnach sehr verschieden; auch die Textur der verknöchernden Theile, bald Knorpel; sie sind bald fibröses Gewebe.

Marginalplatten zusammen. Bei den *Trionychoidea* mangeln die Marginalstücke, wie bereits erwähnt, gewöhnlich ganz.

Rückenschild und Bauchschild liegen theils in der Continuität der *Cutis*, theils liegen sie in gleicher Ebene mit oberflächlichen umhüllenden Muskelschichten anderer Regionen, wie das Bauchschild namentlich mit derjenigen des Halses (*M. latissimus colli Boj.*). Die medianen Platten des Rückenschildes pflegen vor ihrer Entwickelung angelegte Muskellagen (*M. M. interspinales*) bei ihrer Verwachsung mit den Wirbeldornen zu verdrängen [3].

[Cuvier hatte den Inbegriff von rippenähnlichen Querfortsätzen und von Seitenplatten als Rippen und den der oberen Wirbelbogen und ihrer medianen Platten als obere Wirbelbogen aufgefasst und zugleich darauf hingewiesen, dass die Verbindung seiner Rippen mit den Wirbeln der bei Säugethieren gewöhnlichen entsprechend sei. Er vergleicht nämlich das Vertebralende eines rippenähnlichen Fortsatzes wegen seiner Verbindung mit Wirbelkörpern mit dem *Capitulum* und erkennt ferner die Homologie des dorsalen Endes einer Seitenplatte mit einem *Tuberculum* wegen seiner Verbindung mit der den oberen Wirbelbogen deckenden Rückenplatte (Recherches Vol. IX. p. 390, 391). — Carus hat später die Ansicht aufgestellt, dass der Panzer der *Chelonia* als ein Product der Verwachsung des inneren mit einem äusseren Skelet aufzufassen sei. Durch Joh. Müller (Archiv 1835 S. 61) und später durch Peters (Müller's Archiv 1839 S. 290) erhielt diese Ansicht eine thatsächliche Begründung. Das äussere Skelet ward von ihnen als Hautskelet aufgefasst — ein Resultat, dem ich, auf eigene Untersuchungen gestützt, bereits früher beitrat und das ich, zahlreichen Forschungen gemäss, mit der Modification behaupte, dass jene Knochenpanzer äussere Skeletstücke sind. Die medianen Rückenplatten verwachsen mit Wirbeldornen; die Seitenplatten mit Querfortsätzen; und das Bauchschild liegt unter Muskeln, die den von Haut bedeckten der *Batrachia* im Ganzen entsprechen. — Rathke (Ueber die Entwickelung der Schildkröten. Braunschw. 1848. 4.) sah sich, in Folge embryologischer Untersuchungen, veranlasst, zu der Cuvier'schen Ansicht zurückzukehren. — Das Ergebniss einiger Anschauungen von Owen ist die Einstimmung in die Auffassungsweise von Carus.]

II. Vom Schedel.

§. 16.

Allgemeine Gesichtspunkte sind folgende: 1) Die primordiale Schedel-Anlage bildet ein *Continuum*. Dieses besteht 1. aus der Schedelcapsel, 2. dem vorne ihr angeschlossenen Nasengerüst, 3. dem Suspensorium nebst Unterkieferanlage und 4. dem paarigen Gaumengewölbe [1]. — Die

---

3) So nach Beobachtungen von Rathke an *Chelonia*, die ich bestätigen kann.

1) Man vergleiche, in Ermangelung anderer Objecte, den von seinen Deckknochen entblössten Froschschedel. Meine Studien erstrecken sich auf den embryonalen Schedel von *Salamandra, Rana, Lacerta, Chelonia.*

Anlage des Suspensorium ist Fortsetzung der hintersten Seitenwandungen der Schedelcapsel. Das Gaumengewölbe steht in Continuität: 1. mit dem Vorderrande des Anfanges des *Suspensorium*, 2. mit dem Seitenrande des Basilartheiles der Schedelcapsel (Sphenoidalgegend), 3. mit der unter der Vordergrenze der *Orbita* gelegenen Strecke der Schedelcapsel (Gegend des Oberkiefers, *Os transversum*). — 2) Die Basis der hintersten Strecke der definitiv entwickelten Schedelcapsel ist immer in horizontaler Richtung von hinten nach vorne in die Basis des *Septum narium* fortgesetzt. — 3) Formmodificationen der Schedelcapsel entstehen dadurch, dass ihre Höhle entweder von der hintersten bis zur vordersten, dem *Septum narium* nächsten Grenze in gleichmässiger Tiefe abwärts reicht, ihr Boden demnach überall mit der horizontal verlängerten Basis zusammenfällt, oder nur hinten bis auf die Basis abwärts erstreckt, in der vorderen Hälfte dagegen höher aufwärts geschlossen ist und deshalb mit der vorderen Fortsetzung der Basis nur durch ein einfaches *Septum* in Zusammenhang steht. — 4) Von dem *Septum narium* ausgehende Weichtheile (*Cartilagines narium*) umfassen fast beständig die Nasenhöhlen unmittelbar. — 5) Die primordial weiche Schedel-Anlage ist mehr oder minder vollständig durch Ossificationen verdrängt. — 6) Diese Ossificationen sind genetisch verschieden, indem ihre Bildung theils in der Continuität der weichen primordialen Anlage, theils ausserhalb derselben begonnen hat (integrirende Ossificationen, Deckknochen). 7) Im Plane einiger Amphibien liegt die perennirende Erhaltung von Strecken der primordialen Schedelcapsel unter oder über einzelnen Deckknochen. — 8) Eine Charakteristik des gesammten Schedels der Amphibien (Schedelcapsel, Nasengerüst, Suspensorium, Unterkiefer und Gaumengewölbe) hat demnach, ausser den einzelnen Ossificationen, auch die weich erhaltenen Strecken, mögen sie frei liegen oder von Deckknochen belegt sein, zu berücksichtigen. — 9) Sehr wesentliche Unterschiede zwischen den Schedeln der einzelnen Gruppen sind begründet: 1. in der Verbindungsweise der Schedelcapsel mit der Wirbelsäule; 2. in der Art des Zusammenhanges des ganzen Kiefer-Gaumen-Apparates oder einzelner seiner Theile mit der Schedelcapsel; 3. in der Ausführung der Augenhöhlenbogen und Schläfenbogen; 4. in der Zahl der einzelnen definitiven Ossificationen.

§. 17.

Der Plan der Schedelbildung aller *Amphibia dipnoa* ist folgender:

1) Die Höhle der ganzen Schedelcapsel ist von gleichmässiger Tiefe; ihre Basis bildet mit derjenigen der Nasengegend eine Horizontalebene. Diese Einrichtung begründet den Mangel eines einfachen *Septum interorbitale.* 2) Die Ossificationen liegen theils in der Continuität einer zu-

sammenhangend angelegten ursprünglich weichen Schedelcapsel, theils, wenigstens ursprünglich, in ihrer Circumferenz. 3) Der solide Schedelboden ist gebildet durch ein flaches *Os sphenoideum basilare*: einen Deckknochen, der durch seine Aussenränder nicht in die Continuität der Ossificationen der Seitenwandungen übergeht. Ueber ihm kann der Boden der weichen primordialen Schedelcapsel entweder in Gestalt einer knorpeligen oder häutigen Fläche erhalten, oder resorbirt, oder durch Ossification zu Verdickung des basilaren Deckknochens benutzt sein. Bei der abortiven Beschaffenheit dieses primitiven Schedelbodens und seiner flächenhaften Ausdehnung bildet er keine Vertiefung zur Aufnahme der *Hypophysis*; es fehlt daher eine *Sella turcica* [1]). 4) Im Plane der Ausführung des Occipitalsegmentes liegt es, dass die Ausbildung zweier sonst typischer Ossificationen: des *Os occipitale basilare* und der *Squama occipitalis* unterdrückt ist; beide fehlen fast immer spurlos; doch kann ein *Occipitale basilare* angedeutet sein. 5) Von den in den allgemeinen Schedelplan gehörigen Ossificationen der Seitenwände der Schedelcapsel sind die beiden hintersten: das *Os occipitale laterale* und die *Ala temporalis* [2]) immer ausgebildet als integrirende Ossificationen. In Betreff der Entwickelung von Ossificationen in der Continuität der vorderen Seitenwandungen der Schedelcapsel herrschen Verschiedenheiten. Die Gegend des *Sphenoideum anterius* bleibt gewöhnlich, wenn auch nicht ausnahmslos, weich. Das Ethmoidalsegment ist meistens, wenn gleich nicht ausnahmslos, ossificirt: *Os ethmoideum*. 6) Ein *Processus orbitalis anterior* bezeichnet die Grenze zwischen Augengrube und Nasengegend und besitzt gewöhnlich eine Ossification: *Os frontale anterius*. 7) Die Anzahl der Schedeldachknochen ist verschieden; mindestens ist ein Paar angelegt: *Ossa parietalia*; häufig sind, durch Hinzutritt von *Ossa frontalia*, zwei Paar entwickelt. 8) Der Abschnitt des *Septum narium* zeigt in Betreff der in seiner Circumferenz entwickelten Ossificationen Verschiedenheiten. Meist sind discrete *Ossa nasalia* vorhanden. In der Continuität des *Septum* selbst kann eine Ossification vorkommen. 9) Discrete hintere Randknochen der Schedelcapsel

---

1) Im Gegensatze zu den *Amphibia monopnoa*, wo der primordiale Basilarknorpel dick ist und eine Lücke zur Aufnahme der *Hypophysis* enthält, wo derselbe ferner integrirend ossificirt und wo eine basilare corticale Ossification unter der integrirenden entsteht, die den soliden Boden für die ursprüngliche, zur Aufnahme der *Hypophysis* bestimmte Lücke bildet.

2) Es ist hier und durchgängig als *Ala temporalis* derjenige Knochen aufgeführt, den Cuvier und seine Nachfolger als *Os petrosum* bezeichneten. Das gleichzeitige Vorkommen eines *Os petrosum* mit diesem Knochen und dieses letzteren: *Ala temporalis*, mit der unzweifelhaften Andeutung einer *Ala orbitalis* (*Sphenoideum anterius*) beim Crocodil rechtfertigt diese Bezeichnung vollständig.

fehlen. 10) Von den hintersten Strecken der Schedelcapsel absteigende paarige *Suspensoria* sind zum Anschlusse der Unterkieferschenkel und der Gaumengewölbe bestimmt. 11) Jedes *Suspensorium* besteht aus Ueberresten einer embryonalen Anlage und aus einer epigonalen, jener auswendig aufliegenden Ossification: *Os tympanicum*. Die Verhältnisse der Anlage zu dem Deckknochen gestalten sich sehr verschieden. Jene ist häufig in knorpeligem Zustande mehr oder minder vollständig erhalten und steht dann gewöhnlich mit der corticalen Ossification in engem Zusammenhange; sie kann auch vollständig ossificiren, und dann eine unter dem *Os tympanicum* gelagerte integrirende Ossification bilden [3]); es kann endlich blos ihr unterstes Ende integrirend ossificirt sein [4]). Dies integrirend ossificirte Ende ist häufig mit dem Ende eines vom Oberkiefer zum *Suspensorium* erstreckten tiefen Jochbogens, *Os quadrato-jugale*, verschmolzen und Theil desselben geworden [5]). Die Ausdehnung des Deckknochens: *Os tympanicum* ist sehr verschieden. Er kann, ganz abortiv, einen Theil der perennirenden Anlage des *Suspensorium* [6]), oder dieselbe in ganzer Ausdehnung bedecken [7]). Sehr häufig überschreitet er jedoch ihre vordere Grenze, ist über die Schläfengrube ausgedehnt und trägt zur Bildung eines Gesichtspanzers bei [8]). 12) Das Gaumengewölbe oder Pterygoidealgewölbe besitzt eine weiche knorpelige Grundlage. Auf dieser oder in der Continuität derselben kömmt eine einzige distincte Ossification: *Os pterygoideum* vor. Durch dieselbe ist die weiche Grundlage mehr oder minder verdrängt oder unkenntlich geworden. Die Grundlage selbst steht mit drei Schedelgegenden in Verbindung, nämlich: 1. mit der Grundlage des *Suspensorium*; 2. mit der Sphenoidalgegend der Schedelcapsel; 3. mit dem unteren Theile der Vorder- und Aussenwand der Augenhöhle. Die Verbindungen haben meistens Statt durch Knorpelbrücken; oft sind diese abortiv, und es vertritt Bindegewebe ihre Stelle. Die Verbindungspunkte selbst sind typisch, liegen im Plane der Schedelbildung, sind Ueberreste des im Embryonalzustande ausgedehnteren Zusammenhanges des Gaumengewölbes mit dem Vorderrande des *Suspensorium*, dem Innenrande der Schedelcapsel und der vor der Augengrube gelegenen Strecke der Schedelanlage. Die Verbindungsstelle mit dem *Suspensorium* ist die nämliche, die bei fast allen Amphibien vorkömmt; die Verbindung mit der Sphenoidalgegend entspricht der Articulation des *Os pterygoideum* mit dem *Sphenoideum basilare* bei den meisten *Streptostylica*, Vögeln u. s. w.; die Verbindung mit dem unteren Theile der Vorderwand der Augenhöhle repräsentirt die bei den *Streptostylica* und *Crocodila* durch ein *Os transversum* vermittelte Verbindung des *Os pte-*

---

3) *Pipa, Dactylethra, Breviceps.* 4) *Salamandra.* 5) *Rana* und viele andere *Batrachia.* 6) *Breviceps.* 7) *Perennibranchiata.* 8) Viele *Batrachia.*

rygoideum mit Oberkiefer und *Os jugale*; denn diese Knochen liegen an der Stelle der unteren Strecke der Vorderwand der Augenhöhle. 13) Paarige vordere Deckknochen sind in der Gaumengegend und unter der Nasengegend immer vorhanden; bald doppelt als *Ossa palatina* und *Ossa vomeris* (*Batrachia*), bald einfach, beide vertretend, dann den Namen *Ossa palatina* führend (*Urodela*). 14) Ein die vorderste Grenze des Schedels umfassender Oberkiefer-Apparat ist beständig angelegt. Zahl seiner Stücke und Ausdehnung derselben sind verschieden. Mindestens sind ossificirte Zwischenkiefer vorhanden; fast immer zugleich Oberkieferstücke. Die Anwesenheit oder Abwesenheit knöcherner Jochbogen, welche vom Oberkiefer zum *Suspensorium* erstreckt sind (*Ossa quadrato-jugalia*), gehört in den Kreis der Besonderheiten einzelner Gruppen. Durch Weichtheile scheint eine solche Verbindungsbrücke beständig angelegt zu sein [9]. Die soliden Kiefertheile liegen der vordersten Strecke des zusammenhangenden Schedels eng an und sind meistens zur Bedeckung und Umgürtung der Nasencapseln verwendet. Wenn vom Oberkiefer aus ein Jochbogen jenseits des *Processus orbitalis anterior* zum *Suspensorium* erstreckt ist, bildet er eine auswendige freie Umgürtung der Schläfengegend. 15) Der Unterkiefer enthält immer zwei Elemente: einen primitiven Bogen und epigonale Deckstücke. Der primitive Bogen pflegt ganz oder grösstentheils in knorpeligem Zustande zu verharren; in dem einen, wie dem anderen Falle bildet er den Gelenktheil des Unterkiefers. Ein durch Deckknochen gebildeter *Processus coronoideus* ist immer vorhanden.

Als mechanische Eigenthümlichkeiten sind zwei hervorzuheben: 1) Die Gelenkverbindungen mit den *Processus transversi* des vordersten Wirbels kommen zu Stande durch zwei den *Ossa occipitalia lateralia* angehörige *Condyli occipitales*. 2) Das Suspensorium steht mit den beiden hintersten Schedelsegmenten durch Synchondrose in unbeweglicher Verbindung.

Zur Einschliessung des Gehörlabyrinthes sind verwendet die gewöhnlich in Querfortsätze ausgezogenen *Ossa occipitalia lateralia* und *Alae temporales*.

§. 18.

Gemeinsame besondere Eigenthümlichkeiten der Schedelbildung der *Urodela* sind folgende: 1) Das Dach der eigentlichen Schedelcapsel wird gebildet durch paarige *Ossa parietalia* und *Ossa frontalia*. 2) Der flache Basilarknochen des Schedels: das *Os sphenoideum basilare* ist weit nach vorn ausgedehnt und unter die Gegend der Nasencapseln erstreckt, deren Boden es fast vollständig einnimmt. 3) Der Oberkieferbogen ist niemals bis zum Suspensorium hin ossificirt; Knochen, welche, den *Ossa quadrato-jugalia* der *Batrachia* homolog, das hintere Oberkieferende mit dem un-

9) Z. B. bei *Menobranchus*, *Salamandra*.

teren Ende des *Suspensorium* in Verbindung setzen, fehlen; ein vom Oberkieferende bis zu dem genannten Punkte erstrecktes Ligament, dem knorpelige Inseln eingesprengt sein können, ist häufig und vielleicht immer vorhanden. 4) Das ein *Os pterygoideum* enthaltende Gaumengewölbe steht durch seinen Innenrand mit der Schedelcapsel und zwar bald nur mit der *Ala temporalis*, bald auch noch mit der vor ihr gelegenen Strecke in Verbindung. 5) Statt discreter Gaumenbeine und *Ossa vomeris* ist jederseits nur ein einziger, unter dem Boden der Nasencapseln gelegener Knochen vorhanden: *Os palatinum.* 6) Der Gelenktheil des Unterkiefers ist knorpelig.

Einige Besonderheiten der einzelnen Gattungen sind folgende: Bei den *Proteidea* sind die niedrigen Seitenwände der beiden vordersten Segmente der eigentlichen Schedelcapsel nicht ossificirt. Statt eigener *Ossa frontalia anteriora* ist ein mit den Ueberresten der zusammenhangenden weichen Schedelcapsel in Continuität stehender abortiver knorpeliger *Processus orbitalis anterior* vorhanden. Eigene Nasenbeine fehlen bei *Menobranchus*; wie auch bei *Proteus.* Der Oberkiefer-Apparat besteht in paarigen Zwischenkiefern. Diese besitzen aufsteigende Aeste in Ersatz der Nasenbeine [1]). — Ein bei *Menobranchus* von jedem Zwischenkieferende zum *Suspensorium* erstrecktes Ligament enthält eingesprengte Knorpel. Das ursprüngliche *Suspensorium* ist theils ossificirt, theils knorpelig. Beide Theile stehen in Verbindung mit den beiden hintersten Schedelsegmenten. Das *Os pterygoideum* ist bei *Menobranchus* weit vorwärts erstreckt, reicht vorne zum *Os palatinum.*

Siredon ist ausgezeichnet durch folgende Verhältnisse: Knorpelige und häutige Strecken der Schedelcapsel sind zwischen den einzelnen integrirenden Ossificationen und unter den Deckknochen erhalten. Die vordere Keilbeingegend ist knorpelhäutig. Das Ethmoidalsegment ist integrirend ossificirt. Die beiden Seitenschenkel des *Os ethmoideum* sind oben durch eine ossificirte Commissur verbunden. Ein knorpeliger *Processus orbitalis anterior* besitzt einen Deckknochen: *Os frontale anterius.* Die Nasenbeine sind seitlich weiter ausgedehnt. Der Oberkiefer-Apparat besteht aus Zwischenkiefern und Oberkiefern. Die weiche Grundlage des *Suspensorium* steht in Continuität mit derjenigen der beiden hintersten Schedelsegmente. Eine vor der Austrittsstelle des *N. trigeminus* gelegene Knorpelbrücke verbindet das Pterygoidalgewölbe mit der *Ala temporalis* des Keilbeines.

Die *Derotremata* besitzen paarige Nasenbeine, ausgedehntere *Ossa frontalia anteriora.* — *Menopoma* besitzt ossificirte *Alae orbitales*; das Ethmoidalsegment ist abortiv und weich. Das Pterygoidalgewölbe ist

1) Vergl. die Abb. von *Proteus* bei Rusconi de la Sirène etc. Tb. IV. Fig. 3. — *Siren* hat, nach Cuvier, ganz abortive Oberkiefer.

weit nach vorne ausgedehnt. Es enthält bei *Amphiuma* nur eine kleine Ossification, während es bei *Menopoma* in weiterer Ausdehnung verknöchert ist.

Die *Myclodera* besitzen in der Gegend des *Processus orbitalis anterior* ein vollständig ossificirtes *Os frontale anterius*. Der Oberkiefer ist im Umfange dieses Knochens ausgedehnt. Die *Alae orbitales* sind ossificirt. Das Ethmoidalsegment ist abortiv, Die Verbindung des Pterygoidealgewölbes mit der Schedelcapsel geschieht durch eine vor der Austrittsstelle des *N. trigeminus* von der *Ala temporalis* ausgehende Knorpelbrücke. Die weiche Anlage des *Suspensorium* ist grossentheils geschwunden. Eine kleine unten am *Suspensorium* vorkommende integrirende Ossification (*Os quadrato-jugale Auct.*, in der That nur eine verknöcherte Stelle der weichen Anlage des Larvensuspensorium) liegt dem Unterkiefergelenke zunächst.

§. 19.

Im specielleren Plane der Schedelbildung der *Batrachia* liegt: 1) die Anwesenheit nur eines Knochenpaares an der Schedeloberfläche, statt paariger *Ossa parietalia* und *frontalia*; 2) der Besitz eines vom Oberkieferende bis zum *Suspensorium* erstreckten, meist ossificirten, selten weich bleibenden Jochbogens; 3) die integrirende Ossification des Ethmoidalsegmentes des Schedels. — In Betreff des Verhaltens der Knochenoberflächen, so wie auch der Trennung oder Verwachsung der Schedeldachknochen, herrschen Verschiedenheiten. Bei den meisten ist die Schedeloberfläche glatt; bei einigen, z. B. *Pelobates*, *Cultripes* u. A. mit rauhen Höckerchen besetzt [1]). Bei *Brachycephalus ephippium* ist die gesammte Schedeloberfläche von einer zusammenhangenden, durch Nähte nirgend unterbrochenen Knochenkruste überzogen, welche in gleicher Ebene liegt mit dem knöchernen Rückenschilde und nur einen sehr dünnen Hautüberzug besitzt. — Bei den meisten bleiben die einzelnen Schedelknochen von einander getrennt; bei einigen bildet ein mehr und minder grosser Theil derselben durch Verwachsung ein Continuum; so namentlich bei *Pipa*. — In Betreff der einzelnen Knochen gilt Folgendes: Die Hinterhauptgegend ist durch paarige, oben und unten zusammenstossende *Ossa occipitalia lateralia* eingenommen, welche den Schedelknorpel mehr oder minder vollständig verdrängt haben. Die vor ihnen liegenden *Alae temporales* sind gleichfalls der Knorpelsubstanz eingelagert oder haben diese verdrängt. Diese beiden Schedelsegmente sind jederseits in nicht unbeträchtliche Querfortsätze ausgezogen, welche das Gehörlabyrinth einschliessen. Die Gegend der

1) Aehnlich sollen sich, nach Duméril und Bibron, die Gattungen *Calyptocephalus* und *Trachycephalus* verhalten.

2) Eigenthümlich sind ausgedehnte freie Seitenflügel in der hinteren Gegend des Schedels bei *Otilophus typhonius*.

Alae orbitales bleibt bei den meisten *Batrachia* knorpelhäutig, ist jedoch bei den *Aglossa* ossificirt. Das Ethmoidalsegment ist allseitig integrirend ossificirt, erscheint daher als ringförmiger Knochen: *Os ethmoideum* von gewöhnlich beträchtlicher Ausdehnung. Der *Processus orbitalis anterior* ist gewöhnlich stark entwickelt, oft nach aussen verlängert; abortiv dagegen bei den *Aglossa*, namentlich bei *Pipa*. Bei *Pipa* perennirt er knorpelig; bei *Dactylethra* ist er integrirend ossificirt. — Meistens ist jeder durch einen oberen Deckknochen: *Os frontale anterius* belegt, der aber nicht selten, z. B. bei *Bufo agua*, durch eine gemischte, in die Tiefe des primitiven Knorpels dringende Ossification vertreten ist. — Das Schedeldach ist durch paarige *Ossa parietalia* gebildet, die bald bis zur hinteren Grenze des *Os ethmoideum* reichen, bald auch dieses bedecken. Diese Knochen — genetisch Deckknochen — besitzen eine verschiedene Breitenausdehnung. Bei manchen *Batrachia* bleiben sie sehr schmal und liegen an den Aussenseiten einer perennirenden weichen häutigen Fontanelle [3]). Bei *Rana*, mehren *Hylae* u. A. bleibt unter ihnen das zusammenhangende Schedeldach, mit Ausnahme bestimmter Stellen, an denen sie in die Tiefe dringen, die daher als Lücken in der knorpeligen Decke der zusammenhangenden Schedelanlage erscheinen, erhalten. Bei älteren *Bufones*, *Pelobates*, *Pipa* ist unter ihnen jede Spur des primitirten Knorpels verschwunden und bei *Pipa* sind sie mit den Ossificationen des vorderen Keilbeinsegmentes und des Ethmoidalsegmentes zu einem Continuum verschmolzen. — Die Schedelbasis ist, mit Ausnahme ihres hintersten Endes, eingenommen von dem *Os sphenoideum basilare*, das mit zwei Seitenschenkeln auch unter die Schedelquerfortsätze sich erstreckt, vorne aber nicht unter den knorpelhäutigen Boden der Nasencapseln reicht. Ueber ihm ist der weiche Boden der primordialen zusammenhangenden Schedelanlage bald in verschiedenem Grade der Vollständigkeit erhalten, wie z. B. bei *Rana*, *Hyla* n. A., bald spurlos verdrängt, wie z. B. bei *Pipa*. — Die Nasengegend verhält sich, rücksichtlich der Zahl und Art ihrer knöchernen Bedeckungen, verschieden. Bei den meisten *Batrachia* ist ihr Dach, unter Abwesenheit discreter Nasenbeine, durch die umfänglichen *Ossa frontalia anteriora* gebildet. Diese Knochen sind bei Arten der Gattung *Bufo* sehr ausgedehnt und mit ihren Innenrändern, ähnlich wie bei den *Chelonia*, in ganzer Länge an einander geschlossen. Unter Mangel dieser Knochen, besitzt *Pipa* paarige Nasenbeine, *Dactylethra* ein unpaares Nasenbein; die Arten der Gattung *Breviceps* besitzen, ausser kleinen *Ossa frontalia anteriora*, paarige Nasenbeine. Andeutungen der

---

3) So z. B. bei mehren *Breviceps* (*gibbosus* und *mozambicus*), bei *Alytes obstetricans, Hyla bicolor, Bufo calamita, Bombinator igneus.* Bei der jungen *Pipa* schreitet ihre Ossification von aussen nach innen vor.

letzteren liegen auch bei *Bombinator igneus* vor den *Ossa frontalia anteriora.* — Unter den knorpeligen Grundflächen der Nasencapseln liegen bei den meisten *Batrachia* paarige *Ossa vomeris*, Knochen, die die knorpeligen Strecken fast nie vollständig umfassen, die aber die hinteren Nasenöffnungen begrenzen. Einige *Batrachia* besitzen ein unpaares *Os vomeris*, das flach und median gelagert ist. Dahin gehören die *Aglossa* [4]) und *Pelobates.* — Der Boden der Nasencapseln wird bei vielen *Batrachia* vervollständigt durch den *Ossa vomeris* aussen und vorne eng angeschlossene flache Ossificationen: *Conchae.* Sie pflegen die hintere Nasenöffnung von vorne zu begrenzen. Das *Septum narium* ist bald knorpelig, bald in grösserer oder kleinerer Strecke integrirend ossificirt, wie z. B. bei *Bufo agua, Breviceps gibbosus, Pelolates fuscus, Dactylethra* u. A. — Ossificationen in der Continuität der *Cartilagines laterales* und der muschelartigen Einstülpungen des knorpeligen Nasengerüstes kommen vielen *Batrachia* zu [5]).

Paarige Zwischenkiefer und Oberkiefer umgürten aussen den Vorderrand der Nasencapseln. Bei den meisten *Batrachia* besitzen die Zwischenkiefer über die Nasencapseln erstreckte aufsteigende Aeste. Sie sind bei *Rana*, entsprechend der unbedeutenderen Entwickelung der *Ossa frontalia anteriora*, ausgedehnt; unbeträchtlich bei *Bufo*, wo die zuletzt genannten Knochen so umfänglich sind. Sie fehlen ganz bei *Breviceps* und bei den *Aglossa*; bei ersterem sind die Zwischenkiefer abortiv und kaum verknöchert [6]). — Im Plane des Schedelbaues der meisten *Batrachia* liegt der Besitz eines, vom Oberkieferende aus, zum *Suspensorium* erstreckten Jochbogens. Bei den meisten ist dieser verknöchert als ein dem Oberkieferende angeschlossenes *Os quadrato-jugale*, dessen hinterstes verdicktes Ende, das zum Theil auf Kosten der knorpeligen Grundlage des *Suspensorium* gebildet ist, Theil nimmt an der Bildung des Gelenkkopfes, dem der Unterkiefer angefügt ist. Anders verhalten sich die *Aglossa* und *Breviceps.* Der Oberkiefer ist bei den *Breviceps* kurz, nicht stabförmig frei nach hinten verlängert. Der Jochbogen perennirt bei *Breviceps* in weicher, zum *Suspensorium* erstreckter Anlage, die nicht ossificirt; es fehlen daher eigene *Ossa quadrato-jugalia.* Unter den *Aglossa* fehlt bei *Dactylethra* auch diese weiche zum *Suspensorium* erstreckte Anlage [7]). — Das *Suspensorium*

---

4) Der Angabe, dass der *Vomer* bei *Pipa* ganz fehle, muss ich widersprechen; er ist sehr klein; man sieht ihn am zerlegten Schedel.

5) Z. B. zwei Paar bei *Dactylethra*; einer jederseits bei *Cystignathus, Rana* u. A.

6) Bei *Dactylethra* und *Pipa* sehr kurz; dort zahntragend, hier, gleich dem Oberkiefer, der Zähne ermangelnd.

7) Bei *Dactylethra* ist ein Ligament vom Oberkieferende bis zum *Os pterygoideum* erstreckt. Bei *Pipa* tritt das Oberkieferende unter das *Os pterygoideum* und ein Ligament reicht von seinem Ende zur Basis des *Suspensorium.*

steht mit der Schedelcapsel durch Synchondrose in Verbindung. Es besteht bei den meisten *Batrachia* aus einem Deckknochen: *Os tympanicum* und aus einem primitiven Knorpel, der unter dem Deckknochen in verschiedener Ausdehnung perennirend erhalten zu sein und als Knorpel oder partiell ossificirt, zur Bildung des Gelenkkopfes für den Unterkiefer wesentlich beizutragen pflegt. *Breviceps* ist ausgezeichnet durch sehr vollständige Erhaltung der primitiven Anlage, die auch einen Knochenkern enthält und durch blos spurweise Entwickelung des Deckknochens oder *Os tympanicum*. Bei den *Aglossa* ist die primitive Anlage vollständig verknöchert und als eine selbstständige, von dem *Os tympanicum* nur partiel vorne bedeckte Ossification vorhanden. — Bei denjenigen *Batrachia*, welche ein Paukenfell besitzen, ist dieses unmittelber oder vermittelst eines eigenen Knorpelbogens (wie z. B. bei *Rana*, *Cystignathus*) an dem Hinterrande des *Os tympanicum* fixirt. — Im Uebrigen bietet das *Os tympanicum* hinsichtlich seiner Ausdehnung grosse Verschiedenheiten dar. Seine Ausdehnung beschränkt sich oft grösstentheils auf die knorpelige Anlage des *Suspensorium* und es besitzt nur die Andeutung eines vorwärts gerichteten freien Schläfenfortsatzes, wie z. B. bei *Alytes*, *Bufo*, *Bombinator* [8]; letzterer ist weiter ausgedehnt bei vielen anderen *Batrachia*, wie bei den Gattungen *Rana*, *Cystignathus*, *Pyxicephalus edulis*, *Pelobates*, *Dactylethra* und vor Allen bei *Ceratophrys*. Bei mehren der zuletzt genannten *Batrachia* [9]), namentlich *Pelobates*, *Ceratophrys* erreicht er den *Processus orbitalis anterior*, ist bei den beiden letzteren mit ihm verbunden und bildet mit ihm einen vollständigen Augenhöhlenring. — Ein zur Seite der hinteren Keilbeingegend des Schedels gelegenes, vom *Suspensorium* ausgehendes Pterygoidealgewölbe, das in mehr oder minder ausgedehnter weicher Grundlage eine Ossification: das *Os pterygoideum* enthält, geht durch seine weiche Grundlage vorne ohne Unterbrechung über in die Gegend des *Processus orbitalis anterior* der zusammenhangenden Schedelcapsel. Die erwähnte weiche Grundlage dieses Pterygoidealgewölbes ist der Ueberrest des weichen Gaumengewölbes der Larven, welches in die knorpeligen Anlagen des *Suspensorium*, der Schedelcapsel in der Gegend ihres hinteren Sphenoidalsegmentes und der Innen- und Unterseite des *Processus orbitalis anterior* ohne Unterbrechung übergeht. Von diesen Verbindungen ist die eine mit dem Sphenoidalsegmente der Schedelcapsel durch erfolgte Bildung eines *Os pterygoideum* unterbrochen, während die beiden anderen in verschiedenem Grade der Vollständigkeit und Deutlichkeit erhalten sind. Gewöhnlich liegt die Verbindungsstelle des Pterygoi-

8) Bei *Pipa* fehlt selbst jede Spur eines solchen Fortsatzes.

9) Bei *Dactylethra* reicht er zum vorderen Drittheile des *Os pterygoideum*, an das er auswärts sich anreiht.

dealgewölbes mit dem *Suspensorium* am unteren Ende des letzteren; bei *Breviceps* liegt sie etwa in der Mitte der Länge desselben. Das Verhalten des ossificirten Theiles: des *Os pterygoideum* zu der knorpeligen Anlage zeigt sich verschieden; jener ist bald Deckknochen, wie bei *Rana*, bald gemischte Ossification wie bei *Bufo*, bald in der Continuität des Knorpels selbst entwickelt, wie bei *Breviceps*. Die, anstatt eines *Os transversum* vorhandene, weiche Verbindungsbrücke mit dem unteren Ende des *Processus orbitalis anterior* ist knorpelig bei *Rana*, durch Knorpel oder Bindegewebe gebildet bei den *Aglossa*. Bei letzteren ist jedes *Os pterygoideum* unter den Schedelquerfortsatz erstreckt. Diese Strecke des *Os pterygoideum* bildet den Boden einer in jenem Querfortsatze gelegenen Rinne, innerhalb welcher ein *Recessus* der Rachenhöhle: *Tuba Eustachii* zur Paukenhöhle erstreckt ist. — Bei den meisten *Batrachia* kommen an der Basis der knorpelig angelegten *Processus orbitales anteriores* liegende Deckknochen vor: Gaumenbeinen, *Ossa palatina*, entsprechend. Bei *Breviceps* sind sie abortiv; den *Aglossa* fehlen sie. Ihre Kleinheit und ihr Mangel correspondirt der unbeträchtlichen Entwickelung jener *Processus orbitales anteriores* der zusammenhangenden Schedelanlage. — Der Unterkiefer besteht aus einer knorpeligen Anlage und aus Deckknochen. Durch erstere wird der Gelenktheil gebildet; die knorpelige Anlage (der Meckel'sche Knorpel) ist in ihrer längsten Strecke von Deckknochen belegt. Eine Strecke des ventralen Endes bleibt aber gewöhnlich unbedeckt, ist integrirend ossificirt und unter Bildung eines mehr oder minder deutlichen Winkels mit dem knorpeligen Theile verbunden. Der Winkel ist besonders ausgeprägt bei *Rana* und vor Allen bei *Breviceps*. Bei den Larven der *Batrachia* ist er immer sehr deutlich vorhanden und bildet, als ventraler vom Mundwinkel ausgehender Schenkel, ihren Unterkiefer. — Bei den *Aglossa* fehlt diese Einrichtung; der knorpelige Theil ist in ganzer Länge von Deckknochen belegt. — Die Deckknochen des Unterkiefers sind ein äusserer und ein innerer: ein *Os dentale* und *operculare*.

§. 20.

Bei den *Gymnophiona* ist die Schedelcapsel fast vollständig durch discrete Ossificationen gebildet; hinten durch paarige *Ossa occipitalia lateralia*, vor diesen seitlich durch ausgedehnte *Alae temporales*, welche durch eine knorpelhäutig bleibende Strecke (die Region der *Alae orbitales*) von dem ossificirten Ethmoïdalsegment getrennt sind. Eine Strecke des Daches des letzteren liegt häufig frei zu Tage, eine Eigenthümlichkeit, die der Gattung *Epicrium* fehlt. Den Boden der Schedelcapsel bildet das weit nach vorne ausgedehnte *Os sphenoideum basilare*; die Bedachung derselben geschieht durch paarige *Ossa parietalia* und *frontalia*. — Die Bedachung der Nasenhöhlen hat in verschiedener Weise Statt. Bei *Coecilia* geschieht sie durch die umfänglichen aufsteigenden Aeste der Zwischenkiefer, welche, unter Abwesenheit eigener Nasenbeine, die Nasenhöhlen vollständig bedecken und auch die äusseren Nasenlöcher umschliessen. Bei *Epicrium* sind eigene Nasenbeine beobachtet. — Im Plane der Schedelbildung der *Gymnophiona* liegt die Anwesenheit von Schläfenbogen. Sie sind verschiedentlich ausgebildet. Bei *Coecilia* sind sie am vollständigsten: die paarigen Zwischenkiefer, Oberkiefer, so wie *Squama temporales* bilden ein vorne mit der Nasencapsel verwachsenes, weiterhin frei über der Schläfengrube fortgesetztes Dach. Sein Hauptstück ist die in ganzer Länge den *Ossa frontalia* und *parietalia* angeschlossene *Squama temporalis*, die hinten der Aussenfläche des *Os tympanicum* innig angefügt ist. Dies Dach besitzt eine das Auge umschliessende Oeffnung. Der Oberkiefer hat eine Oeffnung für ein kleines Tentakel. Bei den Gattungen *Siphonops* und *Epicrium* ist dies Dach nur angedeutet. — Das *Suspensorium* enthält eine kurze, stabförmige integrirende Ossification, die von der Schedelcapsel absteigt und bei *Coecilia* zunächst von dem ihm vorne und aussen eng angeschlossenen *Os tympanicum*, nebst diesem aber von der *Squama temporalis* verdeckt ist. Der Gaumen-Apparat besteht in paarigen *Ossa pterygoïdea* und *palatina*. Jedes *Os pterygoïdeum* geht hinten vom *Suspensorium* aus, erstreckt sich längs dem Aussenrande der Schedelbasis vorwärts, ist in kurzer Strecke einwärts dem *Os sphenoïdeum basilare* und ist weiter vorne auswärts dem *Os maxillare superius* angeheftet. Das ihm vorne angeschlossene, eine Zahnreihe tragende Gaumenbein besorgt die Umschliessung der hinteren Nasenöffnung. — Der Unterkiefer ist solide; jeder seiner beiden, durch Naht verbundenen Schenkel besteht aus zwei Knochen: einem hinteren und einem vorderen. Dieser ist ein *Os dentale*; jener vertritt die Stelle eines *Os articulare* und *angulare* und ist jenseits des Gelenkes in einen beträchtlichen Eckfortsatz ausgezogen.

[Eine Abbildung vom Schedel einer *Coecilia* s. bei Dugès Recherches Pl XIV. Fig. 92 – 95. Andere (von *Siphonops albiventris* und *Epicrium hypocyaneum*) bei Müller in Tiedemann und Treviranus Zeitschrift Bd. IV. Th. XVIII. Fig. 3. und 5. — Ich zerlegte den Schedel von *Coecilia annulata Spix*.]

§. 21.

Gemeinsame Momente in der Zusammensetzung der Schedel der *Amphibia monopnoa* sind folgende: 1) die Bildung ihrer Hinterhauptgegend aus vier Knochen: einem *Occipitale basilare*, zwei *Occipitalia lateralia* und einer *Squama occipitalis*; 2) die Bildung des Schedelbodens durch ein *Os occipitale basilare* und ein ihm angeschlossenes *Os sphenoideum basilare*, das seinerseits vorne mit der Basis des *Septum narium* in Continuität steht; 3) der Besitz einer *Sella turcica* zur Aufnahme der *Hypophysis cerebri* [1]); 4) die Anwesenheit eines *Condylus occipitalis*, an dessen

1) Ihre Anwesenheit steht in Zusammenhang mit der Erhaltung und Verknö-

Bildung sowohl das *Occipitale basilare*, als auch die *Occipitalia lateralia* Theil haben; 5) der Besitz eines Kiefer-Suspensorium, das aus einem einzigen Knochen: dem *Os tympanicum* besteht; 6) die Zusammensetzung des Unterkiefers aus mehr oder minder zahlreichen Stücken: einer integrirenden Ossification: dem *Os articulare*, dessen Fortsetzung der Meckelsche Knorpel ist, und mehren Deckknochen. Die Unterschiede in der Schedelbildung der einzelnen Ordnungen beruhen wesentlich in den mechanischen Verhältnissen. Die verschiedene Ausdehnung der Umgürtungen der Schläfengegend ist an diese letzteren bald nothwendig geknüpft, bald kömmt sie erst in zweiter Linie in Betracht.

Die *Streptostylica* sind vorzüglich durch die verschiebbare Verbindung ihres *Suspensorium* mit der Schedelcapsel ausgezeichnet; bei den meisten ist zugleich der knöcherne Gaumen-Apparat in verschiedenem Grade verschiebbar. Ein tiefer den Oberkiefer bis zum *Suspensorium* hin fortsetzender solider Jochbogen fehlt in diesem Falle. Bei den *Monimostylica* ist dagegen das *Suspensorium* völlig unbeweglich mit der Schedelcapsel verbunden; zugleich ist der Gaumen-Apparat immer unverschiebbar unter der Schedelcapsel fixirt. Ein tiefer den Oberkiefer bis zum unteren Ende des *Suspensorium* fortsetzender Jochbogen ist meistens, wenn schon nicht ausnahmslos, vorhanden.

Eine andere gemeinsame Eigenthümlichkeit der *Streptostylica* besteht in dem Besitze paariger *Ossa vomeris* und ihnen angeschlossener paariger Knochen, welche als *Conchae* bezeichnet sind.

§. 22.

Der Plan der Schedelbildung der *Ophidia eurystomata* ist folgender: 1) die Höhle ihrer Schedelcapsel reicht bis zum Beginne der Nasengegend in gleichmässiger Tiefe abwärts oder ist im vorderen Abschnitte nur sehr wenig höher geschlossen, als im hinteren. Es fehlt deshalb ein einfaches *Septum interorbitale*. 2) Die knöcherne Schedelcapsel besitzt nirgend Lücken oder häutige Fontanellen, sondern bildet ein durch wenige Näthe unterbrochenes *Continuum*. 3) Das vordere Keilbeinsegment bildet einen oben ununterbrochenen, das Ethmoidalsegment einen aus paarigen Bogen bestehenden Knochenring. 4) Das *Os sphenoideum basilare* reicht ossificirt bis zur Grenze der Nasengegend. 5) Das *Os tympanicum* ist mehr oder minder stabförmig und frei beweglich an einer der Schädelcapsel verschiebbar aufliegenden *Squama temporalis* fixirt [1]). 6) Solide Joch- und Schläfenbogen, welche den Oberkiefer fixiren und seine Freibeweglichkeit hindern würden, fehlen. 7) Die Knochen des Gaumen-Apparates und der

cherung paariger Anlagen des primitiven Schedelbodens oberhalb einer unteren corticalen Ossification. So nach Beobachtungen an Embryonen von Schlangen und Schildkröten.

1) *Os mastoideum Auctt.*

Oberkiefer sind schmale gewöhnlich nur mit dem *Processus frontalis anterior* der Schedelcapsel verschiebbar verbundene Leisten, die zur Einschliessung der Nasenhöhlen unverwendet bleiben. 8) Der Zwischenkiefer ist unpaar, dem Vorderrande des *Septum narium* fest verbunden, begrenzt vorne die Nasenhöhlen und steht mit den Oberkieferknochen nur durch dehnbare Weichtheile in Verbindung. 9) Die beiden Unterkieferschenkel bleiben von einander entfernt und stehen mit einander nur durch dehnbare Weichtheile in Verbindung.

Die Summe dieser Einrichtungen verhütet die Verschiebung einzelner Abschnitte der eigentlichen Schedelcapsel gegen einander und macht sie zum Stützpunkte der — mit Ausnahme des fixirten Zwischenkiefers — in ihrer Gesammtheit- wie im Einzelnen verschiebbaren Stücke des Kiefer-Gaumen-Apparates, gestattet endlich — behufs Erweiterung der Mundhöhle — eine beträchtliche Entfernung der beiden Unterkieferschenkel von einander.

Im Einzelnen sind die Verhältnisse folgende: Von den vier Knochen der Hinterhauptsgegend ist die *Squama occipitalis* ausgeschlossen von der Begrenzung des *Foramen magnum.* — Das zweite Schedelsegment, dessen Seitenwände durch die *Alae temporales* eingenommen sind, besitzt keine discrete Dachknochen. — Das dritte Schädelsegment besteht in einem unpaaren ringförmigen Knochen, dessen Dachtheil nach hinten zwischen die paarigen *Alae temporales* verlängert, den Vorderrand der *Squama occipitalis* erreicht. Der Knochenring ist jederseits in einen *Processus orbitalis posterior* ausgezogen. Der Vorderrand jeder Seitenwand trägt zur Begrenzung des *Foramen opticum* bei. Die absteigenden Seitentheile des Knochenringes vertreten *Alae orbitales,* seine obere Strecke vertritt *Ossa parietalia.* — Das Ethmoidalsegment besteht in zwei oben durch Naht verbundenen Hälften. Ein vorne, der Nasenhöhle zu, absteigender Fortsatz jedes Knochens enthält eine Oeffnung zum Durchtritt der Geruchsnerven. — Der zweite Basilarknochen: das *Os sphenoideum basilare,* hinten immer breit, reicht mehr oder minder verschmälert, als Knochen, bis zur Grenze der Nasengegend. — Die *Squama temporalis* ist ein flacher, stabförmiger Knochen, der der Grenze zwischen der *Ala temporalis* und dem verlängerten Dachstücke des dritten Schedelsegmentes, durch Syndesmose befestigt, verschiebbar aufliegt. Meistens lang, ist der Knochen durch Kürze ausgezeichnet bei den Gattungen *Elaps* und *Bungarus.* — In der Gegend des *Processus orbitalis posterior,* an der Grenze des dritten und vierten Schedelsegmentes kömmt häufig, doch nicht beständig, ein discreter Randknochen: *Os frontale posterius* vor. Er fehlt z. B. den Gattungen *Trigonocephalus, Elaps.* Bei den einzelnen Schlangen, die ihn besitzen, zeigt er nicht immer gleiches Verhalten. Er ist durch Breite ausgezeichnet bei den Arten der Gattung *Vipera,* ist abwärts gerichtet auf das *Os transversum* bei *Eryx*, ist oberhalb der Augengrube nach vorne verlängert bei *Acrochordus*, ist bogenförmig abwärts und vorwärts gekrümmt bei *Heterodon* und convergirt hier mit einem abwärts und hinterwärts gekrümmten Fortsatze des *Os frontale anterius*, so den hinteren Schenkel eines unvollkommen geschlossenen untern Augenhöhlenringes bildend. Dem Vorderrande des Ethmoidalsegmentes jederseits angeschlossen ist ein *Os frontale anterius*. Es trägt oft zur Bedeckung der Nasenknorpel bei. Jeder dieser Knochen schliesst den Thränencanal ein und besitzt zwei abwärts gerichtete Fortsätze zur Anheftung des Oberkiefers und Gaumen-Apparates. — Ein accessorisches *Os supraorbitale* ist Eigenthümlichkeit der Gattung *Python*. — Die knorpeligen Nasencapseln sind bald unvollständiger, bald vollständiger von Knochen belegt. Zu ihrer Bedeckung pflegen die *Ossa frontalia anteriora* beizutragen. Sie besitzen ferner eigene Deckknochen in paarigen Nasenbeinen, deren Breite verschieden ist [1]), die aber immer zu einem einfachen absteigenden knöchernen *Septum narium* sich zu verbinden pflegen, an welchem der unpaare Zwischenkiefer haftet. Am Boden der Nasencapseln liegen paarige *Ossa vomeris*; auswärts vom *Vomer* ein zweiter Knochen: die *Concha*. Beide Knochen: *Vomer* und *Concha* begrenzen eine Höhle, die nach unten geöffnet ist. Der an dem Vorderrande des knöchernen *Septum narium* befestigte Zwischenkiefer begrenzt die Nasengegend vorne. — Mit seinen Aussenrändern hangen durch dehnbare Bandmasse zusammen die leistenförmigen Oberkieferbeine. Ihre Länge ist verschieden. Sie sind kurz bei den Giftschlangen, mit Ausnahme von *Chloroechis* (Schleg.), verlängert bei den übrigen; bei jenen nur am *Os frontale anterius*, bei diesen öfter auch am *Os frontale posterius* angeheftet. — Den Gaumen-Apparat bilden paarige *Ossa pterygoidea, palatina* und *transversa*. Sämmtliche Knochen sind schmal, leistenförmig. Das hintere Ende jedes *Os pterygoideum* haftet durch Syndesmose am Ende des *Os tympanicum*; sein Innenrand ist oft an einem *Processus articularis* des *Os sphenoideum basilare* an einem Punkte verschiebbar angeschlossen; sein Aussenrand durch ein bei den meisten Giftschlangen langes, sonst kürzeres *Os transversum* mit dem Oberkiefer verbunden; sein Vorderende an ein *Os palatinum* angeschlossen, das vor seinem freien Vorderende auswärts mit dem *Os frontale anterius* durch Syndesmose verschiebbar zusammenhangt. — Das *Os tympanicum* stellt eine von dem Ende der *Squama temporalis* aus frei absteigende Leiste dar. Seine Länge ist verschieden. Sehr lang und schräg nach hinten gerichtet bei den meisten Giftschlangen, ist es kürzer und steiler abwärts gerichtet bei den übrigen. — Die gegenständigen Unterkieferschenkel hangen nur durch dehnbare Bandmasse mit einander zusammen. Freie Eck-

1) Sehr ausgedehnt bei der Gattung *Eryx*.

fortsätze sind bei den Giftschlangen verhältnissmässig am längsten. Bei der Mehrzahl der *Eurystomata* besteht jeder Unterkieferschenkel aus vier Knochenstücken: 1) dem *Os articulare*, von dem der Eckfortsatz ausgeht, 2) dem *Os dentale*, 3) zweien an der Innenseite gelegenen Stücken: einem *Os operculare* und *antoperculare.* Diese letztgenannten Stücke sind bei einigen *Vipera*-Arten [2]) durch einen einzigen Knochen vertreten. Bei den *Pythonina* und *Boïna* ist an der Innenseite des *Processus coronoideus* noch ein *Os complementare s. coronoideum* vorhanden.

Die *Ophidia angiostomata* sind in Betreff ihrer Schedelbildung unterschieden durch folgende Momente: 1) durch unbeträchtlichen Umfang oder Mangel einer *Squama temporalis*, 2) durch unmittelbaren Anschluss des *Suspensorium* an die Schedelcapsel, 3) durch engere Verbindung der beiden Unterkieferschenkel, 4) durch Mangel eines hinteren Augenhöhlenvorsprunges (*Os frontale posterius*) [3]). — Der Unterkiefer besitzt bei den *Tortrix* jederseits drei Stücke: ein *Os articulare*, *dentale* und *coronoideum.* — Die *Typhlopina* besitzen ein *Os articulare*, ein sehr entwickeltes *Os coronoideum* und ein der Länge nach zerfälltes *Os dentale*, das mit dem der anderen Seite durch ein sehr kleines Mittelstück in Verbindung steht [4]).

§. 23.

In den Plan der Schedelbildung aller *Sauria* gehören folgende Momente:

1) Ihre Schedelcapsel besitzt einen bis zu den Basilarknochen abwärts reichenden hinteren und einen höher aufwärts geschlossenen, mit der Fortsetzung des Axensystems durch ein *Septum interorbitale* in Ver-

---

2) Bei *Vipera (Echidna) rhinoceros (gabonica D. B.)* und *arietans*, nach Untersuchungen von Peters. — Die übrigen von Peters untersuchten Schlangen sind: *Calamaria, Coronella, Coluber, Xenodon, Heterodon, Lycodon, Dasypeltes, Herpetodryas, Psammophis, Dendrophis, Dryiophis, Dipsas, Homalopsis, Tropidonotus, Acrochordus, Naja, Elaps, Bungarus, Hydrophis, Acanthophis, Pelias, Crotalus, Trigonocephalus,* welche sämmtlich übereinstimmen.

3) Die einzelnen Gruppen der *Oph. angiostomata* zeigen wieder manche Besonderheiten. *Typhlops* ist besonders ausgezeichnet: 1) durch Ausdehnuug und Wölbung der Nasengegend bei beträchtlichem Umfange der *Ossa frontalia anteriora* und *nasalia*; 2) durch die Lage der Nasenöffnungen an der Unterseite des Schedels; 3) durch Verschmelzung jedes *Os pterygoideum* und *palatinum* zu einem einzigen Knochen; 4) durch ausbleibenden Anschluss des stielförmigen Endes des Gaumenknochens an das *Suspensorium*; 5) durch Länge des von paarigen Knochen bedeckten vierten Schedelsegmentes, welches letztere dagegen namentlich bei den *Tortricina* durch Kürze ausgezeichnet ist. — Abbildungen der Schedel von *Typhlops*, *Tortrix*, *Rhinophis*, *Uropeltis* s. bei J. Müller in Tiedemann und Treviranus Zeitschr. Bd. IV. Th. XX. XXI.; die Bezeichnungen derKnochen sind zum Theil abweichend.

4) Ich verdanke diese Mittheilungen über die Unterkiefer Herrn Prof. Peters.

bindung stehenden vorderen Abschnitt. 2) Die primitive, weiche Grundlage der Schedelcapsel ist im hinteren Abschnitte durch die discreten integrirenden Ossificationen des Hinterhauptsegmentes und des hinteren Keilbeinsegmentes verdrängt. 3) Die Seitenwandungen und das *Septum* der vorderen — das vordere Keilbeinsegment und das Ethmoidalsegment repräsentirenden — Strecke behalten perennirend eine zusammenhangende knorpelhäntige Grundlage, welcher Ossificationen unbeträchtlichen Umfanges eingelagert zu sein pflegen. 4) Die unterhalb dieser Schedelgegend hingezogene, vorne in das *Septum narium* fortgesetzte, hinten mit dem *Os sphenoïdeum basilare* in Continuität stehende Strecke des Axensystems perennirt knorpelig. 5) Der solide Oberkiefer-Apparat liegt in der Circumferenz der weichen Umgebungen der Nasenhöhlen, ist zu deren äusserer Bedeckung verwendet und steht in unmittelbarer, unverschiebbarer Verbindung mit den übrigen Theilen der vorderen Schedelhälfte. 6) Das *Suspensorium* ist verschiebbar befestigt. 7) Die beiden Unterkieferschenkel sind durch Naht oder Synchondrose innig mit einander verbunden.

Besondere Eigenthümlichkeiten der *Sauria Kionocrania* sind folgende:

1) Zwischen dem Vorderrande der ausgedehnten *Squama occipitalis* und dem nächst vorderen Schedeldachknochen: dem einfachen oder paarigen *Os parietale*, erhält sich ein mehr oder minder breiter, knorpelhäutiger, daher biegsamer Streif: eine nicht ossificirte Strecke des Daches des primitiven Schedels. 2) Das *Os sphenoideum basilare* ist nur in seiner hintersten Strecke officirt, unter dem *Septum interorbitale* weich. 3) Paarige, frei hinterwärts gerichtete Seitenfortsätze des Scheitelbeines sind durch ihre Enden gestützt auf Querfortsätzen, die durch die Seitenknochen der beiden hintersten Schedelsegmente, oft unter Theilnahme abortiver *Ossa mastoidea*, gebildet sind. 4) Auf demselben Querfortsatze gestützt ist das äusserste Ende eines oberen Schläfenbogens. 5) Ein Oberkiefer-Jochbogen bildet einen zum *Os frontale posterius* erstreckten Augenhöhlenring. 6) An dem unteren Ende des Schläfenbogens ist das *Os tympanicum* eingelenkt. 7) Der vorne und seitlich mit dem Oberkiefer-Jochbogen fest und unverschiebbar verbundene Gaumen-Apparat ist durch das Ende seines hintersten Stückes: des *Os pterygoideum*, am *Os tympanicum* in der Nähe seines unteren Endes eingelenkt. 8) In der unmittelbaren Nähe des Ursprunges des freien Scheitelbeinfortsatzes geht von der Scheitelbeinplatte ein stabförmiger Knochen: *Columella* aus, welcher zur oberen Fläche des *Os pterygoideum*, der sein Ende eingelenkt ist, abwärts sich erstreckt.

Der Schedel besteht demnach aus zwei Abschnitten: einem hinteren, weiteren und kürzeren, allseitig ossificirten, und einem umfänglicheren vorderen, dessen Seitenwandungen und Basis weich bleiben, dessen ossificirte Decken mit denen des ersteren Abschnittes durch einen weichen dehnbaren Zwischenraum zusammenhangen, dessen frei verlängerte Seitenschenkel endlich mit ihren Enden auf Querfortsätzen des hinteren lose aufliegen. Dadurch ist die Möglichkeit einer Senkung und Hebung des vorderen Sahedelabschnittes nebst dem ihm angeschlossenen Gaumen-Apparate gegen den hinteren fixirt bleibenden gegeben [1]).

Die einzelnen Schedelknochen der ***Kionocrania*** zeigen folgendes Verhalten:

Das wirbelähnliche Occipitalsegment besteht aus den typischen vier Knochen: 1) dem *Occipitale basilare*, 2) den paarigen *Occipitalia lateralia* und 3) der *Squama occipitalis*. Letztere begrenzt oben das *Foramen magnum* und bildet das Dach des Occipitalsegmentes und des hinteren Keilbeinsegmentes. Letzterem gehören an als Seitenschenkel: die *Alae temporales* [2]), und als Basilarstück: das *Os sphenoïdeum basilare*. Der Schedelquerfortsatz ist durch ein *Occipitale laterale* unter Theilnahme der *Ala temporalis* gebildet. Zwischen *Occipitale laterale* und *Ala temporalis* liegt die *Fenestra ovalis*; beide Knochen sind nebst der *Squama occipitalis* zur Einschliessung des Gehörlabyrinthes verwendet. Bei unbeträchtlicher Längenausdehnung der *Ala temporalis* liegt die Austrittsstelle der Kieferäste des *N. trigeminus* gewöhnlich in einem vorderen Ausschnitte derselben. In die knorpelhäutige Grundlage der hoch oben geschlossenen Wandungen der vorderen Schedelsegmente und in die Continuität des knorpelhäutigen *Septum interorbitale* eingetragen, sind verschiedentlich ausgedehnte Solidificationen, von mehr oder minder derbem Gefüge. Zwei abwärts verbundene, meist Yförmige, hinter dem *Foramen opticum* gelegene, abwärts in einfachen Stiel ausgezogene Leisten vertreten ein *Os sphenoideum anterius*. Eine Solidification im Ethmoidalsegmente liegt oft in Form einer Rinne oberhalb des *Septum interorbitale*, den vordersten, engen, die *N. N. olfactorii* aufnehmenden Abschnitt der Schedelcapsel begrenzend. Eine unbeträchtliche verticale Solidification verschiedener Ausdehnung ist der Grundlage des *Septum* selbst eingetragen als *Cartilago ethmoidalis*. — Die Bedachung des umfänglichen vorderen Schedelabschnittes geschieht durch das meist einfache, bei den *Ascalobota* aber paarige *Os parietale* [3]) und durch das gewöhnlich paarige

---

1) Vgl. Nitzsch in Meckel's deutschem Archiv f. Physiologie 1822. Bd. 7. S. 68.

2) *Os petrosum*. Cuvier.

3) Paarig unter den *Ascalobota* z. B. bei den Gattungen *Platydactylus*, *Hemidactylus*, *Ptyodactylus*, *Stenodactylus*. Paarige Scheitelbeine kommen auch einigen *Chalcidea* zu.

Os frontale [4]). Beide sind Deckknochen [5]); unter ihnen ist oft eine Strecke der weichen embryonalen Schedelanlage erhalten. Dem schon erwähnten freien Fortsatze des *Os parietale* angeschlossen ist eine zur Anheftungsstelle oder Basis des *Suspensorium* absteigende *Squama temporalis*. — Absteigende Seitenfortsätze des *Os parietale* können eine Strecke der weichen paarigen Seitenwandungen des vorderen Keilbeinsegmentes umfassen [6]). Dasselbe geschieht bei einigen *Kionocrania* für die vordere oberhalb des *Septum interorbitale* gelegene enge Strecke der Schedelhöhle durch entsprechende absteigende Seitenfortsätze der Stirnbeine [7]).

Die Randknochen der Schedelcapsel sind: 1) ein kleines, gewöhnlich nur spurweise entwickeltes *Os mastoideum*, auf dem der freie Fortsatz des *Os parietale* und das Ende der diesem angeschlossenen *Squama temporalis* sich stützen. 2) Ein hinter der Augengrube gelegenes *Os frontale s. orbitale posterius*. 3) Ein vor der Augengrube gelegenes *Os frontale anterius*. Letzterem ist ein durchbohrtes *Os lacrymale* angefügt. — Einige Familien sind ausgezeichnet durch den Besitz accessorischer *Ossa supraorbitalia*; ein einziges *Os supraorbitale* besitzen die *Varanida*; mehre schuppenartige Knochen bedecken die *Orbita* oben bei der Gattung *Lacerta*.

Die Ossificationen der Nasengegend sind: 1) Dachknochen in paarigen oder einfachen *Ossa nasalia* [8]). 2) Paarige *Ossa vomeris*, die hinten mit den Gaumenbeinen verbunden sind. 3) Paarige, auswärts von den *Ossa vomeris*, einwärts von den Oberkieferknochen gelegene *Conchae*, welche, in Gemeinschaft mit den *Ossa vomeris*, unten offene Höhlen begrenzen. Ausserdem erhält die Nasengegend solide Umgürtungen und Begrenzungen durch Zwischenkiefer und Oberkiefer.

---

4) Das Stirnbein ist einfach z. B. bei *Agama colonorum*, bei *Podinema teguixin*, *Ctenodon*, *Uromastix*.

5) Bei vielen *Kionocrania*, namentlich *Lacertae*, *Scincoidea* und *Chalcidea*, kömmt eine innige Verwachsung der Knochen der Schedeloberfläche mit den soliden Schuppenkörpern vor. Daher erscheint die Schedeloberfläche mit Incrustationen oder Schuppenkörpern bedeckt z. B. bei *Lacerta*, *Cordylus*, *Scincus*, *Bipes* u. A. — Charakteristisch ist allen *Sauria* der Besitz eines einfachen Loches im Scheitelbeine, das in die Schedelhöhle führt. — Bei einigen *Sauria*, namentlich den *Agamida*, z. B. *Stellio vulgaris*, *Agama helioscopica*, *Phrynocephalus* u. A. kommen häutige Fontanellen im Scheitelbeine vor. Sie sind nicht bei allen Exemplaren derselben Art vorhanden, daher vermuthlich vorzugsweise jüngeren Individuen eigen.

6) Z. B. bei mehren *Scincoidea*.

7) Z. B. mehren *Varanida*.

8) Charakteristisch für die *Varani* ist der Besitz eines einfachen Nasenbeines und geringe Ausdehnung der übrigen Knochen oberhalb der Nasenknorpel, weshalb ihre *Conchae* oben unbedeckt, einwärts von den Oberkiefern frei zu Tage liegen.

Der Oberkiefer-Apparat besteht 1) in dem meistens einfachen Zwischenkiefer [9]), welcher eingekeilt liegt, 2) zwischen den paarigen Oberkieferbeinen. Ein vom Oberkiefer und vom *Os lacrymale* ausgehendes oben und hinten am *Os frontale posterius* endendes Jochbein (*Os jugale*) bildet eine untere und hintere auswendige Begrenzung der *Orbita* [10]). — Ein oberer Schläfenbogen wird gebildet: 1) durch einen hinterwärts gerichteten freien Fortsatz des *Os frontale posterius* [11]), 2) durch ein vorne diesem Fortsatze des *Os frontale posterius*, hinten dem Ende der *Squama temporalis* angeschlossenes und über der Basis des *Suspensorium* endendes *Os quadrato-jugale*. — Ein Ligament pflegt vom Ende des Oberkiefers zum unteren Gelenkende des Suspensorium erstreckt zu sein.

Zur Einlenkung des Unterkiefers und des hintersten Knochens des Gaumen-Apparates bestimmt ist das von der Gegend des Schedelquerfortsatzes absteigende, unterhalb der Enden des Schläfenbogens mit seiner Basis beweglich eingelenkte *Os tympanicum*. Zur Anheftung des Trommelfelles und zur vorderen Begrenzung der Trommelhöhle bestimmt, ist dasselbe häufig an seiner Hinterseite ausgehöhlt.

Der Gaumen-Apparat besteht aus paarigen *Ossa pterygoidea*, *palatina* und *transversa*. Das *Os pterygoideum* ist dem unteren Ende des *Suspensorium* durch Synchondrose angeschlossen, einwärts einem *Processus articularis* des *Sphenoideum basilare* eingelenkt, vorne einem *Os palatinum* angeschlossen und aussen durch ein *Os transversum* verbunden mit dem *Os maxillare superius* und dem *Os jugale*. — Die den *Ossa pterygoidea* vorne angeschlossenen *Ossa palatina* sind durch Fortsätze ihrer Aussenränder den Oberkieferbeinen, durch ihre vorderen Enden den *Ossa vomeris* verbunden. — Die *Ossa pterygoidea* und *palatina* liegen derartig unter der Schedelbasis, dass die weiche vordere Fortsetzung des Axensystems fast von ihnen verdeckt wird.

Die stabförmige vom *Os parietale* absteigende *Columella* [12]) stützt sich auf der Oberfläche des *Os pterygoideum*.

Jeder Unterkieferast besitzt einen verschiedentlich entwickelten Eckfortsatz und einen *Processus coronoideus*. Die einzelnen Knochen jedes Astes sind: 1) ein *Os articulare* von verschiedener Ausdehnung, von

---

9) Einfach z. B. bei den *Varani*.

10) Bei den *Varani* ist das dem *Os frontale posterius* zunächst gelegene Ende des *Os jugale* nicht ossificirt, sondern bleibt knorpelhäutig.

11) Nicht selten kömmt neben einem integrirend ossificirten *Processus frontalis posterior* ein eigener Knochen vor: *Os postorbitale*.

12) Bei den Gattungen *Acontias* und *Typhline* verhält sich die *Columella*, wie eine mit Herrn Peters gemeinsam angestellte Untersuchung gelehrt hat, ganz wie bei den übrigen *Kionocrania*. Auch bei *Acontias meleagris* ist die *Columella* kein Fortsatz des Scheitelbeines, wie wol angegeben wird.

welchem der perennirende bis zur Symphyse erstreckte Meckel'sche Knorpel ausgeht; 2) ein hinteres Eckstück: *Os angulare*; 3) ein unterer Randknochen: *Os complementare*; 4) ein den *Processus coronoideus* bil dendes *Os supraangulare s. coronoideum*; 5) ein inneres Deckstück: *Os operculare*; 6) ein vorderes zahntragendes *Os dentale*.

Besonderheiten der Schedel der *Amphisbaenoidea* sind im Gegensatze zu denen der *Kionocrania*, wie der *Ophidia*, folgende: 1) Der vordere Abschnitt der Schedelcapsel ist nicht gegen den hintersten verschiebbar, indem die Continuität des soliden Schedeldaches durch einen weicheren Streifen nicht unterbrochen ist. 2) Die niedrigen Seitenwandungen der Schedelcapsel besitzen vor den *Alae temporales* eine häutig geschlossene Strecke, vor welcher sie wieder ossificirt sind. 3) Die *Squama temporalis* ist auf ein rundliches Knöchelchen reducirt, das, dem Schedelquerfortsatze durch Naht verbunden, über der Gehörcapsel liegt; ihr ist das Suspensorium angeschlossen. 4) Die beiden Oberkieferbeine schliessen die mit ihnen eng verbundenen Zwischenkiefer ein; der ganze Oberkiefer-Apparat steht mit dem vordersten Schedelende in fester, unverschiebbarer Verbindung. 5) Hintere Begrenzungen der Augengruben durch *Ossa jugalia* und *frontalia posteriora* fehlen. 6) Desgleichen fehlt der Schläfenbogen der *Kionocrania*. 7) Die *Columella* fehlt. 8) Der Gaumen-Apparat steht hinten mit dem Suspensorium, aussen durch ein *Os transversum* mit dem Oberkiefer in Verbindung. 9) Die beiden Unterkieferschenkel sind durch Naht verbunden. 10) Der *Condylus occipitalis* ist zwar median, aber zweihöckerig.

Die Schedel der *Chamaeleonidea* besitzen, im Gegensatze zu denen der *Kionocrania*, folgende Besonderheiten: 1) Mangel der *Columellae*; 2) mangelnde Verbindung der hinteren Enden der *Ossa pterygoidea* mit dem Suspensorium und Unverschiebbarkeit jener Knochen. 3) Besitz einer eigenthümlichen hinteren Schläfengrubenbrücke durch frei hinterwärts und aufwärts gerichtete Fortsätze der *Squamae temporales*, die an ihrer Verbindungsstelle mit dem Ende eines nach hinten gerichteten medianen Scheitelbeinfortsatzes zusammenstossen.

Zu diesen Eigenthümlichkeiten gesellt sich noch die höckerige Beschaffenheit der Knochen der Schedeloberfläche und namentlich des Schedeldaches, so wie die innige oberflächliche Verschmelzung der meisten Knochen des letzteren [13]).

---

13) Eine eigenthümliche Physiognomie verleihen den Schedeln einiger *Chamaeleonidea* paarige über der Nasengegend entstehende, vorwärts gerichtete freie Fortsätze z. B. bei *Cham. Parsoni* und noch ausgedehnter bei *Ch. bifidus*. — Der Unterkiefer besitzt die nämliche Anzahl von Stücken, wie der der *Kionocrania*; der Meckel'sche Knorpel ist perennirend vorhanden.

§. 24.

Gemeinsame Eigenthümlichkeiten der Schedel der *Amphibia Monimostylica* sind folgende:

1) Ihre Schedelcapsel besitzt einen bis zum Basilarknochen abwärts reichenden hinteren und einen bereits höher aufwärts geschlossenen, mit der Fortsetzung des Axensystems durch ein *Septum* in Verbindung stehenden, vorderen Abschnitt. 2) Der hintere Abschnitt der Schedelcapsel ist ossificirt und in seinen Seitentheilen eingenommen durch *Ossa occipitalia lateralia* und *Alae temporales*. 3) Die vordere, dem vorderen Keilbeinsegmente und dem Ethmoidalsegmente entsprechende Strecke bleibt sowol zu den Seiten der verlängerten Schedelhöhle und vorn an der Austrittsstelle der Geruchsnerven, als auch im *Septum* perennirend knorpelhäutig. 4) Die unterhalb dieser Gegend hingezogene, vorn in das *Septum narium* fortgesetzte, hinten mit dem *Os sphenoïdeum basilare* in Continuität stehende Strecke des Axensystems perennirt fast ganz oder ganz knorpelig. 5) Die ossificirte Bedachung des Schedels reicht, ohne durch weichere Lücken unterbrochen zu sein, von hinten bis vorn. 6) Randknochen des Schedels sind in *Ossa frontalia posteriora* und *anteriora* vorhanden. 7) Der solide Oberkiefer-Apparat liegt in der Circumferenz der weichen Umgebungen der Nasenhöhlen, ist zu deren äusserer Bedeckung verwendet und steht in unmittelbarer unverschiebbarer Verbindung mit den übrigen Schedeltheilen. 8) Das Suspensorium, gleichwie die Knochen des Gaumen-Apparates, sind unverschiebbar mit der Schedelcapsel verbunden. 9) Die Lagenverhältnisse der *Ossa pterygoïdea* und *palatina* sind derartig, dass sie eine mehr oder minder beträchtliche Strecke des Axensystems des Schedels unten bedecken. 10) Jeder Unterkieferschenkel besitzt eine integrirende Ossification in dem *Os articulare*, von welchem aus der perennirende Meckel'sche Knorpel nach vorne sich erstreckt. 12) Mit Einschluss des *Os articulare* besitzt jeder Unterkieferschenkel, mindestens primitiv, sechs discrete Knochenstücke, in dem *Os angulare, supraangulare s. coronoideum, complementare, dentale* und *operculare*.

§. 25.

Der Schedel der *Crocodila* ist vorzüglich ausgezeichnet: 1) durch beträchtliche Ausdehnung seines Nasenabschnittes; 2) dadurch, dass die Umschliessung der hinteren Nasengänge unter wesentlicher Theilnahme der *Ossa palatina* und *pterygoidea* geschieht. 3) Er besitzt zwei Schläfenbogen: einen tiefen durch den Oberkiefer-Jochbogen gebildeten und einen höheren, der durch die *Ossa frontalia posteriora* und die *Squama temporalis* zu Stande kömmt und mit ersterem durch eine Brücke verbunden ist. — Hervorzuheben ist ferner die Pneumaticität nicht nur mehrer Schedelknochen (wie namentlich der *Squama temporalis*, der Occipitalknochen, so wie spurweise auch des Scheitelbeines und *Sphenoideum basilare*), sondern auch des *Os articulare* des Unterkiefers.

Die einzelnen Knochen zeigen folgendes Verhalten: Von den typischen vier Knochen des Occipitalsegmentes bildet 1) das *Occipitale basilare* vorwaltend den *Condylus occipitalis*; 2) die paarigen *Occipitalia lateralia*, deren Innenränder oberhalb des *Foramen magnum* zusammenstossen, sind auswärts in beträchtliche Querfortsätze ausgezogen, welche keine Spur einer Zusammensetzung aus zwei Knochen zeigen, jedoch in Hinblick auf die Verhältnisse der *Chelonia*, als Repräsentanten der *Occipitalia lateralia* und der *Ossa mastoidea* aufzufassen sind [1]). 3) Die *Squama occipitalis* ist von der Umgürtung des *Foramen magnum* ausgeschlossen und vervollständigt nur oben die Hinterwand der Schedelcapsel. 4) Zwischen dem *Occipitale laterale* und der *Ala temporalis* jeder Seite eingeschoben, liegt, als Schaltknochen, ein discretes *Os petrosum*, das an der Innenwand des Schedels weit mehr, als an der Aussenwand zu Tage kömmt [2]).

Der zweite Basilarknochen: das *Os sphenoideum basilare*, ist nach unten grossentheils durch den unpaaren Endabschnitt der *Ossa pterygoidea* verdeckt, so dass nur eine sehr kleine Strecke desselben an der Schedelbasis zu Tage kömmt [3]). Sein vorderes bedecktes Ende ist in einen Knochenstiel ausgezogen. Dieser ist knorpelig, als Stütze des *Septum interorbitale*, welches oberhalb des von den Knochen des Gaumenapparates umgürteten hinteren Nasencanales liegt, nach vorne fortgesetzt. — Die *Alae temporales* sind von beträchtlicher Ausdehnung.

---

1) Ueber die einzelnen *Foramina* dieses Schedeltheiles ist Folgendes hervorzuheben: Die *Foramina condyloidea* sind für den Durchtritt der *N. N. hypoglossi* bestimmt. Die auswärts von ihnen gelegenen *Foramina jugularia* sind für den Durchtritt der *N. N. vagus accessorius* und *glossopharyngeus*, so wie der *V. jugularis interna* bestimmt. Andere Oeffnungen dienen zum Eintritte der *Artt. carotides cerebrales.*

2) Zur Einschliessung des Gehörlabyrinthes tragen bei den Crocodilen bei: die *Occipitalia lateralia*, die *Squama occipitalis* und die *Ossa petrosa.* Zur Umgürtung der *Fenestra ovalis* trägt grösstentheils das *Os petrosum*, zum geringeren Theile das *Occipitale laterale* bei; die *Fenestra rotunda* wird nur vom *Os occipitale laterale* begrenzt.

3) Der zu Tage tretende Theil des *Os sphenoideum basilare* ist immer unbeträchtlich, doch bei verschiedenen Crocodilen von verschiedener Ausdehnung; bei der Gattung *Rhamphostoma* am wenigsten, nur als schmale Querleiste entwickelt. — Eine mediane Oeffnung: das *Ostium commune* der *Tubae Eustachii* durchbohrt bald das *Os sphenoideum basilare* allein (wie z. B. bei *Alligator lucius*); bald ist sie begrenzt grösstentheils vom *Sphenoideum basilare* und nnr wenig vom *Occipitale basilare (Crocodilus niloticus)*; bald ist sie ganz begrenzt vom *Occipitale basilare* (*Alligator sclerops* aus Guiana); fast ebenso verhält sie sich bei *Rhamphostoma*, wo der unten quer vortretende Theil des *Sphenoideum basilare* so schmal ist.

Die knorpelhäutig bleibende Gegend des vorderen Keilbeinsegmentes enthält in der Gegend der *Foramina optica* sehr kleine paarige Ossificationen: *Alae orbitales*, und an der Basis der letzteren einen unbeträchtlichen absteigenden unpaaren Knochenstiel: das Körperstück [4]). Das knorpelige *Septum interorbitale* umschliesst eine häutig bleibende Lücke. Seine *Pars ethmoidea* bleibt knorpelig und steht in Continuität mit einer knorpeligen *Lamina cribrosa*, welche den Fäden der Geruchsnerven Durchtritt gewährt. Sie ist nach vorne fortgesetzt, als weiches *Septum narium*.

Die Bedachung der Schedelhöhle geschieht durch ein unpaares *Os parietale* und ein gleichfalls unpaares *Os frontale* [5]). Absteigende Seitenleisten des Stirnbeines begrenzen die Seiten des vordersten, verengten, weich bleibenden, die Geruchsnerven enthaltenden Ethmoidalabschnittes der Schedelhöhle.

Die *Squama temporalis* liegt an der hinteren Schedelgrenze oberhalb des *Os tympanicum*. — Von den sonst typischen Randknochen fehlt ein discretes *Os mastoideum*, das mit dem *Occipitale laterale* fundirt ist. Das an der hinteren Augenhöhlengrenze gelegene *Os frontale s. orbitale posterius* ist zur Vervollständigung des oberen Schläfenbogens verwendet. Die Bildung des letzteren, welcher auswärts von der Schedelcapsel einen den Schläfenmuskel begrenzenden Bogen bildet, geschieht nämlich durch einen hinterwärts gerichteten Fortsats des *Os frontale posterius* und einen freien, vorwärts gerichteten Fortsatz der *Squama temporalis*. — Das an der vorderen Augenhöhlengrenze gelegene *Os frontale s. orbitale anterius* besitzt einen auf die Oberfläche des *Os palatinum* absteigenden Fortsatz.

Dem *Os frontale anterius* angeschlossen ist ein discretes, durchbohrtes *Os lacrymale*.

Die Bedachnng der Nasengegend geschieht durch paarige *Ossa nasalia*. — Ausserdem erhält die Nasengegend solide Begrenzungen durch die Zwischenkiefer, die Oberkiefer; die Umschliessung der Nasengänge geschicht aber durch paarige *Ossa vomeris* [6]), so wie durch paarige *Ossa palatina* und *pterygoidea*.

---

4) Cuvier hat in seiner sonst so schönen Arbeit über die Osteologie der Crocodile dies vordere Keilbein verkannt.

5) Es besteht nach Cuvier beim neugebornen Crocodil aus zwei Hälften.

6) Diese paarigen *Ossa vomeris* treten bei den meisten Crocodilen auswendig durchaus nicht zu Tage. *Alligator sclerops* (Nr. 13380 des Berliner anatom. Museums, aus Guiana) ist das einzige Crocodil, bei welchem an der hinteren Grenze des *Foramen incisivum*, eingekeilt zwischen den Vordertheilen der Gaumenplatten der Oberkieferknochen, Gaumentheile der paarigen *Ossa vomeris* zu Tage treten. Jeder Gaumentheil ist fortgesetzt in ein zeltähnliches Knochenblatt, das ein Dach der unten von der vorderen Hälfte des *Os palatinum* begrenzten Strecke des Nasen-

Was den Oberkiefer-Apparat anbetrifft, so liegen die paarigen *Ossa intermaxillaria* vorne eingekeilt zwischen den *Ossa maxillaria superiora.* Die Gaumenplatten der Zwischenkiefer begrenzen immer ein im frischen Schedel knorpelhäutiges unpaares *Foramen incisivum.* — Die Oberkieferknochen besitzen ausgedehnte, in der Mittellinie zusammenstossende, den Boden der Nasenhöhlen bildende Gaumenplatten. — Der tiefe Schläfenbogen oder Jochbogen wird gebildet: 1) durch ein vom Oberkieferende nach hinten erstrecktes *Os jugale*, das durch einen aufsteigenden hinteren Augenhöhlenfortsatz mit einem absteigenden Jochfortsatze des *Os frontale posterius* verbunden ist, und 2) durch ein dem hinteren Ende des *Os jugale* angeschlossenes, zwischen ihm und dem *Os tympanicum* eingekeiltes *Os quadrato-jugale* [7]), dessen Ende zur Bildung des Gelenkkopfes für das Unterkiefergelenk beiträgt.

Der Gaumen-Apparat besteht: 1) in paarigen *Ossa palatina*, 2) in theils paarigen, theils unpaaren *Ossa pterygoidea*, 3) in paarigen *Ossa transversa.* — Die *Ossa palatina*, in der Circumferenz der beträchtlichsten Strecke der Nasengänge gelegen, umfassen diese, in Verbindung mit den *Ossa vomeris*, röhrenförmig. — Das *Os pterygoideum* besitzt einen vorderen paarigen, gleichfalls in der Circumferenz der hinteren Nasengänge in Gestalt zweier Röhren gelegenen Abschnitt, begrenzt dann die hinteren Nasenöffnungen [8]) und ist hinter diesen unpaar. — *Ossa transversa* bewirken die Verbindung von Seitenfortsätzen der *Ossa pterygoidea* mit den *Ossa jugalia* und *maxillaria.*

Das *Os tympanicum* liegt fest eingekeilt zwischen dem Schedelquerfortsatze, der *Squama temporalis*, dem *Os quadrato-jugale* und *petrosum*, nnd ist zur Aufnahme der Paukenhöhle, so wie zur Articulation mit dem Unterkiefer verwendet. — Jeder Unterkieferschenkel besitzt einen starken Eckfortsatz, ermangelt eines ausgebildeten *Processus coronoïdeus* und ist,

---

ganges bildet. — Bei anderen Crocodilen bilden die auswendig nicht zu Tage tretenden paarigen *Ossa vomeris*, als dünne Platten, das *Septum narium* der eigentlichen Nasenhöhle, soweit sie von den *Ossa palatina* umschlossen ist. Cuvier l. c. p. 162 hat sie bereits sehr bestimmt erwähnt. — Die eigentlichen Muscheln, welche bei jungen Thieren, ähnlich wie bei Vögeln, knorpelig sind, verknöchern nach Cuvier später ebenfalls. Cuvier sah einen Theil derselben bei einigen Arten von Crocodilen zwischen den Stirn- und Nasenbeinen zu Tage treten. Ich habe nie knöcherne Muscheln gefunden.

7) *Squama temporalis.* Cuvier.

8) Diese knöchernen hinteren Nasenöffnungen sind bald durch ein vollständiges knöchernes *Septum* getrennt, wie z. B. bei *Alligator lucius*, bald ist das letztere nur unvollkommen angedeutet durch eine Firste, wie bei den Gattungen *Crocodilus* und *Rhamphostoma.* — Charakteristisch für *Rhamphostoma* ist der Besitz einer runden Knochenblase an jeder Seite der vom *Os pterygoideum* umschlossenen Strecke des hinteren Nasenganges.

gleich dem vieler Vögel, ausgezeichnet durch den Besitz einer Lücke in der Continuität seiner äusseren und inneren Knochenlagen. Die beiden Unterkieferschenkel sind bei *Alligator* in kürzerer, bei einigen *Crocodili* und besonders bei *Rhamphostoma* in längerer Strecke durch Naht mit einander verbunden. Diese Verbindung ergreift bei *Alligator* nur die beiden *Ossa dentalia*, bei den erwähnten *Crocodili* und bei *Rhamphostoma* auch die im Gegensatze zu den *Alligatores* weit nach vorne ausgedehnten *Ossa opercularia*, ähnlich wie bei vielen Vögeln.

Das *Os articulare* des Unterkiefers ist ausgezeichnet durch seine Pneumaticität; seine grossen hohlen Zellen communiciren durch einen an der Hinterseite des *Os tympanicum* absteigenden Canal mit den Luftzellen der Schedelknochen. Die unterste Strecke des genannten Canales bildet am trockenen Schedel eine Rinne. Diese ist am frischen Kopfe zu einer weichen Röhre geschlossen und eine freie häutige Röhre führt in ein an der Innenseite der Oberfläche des *Os articulare* gelegenes Luftloch.

[Owen, On the communication between the cavity of the tympanum and the palate in the Crocodilia. Philosoph. Transactions 1850. Part. 2., der die Communicationsröhren anderer längst bekannter Luftzellen in den hinteren Schedelknochen mit der *Tuba Eustachii* beschrieben, aber als Verästelungen der letzteren irrig gedeutet hat, ist die merkwürdige Pneumaticität des *Os articulare* des Unterkiefers, die ich bei mehren Arten von *Alligator* und *Crocodilus* gefunden, eben so wie allen früheren Anatomen, völlig entgangen. Das Luftloch liegt ganz, wie bei den meisten Vögeln. Die Luftzellen sind sehr weit.]

§. 26.

Ein Vergleich der Schedelbildung der *Chelonia* mit derjenigen der Crocodile ergibt folgende Unterschiede: 1) Die Ausmündung der hinteren Nasengänge ist beträchtlich weiter vorwärts gelegen. 2) Unter Mangel von ausgedehnten Gaumenplatten der *Ossa maxillaria superiora* ist ein unpaarer, an der Schedelbasis zu Tage liegender *Vomer* vorhanden. 3) Die *Ossa frontalia anteriora* sind von beträchtlicher Ausdehnung und nehmen die Stellen sowol der *Ossa lacrymalia*, als in der Regel auch der *Ossa nasalia* ein. 4) Die *Ossa parietalia* besitzen absteigende Fortsätze, welche eine Strecke der knorpelhäutigen Seiten der Schedelcapsel auswendig umfassen und unten auf den *Ossa pterygoidea* gestützt sind. 5) Ein nach aussen verlängerter Schedelquerfortsatz ist gebildet nicht allein durch das *Occipitale laterale*, sondern unter Theilnahme eines zweiten, jenem auswärts angeschlossenen Knochens: des *Os mastoideum*. 6) Eigene *Ossa petrosa* fehlen. 7) Behufs Verbindung der *Ossa pterygoidea* mit der Gegend des *Processus orbitalis anterior* sind keine *Ossa transversa* ausgebildet.

In Betreff ihrer Schedelbildung zeigen die einzelnen Schildkröten erhebliche Unterschiede, sowol nach der Gesammtform, als auch nach der

Zahl der einzelnen Knochen. Die auffallendsten bestehen in der verschiedenen Ausführung von Umgürtungen der Schläfengrube, welche bis zur Bildung eines vollständigen Schläfengrubendaches gelangen kann. Die Verschiedenheiten in der Schedelbildung sind aber nur von bedingtem Werthe für die Charakteristik der Familien; denn bei manchen **Emydea** ist die Schedelbildung wesentlich übereinstimmend mit der allen **Euereta** zukommenden, und nahe verwandte **Emydea** zeigen grosse Verschiedenheiten in ihrer Schedelbildung.

Besonderheiten der Verhältnisse der einzelnen Schedelgegenden und Knochen sind folgende: Die gewöhnlich zur Umgürtung des ***Foramen magnum*** beitragende ***Squama occipitalis*** ist bisweilen, namentlich bei ***Chelodina***, davon ausgeschlossen [1]). — Zwischen dem *Occipitale laterale* und der *Ala temporalis* perennirt bei den ***Euereta*** an der Innenwand der Schedelhöhle an derjenigen Stelle, welche bei den *Crocodila* durch das *Os petrosum* eingenommen ist, eine knorpelige Strecke [2]). — Die Ausdehnung des ganzen *Os sphenoideum basilare* und namentlich seines an der Schedelbasis frei zu Tage liegenden Theiles ist verschieden: unbedeutend bei den ***Trionyx*** und *Chelonia*, sehr beträchtlich bei Anderen, namentlich bei ***Chelys***, bei ***Pelomedusa***. — In der Continuität der knorpelhäutigen, vor den *Alae temporales* gelegenen Strecken des vorderen Keilbeinsegmentes pflegen keine Ossificationen vorzukommen. — Die Bedachung der Schedelhöhle geschieht durch Deckknochen: paarige *Ossa parietalia* und *frontalia* [3]). Die *Ossa parietalia* besitzen absteigende Seitenfortsätze, deren untere Enden auf den *Ossa pterygoidea* ruhen. Wegen grösster Höhe der Schedelcapsel bei den ***Euereta*** sind bei ihnen diese Fortsätze am längsten. Der Zwischenraum zwischen dem absteigenden Fortsatze eines *Os parietale* und der knorpelhäutigen Seitenwand des Schedels schliesst mehre Augenmuskeln ein. Zur Vervollständigung eines Schläfengrubendaches beitragende Seitenfortsätze besitzen die Scheitelbeine bei den ***Euereta*** und bei ***Chelydra***; schwach entwickelt sind sie auch bei einigen ***Emydea monimopelyca***. — Die über dem Suspensorium liegenden *Squa-*

---

1) In Betreff der Entwickelung der Basilarknochen des Schedels sei bemerkt, dass sowol das *Occipitale basilare*, als auch das *Sphenoideum basilare* genetisch gemischte Knochen sind. Bei sehr jungen Schildkröten - Embryonen besteht jeder der genannten Knochen aus oberen paarigen integrirenden Ossificationen und einer unter ihnen gelegenen Deckplatte.

2) Die Einschliessung des Gehörlabyrinthes geschieht durch das *Os occipitale laterale*, das *Os mastoideum* und die *Ala temporalis*.

3) Unterhalb dieser Knochen erhalten sich bei der Gattung *Chelonia* knorpelige Theile der weich angelegten Schedelcapsel, die mit den knorpelhäutigen Strecken der Seitenwandungen in Continuität stehen. — Die vordere Strecke der *Squama occipitalis*, einer integrirenden Ossification, ist gewöhnlich von den hinteren Enden der Scheitelbeine schuppenartig bedeckt.

mae temporales sind bei den *Euereta* und *Chelydra* zu Theilnahme an Bildung eines Schläfengrubendaches nach aussen ausgedehnt. — Die umfänglichen *Ossa frontalia anteriora* stehen durch ihre Innenränder mit einander in Verbindung. Ihre oberen Strecken bilden ganz oder zum grössten Theil das Dach der Nasengegend; absteigende Fortsätze derselben begrenzen die hintere Wand des knorpeligen Nasengerüstes und tragen zur Einschliessung des *Foramen lacrymale* bei. — Nur bei *Chelodina* sind vor den *Ossa frontalia anteriora* gelegene paarige Nasenbeine bisher beobachtet. — Der Oberkiefer-Apparat besteht in paarigen *Ossa maxillaria superiora*, zwischen denen Zwischenkieferknochen, gewöhnlich paarig, nur bei *Chelys* durch ein unpaares Stück vertreten, eingekeilt liegen. Bei den *Trionychoidea* treten die paarigen Zwischenkiefer aussen wenig zu Tage. — Die Ausdehnung des Joch- und Schläfenbogen-Apparates ist erheblichen Verschiedenheiten unterworfen und begründet zum grossen Theil die verschiedene Physiognomie der Schedel. Von den beiden Jochbogenknochen ist einer: das *Os jugale*, bei allen Schildkröten vorhanden und der zweite: das *Os quadrato-jugale*, kömmt, mit Ausnahme einiger *Emydea monimopelyca* [4]), allen zu. Beide stehen mit dem Ende des Oberkiefers in Verbindung. — Das höher gelegene *Os jugale* bildet allgemein in Verbindung mit einem absteigenden Fortsatze des *Os frontale posterius* einen hinteren Augengrubenbogen. Das bei den meisten Schildkröten vom Ende des Oberkiefers aus zum Suspensorium erstreckte *Os quadrato-jugale* bildet einen tiefen Schläfenbogen. Indem oft ein von dem Hinterende des Augenhöhlenbogens aus hinterwärts gerichteter Fortsatz des *Os jugale* und ein entsprechender vorwärts gerichteter der *Squama temporalis* an einander stossen und beide abwärts mit dem *Os quadrato-jugale* durch Naht verbunden sind, tragen sie zur Ausdehnung des tiefen Schläfenbogens nach oben bei [5]). — Bei einigen *Emydea monimopelyca*, namentlich den Gattungen *Chelys, Chelodina, Platemys*, kömmt durch Verbindung eines freien äusseren Fortsatzes der *Squama temporalis* mit einem entsprechenden freien Fortsatze des oberen Randes des *Os parietale* ein höherer hinterer Schläfenbogen zu Stande. Seine Anwesenheit ist jedoch nicht charakteristisch für die bezeichnete Schildkrötengruppe, denn er fehlt den Gattungen *Pelomedusa*, *Sternotherus* und *Podocnemis*.

Bei den *Euereta* und bei der Gattung *Chelydra* [6]) ist ein vollständiges Schläfendach hergestellt. Seine Bildung geschieht unter Theilnahme

---

4) Namentlich *Chelys*, *Chelodina*.

5) Die nähere Anordnung wechselt indessen von Art zu Art, so dass eine Beschreibung, ohne in das letzte Detail einzugehen, unmöglich ist.

6) Verwandte Gattungen, z. B. *Staurotypus*, besitzen kein solches Schläfendach.

folgender Knochen: des äusseren Seitenfortsatzes des *Os parietale*, der *Squama temporalis*, des *Os frontale posterius*, des *Os jugale* und *Os quadrato-jugale*. — Der Gaumen-Apparat besteht aus paarigen *Ossa pterygoidea* und *palatina*. Jedes *Os pterygoideum* ist vom *Suspensorium* aus schräg einwärts unter das Axensystem des Schädels erstreckt; die paarigen Knochen berühren einander, soweit sie unter dem *Sphenoideum basilare* liegen, durch ihre Innenränder. Die Ausdehnung, in welcher dieser Knochen unten von ihnen verdeckt wird, ist verschieden. Mit ihren Vorderrändern berühren sie die beiden *Ossa palatina*; eine auswendige Zunge jedes Knochens ist zum *Os jugale* oder auch zum Oberkiefer erstreckt [6]. — Die beiden *Ossa palatina* sind durch den abwärts zu Tage liegenden einfachen knöchernen *Vomer* von einander getrennt. Jedes *Os palatinum* bildet eine mehr oder minder deutlich entwickelte Rinne, die den weichen hinteren Nasengang aussen umfasst.

Das das *Suspensorium* bildende *Os tympanicum* steht in fester Verbindung mit den benachbarten Knochen, namentlich mit dem *Os mastoideum*, der *Ala temporalis*, dem *Sphenoideum basilare*, der *Squama temporalis* und, bei dessen Anwesenheit, mit dem *Os quadrato-jugale*. Zur Begrenzung der Trommelhöhle bestimmt, ist es als ein trichterförmiger, innen nur von einer, zum Durchtritt des Gehörknochens (*Columella*) bestimmten Oeffnung durchbohrter Knochen vor den zur Aufnahme des Labyrinthes und zur Bildung der *Fenestra ovalis* und *rotunda* dienenden Knochen gelagert und von jenen Fenstern durch einen Hohlraum: das *Antivestibulum Bojani*, getrennt.

Jeder Unterkieferschenkel besitzt einen *Processus coronoideus*. Lücken in der Continuität desselben kommen nicht vor. Die Eckfortsätze sind schwächer, als bei Crocodilen. Die anderswo paarigen *Ossa dentalia* sind gewöhnlich — jedoch mit Ausnahme einiger *Emydea monimopelyca*: *Chelys*, *Chelodina*, *Pelomedusa* — durch einen einfachen Knochen vertreten [7].

---

6) Somit ist die Verbindung des *Os pterygoideum* mit der Gegend der vorderen und unteren Begrenzung der Augenhöhle, in Ermangelung eines discreten *Os transversum*, durch einen schmalen Fortsatz des *Os pterygoideum* selbst hergegestellt. Die Untersuchung sehr junger Embryonen von *Chelonia* hat mich belehrt, dass im Embryonalzustande vor fortgeschrittener Ossification die knorpelige vordere und untere Begrenzung der Augenhöhle in ein knorpeliges, hinten in die Anlage des Suspensorium fortgesetztes Gaumengewölbe ohne Unterbrechung übergeht. Es verhält sich demnach der primordiale Schedel der Schildkröten nicht anders als der der *Batrachia*. Die Verdrängung der zusammenhangenden Anlage des Pterygoidealgewölbes erfolgt unter Bildung eines Deckknochens, *Os pterygoideum*, am Orbitalbogen aber durch Ossification der Oberkiefergegend und der Basis des *Os jugale*.

7) Bei einigen Schildkröten, z. B. *Chelonia*, ist im Jugendzustande eine Naht vorhanden.

III. Vom Zungenbein-Apparate.

§. 27.

Ein System hinter dem Unterkieferbogen gelegener, den vordersten Abschnitt des Darmrohres und des pneumatischen Apparates an der Ventralseite umfassender, unter der Form von Bogen erscheinender Hartgebilde constituirt den Zungenbein-Apparat.

Dieser Apparat ist homolog gebildet dem Zungenbein- und Kiemenbogen-Apparate der Fische und ist Theil einer Gruppe von Skeletstücken, deren vordersten Bogen der Knorpelbogen des Unterkiefers bildet.

Jeder Bogen des Zungenbein - Apparates besteht gewöhnlich aus paarigen Seitenschenkeln; zwischen den vordersten Seitenschenkeln liegen ventrale Körperstücke oder *Copulae*. Ausgezeichnet ist der Apparat vor dem vieler Fische durch den beständigen Mangel oberhalb des Schlundes gelegener *Segmenta pharyngea superiora*.

Der Zungenbein-Apparat der *Amphibia dipnoa* zeigt folgende Verhältnisse: 1) Im Plane dieser Gruppe liegt es, dass die auswendigen Bogenschenkel der Rachenhaut eng anliegen und perennirend oder während gewisser Entwickelungstadien Kiemenspalten begrenzen. 2) Der ganze Apparat liegt in der Regel vor dem unpaaren Eingangscanale des pneumatischen Apparates: dem Kehlkopfe.

Unter den *Urodela* zeigt er bei den *Perennibranchiata* folgendes Verhalten: 1) die Anzahl der Bogen beträgt fünf oder vier; fünf Bogen besitzen *Siredon* und *Siren*; vier sind vorhanden bei *Proteus* und *Menobranchus*. 2) Jeder Bogen besteht aus paarigen Seitenschenkeln. 3) Zwischen den ventralen Enden der Seitenschenkel der beiden vordersten Bogen liegt ein unpaares medianes Körperstück (*Copula*); dieselben Enden der folgenden Bogenschenkel ermangeln einer Verbindung mittelst medianer Körperstücke; sie articuliren mit einander und mit der Basis des Endgliedes des zweiten Hornes. 4) Der *Copula* ist bei Einigen, namentlich bei *Siren* und *Proteus*, vorne noch eine discrete, der Zunge zur Grundlage dienende *Cartilago lingualis* angeschlossen. 5) Ein ihr hinten angeschlossenes, tiefer nach unten reichendes Stück: der Zungenbeinkiel, ist zur Anheftung von Fortsetzungen gerader Bauchmuskeln und zum Ausgangspunkte ihrer Enden zum Unterkiefer hin bestimmt. 6) Die beiden dorsalen Enden des vordersten Bogenschenkels sind durch Ligamente an dem Schädelquerfortsatze und dem *Suspensorium* angeheftet. 7) Jeder einzelne Bogenschenkel besteht gewöhnlich aus zwei discreten Stücken; der hinterste Bogenschenkel von *Siredon* macht eine Ausnahme, indem er eingliederig ist. 8) Die Verknöcherung der einzelnen Stücke ist in verschiedenem Grade vorgeschritten. 9) Die äusseren Enden der meisten Bogenschenkel trennen Kiemenspalten, deren Anwesenheit derjenigen respiratorischer äusserer Kiemen entspricht.

§. 28.

Die *Derotremata* bieten die Eigenthümlichkeit dar, dass, trotz Schwindens ihrer Kiemen, Kiemenspalten und, mit diesen, auch eine grössere Anzahl solider Skeletstücke des Zungenbeinapparates perennirend verharren. Der Apparat besteht in fünf Knorpelbogen. Bei *Menopoma* sind die gegenständigen Schenkel der drei vorderen an der Ventralseite des Leibes verbunden; die der beiden hintersten unverbunden. Den dorsalen Ausgangspunkt jedes vordersten Bogenschenkels bildet das *Suspensorium*; er ist zweigliederig. Die ventrale Verbindung des Endgliedes seiner beiden Bogenschenkel geschieht durch eine *Copula*, welche Spuren einer Trennung in paarige Hälften zeigt; die der eingliederigen Schenkel des zweiten Bogens hat Statt durch eine *Copula*, welche vorne nach oben und zum Theil oberhalb des vordersten Bogens, als *Cartilago lingualis* fortgesetzt ist; die der ossificirten Endstücke der zweigliederigen Schenkel des dritten Bogens ist eine unmittelbare. Die zweigliederigen Schenkel des vierten und die eingliederigen des fünften bleiben unverbunden. Ein Zungenbeinkiel fehlt sowol bei *Menopoma*, als bei *Amphiuma* [1]).

§. 29.

Bei den *Urodela myctodera* und den *Batrachia*, deren Larven kiemenathmend sind, ist bei diesen der Zungenbein-Apparat in weiterer Ausdehnung angelegt, als bei den definitiv ausgebildeten Thieren, weil Glieder desselben Kiemenspalten begrenzen und Kiemenöffnungen einschliessen, die später schwinden. Es ist bei diesen Thieren der Zeitpunkt der Metamorphose und der beginnenden Lungenathmung bezeichnet durch eine bedeutende Reduction des Larven-Zungenbein-Apparates, die sich wesentlich auf diejenigen Abschnitte erstreckt, welche bei den Larven die Kiemenspalten begrenzen.

Bei den Gattungen *Triton* und *Salamandra* verhält sich der Zungenbein-Apparat während des Larvenzustandes wesentlich, wie bei den *Menopoma*. Der Apparat besteht aus fünf Bogen; jeder Bogen aus paarigen Seitenschenkeln. Die eingliedrigen Schenkel des vordersten Bogens ermangeln einer ventralen Verbindung; die Endstücke der zweigliedrigen Schenkel des zweiten und dritten Bogens sind durch eine gemeinsame *Copula* verbunden; die paarigen Schenkel des vierten und fünften Bogens bleiben unverbunden. Es ist der *Copula* hinten ein

1) Bei *Amphiuma* sind die drei hinteren Bogenschenkel eingliederig, kurz und sämmtlich an der Ventralseite mit den gegenständigen unverbunden.

Zungenbeinkiel angeschlossen, dessen medianer unpaarer Stiel am hinteren Ende in zwei Querschenkel ausgeht.

Der definitive Zungenbeinapparat von *Salamandra* zeigt sich verschieden durch Abwesenheit des fünften und vierten Bogens, durch Mangel der oberen Glieder an den verharrenden Schenkeln des dritten und zweiten. Es sind demnach nur Theile der drei vordersten embryonalen Bogen erhalten [1]). Die platten eingliedrigen Schenkel des vordersten Bogens haben ihre embryonale Verbindung mit dem *Suspensorium* verloren und steigen von der Schläfengegend des Schedels, der sie nicht verbunden sind, ab, um an die *Copula* der beiden hintersten Bogen sich anzulehnen. Die oberen Enden der Schenkel des zweiten und dritten Bogens sind an einander geheftet; im weiteren Verlaufe sind beide Schenkel jedoch von einander gesondert und mit ihren ventralen Enden an die *Copula* geheftet. Diese *Copula* besitzt zwei vorwärts und aufwärts gerichtete, in die Zunge eindringende Knorpelfortsätze.

Der Zungenbeinkiel der Larven hat seinen unpaaren Stiel verloren. Seine Querschenkel, deren Ossification bereits bei den Larven erfolgt, persistiren in Gestalt eines unpaaren, queren Knöchelchens, das ausser Verbindung steht mit dem übrigen Zungenbein-Apparate. An ihnen enden vom Sternum ausgehende oberflächliche gerade Muskeln; von ihnen gehen aus zur *Copula* erstreckte Fortsetzungen dieser Muskeln [2]).

§. 30.

Der Zungenbein-Apparat der Larven einheimischer Frösche verhält sich wesentlich folgendermaassen: Jederseits sind fünf hinter einander gelegene Bogenschenkel vorhanden; der vorderste breiteste derselben geht vom *Suspensorium* aus; die dorsalen Enden der folgenden sind nicht fixirt. Die ventralen Enden der gegenständigen Schenkel des vordersten Bogens sind durch eine unpaare *Copula* verbunden; die der folgenden Schenkel

---

1) Auch *Salamandra maxima* besitzt drei Bogen: einen vordersten knorpeligen, dessen Seitenschenkel je aus zwei Stücken bestehen. Das hintere Stück hangt mit dem Suspensorium zusammen; die vorderen Stücke jedes Schenkels sind mit einander verbunden; der zweite Bogen besteht aus zwei Knorpelschenkeln, die vorne durch eine unpaare *Copula* verbunden sind; der dritte Bogen besteht aus zwei Schenkeln; jeder Schenkel enthält zwei Knochenstücke. Eine knorpelige Epiphyse heftet den hinteren Knochen an das hintere Ende des zweiten Bogens; die vorderen Knochen beider Schenkel sind durch knorpelige Epiphysen unter einander und mit der *Copula* verbunden.

2) Es ist dies das von so Vielen als räthselhaft angesehene Knöchelchen, das Herr von Siebold als *Os thyreoideum* bezeichnete, das bald dem Schultergürtel, bald dem Kehlkopfe, bald dem Zungenbein-Apparate zugerechnet wurde. Es fehlt den *Tritones* nicht allgemein, wie bisweilen angegeben wird. An einem mir vorliegenden *Triton tigrinus*, *Harlan*. verhält es sich ganz wie bei *Salamandra*.

je einer Seite gehen in eine ventrale Knorpelplatte über. Diese hinteren paarigen ventralen Knorpelplatten sind von einander getrennt.

Die Herstellung des definitiven Zungenbein-Apparates geschieht 1) durch Schwinden der vier hintersten Seitenschenkel, welche die Kiemenspalten begrenzten; ferner 2) durch Verschmelzung der ventralen Knorpelplatten, in welche sie übergingen, mit der *Copula* der vordersten Bogenschenkel zu einem Continuum: dem definitiven Zungenbeinkörper; 3) durch Veränderungen der Form und Verbindung der bleibenden vordersten Bogenschenkel, die namentlich ihre embryonale Verbindung mit dem *Suspensorium* aufgeben und an der Gegend der beiden hintersten Schedelsegmente fixirt werden; 4) durch die von den Enden der ursprünglich paarigen, hinteren ventralen Knorpelplatten ausgehende Bildung hinterer Fortsätze, welche durch Ossification und Abgliederung zu hinteren Hörnern: den sogenannten *Columellae s. Cornua thyreoidea*, werden; 5) durch Ausbildung kurzer, zwischen den beiden langen Hörnern gelegener Seitenfortsätze.

Der definitive Zungenbein-Apparat der Gattung *Rana* verhält sich folgendermaassen: Der Körper stellt eine mediane, einfache Platte dar. Das Vorderende jeder Körperseite ist Ausgangspunkt eines langen vorderen Bogenschenkels oder Hornes; dem Hinterende jeder Körperseite ist ein hinterstes Horn (*Cornu thyreoideum*) angefügt. Zwischen den Abgangsstellen Beider besitzt jeder Seitenrand des Körpers zwei unbeträchtliche Seitenfortsätze. — Jedes vorderste Horn (*Cornu styloideum*) ist eine unabgegliederte Fortsetzung des Zungenbeinkörpers, die, in Gestalt eines langen Knorpelcylinders, zum Schedel aufsteigt und hier in die knorpelig bleibende Grenze des *Os occipitale laterale* und der *Ala temporalis* übergeht. — Jedes hinterste Horn (*Cornu thyreoïdeum s. Columella*) ist von der Seite des hintersten Endes des Zungenbeinkörpers schräg nach hinten gerichtet. Es ist stabförmig, ossificirt und nur an dem hinteren Ende mit knorpeliger Epiphyse versehen. Unterhalb des *Ostium laryngis* gelegen, nehmen die beiden hinteren Hörner den Kehlkopf zwischen sich, dessen Knorpel mit ihren Epiphysen zusammenhangen.

Abweichungen von diesen Verhältnissen bei vielen anderen *Batrachia* bestehen in Verkürzung des Körpers, in Lagenveränderungen der Seitenfortsätze, in ausbleibender Verbindung der *Cornua thyreoidea* mit dem Kehlkopfe [1]).

---

1) Bei *Alytes* ist, statt zweier Seitenfortsätze, jederseits eine breite Platte vorhanden. Der vorderste Seitenfortsatz geht bei *Bufo* und *Pseudis* von der Basis des *Cornu styloideum* aus, was bei *Hyla venulosa* noch deutlicher hervortritt. Bei *Bombinator* geht der erste Seitenfortsatz gleichfalls vom *Cornu styloideum* aus; der zweite enthält eine Ossification. Bei diesen Batrachiern ist auch der Zun-

Erheblicher sind diese Abweichungen bei den *Systomata* [2]) und bei den *Aglossa*. Statt eines platten Zungenbeinkörpers ist bei letzteren ein medianer, zum Durchtritte der *M. M. hyoglossi* dienender, solider, theils knorpeliger, theils ossificirter Rahmen vorhanden, dessen Seiten flügelartige Platten darstellen, dessen Vordertheil in einen unpaaren medianen Fortsatz ausgezogen ist. Von diesem gehen bei *Dactylethra* die zum Schedel erstreckten *Cornua styloidea* aus, die aber bei *Pipa* ganz fehlen. Der hintere Theil des Knorpelrahmens, dessen Ossification sexuelle Verschiedenheiten darbietet, geht bei *Dactylethra* in die vordere Kehlkopfswand über. Dabei liegen die *Cornua thyreoidea* zu den Seiten des Kehlkopfes und dieser Fortsetzung des Zungenbeinkörpers, mit der sie an ihren Enden zusammenhangen. Bei *Pipa*, wo die sexuellen Verschiedenheiten noch grösser sind, ist nicht der hintere Theil des Knorpelrahmens selbst, sondern ein discretes hinteres Körperstück, an welchem die ossificirten *Cornua thyreoidea* haften, zur Vervollständigung des Kehlkopfes verwendet.

[Der Zungenbein-Apparat der *Batrachia* ist in seiner Metamorphose zuerst verfolgt worden durch Cuvier Recherches X. p. 287 sqq. Pl. 252. — Später durch Rusconi in den Annali universali di medicina Milano. Settembre 1829; durch Rathke Anat.-philos. Untersuchungen über den Zungenbein- und Kiemenbogen-Apparat. S. 36. Tb. IV. Fig. 3—8; durch Dugès Recherches p. 95. Tb. XIII. und durch Martin Saint-Ange in den Annales des sciences natur. T. XXIV. — Ueber den definitiven Zungenbein-Apparat vgl. ausser Cuvier l. c. Pl. 252. und Dugès l. c. Pl. 3. Henle, Vergleichend-anatomische Beschreibung des Kehlkopfes, Leipzig 1839. 4. Tb. 1. und 2., der namentlich die Verhältnisse der *Aglossa* mit grosser Weitläuftigkeit exponirt hat.]

Was die *Gymnophiona* anbetrifft, so sind während ihres Jugendzustandes fünf Bogen vorhanden [3]). Bei den definitiv entwickelten Thieren sind nur vier vorhanden. Bei *Coecilia annulata* besteht der vorderste aus paarigen, discreten, aber mit ihren ventralen Enden sich berührenden Schenkeln. Die folgenden Bogen sind einfach, ohne Spur einer Trennung

genbeinkörper, in Vergleich zu dem von *Rana*, nur kurz. — Die Verbindung der *Cornua thyreoidea* mit dem Kehlkopfe bleibt aus bei *Bombinator, Pelobates* u. A.

2) Der Zungenbeinkörper besteht bei *Breviceps* aus zwei hinter einander liegenden, eng zusammenhangenden Abschnitten: einem vorderen und einem hinteren. Von letzterem gehen die *Cornua thyreoidea* aus, deren Enden in den Kehlkopfsknorpel nicht übergehen. Ersterer ist Ausgangspunkt der vorderen Hörner (*Cornua styloidea*); sie convergiren, schliessen eine zum Durchtritt der *M. M. hyoglossi* bestimmte Lücke ein, von deren Vorderseite jedes vorderste Horn zum Schedel fortgesetzt ist. Von seiner Basis geht noch ein kleiner Seitenfortsatz ab. Der zweite Seitenfortsatz jeder Seite geht von der Aussenseite des hinteren Endes des ersten Körperstückes ab.

3) So nach der für die systematische Stellung der Coecilien entscheidenden Untersuchung von J. Müller in seinem Archiv 1835 S. 391. Tb. VIII. Fig. 12—14.

in paarige Seitenschenkel. Jede Seitenhälfte des vierten Bogens ist, sehr verbreitert, seitlich vom *Ostium laryngis* gelegen.

§. 31.

Bei den *Amphibia monopnoa* gestalten sich die Verhältnisse des Zungenbein-Apparates zum Kehlkopfe und zum Anfange der Luftröhre in so fern anders, als ein beträchtlicher Theil des ersteren unter diesen Strecken des Eingangscanales des pneumatischen Apparates liegt. Es ist nämlich bei ihnen das *Ostium laryngis* verhältnissmässig weiter vorwärts gelegen, als bei den *A. dipnoa.*

Eigenthümlichkeit der *Ophidia* ist die, dass ihr Zungenbein-Apparat, in Vergleich mit demjenigen der übrigen Ordnungen, sehr verkümmert, oder dass seine Ausbildung fast ganz unterdrückt ist. Das Zungenbein der *O. Eurystomata* besteht in einem einzigen schmalen Knorpelbogen, dessen Seitenschenkel vor der *Trachea* ohne Unterbrechung in einander übergehen. Die freien, nicht an den Schedel gehefteten Enden der Seitenschenkel reichen oft weit hinterwärts. — Bei den *O. Angiostomata* ist dies einfache Zungenbein von so ausserordentlicher Feinheit, dass es leicht übersehen werden kann [1]).

§. 32.

Im Organisationsplane aller *Sauria* liegt der Besitz eines Zungenbeins, das aus einem unpaaren Körper und zwei Paaren ihm beweglich eingelenkter Seitenhörner besteht [1]). — Das nähere Verhalten des Zungenbein-Apparates der *Amphisbaenoidea* und *Kionocrania* ist wesentlich übereinstimmend. Der Zungenbeinkörper (*Copula*), an der Ventralseite des Eingangscanales des pneumatischen Apparates gelegen, ist mehr oder minder schmal, über den Ausgangspunkten der Hörner hinaus nach vorne verlängert in einen unabgegliederten, zugespitzt endenden, der Zunge zur Grundlage dienenden Knorpelstiel: *Processus entoglossus.* Dieser Fortsatz, in der Regel lang, ist bei den mit ausgebildeter Zungenscheide begabten *Varanida*, so wie bei der mit einer Andeutung der letzteren versehenen Gattung *Podinema* am kürzesten. Gewöhnlich hangt die Basis dieses Fortsatzes mit dem Kehlkopfe durch ein Ligament (*Ligamentum hyo-thyreoideum*) zusammen. — Das hintere Ende des Zungenbeinkörpers verhält sich verschieden. Bei den *Varanida*, bei *Podinema*, bei den *Ascalobota* und *Chalcidea* endet er hinten mit freiem, wenig verbreitertem Rande, der die Basis eines Dreiecks ist, dessen Spitze durch den *Proces-*

---

1) Eine in Gemeinschaft mit Prof. Peters angestellte Untersuchung an *Onychocephalus dinga* ergab die Anwesenheit eines haarfeinen Zungenbeinbogens.

1) Die Gattungen *Typhline* und *Acontias* besitzen ebenfalls die vorderen Hörner, wie eine, in Gemeinschaft mit Prof. Peters, angestellte Untersuchung ergeben hat.

sus entoglossus gebildet wird. Bei den *Lacertina*, *Pachyglossa* und *Scincoidea* besitzt er jenseits der Ausgangsstelle der Hörnerpaare noch hintere unabgegliederte Verlängerungen. Häufig ist er in einen einfachen hinteren Fortsatz ausgezogen, der weiterhin sich spaltet [2]); noch häufiger gehen vom Ende des Körpers sogleich paarige Fortsätze aus [3]). Die hinteren Fortsätze sind bisweilen sehr kurz, wie z. B. bei *Phrynosoma*, bei *Scincus*. Wenn sie, wie gewöhnlich, lang sind, können sie an der Ventralseite der Luftröhre bis zur Grenze des Brustbeins erstreckt sein. Bei einigen *Pachyglossa: Iguana, Bronchocela, Draco*, sind sie zur Unterstützung der Hautlappen der unteren Halsgegend verwendet. — Das vordere und das hintere Seitenhorn jeder Seite articuliren dicht neben einander mit einem sehr kurzen Seitenfortsatze des Körpers, um alsbald zu divergiren. Jedes vordere Horn besteht aus zwei Gliedern, welche, unter Bildung eines vorwärts gerichteten Winkels, mit einander in Verbindung stehen. Die Art des Zusammenhanges beider Glieder ist verschieden. Häufig berühren sich die Enden beider Glieder, wie bei *Lacerta, Bronchocela, Iguana*; haufiger noch lehnt der Anfang des oberen Segmentes an eine Stelle des Längsrandes des unteren sich an, das frei über die Verbindungsstelle mit jenem hinaus verlängert ist, wie bei den *Varanida*, bei *Podinema, Platydactylus, Uromastix*. Bei den *Varanida* ist die Verbindung beider Glieder nur sehr lose. Bei einigen *Scincoidea*, z. B. bei *Euprepes*, ist das untere Glied verbreitert. Meistens sind beide Glieder von knorpeliger Textur; selten, wie z. B. bei *Phrynosoma*, ist das untere Glied ossificirt, das obere weich, bindegewebsähnlich. Die vorderen Hörner umfassen die ventrale Hälfte des Schlundes, sind bis zur Schläfengegend des Schedels ausgedehnt, oder reichen über dieselbe hinaus. Eine Verbindung ihrer Enden mit dem Schedel ist gewöhnlich nicht nachzuweisen, da die oberen Enden der vorderen Hörner ihre knorpelige Textur oft verlieren und häutig werden. Bei einigen *Kionocrania* findet aber sehr deutlich eine Verbindung ihrer knorpeligen Enden mit den Schedelquerfortsätzen in der Gegend der Trommelhöhle Statt; sie ist namentlich bei den *Scincoidea* und unter diesen besonders deutlich bei *Euprepes Telfairii* erkennbar. Andere Beobachter [4]) haben sie bei *La-*

---

2) So bei *Iguana, Bronchocela, Draco.*

3) So bei *Amphisbaena, Lepidosternon, Seps, Scincus, Lacerta, Phrynosoma, Uromastix.* Cuvier hat diese hinteren Fortsätze als drittes Hörnerpaar bezeichnet, obgleich sie, wie bemerkt, vom Körper niemals abgegliedert sind. Sie erinnern an den Zungenbeinkiel anderer Ordnungen.

4) Cuvier Recherches Vol. X. p. 63. 64. bei *Lacerta*; Heusinger (Zeitschrift für organ. Physik Bd. 3. S. 483) bei einem jungen *Pseudopus Oppelii*, nicht bei alten Thieren; Losana (Memorie della reale accademia delle scienze di Torino 1834 T. 37) bei *Lacerta* und *Anguis fragilis.*

certa, *Pseudopus* und *Anguis* längst wahrgenommen. — Jedes hintere Horn besteht aus einem einzigen und zwar anscheinend beständig ossificirten, aber mit knorpeliger Endepiphyse versehenen Gliede, das in der Circumferenz der Speiseröhre bald bogenförmig aufwärts erstreckt, bald schräge hinterwärts bis zur Grenze des *Thorax* verlängert ist, wie bei den *Varanida*.

Das Zungenbein der *Chamaeleonidea* besitzt ebenfalls einen Körper und zwei Paar Seitenhörner, die mit den Seiten seines hintersten Endes, das jenseits ihres Ausganges nicht verlängert ist, articuliren. Der schmale Körper ist vorne in einen langen, unabgegliederten *Processus entoglossus* ausgezogen. Von den beiden Hörnern jeder Seite ist das vorderste zweigliederig, das hintere eingliederig. Das untere Glied des vorderen Hornes und das ganze hintere Horn sind ossificirt. — Ein eigenthümlicher accessorischer Apparat liegt unter der hinteren Grenze des häutigen von der Luftröhre ausgehenden Sackes. Er bildet einen quer gelagerten Bogenschenkel, der in der Mitte schmaler, an beiden freien äusseren Enden kolbig verdickt ist, und besitzt ein weiches, knorpel-ähnliches Gefüge.

[Abbildungen s. bei Cuvier Recherches Pl. 245 Fig. 1—8 und bei J. Müller in Tiedemann und Treviranus Zeitschr. Bd. IV. Taf. XIX. Fig. 4—10.

§. 33.

Bei den Crocodilen besteht der Zungenbein-Apparat [1]) aus dem Körper und einem Paare hinterer Hörner. Der Körper, an der Ventralseite des Kehlkopfes und des vordersten Theiles der Luftröhre gelegen, ist schildförmig und nach unten convex. Jedes Horn ist mit einer Seite des Körpers beweglich verbunden, steigt zum Schedel aufwärts, ohne an denselben angeheftet zu sein, ist ungegliedert, besitzt aber zwei Abschnitte, die unter einem Winkel ohne Unterbrechung in einander übergehen und bei älteren Thieren völlig ossificirt zu sein pflegen. Ein von jeder Seite des Zungenbeinkörpers hinten ausgehender Fortsatz ist durch ein Band lose an jeder Seite der Luftröhre angeheftet.

§. 34.

Der Zungenbein-Apparat der *Chelonia*, unterhalb der Zunge, des Kehlkopfes und der Luftröhre gelegen, ist ausgezeichnet durch den Besitz einer discreten, unter und zum Theil vor dem Zungenbeinkörper gelagerten, letzterem durch Bindegewebe lose angehefteten Platte: *Pars lingualis s. entoglossa*. Diese nach Form und Umfang wechselnde Platte ist meistens knorpelig; bei wenigen Schildkröten, namentlich den Gattungen *Chelys* und *Chelodina*, liegen seitliche paarige Ossificationen in ihrer Continuität [1]).

---

1) Abbildungen bei Cuvier Tb. 233. Fig. 3. 4. — Der Zungenbein-Apparat von *Rhamphostoma* zeigt keine wesentliche Abweichung.

1) Dieselben sind bei den übrigen *Emydea monimopelyca* vermisst.

Der übrige Zungenbein-Apparat besteht in paarigen Bogenschenkeln oder Hörnern und sie in der ventralen Mittellinie verbindenden Theilen. Bei den meisten Schildkröten geschieht die Verbindung der gegenständigen Bogenschenkel durch einen einfachen Körper, der in eine vordere Spitze ausgezogen ist. Bei den *Trionychoidea* wird dieser anderswo einfache Körper durch mehre paarige Knochenstücke vertreten. — Die Anzahl der discreten vom Körper durch Naht abgesetzten oder ihm wenigstens lose verbundenen Bogenschenkel beträgt wenigstens zwei für jede Seite; ein bei einzelnen Gruppen discret vorkommender vorderster Bogenschenkel, der ein *Cornu styloideum* vertritt, ist bei anderen durch einen Seitenfortsatz des Körpers vertreten. Die dorsalen Enden der Bogenschenkel oder Hörner ermangeln sowol bei erwachsenen Schildkröten, als auch bei Embryonen jeder Verbindung mit anderen Skelettheilen, namentlich auch mit dem Schedel.

Die untersuchten *Testudinea* besitzen einen einfachen knorpeligen Zungenbeinkörper. Der Körper hat vordere, kurze, unabgegliederte Seitenfortsätze. Von den beiden discreten Hörnern jeder Seite ist das vorderste, mit Ausnahme einer knorpeligen Endepiphyse, ossificirt, etwa in der Mitte der Körpers diesem eingelenkt und zur Hinterhauptsgegend erstreckt. Das hinterste Horn ist kurz, ganz oder theilweise knorpelig und einem hinteren Seitenfortsatze des Körpers angeschlossen. — Bei den *Euereta* besteht die wesentlichste Abweichung darin, dass die bei den *Testudinea* unabgegliedert bleibenden kurzen Seitenfortsätze des Körpers, discrete Knorpel zu sein pflegen. — Auch bei den *Emydea streptopelyca* sind die Seitenfortsätze des Zungenbeinkörpers gewöhnlich discrete Stücke, daher drei Paar Zungenbeinhörner vorhanden. Der Zungenbeinkörper besitzt oft eine mediane, nur häutig geschlossene Fontanelle. — Das Zungenbein der *Emydea monimopelyca* [2]) gewährt dem Kehlkopfe und der Luftröhre eine ihre Verschiebung hindernde und ihre Lage sichernde Unterstützung. Es besitzt ein langes, gestrecktes, unpaares, ossificirtes Körperstück, das abwärts von der Luftröhre eine Rinne bildet, in welcher diese ruhet. Durch den Vorderrand dieses Theiles, durch ihm vorne angefügte paarige Seitenstücke und durch ein medianes, diesen paarigen Stücken vorne angeschlossenes, gewöhnlich zugespitztes Stück [3]) wird eine mittlere blos häutig geschlossene Grube oder Fontanelle begrenzt, in welcher der Kehlkopf ruhet. — Jedes der vom Vorderende des Kör-

2) Die einzige mir bekannt gewordene Abbildung findet sich bei Cuvier Tb. 240. Fig. 41. und betrifft *Chelys fimbriata*.

3) Dieses Stück enthält bei den Gattungen *Chelys* und *Chelodina* paarige Ossificationen, die in eine mediane Spitze auslaufen. Die Ossificationen sind von Cuvier Fig. 41. mit a' a' bezeichnet; die Spitze fehlt auf der Abbildung. Anderen Gattungen, z. B. *Pelomedusa*, fehlen diese paarigen Ossificationen des vordersten,

pers ausgehenden langen Seitenhörner pflegt zweigliedrig zu sein: ein langes ossificirtes und ein kurzes knorpeliges Segment zu besitzen; jedes der dem hinteren Ende des Körpers eingelenkten hintersten Hörner ist eingliedrig, ossificirt, mit knorpeliger Endepiphyse versehen. — Bei den *Trionychoidea* ist der anderswo einfache Zungenbeinkörper durch drei Paar ossificirter Stücke vertreten [4]), ausser ihnen ist eine knorpelige Spitze vorhanden; das vorderste Paar der *Copulae* ist in kurze unabgegliederte Seitenfortsätze ausgezogen.

[Eine klare Uebersicht der Formverhältnisse des Zungenbein-Apparates gewähren die von Cuvier Recherches Tb. 240 gegebenen Abbildungen.]

IV. Vom Schulter- und Beckengerüst.

§. 35.

Die meisten Amphibien besitzen ein Schulter- und Beckengerüst. Uebereinstimmende Momente in der Anlage beider pflegen zu sein: 1) die Bildung eines jeden aus paarigen Bogenschenkeln, 2) die Zusammensetzung jedes Bogenschenkels aus Theilen, die über und die unter den Gelenkgruben für die Extremitätenknochen liegen, demnach eines oberen und unteren Abschnittes. Meistens, doch nicht ausnahmslos, besteht ferner jeder untere Abschnitt aus zwei hinter einander gelegenen Schenkeln. Bei Anwesenheit dieser beiden Schenkel reichen der vordere des Schultergerüstes und der hintere des Beckengerüstes tiefer abwärts, als die beiden anderen. Der dorsale Abschnitt pflegt eingliederig zu sein, doch ist seine Zusammensetzung aus zwei Stücken an der Schulter wie am Becken nicht ausgeschlossen. Jeder Bogenschenkel, sowol der Schulter, als auch des Beckens, kann ein Continuum bilden, oder aus discreten Stücken bestehen. Die gewöhnliche Zahl der letzteren beträgt drei. Den Vereinigungsstellen der paarigen unteren Abschnitte beider Gerüste sind vorne wie hinten nicht selten Hartgebilde angeschlossen (denen der Schulter Brustbeinstücke, denen des Beckens bei den *Sauria* hinten das *Os cloacae*, bei *Dactylethra* vorne eine Knorpelplatte).

Verschiedenheiten zwischen Schulter- und Beckengerüst sind folgende:

---

hier knorpelig bleibenden Stückes. Die Zungenbeinbildung der Gattungen *Podocnemis*, *Platemys*, *Sternotherus* ist wesentlich übereinstimmend.

4) Z. B. bei *Trionyx aegyptiacus* und *ferox*, *Cycloderma frenatum*, *Cryptopus granosus*.

1) Die gegenständigen ventralen Schenkel des letzteren sind gewöhnlich unmittelbar an einander geschlossen, die der Schulter unverbunden oder nur mittelbar durch Brustbeinstücke verbunden. 2) Der obere Schenkel des Schultergürtels liegt frei oberhalb der Rumpfmuskelmassen; der des Beckens ist fast immer fixirt an Rippen oder Querfortsätzen und in die Continuität ventraler, mit seinem obersten Ende oft auch dorsaler Muskeln eingesenkt.

Im Gegensatze zu vielen Fischen mangelt allen Amphibien ein Anschluss des oberen Schenkels ihres Schultergerüstes an den Schedel. — Bei vielen Amphibien liegt das Ende eines der hinteren ventralen Schenkel ihres Schultergürtels über den anderen geschoben, womit auch einseitige Anheftung an das Brustbein (*Pars xiphoidea*) verbunden sein kann. — Bei den *Amphibia dipnoa* liegt der Schultergürtel dem Schedel und dem Zungenbein-Apparate nahe; bei den *A. monopnoa* entfernter; unter diesen bei den *Sauria* näher, als bei den *Monimostylica.*

§. 36.

Unter den *Amphibia dipnoa* fehlt ein Schultergerüst den *Gymnophiona.* Den *Urodela* kömmt es ausnahmslos zu. Eine wesentliche Eigenthümlichkeit seines Verhaltens besteht darin, dass es zu den Seiten der ventralen Körperhälfte gelegen, die Längsfurche, welche die beiden Muskelmassen trennt, nach oben nicht überschreitet. Seine paarigen Bogenhälften ermangeln aller unmittelbaren Verbindung mit einander. Jede Bogenhälfte bildet ein Continuum von knorpeliger Textur, welchem Ossificationen eingetragen sein können. Sobald diese Ossificationen entwickelt sind, gehen sie von dem Umkreise der *Cavitas glenoidalis* aus und sind in die Grundflächen der von ihr ausgehenden Fortsätze erstreckt [1]). Der von der *Cavitas glenoidalis* aus aufsteigende Fortsatz heisst, in Betracht seiner Homologie mit der *Scapula* anderer Wirbelthiere, *Pars scapularis*; von den beiden absteigenden ist der vordere, gewöhnlich steil vorwärts gerichtete, eine *Pars acromialis*, der hintere abwärts zur Bauchseite gerichtete eine *Pars coracoidea.* Das Verhalten der paarigen *Partes coracoideae* bietet Unterschiede dar. Bei den *Proteidea* liegen die gegenständigen *Partes coracoideae* mit ihren Innenrändern neben einander, ohne sich zu decken; sie werden durch keine hintere Sternalplatte unterstützt. Bei *Siredon*, den *Derotremata* und *Myctodera* ist das innere Ende des hinteren Theiles der rechten *Pars coracoidea* in der Weise unter die linke geschoben, dass, nach Entfernung der Bauchdecken, diese zu Tage

1) Bei *Salamandra* ist die Basis jedes der drei Fortsätze ossificirt; bei *Siredon* besitzen *Scapula* und *Processus acromialis* eine gemeinsame Ossification an ihrer Basis; bei *Proteus* nimmt die ossificirte Strecke vorzugsweise die Basis des *Processus acromialis* ein; bei *Menobranchus* die Basis der *Scapula.*

liegt und jene bedeckt erscheint. Ein Falz des knorpeligen ***Sternum*** nimmt das hintere Ende der linken ***Pars coracoidea*** auf.

§. 37.

Gemeinsame Momente in der Anordnung des Schultergürtels der ***Batrachia*** sind folgende: Seine Ausdehnung überschreitet die Grenze zwischen den beiden Muskelmassen nach oben. Sein oberer Abschnitt ist über der dorsalen Muskelmasse gelegen. Sein dorsaler, wie auch seine beiden ventralen Abschnitte, sind grossentheils ossificirt. Von der Circumferenz der ***Cavitas glenoidalis*** gehen demnach drei durch ihre Grundflächen sie bildende Knochen aus: eine obere ***Scapula*** und zwei untere, von denen der vordere als ***Clavicula***, der hintere als ***Os coracoideum*** bezeichnet ist. Eine Eigenthümlichkeit des oberen Abschnittes ist die, dass das dorsale Ende der ***Scapula*** unter Bildung eines Winkels in eine ihr oben angeschlossene Platte von gewöhnlich weicherer Textur: die ***Omolita s. Pars suprascapularis***, übergeht.

Das Verhalten des Schultergürtels bei einzelnen Gruppen ist folgendes: Bei den ***Aglossa*** sind die ossificirten Stücke des Schultergerüstes in eine zusammenhangende knorpelige Grundlage eingetragen. Von den beiden Theilen des dorsalen Abschnittes ist die ossificirte ***Scapula*** sehr kurz und breit; die ihr beweglich angeschlossene breite ***Omolita*** besitzt längs dem Vorderrande ihrer knorpeligen Grundlage eine sichelförmige Ossification. Was den ventralen Abschnitt anbetrifft, so sind einer breiten, weicheren und zwar grossentheils knorpeligen Platte die beiden ossificirten Schenkel: ***Clavicula*** und ***Os coracoideum***, derartig eingetragen, dass sie den Vorderrand und Hinterrand der Platte grossentheils einnehmen. Der Raum zwischen diesen beiden Ossificationen ist in dem Winkel, den sie, von der ***Cavitas glenoidalis*** aus absteigend, bilden, nicht knorpelig, sondern blos häutig ausgefüllt. Die ausgedehnten ventralen Ränder der Knorpelplatten beider Bogenschenkel stossen in der beträchtlichsten Strecke, der Länge nach, unmittelbar an einander und sind durch Syndesmose beweglich verbunden. Ganz hinten, wo die den ***Partes coracoideae*** angehörigen Knorpel aus einander weichen, liegt zwischen ihnen die knorpelige Sternalplatte.

Bei der Gattung ***Bufo*** ist, statt der ausgedehnten knorpeligen Grundlage, nur ein das ventrale Ende der ***Clavicula*** mit dem des ***Os coracoideum*** verbindender Längsknorpel vorhanden; der rechte ist unter den linken geschoben; an letzteren angeschlossen ist die entsprechende Hälfte einer hinteren Sternalplatte. Eine Strecke zwischen ***Clavicula*** und ***Os coracoideum*** ist membranös ausgefüllt. Die ventralen Enden der paarigen ***Claviculae*** stossen an einander.

Bei den Gattungen ***Rana, Cystignathus*** u. A. fehlen die Verbindungsknorpel zwischen den beiden unteren Knochen; eine freie Lücke trennt sie. Zwischen den entsprechenden Enden der paarigen unteren Knochen, die nicht über einander geschoben sind, liegt ein medianer unpaarer Knorpelstreif. Vorne und hinten sind Brustbeinstücke angeschlossen.

§. 38.

Unter den *Streptostylica* sind die *Ophidia* von den *Saucia* wesentlich verschieden dadurch, dass jenen ausnahmslos jede Spur eines Schultergürtels fehlt, während seine Anwesenheit in den Organisationsplan der *Sauria* gehört.

Unter den *Amphisbaenoidea* ist er nur ganz spurweise angelegt bei den Gattungen *Amphisbaena* und *Lepidosternon* [1]), entwickelter vorhanden bei *Chirotes* [2]).

Unter den *Kionocrania* ist er bei einzelnen, der Vorderextremitäten ermangelnden *Chalcidea* und *Scincoidea* nur wenig ausgebildet; doch sind immer wenigstens zwei Abschnitte desselben, eine obere *Scapula* und eine absteigende *Pars coracoïdea,* vorhanden. Am winzigsten sind diese Theile bei den Gattungen *Typhline* und *Acontias* [3]).

Bei den mit ausgebildeten Extremitäten versehenen *Kionocrania* ist das Verhalten des Schultergürtels, dessen Entfernung vom Schedel und vom Zungenbein-Apparate nie bedeutend, wenn schon nach den Familien ungleich ist, folgendes: Seine oberen Abschnitte bedecken einen Theil der supravertebralen Muskelmasse. Jede Schulterhälfte besitzt einen aufsteigenden Schenkel: *Scapula,* und zwei absteigende: *Clavicula* und *Pars coracoidea.* Von diesen absteigenden Schenkeln hat die ossificirte *Clavicula* keinen Antheil an der Bildung der *Cavitas glenoidalis.* Jede *Clavicula* ist von dem oberen Theile des Vorderrandes der *Scapula* abwärts erstreckt. Beide *Claviculae* sind an der Ventralseite verbunden. Ihre Verbindungsstelle entspricht dem Vorderende des *Os episternale.* — Die ossificirten Strecken der *Scapula,* wie des *Os coracoideum,* sind von Knorpel umsäumt. Der Vorderrand der ossificirten Strecke der *Pars coracoidea* ist in mehre zackenartige Fortsätze ausgezogen. Indem jedem

---

1) Rathke, Ueber den Bau und die Entwickelung des Brustbeines der Saurier, Königsberg 1853. 4., hat bei *Amphisbaena fuliginosa, alba* und bei *Lepidosternon microcephalum* in der Nähe der vordersten Rippen hinter dem Zungenbeine paarige Knöchelchen entdeckt, die, nach Lageverhältnissen und Beschaffenheit der von ihnen ausgehenden Muskeln, als sehr abortive Schultertheile anzusprechen sind.

2) Bereits durch Cuvier beschrieben. Abgebildet durch Müller in Tiedemann's Zeitschr. f. Physiologie Bd. 4. Tf. XXI. Fig. 12.

3) Bei der Gattung *Acontias* besteht jeder Schulterbogen aus einem kleinen knorpeligen Scapularstücke und einem von ihm ausgehenden, längeren, stabförmigen, an der Seite des kleinen *Sternum* fixirten absteigenden Stücke (*Os coracoideum*). Bei *Typhline* ist das Verhalten ähnlich, nur fehlt ein *Sternum* spurlos. So nach einer gemeinsam mit Peters angestellten Untersuchung an *Acontias niger* und *Typhline aurantiaca.*

dieser Knochenfortsätze vorne und auswendig eine Knorpelzacke sich anschliesst, die in einen gemeinsamen Knorpelsaum übergeht, welcher auch das ventrale Ende des *Os coracoideum* umzieht, erscheint die ***Pars coracoidea*** von allseitig umrahmten Fenstern oder Fontanellen durchbrochen. — Das ventrale Ende jeder ***Pars coracoidea*** ist theilweise gestützt, theilweise frei. Es ist nämlich sein hinterer Abschnitt von einem Falze des vorderen Seitenrandes des Brustbeins aufgenommen, während sein vorderer ausgedehnterer Abschnitt frei über dem *Os episternale* liegt. Diese freien Strecken der ventralen Enden der ***Partes coracoideae*** sind nicht an einander geschlossen, vielmehr ist die des rechten mehr oder minder über die des linken geschoben.

Die *Chamaeleonidea* zeigen ein abweichendes Verhalten durch Mangel der *Claviculae* und der Zacken der ***Partes coracoideae***. Die vorderen Strecken der ventralen Enden der ***Partes coracoideae*** sind über einander geschoben; die hinteren Strecken sind den Rändern des Brustbeines eingefügt. Die *Scapula* trägt oben eine knorpelige Platte.

§. 39.

Den *Crocodila* eigenthümlich ist ebenfalls der Mangel der *Claviculae*. Diese Knochen fehlen hier unter Anwesenheit eines *Os episternale*. Dem *Os coracoideum* mangeln Zacken und knorpelige Theile. Sein ganzes ventrales Ende ist dem vorderen Theile des Seitenrandes der Sternalplatte eingefügt, die somit eine *Copula* der beiden nicht mehr über einander geschobenen *Ossa coracoidea* bildet. Die ossificirte *Scapula* trägt oben eine knorpelige Platte.

§. 40

Bei den *Chelonia* liegt das Schultergerüst zwischen Rücken- und Bauchschild, bei beträchtlicher Länge der Halsgegend weit entfernt vom Kopfe und vom Zungenbein-Apparate. Die *Cavitas glenoidalis humeri* bildet den Ausgangspunkt dreier Schenkel: eines aufsteigenden und zweier absteigenden. Von den beiden absteigenden Schenkeln ist nur der hinterste ein discreter Knochen; der vordere dagegen bildet mit dem aufsteigenden Schenkel ein Continuum [1]); beide sind Theile eines gemeinsamen Knochens (*Scapula*). Die beiden Schenkel dieses Knochens divergiren von der Stelle aus, wo er zur Begrenzung der *Cavitas glenoidalis* beiträgt, unter Bildung eines Winkels. Der aufsteigende Schenkel reicht

---

1) Eben so wenig, wie Bojanus und Rathke, ist es mir bei sehr zahlreichen Untersuchungen an Schildkröten-Embryonen verschiedener Art und verschiedenen Alters gelungen, jemals eine ursprüngliche Trennung dieser beiden Schenkel wahrzunehmen. Das Berliner anatomische Museum bewahrt das Skelet einer nordamerikanischen *Emys* (Nr. 7177), an dem linkerseits beide Fortsätze durch Naht zusammenhangen.

zur Wirbelsäule. Eine knorpelige oder ligamentöse Epiphyse desselben, die bei einigen, jedoch nicht bei allen Schildkröten, einen einfachen oder mehrfachen Knochenkern 2) enthält, liegt oberhalb des *Processus transversus* des vordersten Brustwirbels. Das Ende des ventralen Schenkels, der, wie eine *Clavicula*, jedoch nicht abgegliedert, von der *Cavitas glenoidalis* zur Bauchplatte erstreckt ist, wird durch Synchondrose oder Syndesmose mit dem unpaaren Stücke jener Platte (*Os episternale*) verbunden. Es vertritt demnach ein verlängerter *Processus acromialis* die Stelle einer fehlenden *Clavicula*. — Der discrete hintere absteigende Knochen (*Os coracoideum*) endet weiter hinterwärts, frei über dem Bauchschilde liegend. Sein freies Ende ist oft, z. B. bei den *Euereta*, von einer Knorpelplatte umsäumt. Ein *Ligamentum acromio-coracoidale* verbindet das freie Ende des *Processus acromialis* mit dem des *Os coracoideum*. Bei *Sphargis* ist das Ende des rechten *Os coracoideum* unter dasjenige des linken geschoben.

[Das Verlangen nach einer Reduction der beiden Schulterknochen auf den Säugethier-Typus hat die mannichfachsten Deutungen herbeigeführt. Eine Zusammenstellung derselben findet sich in einer neueren Schrift von Hermann Pfeiffer: Zur vergleichenden Anatomie des Schultergerüstes und der Schultermuskeln bei Säugethieren, Vögeln und Amphibien. Giessen 1854. 4.]

§. 41.

Was die *Amphibia dipnoa* anbelangt, so fehlt den *Gymnophiona* jede Spur eines Beckengurtes. Sämmtlichen *Urodela*, mit Ausnahme der Gattung *Siren*, kömmt er zu. Der jederseits oberhalb der Pfanne aufsteigende Theil: *Os ileum*, ist schmal, verknöchert, bedeckt die vom Schwanze aus zum Rumpfe erstreckte Brücke der ventralen Muskelhälfte auswendig oder ist in dieselbe oberflächlich eingesenkt, ohne die untere Grenzlinie der supravertebralen Muskelmasse nach oben zu überschreiten, und haftet, mit Ausnahme von *Proteus*, am Ende der Rippe des Kreuzwirbels. Die abwärts von beiden Pfannen gelegene ventrale Strecke liegt horizontal; sie ist entweder unpaar, also beiden Seiten gemeinsam, oder durch eine mediane, durchgehende Furche in zwei durch Syndesmose eng an einander geschlossene Seitenhälften getheilt. Ersteres bei den *Proteidea*; letzteres bei *Siredon* und den *Myctodera*. Immer ist sie umfänglich und nach vorne in eine mediane Spitze verlängert. Diese bildet mit der ventralen Platte ein Continuum bei den *Proteidea* und bei *Siredon*; sie ist nur spurweise vorhanden bei *Proteus*, kurz bei *Siredon*, verlängert bei *Menobranchus*; bei den *Derotremata* und *Myctodera* ist, statt eines vorderen Fortsatzes, ein dem Vorderrande der Beckenplatte durch Syndesmose

2) Bojanus, der ihn bei *Emys europaea* entdeckte, hat ihn *Os triquetrum* genannt. Sein allgemeines Vorkommen kann ich, gleich Cuvier, nicht zugeben.

innig verbundener Knorpelstab vorhanden, der in die ventrale Muskelmasse verlängert, vorne in zwei divergirende Schenkel gabelförmig sich spaltet. — Die ventrale Platte ist nur bei *Proteus* durchgängig knorpelig; bei den übrigen *Urodela* enthält ihre hinterste Strecke paarige Ossificationen: *Ossa ischii.* — Die Mittellinie der ventralen Platte pflegt durch eine Firste von verschiedener Ausdehnung bezeichnet zu sein; dieselbe ist zu Muskelansätzen bestimmt. — Die Pfanne besitzt einen offenen Boden bei den *Proteidea*; er ist geschlossen bei den *Derotremata* und *Myctodera.*

Die *Batrachia* sind wesentlich ausgezeichnet dadurch, dass die unterhalb der Pfanne gelegenen Strecken ihrer beiden Beckenhälften, anstatt horizontal zu liegen, eine verticale Stellung besitzen, indem ihre Innenflächen an einander gefügt sind. So stellen sie eine verticale Scheibe dar, die an Umfang noch dadurch gewinnt, dass auch die zur Umschliessunge der *Acetacula* beitragenden unteren Strecken der *Ossa ileum* in derselben Weise inwendig an einander liegen. Diese letzteren oberen Knochen divergiren von dem scheibenförmigen Theile aus und jeder ist, als aufsteigende Leiste zu dem Ende des Querfortsatzes des Kreuzwirbels erstreckt und mit ihm verbunden. Der unterhalb der Gelenkpfanne gelegene Theil der Scheibe besitzt hinten paarige Ossificationen, *Ossa ischii*; die vordere Strecke der Scheibe pflegt knorpelig zu bleiben, enthält wenigstens selten distincte Ossificationen. — Bei der eigenthümlichen Stellung des Beckens berühren die Boden der beiden Pfannen einander. Jeder Pfannenboden besitzt in der Tiefe eine durch fibröses Gewebe gefüllte Lücke der Knorpel- und Knochensubstanz. Der vorspringende Rand jeder Pfanne ist gebildet durch die Beckenscheibe.

Die Gattung *Dactylethra* ist ausgezeichnet durch den Besitz einer vom Vorderrande des Beckens ausgehenden, in die ventrale Muskelschicht verlängerten, stielförmig beginnenden, dann verbreiterten Knorpelplatte.

§. 42.

Unter den *Amphibia monopnoa* fehlt ein Becken den meisten *Ophidia* spurlos; seine Anwesenheit gehört jedoch in den Plan weniger Gruppen; dahin gehören unter den *Eurystomata* die *Python*, *Boae*, *Eryx*, so wie unter den *Stenostomata* die *Tortricina* und *Typhlopina* [1]). Das Becken dieser Schlangen ist immer nur abortiv; von den beiden Abschnitten des Beckens anderer Wirbelthiere fehlt der obere; nur untere Knochen sind vorhanden in paarigen horizontalen, dicht neben einander, und vor dem After gelegenen Stücken [2]) (*Ossa ischii*).

---

1) Die paarigen Stücke der *Typhlops* und *Onychocephalus* liegen der Länge nach neben einander; jede Seitenhälfte besitzt einen hinteren, längeren, knöchernen und einen vorderen, kürzeren, knorpeligen Abschnitt.

2) Ueber das rudimentäre Becken der *Ophidia* und einiger *Sauria* vergl.

§. 43.

Im Organisationsplane aller *Sauria* liegt die Anwesenheit eines Beckens. Bei den *Amphisbaenoidea*, so wie bei einigen *Scincoidea* und *Chalcidea*, ist dasselbe nur abortiv [1]). Diese verkümmerten Beckentheile sind jedoch von denen der genannten *Ophidia* durch den Umstand wesentlich unterschieden, dass sie, an Wirbel-Querfortsätzen oder an Rippenenden haftend, nicht untere, sondern obere Abschnitte einer Beckenhälfte, demnach *Ossa ileum* repräsentiren. — Mit diesen Ausnahmen besitzen die *Kionocrania* ein ausgebildetes Becken [2]). Die drei Knochen jeder seiner beiden Seitenhälften tragen zur Begrenzung der geschlossenen Pfanne bei. Das von letzterer aus aufsteigende, meistens leistenförmige *Os ileum* pflegt näher oder etwas entfernter von seinem oberen Ende an den von einer gemeinsamen Knorpelfläche überzogenen Enden der Querfortsätze zweier Kreuzwirbel verschiebbar angefügt zu sein. Sein dorsales Ende überragt demnach oben die Grenze der dorsalen Muskelmasse; es ist bis an sein freies Ende hin ossificirt; es besitzt vorne eine *Spina anterior*. — Die in dem unteren Umfange der Pfanne verbundenen und von ihr aus absteigenden Theile sind: ein vorderes *Os pubis* und ein hinteres *Os ischii*. Jedes *Os pubis* pflegt in der Mitte seines Vorderrandes eine abwärts gerichtete, zu Muskel- und Sehnen-Ansätzen bestimmte *Spina* zu besitzen. Am Bauche sind die gegenständigen *Ossa ischii* und *Ossa pubis* unter einander verbunden, so dass eine Sitzbein- und eine Schambeinfuge zu Stande kömmt. Ihre Verbindung geschieht unter Bildung bald einer Horizontalebene, bald eines stumpferen oder spitzeren Winkels. Die Verbindung der beiden Schambeine geschieht durch Synchondrose; die die beiden Knochen trennende unpaare Knorpelmasse ist von verschiedener Breite: eine mediane Leiste darstellend, die bald durchgeht, bald nur in der vorderen Hälfte vorhanden ist. Eine ähnliche mediane Knorpelleiste liegt zwischen beiden Sitzbeinen. Sie ist häufig über die Vordergrenze beider Knochen hinaus verlängert, und bald als Knorpel, bald ossificirt, bald durch Ligament vertreten oder ergänzt zum Hinterende der Schambeinfuge erstreckt, beiderseitige *Foramina obturatoria* trennend.

Mayer in Nov. Act. Acad. Caes. Leop. Carol. T. XII. p. 2. 1825 u. Heusinger in seiner Zeitschrift für organ. Physik Bd. 3. S. 481.

1) Dahin gehören die Gattungen *Anguis*, *Ophisaurus*, *Pseudopus*, *Bipes*, *Acontias*, *Typhline* u. A. Bei *Acontias* und *Typhline* geht jeder Beckenknochen aus vom Querfortsatze des Kreuzwirbels und ist schräg nach vorne absteigend an den Enden der beiden hintersten Rippen durch Ligament angeheftet.

2) Eine unter Reichert's Leitung erschienene Abhandlung von Constantin Gorski, Ueber das Becken der Saurier, Dorpat 1852. 4., mühet sich ab, den Beweis zu führen, dass die *Ossa pubis* als *Ossa ileo-pectinea*, die *Ossa ischii* als *Ossa pubis* aufzufassen seien.

Im Plane der meisten *Kionocrania* [3]) liegt ferner der Besitz einer jenseits der Sitzbeinfuge erstreckten, von ihr ausgehenden freien Verlängerung, bestimmt zur Unterstützung und zum Ansatze von Muskeln der Cloake. Sie ist bald ein Fortsatz des unpaaren Verbindungsknorpels beider Sitzbeine, wie z. B. bei *Uromastix*, bald ein discretes, abgegliedertes, der Sitzbeinfuge hinten angeschlossenes Stück von knorpeliger oder knöcherner Textur, das bisweilen am Ende in eine Platte ausgeht, wie z. B. bei *Phrynosoma*. Bei dieser Beschaffenheit führt es den Namen *Os cloacae*.

Das Becken der *Chamaeleonidea* ist ausgezeichnet: 1) durch den Besitz von Knorpelplatten, welche den Rändern der *Ossa ileum* angeschlossen sind; 2) dadurch, dass seine unteren Schenkel unter spitzem Winkel zusammenstossen; 3) dadurch, dass die Trennung der beiden *Foramina obturatoria* durch ein Ligament geschieht; 4) durch Mangel einer ausgebildeten unpaaren, hinteren, von der Sitzbeinfuge ausgehenden, freien Verlängerung.

§. 44.

Das Becken der *Chelonia* ist wesentlich nach demselben Plane angelegt, wie das der *Sauria*. Das vom *Acetabulum* aus aufsteigende *Os ileum* ist unter seinem dorsalen Ende an den durch eine gemeinsame Knorpelmasse verbundenen Enden der Querfortsätze zweier Kreuzwirbel angefügt. Die beiden von den *Acetabula* aus absteigenden Schambeine, wie auch die beiden Sitzbeine, sind unten je durch eine Schambein- und Sitzbeinfuge mit einander verbunden. Die beiden Knochen jedes Beckenschenkels sind vom *Acetabulum*, zu dessen Bildung sie, nebst dem *Os ileum*, beitragen, absteigend, durch ein *Foramen obturatorium* von einander getrennt. Die Trennung der beiderseitigen *Foramina obturatoria* [4]) geschieht bei den *Euereta* durch ein von der Sitzbeinfuge zur Schambeinfuge erstrecktes Ligament. Bei den *Testudinea* wird sie dadurch bewirkt, dass ossificirte, mittlere, vordere Fortsätze der beiden Sitzbeine unmittelbar an hinterwärts gerichtete, gleichfalls ossificirte, mittlere Fortsätze der beiden Schambeine stossen. Die Verbindung der gegenständigen unteren Knochen geschieht durch Synchondrose; zwischen den Vorderenden der beiden Schambeine pflegt sich lange ein breiterer Knorpelstreif zu erhalten. Der Vereinigungswinkel der gegenständigen Knochen ist sehr stumpf, oder sie bilden eine Horizontalebene. Jedes *Os pubis* pflegt eine abwärts gebogene *Spina* an seinem Vorderrande zu besitzen [2]).

---

3) Ich habe diese Verlängerung bei Repräsentanten aller Gruppen angetroffen, z. B. bei *Varanus*, *Psammosaurus*, *Podinema*, *Ameiva*, *Euprepes*, *Phrynosoma*, *Iguana*, *Uromastix* u. A.

1) Eine *Membrana obturatrix* ist in dem *Foramen* ausgespannt.

2) Sie ist sehr breit bei der Gattung *Chelonia*.

— Das Becken liegt immer eingeschlossen zwischen Rücken- und Bauchschild. Sein Verhalten zu beiden Schildern ist nicht bei allen Schildkröten gleich. Bei den meisten Cheloniern bleibt es mit beiden Schildern unverbunden. Eine Gruppe der *Emydea*: die der *Monimopelyca*, ist dagegen durch innige Verbindung des Beckens mit beiden Schildern ausgezeichnet. Die dorsalen Enden ihrer *Ossa ileum* sind mit hinteren Platten des Rückenschildes, desgleichen die unteren Seiten ihrer Sitzbeine mit den hintersten Platten des Bauchschildes durch Syndesmose oder durch Synchondrose unverschiebbar verbunden, wie denn auch jedes Schambein durch das Ende eines äusseren Fortsatzes mit einer Bauchplatte in ähnlicher Verbindung steht.

§. 45.

Das Becken der *Crocodila* ist dadurch ausgezeichnet, dass an der Bildung der knöchernen *Acetabula* blos die *Ossa ischii* und *ileum* Theil nehmen. Das *Acetabulum* ist nach innen nicht vollständig verknöchert, sondern nur durch Ligament begrenzt. Jedes *Os ileum* haftet unter seinem freien oberen Ende durch Naht an den Querfortsätzen zweier Kreuzwirbel. Die beiden *Ossa ischii* bilden, durch Synchondrose verbunden, eine Fuge. Jedes Schambein geht von dem Ende eines vorwärts gerichteten, zur Umgürtung der Pfanne beitragenden, oberen Fortsatzes des *Os ischii* aus und ist abwärts unter die Bauchgegend erstreckt. Aponeurotische Ausbreitungen (*Membranae obturatoriae*) verbinden die beiden Schambeine unter einander, so wie auch ihre Hinterränder mit den Vorderrändern der *Ossa ischii*.

V. Von den Extremitäten.

§. 46.

Die Mehrzahl der Amphibien besitzt Vorder- und Hinterextremitäten. Wo dieselben vollständig entwickelt sind, folgen einander die Knochen derselben in mehren Abtheilungen. — Diese fünf Abtheilungen sind nach demselben Plane angelegt, wie die der Säuger, führen deshalb auch übereinstimmende Benennungen. — Unter den *Amphibia dipnoa* ermangeln die *Gymnophiona* nicht nur eines Schulter- und Beckengerüstes, sondern zugleich auch der Extremitäten. — Was die *Urodela* anbetrifft, so ist *Siren* der einzige Repräsentant derselben, dem, unter Anwesenheit von Vorderextremitäten, die Hinterextremitäten fehlen. Unter den übrigen sind sie am meisten verkümmert bei *Amphiuma*. Unterschieden sind die *Urodela* vor den *Batrachia* durch den Umstand, dass die Vorderarm- und

Unterschenkelgegend derselben aus je zwei getrennten Knochen: *Radius* und *Ulna*, so wie *Tibia* und *Fibula*, besteht. Am *Humerus*, der unter dem Kopfe comprimirt ist, ist das *Tuberculum maius s. anterius* sehr stark; das *Tuberculum minus* spitz. — Der Oberschenkel besitzt einen starken *Trochanter*. — Die *Ossa carpi* und *tarsi* bleiben, namentlich bei den *Perennibranchiata*, *Derotremata*, wie auch bei einigen *Myctodera*, z. B. bei *Salamandra maxima*, perennirend knorpelig. In der vordersten Reihe liegen bei *Salamandra* drei Knochen: einer, der dem *Radius*, und ein zweiter, der theils diesem, theils der *Ulna* entspricht; zwischen diesen beiden Knochen und denen der zweiten Reihe liegt ein *Os lunatum*; in zweiter Reihe liegen vier Knochen.

Die *Batrachia* [1]) sind besonders dadurch ausgezeichnet, dass die Vorderarm- und Unterschenkelgegend derselben durch je einen Knochen eingenommen wird. Indem *Radius* und *Ulna* einerseits und *Fibula* und *Tibia* andererseits paarig angelegt sind und sie auch durch zwei Markröhren unverkennbare Zeichen der Duplicität behalten, ist der einfache Knochen jeder der beiden genannten Gegenden Repräsentant der paarigen Knochen anderer Wirbelthiere. — Der *Humerus* besitzt ein starkes *Tuberculum maius*, das abwärts in eine starke *Spina* ausgezogen zu sein pflegt; ein *Tuberculum minus* ist nicht ausgebildet [2]). Er hat nur einen unteren Gelenkkopf, der kugelförmig, unter Bildung eines Winkels, nach vorne gerichtet ist und von den beiden Muskelfortsätzen (*Condyli*) zangenartig umfasst wird. — Der einfache Vorderarmknochen ist nach dem Ende hin verbreitert. — Knochen der Handwurzel sind gewöhnlich sechs vorhanden, zwei Reihen bildend. — Der Oberschenkel ist cylindrisch, besitzt einen runden Gelenkkopf; ein *Trochanter* fehlt. — Die Fusswurzel erhält eine eigenthümliche Physiognomie durch ihre Länge. Diese ist bedingt durch die beträchtliche Ausdehnung und die Röhrenform ihrer beiden ersten Knochen, des *Calcaneus* und *Astragalus*, die, an ihren beiden Enden verwachsen, im grössten Theile ihrer Länge getrennt sind. Die zweite Reihe der Fusswurzel enthält gewöhnlich fünf discrete Knochen; bei *Pipa* nur vier.

§. 47.

In den Organisationsplan der *Ophidia* gehört der Mangel von Vorderextremitäten; bei den meisten werden auch die Hinterextremitäten spurlos vermisst; nur bei den *Peropoda* sind sporntragende Rudimente derselben den Beckenknochen angeheftet.

---

1) Als Eigenthümlichkeit von *Cystignathus pachypus* ist eine auffallende Verbreiterung des Oberarmes hervorzuheben.

2) Nur bei *Pipa* ist ein an der Innenseite des *Tuberculum maius* gelegenes Höckerchen vorhanden, das aber zur Fixirung des Ligamentes bestimmt ist, unter welchem die Sehne des *M. coracoradialis* hindurchtritt.

Was die *Sauria* anbetrifft, so enthält die Unterordnung der *Amphisbaenoidea* zwei Gattungen: *Amphisbaena* und *Lepidosternon*, denen die Extremitäten spurlos mangeln, während *Chirotes* Vorderextremitäten besitzt, deren Abtheilungen, denen anderer *Sauria* entsprechend, ein *Humerus*, zwei Vorderarmknochen, Handwurzelknochen, *Ossa metacarpi* und *Phalanges digitorum* sind. — Unter den *Kionocrania* sind es einzelne *Chalcidea* und mehre *Scincoidea*, bei denen die Extremitäten verkümmert sind oder ganz fehlen [1]). Mehren Gattungen fehlen die Vorderextremitäten gänzlich [2]), während die hinteren verkümmert vorhanden sind. Die Verkümmerung der letzteren ist bei den verschiedenen Gattungen dem Grade nach verschieden. So enthält die rudimentäre Hinterextremität von *Pseudopus* nur zwei kleine Knöchelchen, von denen das äussere mit einem hornigen Nagel bekleidet ist. Bei *Bipes* sind dagegen mehre Regionen vorhanden: ein Oberschenkel, zwei Unterschenkelknochen und vier Endglieder. Einzelnen Gattungen, namentlich *Ophisaurus*, *Ophiomorus*, *Anguis*, *Acontias*, *Typhline*, fehlen Vorder- und Hinterextremitäten.

Die ausgebildeten Extremitäten sowol der meisten *Sauria*, als auch der übrigen Ordnungen, sind, indem ihre Knochen in fünf Abtheilungen auf einander folgen, nach dem Plane derjenigen der Säuger angelegt.

Bei den *Sauria Kionocrania* ist ihr Verhalten im Wesentlichsten folgendes: Das obere Ende des *Humerus* ist breit, comprimirt; der Gelenkkopf steht quer; es besitzt zwei Höcker: ein *Tuberculum maius* und *minus*; jenes ist stärker, dieses schwächer. Das untere Ende des *Humerus* besitzt zwei *Condyli*. — Die *Ulna* ist stärker als der *Radius*; ihr *Olecranon* bildet einen schwachen Vorsprung. Die Handwurzel besteht aus neun Knochen, welche in zwei Reihen liegen. Zwei grössere Knochen der ersten Reihe: ein *Os naviculare* und ein *Os triquetrum*, entsprechen den beiden Vorderarmknochen; zwischen ihnen liegt ein kleineres *Os lunatum* und am Rande des *Os triquetrum* ein kleines *Os pisiforme*. Die fünf kleinen Knochen der zweiten Reihe entsprechen den *Ossa metacarpi*, deren Anzahl gewöhnlich fünf beträgt. Die Zahl der Phalangen beträgt gewöhnlich zwei für den Daumen, drei für Zeigefinger und kleinen, vier für den mittleren und fünf für den vorletzten Finger. — Der Oberschenkel besitzt einen von vorne nach hinten comprimirten Gelenkkopf und einen von seiner Innenseite ausgehenden, dicht am Gelenkkopfe gelegenen, vorspringenden, oft abwärts gerichteten *Trochanter*. Die *Tibia* ist umfänglicher, als die *Fibula*. Die *Regio tarsi* enthält vier Knochen in zwei Reihen. Es folgen *Ossa metatarsi* und die Phalangen

1) Verkümmert sind sie z. B. bei *Chalcides*, *Chamaesaura*.

2) Dahin gehören: *Pseudopus*, *Bipes* (*Scelotes* Fitzg.), *Praepeditus* (*Soridia* Gray), *Ophiodes*, *Hysteropus*, *Lialis*.

der Zehen, deren Zahl vom Daumen an bis zur äusseren Zehe successive von zwei bis fünf steigt.

Die *Chamaeleonidea* sind vor den übrigen *Sauria* durch eine eigenthümliche Stellung ihrer Zehen ausgezeichnet. An der Vorderextremität sind Daumen, Zeigefinger und Mittelfinger bis an die Nägel durch Haut verbunden und einwärts gerichtet, während die beiden anderen, eben so verbundenen Finger nach aussen gerichtet sind. An der Hinterextremität sind der zweigliedrige Daumen und der dreigliedrige Zeigefinger eben so verbunden und nach innen gerichtet, während die drei anderen, in gleicher Art verbundenen Finger, von denen die beiden ersten viergliederig, der letzte dreigliederig sind, nach aussen stehen. Diesen Eigenthümlichkeiten correspondirt die Abweichung in den Knochen der Handwurzel, dass die vorderste Reihe derselben aus vier, die zweite aus drei Stücken besteht, dass die Mittelhandknochen kurz sind und der vorletzte Finger nur viergliederig ist.

§. 48.

Bei den Crocodilen ist das starke *Tuberculum maius humeri* auswendig gelegen, einwärts gekrümmt, und geht abwärts in eine *Spina* aus [1]). Eine von ihm aufwärts erstreckte Firste endet mit einem zweiten oberen Höcker. Ein eigentliches *Tuberculum minus* fehlt [2]). Das untere Ende des *Humerus* ist quer verbreitert und geht in zwei Gelenkköpfe aus. Die gekrümmte *Ulna*, länger als der gestreckte *Radius*, ermangelt eines vorspringenden *Olecranon*. Die *Regio carpi* enthält zwei Knochenreihen. Hauptknochen der vorderen Reihe sind das stärkere, längere, dem *Radius* entsprechende *Os naviculare*, und das kürzere, der *Ulna* entsprechende *Os triquetrum*; zwischen beiden liegt ein sehr kleines *Os lunatum*; aussen vom *Os triquetrum* ein *Os pisiforme*. In zweiter Reihe liegen drei bis fünf kleine, den *Ossa metacarpi* entsprechende Knöchelchen. Die *Regio metacarpi* enthält fünf, den Fingern entsprechende Knochen. Der Daumen ist zweigliederig, der nächste Finger dreigliederig, die beiden folgenden viergliederig, der letzte dreigliederig. — Das *Femur* besitzt einen von vorne nach hinten comprimirten Kopf und einen ziemlich tief von seiner Innenseite abgehenden *Trochanter*; sein unteres Ende hat zwei *Condyli*. Die *Tibia* ist umfänglicher, als die *Fibula*. Die

1) An diesem *Tuberculum* sind befestigt der *M. pectoralis maior* und die *M. M. deltoidei*. Einwärts von der Basis des *Tub. maius* und längs der Firste inserirt sich der *M. coracobrachialis*. An dem oberen Höcker endet vorne der *M. supraspinatus*, hinten der *M. infraspinatus*.

2) Die Ansätze der *M. M. latissimus dorsi* und *teres maior* einerseits und des *M. subscapularis* andererseits sind durch einen zwischen ihnen gelegenen Kopf des *M. anconaeus* von einander getrennt. Der Ansatzpunkt der erstgenannten Muskeln befindet sich mehr auswärts, als der des letzten.

Regio tarsi enthält zwei Knochenreihen; in erster Reihe liegen die den beiden Unterschenkelknochen correspondirenden: *Calcaneus* und *Astragalus*; in zweiter Reihe drei kleine Knochen. Es folgen *Ossa metatarsi* und die Phalangen. Der kleine Finger ist nur eingliederig.

§. 49

Bei den *Chelonia* besitzt der *Humerus* ein nach innen und unten gerichtetes *Tuberculum internum*, das dem *T. maius*, und ein nach aussen und hinten gerichtetes, stärkeres *Tuberculum externum*, das dem *T. minus* entspricht. Beide sind durch eine Furche getrennt, innerhalb welcher die Sehne des *M. coracoradialis* verläuft. Das *Tuberculum posterius* ist besonders verlängert bei den *Euereta*. Bei diesen ist der *Humerus* selbst fast gerade, bei den übrigen, besonders den *Testudinea*, dagegen derartig gekrümmt, dass seine Concavität abwärts gerichtet ist. — Die beiden Vorderarmknochen sind, mit Ausnahme der *Euereta*, wo sie unten in einer Strecke verwachsen, getrennt, doch wenig gegen einander beweglich.

Der *Radius* ist nach unten über die *Ulna* hinaus verlängert, am wenigsten bei den *Testudinea* und *Emydea*; am meisten bei den beiden anderen Familien, besonders den *Euereta*. — Die Knochen der Handwurzel bieten Verschiedenheiten dar; bei der Mehrzahl der Schildkröten liegen sie in zwei Reihen; in der ersten liegt das dem *Radius* entsprechende *Os naviculare* und das der *Ulna* entsprechende *Os triquetrum*; innen zwischen den Enden der beiden Vorderarmknochen und den genannten Handwnrzelknochen ein *Os lunatum*; das *Os triquetrum* zeigt bald Spuren der Verschmelzung zweier Knochen, bald ist ihm ein discretes *Os pisiforme* angeschlossen; in zweiter Reihe liegen fünf Knochen, welche den *Ossa metacarpi* entsprechen. — Bei den *Euereta*, deren Hand platt gedrückt ist, liegen in erster Reihe, den Vorderarmknochen entsprechend, ein *Os naviculare* und *triquetrum*; unter dem *Os naviculare* zwei andere Knochen; ferner zunächst den *Ossa metacarpi* fünf Knochen, denen an der Ulnarseite ein beträchtliches, frei vorragendes *Os pisiforme* angeschlossen ist. — Die *Ossa metacarpi* sind bei den *Testudinea* sehr kurz, bei den *Euereta* verlängert. — Bei den *Testudinea* besitzt jeder Finger nur zwei *Phalanges*; bei den übrigen Schildkröten ist die Anzahl der Phalangen für die meisten Finger beträchtlicher.

Das *Femur* besitzt einen unter Winkelbildung in seinen Körper übergehenden, starken, runden Gelenkkopf. Die *Trochanteres* sind bei den *Testudinea* und *Euereta* an der Beugeseite des *Femur* durch keine Furche gesondert, was bei den *Emydea* und *Trionychoidea* der Fall ist. — Die beiden Unterschenkelknochen sind immer getrennt; sie sind am längsten bei den *Testudinea*, am kürzesten bei den *Euereta*. — Dem kleinen *Calcaneus* aller Schildkröten fehlt ein hinterwärts gerichteter Vorsprung.

Die Fusswurzelknochen liegen in zwei Reihen: in erster gewöhnlich zwei Knochen [1]): der beträchtliche ***Astragalus***, dem ***Tibia*** und ***Fibula*** eingelenkt sind, und an der Fibularseite ein kleiner ***Calcaneus***; in zweiter vier oder fünf kleinere, den ***Ossa metatarsi*** entsprechende Knochen. — Diese Knochen sind flacher bei den ***Euereta***, als bei den übrigen Schildkröten. — Bei den ***Testudinea*** sind die ***Ossa metatarsi*** länger, als die ***Ossa metacarpi***. Jeder der vier grösseren Finger besitzt nur zwei ***Phalanges***; bei den übrigen, mit Ausnahme des Daumens und oft des kleinen Fingers, mindestens drei.

Zweiter Abschnitt.

Von der äusseren Haut und ihren drüsigen Gebilden.

§. 50.

Die Haut der ***Amphibia dipnoa*** ist gewöhnlich gleichmässig eben, ermangelt discreter, durch dünnere Säume mit einander zusammenhangender Verdickungen, erscheint daher nicht schuppig. Die ***Amphibia dipnoa*** sind aus diesem Grunde auch als nackte: ***A. nuda***, bezeichnet worden. Ausnahmen von dieser Regel bilden nur einige ***Gymnophiona*** durch den Besitz von schienenartig verdickten Hautringen und von Schüppchen, die längs grösserer oder kleinerer Körperstrecken [1]) in der Continuität der ***Cutis*** vorkommen. Bei wenigen ***Batrachia*** entwickeln sich auch Ossificationen in der Continuität der ***Cutis***.

Einige Eigenthümlichkeiten der ***Urodela*** sind folgende: Bei ***Siren lacertina*** liegen in der ***Cutis*** der Rückengegend sehr zahlreiche verticale, eng an einander gedrängte zellige Räume, ähnlich denen einzelner ***Batrachia***. ***Siredon*** und ***Menobranchus*** besitzen absondernde Follikel [2]).

---

1) Bei einigen *Emydea monimopelyca* sind sie in vier zerfallen.

1) Vergl über dieselben Mayer Nova Act. Acad. Leop. Carol. Cur. T. XII. p. 837. Mayer in Tiedemann und Treviranus Zeitschr. f. Physiologie Bd. 3. S. 254 und J. Müller ebendaselbst Bd. 4. S. 213 ff. Bei *Coecilia annulata* werden diese Schuppen vermisst.

2) Absondernde Follikel der Haut von *Siredon* s abgebildet bei Calori Memorie dell'istituto di Bologna 1851. Tb. 23. Fig. 7. — Bei *Menobranchus lateraralis* kommen namentlich in der *Cutis* der Rückengegend äusserst zahlreiche rundliche absondernde Follikel vor.

An gewissen Stellen der Hautfläche zeigen sich bei Einigen regelmässig gestellte *Pori.* So z. B. bei *Proteus* vorne am Kopfe [3]).

Bei *Menopoma* und *Amphiuma* finden sich einzelne *Pori* längs dem Rumpfe, zahlreichere längs dem Kopfe; bei jenem ist eine supraorbitale und eine infraorbitale Reihe derselben vorhanden, die in der Gegend der Nasenöffnung zusammenstossen. Eine analoge Reihe von Poren zieht auch längs dem Unterkiefer sich hin. — Bei *Salamandra* sind Reihen solcher *Pori* vom Kopfe aus zu jeder Seite des Rumpfes und des Schwanzes nach hinten erstreckt. Eine Längsreihe liegt jederseits neben der Rückenkante. Weiter auswärts längs der Seiten des Rückens kömmt eine zweite vor, die bis zur Schläfengegend des Schedels erstreckt, hier zahlreich neben einander gestellte *Pori* enthält und endlich längs der Schedeloberfläche theils supraorbital, theils infraorbital fortgesetzt ist. Alle diese *Pori* sind die *Ostia* absondernder Säcke [4]). Die Säcke der Rückenkante stehen in einfacher Reihe; die der auswendigen Reihe sind in mehrfacher Zahl von innen nach aussen an einander gereihet und die der Schläfengegend in grösseren Haufen an einander gedrängt. Nicht jeder Sack besitzt ein *Ostium*; viele sind geschlossen. Der Inhalt der Säcke ist eine milchweisse Flüssigkeit, welche auf einzelne Thiere eine giftige Wirkung äussert [5]). — Bei einigen *Urodela* erfährt die Haut merkwürdige periodische Entwickelungen und Veränderungen. Die Haut der *Tritones*, besonders der männlichen, ist um die Zeit der Begattung vorzüglich glatt und schlüpfrig. Ihrem in diese Zeit fallenden Aufenthalte im Wasser correspondirt die Entwickelung von häutigen Flossen und von häutigen Franzen an den Zehen, die bei Weibchen ausbleibt oder viel schwächer ist, als bei Männchen.

§. 51.

Was die *Batrachia* anbetrifft, so erregen manche Einzelheiten Interesse. Nur bei Wenigen besitzt die Haut an einzelnen Stellen franzenförmige oder lappige Anhänge, wie bei *Pipa*, *Ceratophrys*. — Das Vorkommen von kleineren oder grösseren Knochenschildern in der Continuität der *Cutis* ist nur bei *Ceratophrys dorsata* und bei *Brachycephalus*

---

3) Abgebildet bei Rusconi Obs. anat. sur la Sirène Tb. 3. Fig. 3.

4) Abgebildet in den Schriften von Funk, v. Siebold, Rusconi (Hist. nat. Tb. 3. Fig. 4.), Müller Struct. gland. secern. Tb. 1. Fig. 1. - Auf der Oberfläche des knöchernen Schedels der Salamander kommen Vertiefungen vor, die den einzelnen Drüsen entsprechen.

5) Nach Beobachtungen von Rusconi äussert das Secret eine sehr feindliche Wirkung auf Frösche, Sperlinge, nicht aber auf Salamander selbst. S. Rusconi Histoire naturelle de la Salamandre terrestre. Pavie 1854. p. 18.

ephippium beobachtet [1]). Bei der weiblichen *Pipa* [2]) und bei einem der Familie der *Hylae* angehörigen Thiere: *Notadelphys* [3]), wird die äussere Haut der Rückengegend zur Entwickelungsstätte der Embryonen. — Eine ganz eigenthümliche Einrichtung bietet die Haut bei der Gattung *Breviceps* dar [4]). — Die äussere Haut vieler *Batrachia* ist reich an kleinen, isolirt stehenden, absondernden Drüschen [5]). Aggregationen von Drüsen, die an der äusseren Hautoberfläche münden, kommen bei vielen *Batrachia* an einzelnen bestimmten Körperstellen vor. Am häufigsten sind sie in der Hinterhauptsgegend, als sogenannte *Parotides s. Glandulae auriculares*; besonders ausgebildet bei Kröten, vor Allen bei *Bufo agua*. Auch an

---

1) S. §. 4.

2) Die Rückenhaut der weiblichen *Pipa* besitzt zwei Platten: eine oberflächliche und eine tiefe. Fibröse *Septa*, welche von jener subcutanen Aponeurose zu dieser: der *Cutis* selbst, sich erheben, sind die Wandungen discreter cylindrischer, vertical gestellter Alveolen, in welchen die Entwickelung der Jungen Statt hat. Jede Alveole ist oberflächlich von einer Fortsetzung der pigmentirten *Cutis* umsäumt und oben, zwischen diesem Saume, von einem kreisrunden Deckel bedeckt. Jede Alveole enthält eine junge Kröte.

3) *Notadelphys* besitzt, nach der interessanten Entdeckung von Weinland (Müller's Archiv 1854 S. 449) folgende Bildung: Am Rücken, kurz vor dem After, befindet sich eine vorwärts erstreckte Hautspalte. Sie ist die Oeffnung eines Raumes, der sich unter der Hautoberfläche nur einige Linien weit nach vorne, seitlich aber bis zur äusseren Grenze der Wirbelquerfortsätze erstreckt, also eines Beutels. Dieser Beutel: eine Einstülpung der Haut, führt beiderseits in weite Blindsäcke, die an den Bauchseiten des Frosches liegen und nach unten und innen bis auf das *Peritoneum* reichen. In den Blindsäcken und im Beutel liegen die Eier. Die zarte Haut des Beutels besitzt viereckige oder polygonale Maschen. — In dieselbe Kategorie gehört auch noch *Hyla marsupiata Dum. B.*

4) Ich finde bei *Breviceps gibbosus* folgende Bildung: In der Rückengegend besitzt die *Cutis* zwei Schichten: eine oberflächliche und eine tiefe subcutane Aponeurose. Jene ist pigmentirt, diese fibrös und blass. Zwischen beiden liegen vertical gestellte *Septa*. Diese *Septa* sind die Wandungen zahlreicher, enger, dabei aber tiefer und deshalb auf den ersten Anblick cylindrischer, in der That jedoch polygonaler Zellenräume, wie man nach Entfernung der *Septa* sieht, wo auf der Oberfläche der unteren Schicht polygonale Maschen: die Grundflächen der *Septa*, zurückbleiben. Jede Zelle ist ungetheilt und senkrecht von der tiefen zur oberflächlichen Cutisschicht erhoben. Der Inhalt der Zellen ist eine sulzige Masse. Die Eier des untersuchten Thieres waren durch ihre Grösse ausgezeichnet. Ueber die Bedeutung der geschilderten Bildung und ihr Vorkommen bei Männchen müssen weitere Beobachtungen belehren. — Herrn Prof. Peters, dem ich diese Bildung zeigte, war ihr Vorkommen bei *Breviceps mosambicus Pet.* bereits bekannt. Die Zellen sind flacher, und bei dieser Art auch spurweise noch in der Bauchhälfte der Haut entwickelt. Auch hier ist die Bildung bisher nur bei weiblichen Exemplaren angetroffen.

5) Vergl. über dieselben: Ascherson in Müller's Archiv 1840. S. 15. und Eckhard ebendaselbst 1849. S. 425.

den Hinterextremitäten mancher Kröten kommen aggregirte Drüsen vor. Die Drüsen liegen eingehüllt von derbem Bindegewebe. Die Wände der einzelnen Säckchen enthalten glatte Muskelfasern, inwendig eine Zellenschicht. Die Entleerung des Secretes der Drüsen steht unter Einfluss des Nervensystemes. — Eigenthümliche, auf bestimmte Körperstellen beschränkte Drüsen kommen bei einigen *Batrachia* nur den Männchen zu. Dahin gehört die sogenannte Daumendrüse vieler Frösche, die um die Begattungszeit vorzugsweise entwickelt ist; ein anderes Gebilde dieser Art ist eine mit zahlreichen feinen *Ostia* ausmündende, am Oberarme von *Cultripes provincialis* gelegene Drüse [6]. — Bei manchen Fröschen (*Hyla*, *Rana*) wird das Phänomen des sogenannten Farbenwechsels beobachtet [7]. — Die *Epidermis* der *Batrachia* ist in beständiger Erneuerung begriffen und wird in grossen zusammenhangenden Blättern abgestossen. — Eigenthümliche Einrichtungen zeigt die Haut an den Zehen der *Hylae* [8]. — Bei den meisten *Batrachia* liegen unter der *Cutis* umfängliche Lymphräume [9]) und ihre untere Fläche hangt nur lose durch Brücken, welche diese Lymphräume von einander scheiden, mit den Fascien der unter ihr gelegenen Muskeln zusammen. — Die Haut vieler *Batrachia* fungirt wesentlich als Respirationsorgan.

§. 52.

Die Haut der *Amphibia monopnoa* ist dadurch ausgezeichnet, dass die *Cutis* discrete Verdickungen besitzt, welche durch dünnere Zwischenräume von einander getrennt sind. Je nach Verschiedenheit der Ausdehnung und Form dieser verdickten Stellen entstehen Knötchen oder, Schilder, oder Schuppen. Die *Ophidia* besitzen gewöhnlich fast über der ganzen Oberfläche des Körpers ausgedehnte Schuppen. Dies schuppenartige Ansehen entsteht dadurch, dass je ein einzelnes verdicktes Cutisschild mit seinem Ende unter Bildung einer freien Falte das nächstfolgende dachziegelförmig eine Strecke weit überragt. Im Bereiche der verdickten *Cutis*-Schilder pflegt auch die *Epidermis* hornartig verdickt, in dem der Interstitien oder Falten verdünnt zu sein. Die Schuppen der Bauchgegend sind im Allgemeinen die umfänglichsten; an ihnen enden Muskelbündel, durch welche sie nach verschiedenen Richtungen verschiebbar werden. —

---

6) Von J. Müller entdeckt.

7) S. über dies bereits von Rösel, Rusconi u. A. beobachtete Phänomen: v. Wittich in Müller's Archiv 1854 S. 41. — Harless in Siebold und Kölliker Zeitschrift Bd. 5. Heft 4. — v. Wittich in Müller's Archiv 1854. S. 257.

8) Vgl. darüber Bemerkungen von v. Wittich in Müller's Archiv 1855.

9) Abbildungen dieser Lymphräume haben gegeben: Dugès Recherches sur l'ostéologie et la myologie des Batraciens Tb. 5. und J. Meyer Systema amphibiorum lymphaticum Berol. 1845. 4. Tb. 2.

Bei einigen *Hydrae* [1]) (*Hydrophis*) und bei *Acrochordus* decken die einzelnen verdickten, durch dünnere Interstitien getrennten Cutisstellen einander mit freien Rändern nur spurweise oder gar nicht; dieselben liegen pflasterförmig neben einander. Das Schuppenkleid: die *Epidermis*, wird periodisch, ohne Lösung des Zusammenhanges, abgeworfen. Eigenthümliche hornartige Entwickelungen sind der Stachel am Schwanzende von *Typhlops* und die Klappern der *Crotali*. — Der Farbenwechsel ist bei grünen Baumschlangen (*Herpetodryas* Schl.) beobachtet.

§. 53.

Grössere Mannichfaltigkeit, als bei den Schlangen, zeigt die Anordnung der Haut bei den *Sauria*. Die *Amphisbaenoidea* besitzen am ganzen Körper viereckige, durch weichere Säume getrennte, einander nicht deckende, in Querringen gestellte Schilder. Bei den *Chalcidea* und *Scincoidea* sind dachziegelförmig sich deckende Schuppen von verschiedener Stellung vorhanden. Im Bereiche ihrer Schuppen pflegt die *Cutis* erhärtet zu sein. Bei einigen, wie bei *Ophisaurus*, *Pseudopus*, *Cyclodus*, kommen wirkliche Knochenbildungen vor; bei vielen *Scincoidea* sind die Schuppenkörper Hartgebilde, welche aus mosaikartig an einander gefügten, durch Nähte verbundenen Stücken bestehen. Bei den *Lacertoidea* pflegen grössere, nicht erhärtete Schuppen am Bauche und zum Theil auch am Schwanze vorzukommen. Viele *Sauria* besitzen, statt der Schuppen und Schilder, einzelne Knötchen. Diese sind z. B. eigen den *Chamaeleonidea*. Hornartige Bildungen sind nicht selten, z. B. die Stacheln von *Phrynosoma* u. A. Eine physiologisch interessante Eigenthümlichkeit vieler *Sauria* ist der Farbenwechsel. Er ist an *Chamaeleo* besonders studirt worden.

[Vgl. van der Hoeven Icones ad illustrandas coloris mutationes in Chamaeleonte Lugd. Bat. 1831. 4. — Milne Edwards in Müller's Archiv 1834. S. 474. — Vor Allem aber s. Brücke Untersuchungen über den Farbenwechsel des africanischen Chamäleon, Wien 1852, aus dem 4. Bde. der Denkschriften d. mathemat. u. naturw. Classe d. Acad d. Wissensch. zu Wien, wo auch der historische Theil musterhaft ist. Die wesentlichsten Resultate sind folgende: In der Tiefe der *Epidermis*, welche die Hauttuberkeln bekleidet, liegt eine Schicht platter, polygonaler Zellen, welche lebhafte Interferenzfarben zeigen. Im oberen Theile der *Cutis* liegt eine blasse Pigmentschicht. Hierauf folgt ein dunkeles Pigment, in verzweigten Zellen enthalten, deren Körper unter oder in der Hauptmasse des blassen Pigmentes gelagert sind. Der Farbenwechsel beruhet wesentlich, wie schon Milne Edwards gezeigt hatte, darauf, dass dunkles Pigment an die Oberfläche kömmt oder in die Tiefe zurücktritt. Wenn ein Hauttuberkel oberflächlich schwarz erscheint, so sind die zahlreichen Ausläufer der dunkelen Pigmentzellen so angefüllt, dass sie das helle Pigment verdecken, indem sie, angeschwollen, sich unmittelbar unter die *Epidermis* erstrecken und hier einander berühren. Wenn ein Hauttuberkel oberfläch-

1) Die Gattungen *Platurus*, *Aipysurus* und *Astrotia* besitzen dagegen dachziegelförmig sich deckende Schuppen.

lich blass ist, so ist der Körper der dunklen Zelle massiger; seine Ausläufer sind nicht mehr kenntlich, was von dem Rücktritt der in diesen Aesten enthaltenen Pigmentkörnchen herrührt. In der Dunkelheit werden die Chamäleonen blass und hellfarbig; dem Lichte ausgesetzt, dunkel. Der Farbenwechsel wird vom Centralnervensystem aus beherrscht]

Eigenthümlich sind vielen *Sauria* vor dem After oder längs den Innenseiten der Oberschenkel vorkommende, in einfachen Reihen angeordnete *Pori*: die sogenannten *Pori anales*, *inguinales* und *femorales* [1]. Jeder *Porus* ist die Mündung eines einfachen, subcutanen, in seiner Form je nach den verschiedenen Thieren ungleich sich verhaltenden: z. B. bald cylindrischen, bald rundlichen Schlauches [2], der gewöhnlich einen weichen, schleimigen Inhalt besitzt. Die Anwesenheit dieser Poren und Schläuche ist für einzelne Gattungen oder selbst nur Arten der *Sauria* charakteristisch, daher für die Systematik benutzt worden [3] Die physiologische Bedeutung dieser Gebilde ist noch nicht hinreichend aufgeklärt; einzelne Beobachtungen sprechen für eine Beziehung derselben zum Begattungsacte [4].

1) Vgl. über dieselben C. F. Meissner de amphibiorum quorundam papillis glandulisque femoralibus. Basil. 1833. 4.

2) S. Abb. dieser Schläuche von *Polychrus marmoratus* bei J. Müller de gland. secern. struct. penit. Tb. 1. Fig. 22.

3) Unter den *Amphisbaenoïdea* liegt bei *Amphisbaena* und *Chirotes* eine Reihe solcher Poren vor dem After; bei *Lepidosternon* fehlen sie. — Solche *Pori anales* besitzen auch die Gattungen *Agama* und *Tachydromus*. — Unter den *Pachyglossa* stehen die *Pori femorales* (die nicht selten auch vor den After ausgedehnt sind, wie z. B bei *Uromastix*), bei den Gattungen *Metopoceros* und *Aloponotus* in zwei Reihen; ebenso unter den *Ascalobota* bei mehren Arten der Gattung *Platydactylus*. Einreihig sind sie z. B. bei *Cyclura, Iguana, Amblyrhynchus, Brachylophus, Phrynosoma, Callisaurus, Polychrus, Tropidolepis, Chlamydosaurus, Istiurus, Grammatophorus, Leiolepis, Uromastix*; ferner bei *Podinema* (*Salvator*), *Ameiva, Dicrodon, Acrantus, Centropyx, Tropidosaurus, Lacerta*; auch bei *Zonurus, Gerrhosaurus, Tribolonotus, Pantodactylus*. — Auch bei vielen *Ascalobota* kommen diese *Pori* an den Schenkeln oder vor dem After vor; meistens nur bei den Männchen; bei den Weibchen sind sie bei einigen nur schwach angedeutet. Sie fehlen einzelnen Gattungen, z. B. *Pachydactylus* Wiegm., *Thecadactylus* Cuv., *Tarentola* Gray; einigen *Hemidactylus*. den *Phyllodactylus*, den *Ptyodactylus*, den *Sphaeriodactylus*, mehren *Gymnodactylus*, den *Stenodactylus*. Allgemein fehlen sie endlich den *Varanida*.

4) Vgl. A. Otth, Ueber die Schenkelwarzen der Eidechsen. In Tiedemann und Treviranus Zeitschrift für Physiologie Bd. 5. S. 101. Die von Otth an *Lacerta ocellata* angestellten Beobachtungen haben ihm ergeben, dass beim Weibchen diese Gebilde aus einem gewölbten rundlichen Schildchen bestehen, welches in der Mitte durchbohrt ist und einem darunter verborgenen kleinen, drüsenähnlichen, ziemlich festen Körperchen, das erst nach Wegnahme des Schildchens zum Vorschein kömmt. Während der Begattungszeit zeigte das Gebilde sich unverändert. — Beim Männchen sind die durchbohrten Schilder wulstiger und aus der Oeffnung ragt der darunter liegende Körper als ein kleiner stumpfer, hornartiger Kegel hervor, der

§. 54.

Die äussere Haut der Crocodile bildet einzelne grössere verdickte und durch dünnere Zwischenräume von einander abgegrenzte, sich nicht deckende Schilder. Die Grundlage der meisten ist ein dickes *Cutis*-Gewebe. In einzelnen Körpergegenden jedoch, namentlich längs dem Rücken, ossificiren die einzelnen Schilder und bilden hier einen harten Panzer. Die meisten *Cutis*-Schilder besitzen an ihren Hinterrändern ein Paar kleiner *Pori*. — Grössere absondernde Drüsen liegen subcutan und paarig einmal zur Seite der beiden Unterkieferäste und zweitens zur Seite des Afters, da, wo die äussere Haut nach innen sich umkrempt. Die *Ostia* dieser Drüsen sind verhältnissmässig weit.

§. 55.

Bei allen *Chelonia* besteht die *Cutis* in einzelnen Körperstrecken, wie der des Halses, der Rumpfseiten, des Schwanzes, der Extremitäten aus einzelnen verdickten Schildern oder Höckern, die durch dünnere Zwischenräume umsäumt sind. Bei den *Trionychoidea* und bei *Sphargis* liegen Rücken- und Bauchschild in der Tiefe einer gleichmässig verdickten *Cutis*, welche oberflächlich nicht durch Hornplatten belegt ist. Bei den übrigen Schildkröten ist dagegen die dünne Cutisschicht, welche die Knochenschilder bekleidet, auswendig belegt von starren Hornschildern: dem sogenannten Schildpatt. Die Grenzen der einzelnen Hornschilder entsprechen nicht den Nähten der von ihnen bedeckten Knochen des Rücken- und Bauchschildes. — *Matrix* dieser Hornschilder ist die die Knochen überziehende gefässreiche *Cutis*. Ihr Wachsthum erfolgt schichtweise [1]).

Bei vielen *Chelonia* sind absondernde Drüsen vorhanden, deren Ausführungsgänge an die Oberfläche des Körpers ausmünden. Bei vielen Schildkröten liegen jederseits zwei Paar dieser Drüsen ausserhalb der *Fascia*, welche die Rumpfhöhle auskleidet, in den Winkeln, welche durch

nach Wegnahme des Schildchens dem des Weibchens ähnlich, nur grösser, zugespitzter und von festerer, hornartiger Textur ist. Kurz vor der Begattung nimmt derselbe an Grösse allmälich zu und dringt als kleine kegelförmige Klaue aus der Oeffnung des Schildchens hervor, so dass dieses gleichsam einen Kragen um dieselbe bildet und die ganze Reihe einem kurzzahnigen Kamme ähnlich ist. Einige Wochen nach der durch festes Umfassen des Weibchens mittelst der Schenkel geschehenden Begattung sind die Schenkelwarzen des Männchens wieder unter die Schildchen zurückgezogen.

1) Die Texturverhältnisse der Hornschilder sind durch Rathke (Entwickelungsgesch. d. Schildkröte S. 151) erörtert worden. Es sind rundlich-eckige Blättchen, mit scharfem dünnem Rande, die theils neben, theils über einander liegen, so dass eine die andere theilweise deckt. In den der *Matrix* zunächst gelegenen, welche dicker, aber minder breit sind, als die übrigen, erkennt man Zellen mit Kern; oft auch ist dieser mit Kernkörperchen versehen. Manche enthalten Pigment, andere sind frei davon.

die Verbindung der beiden mittelsten Paare der knöchernen Brustbeinstücke mit den Randknochen des Rückenschildes gebildet werden. — Bei einigen *Trionychoidea* ist, ausser diesen beiden Seitenpaaren, noch jederseits unter dem Vorderrande des Brustschildes eine Drüse beobachtet, welche etwas vor der Mitte jeder seiner Seitenhälften nach aussen mündet.

[Diese Drüsen sind fast gleichzeitig durch Rathke (Entwickelungsgesch. der Schildkröten S. 205 und durch W. Peters (Müller's Archiv 1848 S. 492. Tb. XVII.) beschrieben worden. Rathke schildert ihr Vorkommen bei Repräsentanten aller Gruppen, mit Ausnahme der Landschildkröten. Peters beschränkt sich in seiner ersten Mittheilung auf Beschreibung ihres Verhaltens bei den *Emydea monimopelyca*. Später (Bericht über d. Verhandl. d. Berl. Acad. d. Wissensch. Juni 1854. S. 284) beschreibt er sie auch bei den *Trionychoïdea*, wo bereits Rathke sie gekannt hatte. — Die Drüsen selbst sind schlauchförmig oder blasenförmig; jeder Schlauch oder jede Blase besitzt auswendig eine glatte fibröse Haut. Unter dieser liegt eine Schicht quergestreifter Muskelbündel, deren auch sowol Rathke, als Peters gedenken. Die innerste, schleimhautähnliche Drüsenmembran ist von Rathke bei *Emys europaea* ganz glatt gefunden; der Drüsenschlauch wird von beiden Beobachtern bei *Pelomedusa galeata* als maschig oder zellig geschildert. Sehr engmaschig und beinahe schwammig ist nach Rathke der Drüsenschlauch bei *Chelonia imbricata* und *Sphargis coriacea*. — Die Ausführungsgänge der Drüsen sind eng und dünnwandig; die äusseren Mündungen rund und spaltförmig, entweder an der ventralen Seite der Randplatten des Rückenschildes oder in den Randplatten selbst gelegen, wie letzteres namentlich bei *Chelodina flavilabris* nach Peters und bei *Emys punctularia* nach Rathke der Fall ist. — Abbildungen hat Rathke Tb. V. u. Tb. IX., Peters Tb. XVII. gegeben.]

Dritter Abschnitt.

Vom Muskelsysteme.

§. 56.

Allgemeine Gesichtspunkte sind folgende: 1) Im Plane liegt es, dass die dorsalen, gleichwie die unteren Muskelmassen in quere Abtheilungen zerfallen, welche Abtheilungen denen der Wirbelsäule in einzelne Wirbel entsprechen. 2) Diese queren Abtheilungen kommen in verschiedener Weise zu Stande: bald durch fibröse oder ligamentöse *Septa*, bald durch starre Hartgebilde, welche die Fleischmassen durchsetzen, bald dadurch, dass von den einzelnen Wirbeln oder den soliden Anhängen derselben (Rippen, Querfortsätzen) einzelne Muskelbäuche ausgehen. 3) Die Muskelmassen liegen theils in der Circumferenz der oberen oder dorsalen Hälfte des Wirbelsystems (dorsale Muskeln), theils gehören sie der unteren Hälfte desselben an. 4) Portionen der dorsalen Muskeln liegen theils in der Circumferenz der aufsteigenden (epaxonischen) Bogenschenkel, theils auf den oberen Flächen querer Verlängerungen der Wirbel (*M. ileocostalis* und die ihm homologen Strecken zusammenhangender Muskelmassen). 5) Die der unteren Hälfte des Wirbelsystemes im Allgemeinen angehörigen Muskeln zerfallen in zwei Gruppen: 1. solche, die in der Dimension der Länge der Wirbelsäule zunächst angeschlossen sind (hypaxonische Muskeln), und 2. solche, die, peripherisch expandirt, entweder die Umschliessung der Visceralhöhlen besorgen (ventrale Muskeln), oder in der Schwanzgegend gelegen, den ventralen Rumpfmuskeln correspondiren. 6) Die hypaxonischen Muskeln besitzen unterhalb der Wirbelsäule eine verschiedene Ausdehnung; sie sind bald nur in der vorderren Strecke derselben entwickelt (*Sauria*, *Crocodila*), bald bis zur vorderen Grenze dur Schwanzgegend erstreckt (*Urodela*), bald längs der ganzen Wirbelsäule, mit Einschluss der Schwanzgegend, angelegt, wenn gleich in der Rumpfgegend vorzugsweise entwickelt (*Ophidia*). 7) Die ventralen Rumpfmuskeln besitzen immer auch einen Schwanztheil, der bald ununterbrochen mit Strecken des Rumpftheiles zusammenhangt (*Ophidia*), bald durch das Becken von letzterer getrennt ist (*Sauria*, *Crocodila*). 8) Das Verhalten der ventralen Muskeln in den verschiedenen Körperregionen ist ungleich; namentlich in der Halsgegend und Schwanzgegend anders, als in der Brust- und Bauchgegend. 9) In der Bauch- und Brustgegend besitzen die ventralen Muskeln, sobald sie überhaupt in einzelne Schichten gesondert sind, zwei Hauptschichten. Die der einen Schicht angehörigen Muskeln entstehen von den äusseren Grenzen der über den queren Verlängerungen der Wirbelsäule erstreckten dorsalen Muskeln und bilden eine äussere Schicht (*M. M. obliqui externi*), die anderen entstehen unterhalb der von den dorsalen Muskeln bedeckten queren Verlängerungen des Wirbelsystemes (*M. M. obliqui interni* und *transversi*), zwischen denen die Stämme der ventralen Nerven verlaufen. 10) Die einzelnen einander umfassenden Schichten des ventralen Muskelsystems sind durch abweichende Richtung ihrer Feserbündel ausgezeichnet. 11) In den einzelnen Körperregionen pflegen die einzelnen ventralen Fleischschichten ungleich entwickelt zu sein, sei es, dass die Dicke ununterbrochen vorhandener Schichten ungleich ist, oder dass in einer Strecke vorhandene Schichten in einer anderen mangeln. 12) Aponeurosen und Hartgebilde (Rippenstrecken, *Sternum*, Sternocostalleisten, Glieder eines *Sternum abdominale*, Theile des Zungenbein-Apparates) unterbrechen oft die Continuität ventraler Fleischschichten. Gleich den Fleischschichten selbst bilden Reihen dieser einzelnen Hartgebilde verschiedene Schichten, liegen in verschiedenen Tiefen.

[Die Aufgabe für die nachfolgende Darlegung der Verhältnisse des Muskelsystemes kann nur die sein, durch allgemeinere Umrisse den Plan der Muskelanordnung in den einzelnen Gruppen zu erläutern und zugleich auf den generellen Zusammenhang hinzuweisen. Jedes specielle Studium setzt Berücksichtigung der ganzen Lebensweise der betreffenden Species voraus und erheischt die detaillirtesten Angaben. Die Benennungen der einzelnen Muskeln, so ferne sie der Anthropotomie entnommen sind, sollen andeuten, dass Momente ihrer Anordnung vorhanden sind, die an solche derselben Theile des menschlichen Körpers erinnern. Gleichartigkeit der Benennungen von Theilen verschiedener Thiere setzt überhaupt keine absolute Identität derselben voraus, soll vielmehr — wenn sie überhaupt richtig gewählt und nicht blos durch den Gebrauch sanctionirt ist — auf gewisse verwandte Momente der Anordnung und, strenge genommen, auf Uebereinstimmung des Planes ihrer Anlage hindeuten.]

Ueber die Myologie der Amphibien und Reptilien vgl. besonders die Handbücher von Cuvier und Meckel. — Einige vergleichende Bemerkungen s. bei Müller Vergleichende Osteologie und Myologie der Myxinoïden Thl. 1. S. 230.

Ueber die Muskeln der *Urodela* s. d. Schriften von Rusconi, Funk, v. Siebold, Dugès, Calori, Müller.

Ueber die Muskeln der *Batrachia*: Zenker, Batrachomyologia, Jenae 1825. 4. c. Fig. — Dugès, Recherches sur l'ostéologie et la Myologie des Batraciens. Paris 1834. 4. c. F. — Klein, Beiträge zur Anatomie der ungeschwänzten Batrachier in den Würtembergischen naturwissenschaftlichen Jahresheften Bd. VI. S. 1 ff. 1849.

Ueber *Pipa* s. auch Mayer Nov. Acta Acad. Leop. Carol. T. XII. p. 2. 1825.

Ueber die Muskeln der *Ophidia*: Hübner, de organis motoriis boae caninae. Berol. 1815. 4. — E. d'Alton in Müller's Archiv 1834.

Ueber einige Muskeln der *Sauria*: Heusinger, Zeitschrift f. organ. Physik. Bd. 3. Hft. 5. S. 481.

Ueber die Muskeln der *Chelonia*: Bojanus, Anatome testudinis Europaeae. — Rathke, Entwickelung der Schildkröten S. 155 ff.

Ueber die Muskeln der Crocodile: H. Buttmann, de musculis crocodili. Halae 1826. 8.

§. 57.

Die *Urodela* besitzen jederseits: 1) eine vom Schwanzende bis zum Hinterhaupte erstreckte, einer Sonderung in einzelne Längsportionen ermangelnde dorsale Muskelmasse; 2) vom Schwanzende bis zum Unterkiefer erstreckte Muskeln, denen keine starre Hartgebilde, namentlich keine Verlängerungen der Rippen oder ausgebildete Sternocostalleisten zu Stützen dienen. — Ausser diesen beiden, die Länge des ganzen Körpers, mit Einschluss der Schwanzgegend einnehmenden Muskelmassen sind zwei Muskelreihen beschränkterer Ausdehnung vorhanden. Diese sind: 3) eine nur in der Circumferenz der Bauchhöhle des Rumpfes vorhandene, im äusseren Umfange einer die Bauchhöhle umschliessenden *Fascia transversa* entwickelte Reihe von Muskellagen schrägen und queren Verlaufes, welche auch immer ein muskulöses Diaphragma bildet, und 4) von den Unterseiten der Wirbelkörper ausgehende, also hypaxonische, von vorne nach hinten, bis in die Beckengegend hin allmälich an Mächtigkeit abnehmende, schräg auswärts zu der Unterseite der Querfortsätze und Rippen erstreckte Muskelsysteme. Ueber diesen beiden letztgenannten Muskelsystemen verlaufen die Stämme der ventralen Nerven.

Die einzelnen Gruppen der *Urodela* zeigen erhebliche Verschiedenheiten, die namentlich die ventralen Rumpfmuskeln betreffen. Das Studium dieser ventralen Rumpfmuskeln ist von besonderem Interesse, weil in der Ordnung der *Urodela* allmäliche Uebergänge zwischen ihrer Bildung aus Bündeln geraden gestreckten Verlaufes und ihrer Schichtung in einzelne Lagen, die durch verschiedene Richtung ihrer Bündel ausgezeichnet sind, hervortreten. So gibt sich der Zusammenhang zwischen der den meisten Knochenfischen zukommenden Bildung der ventralen Hälfte des Seitenmuskels aus geraden Muskelbündeln und ihrer Vertretung durch einzelne Bauchmuskeln bei den meisten anderen Wirbelthieren zu erkennen.

Die *Perennibranchiata* sind ausgezeichnet durch Dicke ihrer ventralen Rumpfmuskelmasse. Diese besteht bald aus Bündeln von fast durchgängig oder durchgängig gerader Richtung (*Siredon*), bald aus Schichten, deren jede durch verschiedene Richtung ihrer Bündel ausgezeichnet ist (*Menobranchus*).

1) Die dorsale Muskelmasse ist vom Schwanzende bis zur Kiemengegend hin von der sie begrenzenden ventralen durch eine Längsfurche getrennt; in der Kiemengegend dagegen durch die zwischenliegenden Seitenschenkel des Kiemenbogen-Apparates weiter von ihr entfernt. Sie liegt zur Seite der oberen Wirbelbogen, bedeckt die Querfortsätze, liegt den Rippenoberflächen an oder auf, überragt die Höhe der Wirbeldornen nicht unbeträchtlich, liegt nach unten in gleicher Ebene mit der oberflächlichen ventralen Muskelmasse, ist oben von der gegenständigen dorsalen Muskelmasse getrennt durch ein von der Wirbelkante erhobenes fibröses *Septum*, dessen beide Blätter in die tiefe Cutisschicht übergehen. Sie ist von durchgehenden fibrösen *Septa* in querer oder schräger Richtung durchsetzt [1]). Weder die soliden Becken-, noch die Schultertheile umfassen sie. Vorne in der Nähe des Schedels ist sie minder mächtig, als in den

1) Bei *Siredon*, wo die Säume dieser Ligamente, als *Inscriptiones tendineae* oberflächlich zu Tage kommen, gehen sie unmittelbar über in eine subcutane Fascie. Diese schliesst also oberflächlich die durch Muskelfleisch ausgefüllten Taschen, deren Seitenwände die *Ligamenta intermuscularia* bilden. Bei *Menobranchus* liegt unter der *Cutis*, wenigstens streckenweise, noch eine dünne oberflächliche Muskellage. Im Einzelnen sind die Verschiedenheiten z. B. zwischen *Siredon* und den *Proteidea* wieder sehr gross. Bei *Siredon* bilden die queren *Septa* der Rückenmuskeln tiefe Ausbuchtungen: Hohlkegel.

übrigen Strecken. Oberflächliche Muskellagen, die zu Schulter und *Humerus* absteigen, bedecken sie, desgleichen die Anfänge von Muskeln, die am Unterkiefer, an den Zungenbeinbogen und am Kehlkopfe enden.

2) Die von schrägen Ligamenten durchsetzte ventrale Muskelmasse verhält sich in den einzelnen Körperregionen folgendermaassen: Ihr Schwanztheil ist in der hinteren Hälfte der Schwanzgegend der unteren Hälfte der Wirbelsäule unmittelbar und eng angeschlossen; in deren vorderen Hälfte aber von den absteigenden Bogenschenkeln abgedrängt durch Muskeln, welche zur Hinterextremität streben (*M. pyriformis* und *M. subcaudalis*). — Ein unterstes Bündel des Schwanztheiles der ventralen Muskelmasse haftet am Hinterrande des ventralen Beckentheiles (*M. ischio-coccygeus*). — Eine unmittelbare Fortsetzung der Seitenmasse des Schwanztheiles ist unter der *Pars iliaca* des Beckens (theilweise von dieser unterbrochen) fortgesetzt in den Seitentheil der Bauchmuskelmasse. — Die Bauchmuskelmasse reicht von der unteren Grenze der dorsalen Muskelmasse bis an die Mittellinie des Bauches; letztere besitzt eine von Muskelfasern frei bleibende Strecke, die eine *Linea alba* bildet. Diese Bauchmuskelmasse besteht bei *Siredon* anscheinend durchgängig aus Fasern geraden Verlaufes, so dass sie hier an das Verhalten der Bauchhälfte des Seitenmuskels der Knochenfische erinnert. Anders bei *Menobranchus*, wo, abgesehen von einer dünnen auswendigen, umhüllenden Schicht, jederseits zwei dicke, durch Verschiedenheit ihrer Richtung unterschiedene Lagen von Fleischbündeln vorkommen: eine äussere, mit schräg nach hinten steigenden, und eine tiefere, mit etwas schräg vorwärts gerichteten Fasern: Andeutungen zweier *M. M. obliqui.* — Im vorderen Theile der Rumpfgegend ist eine äussere umhüllende Muskellage der Bauchmuskelschicht, z. B. bei *Menobranchus*, in Muskeln, die zur unteren Fläche von Schultertheilen und zum *Humerus* treten, unmittelbar fortgesetzt [2]). Eine tiefe mediane Schicht der Bauchmuskeln ist aber über den ventralen Theilen des Schultergürtels vorne bis zum Unterkiefer fortgesetzt. Sie ist verschmälert, verdickt und auf die ventrale Mittellinie der Zungenbeingegend beschränkt, weil ihr auswendiger Saum durch die zwischenliegende Hälfte des Kiemenbogen-Apparates von dem unteren Saume der dorsalen Muskelmasse entfernt ist. Ihre über dem Schultergürtel und zwischen

2) Die *Partes coracoideae* des Schultergürtels umfassen die gerade Fortsetzung der ventralen Muskelmasse abwärts; nur die dünne oberflächliche Bauchmuskelschicht ist z. B. bei *Menobranchus*, unmittelbar auf die untere Fläche der *Partes coracoideae* und in die von ihr ausgehenden, zum *Humerus* erstreckten Muskeln fortgesetzt. Anders bei vielen Knochenfischen, wo die *Partes coracoideae* des Schultergürtels in die ventrale Muskelmasse tief eingesenkt sind. Wiederum allmäliche Uebergänge, die, auf einen allgemeinen Plan deutend, sich zwar andeuten lassen, aber keiner abgezirkelten näheren Beschreibung fähig sind.

diesem und dem Zungenbeine gelegene Strecke bedeckt unten den Herzbeutel (*Siredon*) oder umfasst ihn auch seitwärts (*Menobranchus*). Der Zungenbeinkiel bietet ihr durch die Seitenfläche seines unpaaren Theiles und durch seine Seitenschenkel Ansatzpunkte. Von ihm aus treten Bündel zur Unterseite der medianen Stücke des Zungenbeines; Fortsetzungen aber reichen bis zum Unterkiefer, an dessen Schenkeln, nahe der *Symphysis*, die Fleischmasse endet.

3) Eine unter den Wirbeln, ihren Querfortsätzen und Rippen entstehende fibröse *Fascia transversa*, die das eigentliche Bauchfell bekleidet, ist Träger theils schräger, theils querer Muskelausbreitungen (*M. M. transversi*). Weisse fibröse *Ligamenta intermuscularia*: mit ihren Anfängen an den Rippenenden haftende, schräg abwärts gerichtete Verdickungen der genannten *Fascia*, bilden den Rippen und den Wirbeln, so wie den *Ligamenta intermuscularia* der ventralen Muskelmasse entsprechende Begrenzungen einzelner Bündel dieser Muskeln. Die an dem vorderen *Diaphragma* der *Fascia transversa* ausgebreiteten Fleischbündel umfassen den *Oesophagus* und bilden so ein muskulöses *Diaphragma*.

4) Hypaxonische, von den Unterflächen der Wirbel ausgehende Muskeln streben schräg nach aussen zu den Querfortsätzen und Rippenanfängen. Es sind Bündel verschiedener Richtung zu unterscheiden: solche, die von innen und vorne schräg nach aussen und hinten, und solche, die von innen und hinten schräg vorwärts gerichtet sind; über ihnen kommen Bündel geraderen Verlaufes vor. Gegen den Schedel hin sind diese Fleischlagen am dicksten [1]).

Bei den *Derotremata* sind die Verhältnisse wesentlich übereinstimmend. Die schrägen Bauchmuskeln sind deutlicher; gerade Bauchmuskeln sind angelegt.

Die Unterschiede, welche die *Myctodera* nach absolvirter Entwickelung darbieten, bestehen: 1) in verringerter Dicke und Mächtigkeit der dorsalen Muskelmasse, welche die Enden der oberen Wirbelbogenschenkel nicht mehr überragt; 2) in bedeutender Reduction der Dicke der in der Circumferenz der Bauchhöhle gelegenen ventralen Muskelausbreitungen. Die geraden Bauchmuskeln bestehen in paarigen dünnen *M. M. recti*; sie sind von einander durch eine aponeurotische Strecke (*Linea alba*) der Länge nach geschieden; ihr auswendiger Saum ist weit entfernt von der unteren Grenze der Rückenmuskeln; sie liegen zwischen aponeurotischen oder aus dünnen Muskelschichten gebildeten (*Triton*) Fortsetzungen der beiden schiefen Bauchmuskeln. Vordere, oberhalb der *Partes coracoideae* des Schultergürtels erstreckte Fortsetzungen des Sy-

1) Sie erinnern an das System der *M. longi colli* anderer Wirbelthiere.

stemes der geraden Bauchmuskeln bleiben erhalten; sie bilden verschiedene Schichten; eine oberflächliche, vom Sternum ausgehende, die ausser Zusammenhang mit den *M. M. recti* steht, haftet am Ueberreste des Zungenbeinkieles der Larven und ist von diesem über dem zweiten Zungenbeinhorne zum Zungenbeinkörper erstreckt; zur Zunge selbst reicht eine unmittelbare Fortsetzung des äusseren Theiles des geraden Bauchmuskels; sein innerer Theil ist unter den beiden vordersten Zungenbeinhörnern bis zum Unterkiefer erstreckt. — Eine Rumpfmuskelschicht, die die Seitentheile des ventralen Schwanzmuskels unmittelbar fortsetzt, indem sie nur durch das zwischenliegende *Os ileum* partiel von ihm getrennt ist, bleibt erhalten; sie ist sehr schmal und besteht in Längsmuskeln mit etwas schräg gerichteten Fasern, die bei *Triton* zwischen den Rippenenden liegen, bei *Salamandra* durch die *Ligamenta intermuscularia* in der Weise unterbrochen werden, dass jedes durch solche Ligamente begrenzte Längsbündel von dem Anfange eines desselben an die äusserste Spitze der nächst vorderen Rippe übergeht. — Die dünnen *M. M. obliqui* bilden zwei Schichten. Der äussere schiefe Bauchmuskel bildet bei *Triton* eine zusammenhangendere Lage; bei *Salamandra* besteht er in einer Reihe einzelner Muskeln; jeder der letzteren beginnt schmal und oberflächlich von der Spitze einer Rippe und steigt fächerförmig verbreitert zum äusseren Saume des *M. rectus* ab. — Der *M. obliquus internus* bildet eine dünne Schicht schräg vorwärts steigender Fasern. — Der dünne *M. transversus* liegt auf einer *Fascia transversa*. Ein muskulöses, durch ihn gebildetes Zwerchfell ist vorhanden. — Die tiefen hypaxonischen Rumpfmuskeln verhalten sich wesentlich übereinstimmend mit denen der übrigen Gruppen.

§. 58.

Bei den *Gymnophiona* ist die Anordnung folgende: 1) Zunächst unter der Haut ist die ganze dorsale und ventrale Muskelmasse umfasst von einer zusammenhangenden, leicht ablösbaren Muskelhülle. Sie besitzt quere *Inscriptiones tendineae* und ist durch einen schmalen aponeurotischen Längsstreifen in zwei Portionen: eine dorsale und eine ventrale, gesondert. 2) Die ganze Wirbelsäule, mit Einsshluss der kurzen starren Rippen, wird umfasst von einer mit geschwungenen *Inscriptiones tendineae* versehenen Fleischmasse, die einen dorsalen und einen unterhalb der Rippen und Wirbel gelegenen Theil besitzt. 3) Die Bauchmuskeln ermangeln eingetragener, starrer Hartgebilde. Ein innerer Bauchmuskel (*M. obliquus internus*) beginnt an der äusseren Grenze der dorsalen Hälfte der ventralen Muskelmasse, bildet hinten eine zusammenhangende Schicht schräg vorwärts gerichteter Fleischbündel und besteht vorne in discreten, von den Spitzen der Rippen ausgehenden Muskeln. 4) Eine die Bauchhöhle umschliessende *Fascia transversa*, die unter den Wirbelkörpern entsteht, bildet das Gerüst für die Ausbreitung innerer zusammenhangender, unter den ventralen Nervenstämmen gelegener Muskelfasern schrägen und queren Verlaufes und vorne eines muskulösen *Diaphragma*. Die queren Lagen des *M. transversus* reichen bis zum Zungenbein. 5) Die in der Circumferenz dieses *M. transversus* liegenden Fortsetzungen der äusseren ventralen Muskeln sind vorne bis zum Unterkiefer fortgesetzt. Hinter der Zungenbeingegend beginnen zwei Schenkel, welche convergiren, zusammenstossen und unter, gleichwie auch zwischen den Zungenbeinbogen, als ein System gerader Muskeln bis zum Unterkiefer erstreckt sind.

§. 59.

Die *Batrachia* besitzen im Larvenzustande zwei Muskelmassen, eine obere und eine untere, welche beide vom Schwanzende bis zum Kopfe fortgesetzt, am Rumpfe durch die Anlagen der Wirbel-Querfortsätze von einander getrennt und in ganzer Ausdehnung mit meist geschwungenen *Ligamenta intermuscularia* versehen sind. Die Rumpffortsetzung jeder subcaudalen Muskelmasse liegt unterhalb des Axensystemes der Wirbelsäule; die beiderseitigen Muskelmassen liegen dicht neben einander. Die Umschliessung der Rumpfhöhle geschieht durch eine über der oberen Grenze der hypaxonischen Rumpfmuskelmasse entstehende Fascie, welche das Gerüst für die Ausbreitung äusserer schräger, innerer querer und unterer gerader Muskeln bildet. In der Schwanzgegend sind keine unmittelbaren Fortsetzungen dieser Bauchmuskeln entwickelt. Aus der Masse der subcaudalen Muskelstrecken ist ein *M. pyriformis* abgelöset, der zum Schenkel tritt.

Die definitive Metamorphose der *Batrachia* ist verknüpft mit fast gänzlichem Schwinden der Schwanzmuskeln und mit bedeutender Reduction der unteren Rumpfmuskeln, deren Ueberreste in paarigen, zwischen der hinteren Strecke der Wirbelsäule und dem *Os ileum* gelegenen Muskeln (*M. quadrati lumborum* Dugès, *M. ileo-lumbales* Klein) und in vorderen *M. M. recti capitis laterales* bestehen [1]. — Die dorsale Muskelmasse der entwickelten *Batrachia* besteht in sehr unvollkommen gesonderten, von schrägen oder geschwungenen *Ligamenta intermuscularia* durchsetzten Längsmuskeln, welche die freien Enden der meisten Querfortsätze, mit Ausnahme solcher, die sehr verbreitert und von den dorsalen Muskeln bei weitem nicht in ganzer Ausdehnung bedeckt sind [2], umfasst. Un-

1) Man sehe einige Bemerkungen über die Reduction des Muskelsystemes der Larven bei Dugès a. a. O.

2) So sind bei *Pipa*, bei *Dactylethra* die verlängerten vorderen Querfortsätze nur der Wirbelsäule zunächst von den dorsalen Muskeln bedeckt, weiter nach aussen frei, ähnlich wie die rippenähnlichen Querfortsätze bei Schildkröten.

vollkommen gesondert von den grossen Muskelmassen sind Systeme kleiner tiefer Bündel, welche zwischen einzelnen Wirbelfortsätzen liegen (*M. M. interobliqui* und *intertransversarii Auct.*). — Die ventralen Muskeln, welche keine solide Unterstützungen in Rippen besitzen, deren Continuität aber vorne durch Sternum und Schulterstücke theilweise unterbrochen ist, sind wesentlich folgende: 1) paarige mediane, mit queren *Inscriptiones tendineae* versehene, von dem vordern Theile der Unterseite des Beckens bis zum Sternum erstreckte *M. M. recti.* — Von ihren Aussenrändern lösen sich gewöhnlich zum *Humerus* erstreckte Bündel. — Nur ein Theil der Fleischschichten der *M. M. recti* pflegt am *Sternum* zu enden; die obere Schicht derselben steht oft mehr oder minder deutlich in Continuität mit geraden Muskeln, die von der Oberseite der *Partes coracoideae* des Schultergürtels entstehend, als *M. M. sternohyoidei* zum Zungenbein fortgesetzt sind und deren Bündel theils an seinen beiden Hörnern, theils an den Seiten des Körpers enden. — 2) Paarige *M. M. obliqui externi*, von einer Aponeurose ausgehend, die die dorsalen Muskeln auswärts umfasst, an den Bauchseiten schräg absteigend, sind, in verschiedener Ausdehnung, als fleischige Ausbreitungen entwickelt. Von ihrer Oberfläche sind gewöhnlich zum Hinterrande der *Scapula* tretende Muskeln gelöset. — 3) Paarige *M. M. obliqui interni* bilden eine mehr oder minder dünne Schicht schräg vorwärts gerichteter oder fast querer Fleischbündel, welche die Bauchhöhle zunächst umfassen und oberhalb der *M. M. recti* aponeurotisch werden. Ein steil vorwärts gerichteter, von dem *Processus transversus* des vierten Wirbels oder dem rippenähnlichen Anhange desselben ausgehender, von dem übrigen Muskel unvollkommen gesonderter Bauch umfasst den *Oesophagus* zwerchfellartig. — Hautmuskeln kommen bei verschiedenen *Batrachia* verschiedentlich entwickelt vor [3]).

§. 60.

Die Rückenmuskeln vieler *Sauria Kionocrania* bestehen in der Schwanzgegend, in welcher sie oberhalb der Querfortsätze liegen, aus Querreihen in einander steckender Hohlkegel; in der Rumpfgegend aus discreteren Längsmuskeln. Es ist ein allmälicher Uebergang jener Hohlkegel in die einzelnen Rückenmuskeln nachweisbar [1]). Die Anzahl der in der Schwanzgegend vorhandenen Querreihen von Kegeln entspricht derjenigen der Wirbel. Jede Querreihe von Hohlkegeln enthält drei der-

---

3) Diese Skizze soll nur ein Gesammtbild des Verhaltens der Muskeln liefern; im Einzelnen sind die Verschiedenheiten bei den einzelnen Batrachiern wiederum nicht unerheblich.

1) J. Müller hat bereits dies Verhältniss im Allgemeinen angedeutet.

selben: zwei äussere mit vorwärts gerichteten Spitzen und einen mittleren mit hinterwärts gerichteter Spitze. Diese Hohlkegel sind gebildet durch Muskelfleisch, das von einer Tasche umschlossen ist. Die fleischigen Theile der drei Hohlkegel jeder Reihe hangen zusammen; ihre häutige Tasche bildet gleichfalls ein Continuum. Die beiden inneren Schenkel der nach vorne zugespitzten Muskelhohlkegel convergiren und bilden die Begrenzung des nach hinten sich zuspitzenden Hohlkegels; der äussere Schenkel jedes der beiden ersten Hohlkegel ist nach hinten und aussen verlängert. So besitzt jede Querreihe vorne zwei Spitzen, hinten drei. Die beiden vorderen Spitzen der nächst folgenden Kegelreihe sind in die Höhlen der vorderen geschoben. Es verhalten sich nämlich die beiden paarigen Hohlkegel wie Düten, die durch einen ihrer Gesammtform entsprechenden Ausschnitt einen Theil ihrer auswendigen Wand verloren haben; dagegen ist der hinterwärts gerichtete Hohlkegel einer Düte zu vergleichen, die durch einen ähnlichen Ausschnitt einen Theil ihrer unteren, der Wirbelsäule zugewendeten Wand verloren hat. Die häutigen Taschen, in denen die Muskelkegel stecken, theilen genau deren Form. Die Sehnen sind verdickte Strecken der häutigen Taschen. An der äusseren Oberfläche der Rückseite des Schwanzes ist die Grenze zwischen zwei Hohlkegel-Querreihen bezeichnet durch Zickzacklinien. Diese sind mehr oder minder strangförmig verdickte Strecken in der Continuität der oberen Flächen der Bindegewebstaschen. Die Fleischlagen selbst zeigen eine blätterige Anordnung; die Muskelbündel sind in der Dimension der Fläche an einander geschlossen, bilden, so vereinigt, Platten oder Blätter. — Diese Verhältnisse, obschon fast immer wiederkehrend, sind am deutlichsten bei den *Scincoidea*: *Scincus*, *Euprepes* und den *Ascalobota*, z. B. bei *Platydactylus*; deutlich erkennbar auch bei *Pseudopus*, dessen Schwanzmuskeln aber in einer dicken äusseren aponeurotischen Hülle liegen, nicht minder bei *Uromastix*; schwach ausgeprägt bei *Iguana* und den *Varanida*; nicht erkennbar bei den *Chamaeleonidea*, deren Rückenmuskeln bis zum Schwanzende aus gesonderten Längssträngen bestehen.

Die discreten Längsmuskeln der Rumpfgegend sind: *M. M. spinalis*, *semispinalis*, *multifidus*, *longissimus* und *ileocostalis*, so wie *M. M. levatores costarum*. In der Halsgegend treten noch *M. M. splenii capitis* hinzu. — Die inneren Längsmuskeln stehen in ununterbrochener Continuität mit Hohlkegel-Längsreihen der Schwanzgegend und in der Anordnung der einzelnen Rückenmuskeln erhalten sich unverkennbare Spuren ihrer Entstehung aus Hohlkegeln oder Hohlkegel-Abschnitten. — Der *M. ileocostalis* geht gewöhnlich vom Vorderrande des *Os ileum* sehnig aus, indem dasselbe die Continuität der äusseren Strecken der Schwanz- und Rumpfmuskeln zu unterbrechen pflegt. Eine solche Unterbrechung ist zwar Regel, erleidet jedoch Ausnahmen, indem bei den *Scincoidea*,

z. B. bei *Euprepes*, der äussere Theil der Schwanzmuskelmasse über dem *Os ileum* fortgesetzt ist. Die Sehne, mit welcher der *M. ileocostalis* am *Os ileum* entsteht, pflegt sich in den supracostalen *M. ileocostalis* und in einen infracostalen, unter den Vertebralabschnitten der hintersten oder sämmtlicher Rippen ausgebreiteten Muskel: *M. quadratus lumborum*, zu spalten. — Den Bereich der *M. M. spinalis*, *semispinalis* und *multifidus* bildet der Raum zwischen den oberen Dornenden und den Gelenkfortfortsätzen. Der *M. spinalis* besteht in oberflächlichen, steil von hinten nach vorne gerichteten Sehnen, welche die einzelnen Dornen verbinden und zwar meist zwei durch dazwischenliegende Dornen getrennte. — Bei einigen *Sauria*, z. B. bei *Uromastix*, gibt sich der *M. splenius capitis* als seine Fortsetzung [2]) zu erkennen. — Der *M. semispinalis* besteht in einer oberflächlichen Fleischmasse, aus welcher steil vorwärts gerichtete Sehnen hervorgehen, deren jede an den Hinterrand eines Dornfortsatzes befestigt ist. — Dem *M. multifidus* angehörig sind Sehnen, deren jede aus der Tiefe schräg hinterwärts und aufwärts gerichtet, an den Vorderrand eines Dornfortsatzes tritt. — Der *M. longissimus* besteht aus in einander geschobenen Fleischkegeln oder Fleischblättern, die von vorne nach hinten divergiren und an inneren und äusseren Sehnen haften. Die inneren Sehnen befestigen sich an den Spitzen der vorderen Gelenkfortsätze, die äusseren an den Vorderrändern der Rippen. Die äusseren Fleischblätter des Muskels hangen aber noch zusammen mit oberflächlichen Sehnen, die, schräg vorwärts und einwärts gerichtet, in die oberflächliche *Fascia* des *M. semispinalis* übergehen. — Der *M. ileocostalis* bedeckt die Vertebralstrecken der Rippen und haftet an jeder derartig, dass er sie zurückzieht. Oft sind zwei Systeme von Fleischblättern in ihm zu unterscheiden: von vorne nach hinten verschmälerte, in Zusammenhang stehend mit Sehnen, die, nach hinten gerichtet, zur Oberfläche des *M. longissimus* treten und Fleischblätter, die, hinten breiter, nach vorne verschmälert, zusammenhangen mit Sehnen, die schräg auswärts und vorwärts zu den Rippen erstreckt sind.

Bei manchen *Sauria*, z. B. bei *Uromastix*, ist der Muskel breit und flach.

Die *M. M. levatores costarum* entstehen schmal von den Hinterrändern der Gelenkfortsätze und enden verbreitert an den Vorderrändern nächst hinterer Rippen. — Unterhalb des *M. ileocostalis* liegen zwi-

2) Der sehnige Anfang dieses Muskels liegt am Rücken; von den Dornen der vorderen sechs Rückenwirbeln steigen Sehnen vorwärts auf, die sich vereinigen. Die Fortsetzung dieser vereinigten Sehnen nimmt am Halse schräg nach hinten und oben, nach Analogie der Sehnen des *M. multifidus*, aufsteigende Fleischbündel auf, wird fleischig und endet an der *Squama occipitalis*.

schen den Vertebralstrecken der einzelnen Rippen mit schräg von hinten und aussen nach vorne und innen gerichteten Bündeln *M. M. intercostales.* — Unter diesen und den Vertebralstrecken der Rippen liegen die gleiche Richtung verfolgenden Ausbreitungen des *M. quadratus lumborum* [3]).

Hypaxonische Muskeln bilden zwei Gruppen. Die Einen sind bei allen *Sauria*, mit Einschluss der *Amphisbaenoidea* und der *Chamaeleonidea*, nur unter den vordersten Rückenwirbeln und den sämmtlichen Halswirbeln entwickelt (*M. M. longi colli*, *recti capitis* u. s. w.). Die Anderen sind *M. retrahentes costarum*: Systeme von queren oder etwas schrägen Muskeln, welche in der vorderen Hälfte der Brustgegend, unter den ventralen Nervenstämmen gelegen, von den Seiten der Wirbelkörper beginnen und an den Innenflächen der Rippen befestigt sind [4]).

Die ventralen Muskeln besitzen einen Schwanztheil und einen Rumpftheil; dieser letztere einen Bauchtheil, einen Brusttheil und einen Halstheil. Die Continuität des Schwanztheiles mit dem Rumpftheile ist unterbrochen durch das Becken. Die hinterste Strecke des Schwanztheiles liegt der unteren Hälfte der Schwanzwirbel eng an: aufwärts begrenzt durch die Querfortsätze, innen angeheftet an den absteigenden Bogenschenkeln; seine vordere Fortsetzung ist jedoch in der entsprechenden Schwanzstrecke von der Wirbelsäule und ihren Bogenschenkeln abgedrängt durch die Anfänge von Schenkelmuskeln (*M. M. pyriformis* und *subcaudales*). Der obere Saum dieser vorderen Strecke der zusammenhangenden ventralen Schwanzmuskelmasse haftet an den unteren Flächen und an den Enden der Wirbelquerfortsätze; der untere Saum an den Enden der unteren Dornen und längs einer diese verbindenden Aponeurose. Vorne endet er mit zwei Schenkeln: einem oberen, der am Hinterrande des *Os ileum*, und einem unteren, der am Hinterrande des *Os ischii*, gewöhnlich sehnig, angeheftet ist (*M. M. ileococcygeus* und *ischiococcygeus*). Die vordere Strecke des ventralen Schwanzmuskels umfasst auch die aus der Cloake ausgestülpten paarigen Copulationsorgane und deren Muskeln, so

---

3) Dieser Muskel bietet hinsichtlich seiner Dicke und seiner Ausdehnung erhebliche Verschiedenheiten dar: er ist flach, dünne und nur auf die hinterste Strecke der Rumpfgegend beschränkt bei *Uromastix*; ziemlich flach, aber ausgedehnt bei *Euprepes* und *Scincus*, unter den *Ascalobota* z. B. bei *Platydactylus*; er bildet eine sehr dicke, weit nach vorne reichende Lage bei *Podinema* (Salvator) *nigropunctatus*; dick ist er auch bei *Iguana*; er fehlt ganz bei *Pseudopus*, bei *Amphisbaena*.

4) Sie kommen sehr allgemein vor, z. B. bei *Iguana*, *Podinema*, *Platydactylus*; bei letzterem sind sie durch ihre Dicke ausgezeichnet. Sie enden auswärts an den Grenzen des Anfanges des *M. transversus*.

wie einen am Aussenrande der Cloake seitlich befestigten Muskel. Diese Muskeln sind, gleich den subcaudalen Schenkelmuskeln, blätterig abgelösete Schichten der Innenfläche der zusammenhangenden äusseren Schwanzmuskelmasse. — Die Oberfläche dieser letzteren besitzt quere *Inscriptiones tendineae*, wiederum Säume von Ligamenten, welche ihre Längsmasse in querer oder schräger Richtung durchsetzen und Theile sind von zusammenhangenden häutigen Taschen. Die Fleischmassen bilden Hohlkegel, denen der dorsalen Muskelmasse entsprechend angeordnet, aus zwei vorwärts und einem hinterwärts gerichteten Kegel bestehend. Die häutige Tasche jeder Querreihe steht in Continuität mit der entsprechenden der dorsalen Hälfte. Die von den Innenflächen abgelöseten Muskeln, namentlich diejenigen des Oberschenkels, zeigen ebenfalls einen blätterigen Bau; der *M. pyriformis* besteht aus in einander steckenden Hohlkegeln, deren Spitzen vorwärts gerichtet sind. — Verschiedenheiten des Verhaltens des ventralen Schwanzmuskels betreffen seine Dicke [5]) und die mehr oder minder unverwischte Erhaltung der Hohlkegel.

Die ventralen Muskeln der Rumpfgegend sind: *M. M. obliqui*, *recti* und *transversi*. Die schiefen Muskeln beginnen an den Grenzen der dorsalen Muskeln. 1) Aeussere schiefe Bauchmuskeln bilden zwei Schichten; die auswendige entsteht mit einzelnen Zacken von den Rippen an den Anheftungsgrenzen des *M. ileocostalis*. Sie streben schräg nach hinten und unten, treten zu den Aussenrändern des geraden Bauchmuskels und unten zum Vorderrande und der Unterfläche des *Os pubis*, unter dessen *Spina* Bündel sehnig enden. Die längs dem geraden Bauchmuskel endenden Strecken gehen in eine ihn unten bekleidende *Fascia* über (*Iguana*, *Euprepes* u. A.). Der Muskel selbst besteht entweder aus einer Reihe einzelner, discret bleibender Fascikel (*Uromastix*) oder bildet eine zusammenhangende, nur durch *Inscriptiones tendineae* unterbrochene Lage (*Iguana*, *Euprepes*). — Die zweite Schicht besteht in Fleischköpfen, welche eine gleiche Richtung besitzen und an der äusseren Grenze der zwischen den Vertebralstücken der Rippen liegenden *M. M. intercostales* entstehen. Sie enden bei *Uromastix* über der äusseren Grenze des *M. rectus*. — *M. M. obliqui interni* bestehen gleichfalls aus zwei Schichten. In einer beträchtlichen Strecke der Rumpfgegend pflegen Sternocostalleisten oder diese und Rippenknorpel die untere Schicht in einzelne Abthei-

---

5) Besonders mächtig ist er bei *Uromastix spinipes*, wo auch eine aufwärts gerichtete Fortsetzung seines hinteren Theiles eine beträchtliche Strecke der dorsalen Muskelmasse scheidenartig umfasst. Aeusserlich besitzt er fibröse Querbinden, welche den Hautringen entsprechen. — *Agama colonorum* zeigt eine Andeutung des ersteren Verhaltens.

lungen zu sondern (*M. M. intercostales interni*), deren jede schräg vorwärts gerichtete Bündel besitzt. Die zweite, einwärts gelegene Schicht: *M. subcostalis*, besitzt gleichfalls eine *Pars abdominalis* und *thoracica*. Ausgangspunkte beider sind die Enden der Vertebraltheile der Rippen; in der hinteren Bauchgegend, wenn hier Rippen fehlen, eine Aponeurose, die an der äusseren Grenze des *M. ileocostalis* beginnt. — Der *M. transversus* bildet eine Schicht von Querbündeln, welche das äussere Blatt des Bauchfelles bedecken. Er besitzt, bei weiter Ausdehnung des Bauchfelles nach vorne, auch eine *Pars thoracica*, die aber kein eigentliches *Diaphragma* [6]) bildet. — Die *M. M. recti* sind bei verschiedenen *Sauria* von verschiedener Breite; sie ist bedeutender bei *Iguana*, *Uromastix* u. A., als bei den *Scincoidea*, z. B. bei *Euprepes*. Quere Abtheilungen kommen zu Stande bald durch quere *Inscriptiones tendineae*, bald durch diese und knöcherne Leisten (*Iguana*). — Die ventralen Halsmuskeln bestehen in mehren Schichten. Die unterste wird gebildet durch einen subcutanen Muskel, welcher bei den mit einem herabhangenden Hautlappen versehenen Gattungen, z. B. bei *Iguana*, auch zwischen dessen Blätter tritt. Die zweite Schicht wird gebildet durch Muskelausbreitungen, die vom Vorderrande des *Sternum* und des Schultergürtels zum hintersten Zungenbeinhorne erstreckt sind (*M. sternohyoideus*) und auswärts häufig mit dem *M. cucullaris* zusammenhangen; 2) durch einen vom Vorderrande desselben Zungenbeinhornes zum Unterkiefer erstreckten Muskel (*M. hyomandibularis*). Eine dritte Schicht bildet ein vom Vorderrande der *Clavicula* zum hintersten Zungenbeinhorne erstreckter Muskel (*M. omohyoideus*).

§. 61.

Die auf den Querfortsätzen der Schwanzwirbel und auf den Rippenanfängen gelegenen Rückenmuskeln der *Ophidia* sind vom Schwanzende bis zum Kopfe in discrete Längsportionen gesondert. Diese sind: *M. M. spinalis*, *semispinalis*, *multifidus*, *longissimus* und *costalis*; ausser ihnen kommen in der Rumpfgegend vor: *M. M. levatores costarum*; vorne dem Kopfe zu: *M. M. splenii capitis*. — Diese Rückenmuskeln bleiben, mit Ausnahme der vordersten Strecke, wo Anfänge von Muskeln des Unterkiefers und des Suspensorium über ihnen liegen, unbedeckt von oberflächlichen Muskelschichten jeder Art. Sie besitzen aponeurotische Scheiden. Aufwärts reichen sie zu den Dornen. Der Schwanztheil reicht auswärts bis an die Enden der Querfortsätze, der Rumpftheil bedeckt das obere Dritttheil der Rippen. — Die anatomische Anordnung der *M. M. spina-*

---

6) Ich habe eine Muskelschicht in der Umgebung der Eintrittsstelle der *Trachea* und des *Oesophagus* bei Untersuchung von *Iguana*, *Podinema* u. A. vermisst.

lis, *semispinalis*, *multifidus* und *longissimus* entspricht derjenigen, die denselben Muskeln bei den *Sauria* zukömmt. — Die *M. M. levatores costarum* zeigen gleichfalls eine ähnliche Anordnung. Zwischen den einzelnen Rippen liegen schräge *M. M. intercostales*. — Der *M. costalis* (homolog dem *M. ileocostalis*) ist durch lange, dünne, aus der Tiefe seiner Fleischschicht hervorgehende, vorwärts und auswärts erstreckte, in der Schwanzgegend an den Hinterrändern der Querfortsätze, in der Rumpfgegend an denen der Rippen endende Sehnen befestigt. — Der *M. longissimus* endet mit starker Sehne seitlich am Schedel über der *Fenestra ovalis* und dem *Stapes*; unter ihm mit schwächerer Sehne der *M. costalis*.

Ventrale Muskeln der Rumpfgegend liegen theils auswendig auf den Rippen und zwischen ihnen, theils an deren Innenseite. Die Rippentheile, auf denen sie liegen, sind immer unabgegliederte Fortsetzungen derjenigen Strecken, auf denen die Ausbreitungen der dorsalen Muskeln gelagert sind. Einige der ventralen Muskeln besitzen einen Schwanztheil; andere sind auf die Rumpfgegend beschränkt. — Eine die Rippen auswendig unmittelbar bedeckende Schicht besitzt einen Schwanztheil. Nach den Körperregionen ist das Verhalten dieser auswendigen Schicht folgendes: Der Schwanztheil besteht aus Fascikeln, welche von der äusseren Grenze der Querfortsätze unter dem *M. costalis* entstehen und eine auswendige Muskelhülle der Schwanzgegend bilden. Seine unteren Portionen enden in der unteren Circumferenz des Afters; die Reihe seiner oberen Fascikel steht in Continuität mit Muskeln, welche die jenseits des *M. costalis* gelegenen Strecken der Rippen zunächst bedecken. Dieser Rumpftheil besteht aus mehren Systemen von Fleischbündeln, welche, zunächst auf ihnen gelegen, die einzelnen Rippen mit einander verbinden. Sie werden auswendig von oberflächlichen Hautmuskeln umfasst, die am Schwanze nicht entwickelt sind. — Die die Aussenflächen der Rippen zunächst bedeckenden Muskeln bilden häufig drei Längsreihen an einander geschlossener Bündel: eine obere, eine mittlere und eine untere. Die oberste Reihe besteht in schräg von vorne und oben nach hinten und unten absteigenden Fascikeln. Dieselben entstehen oben, zunächst den Anheftungsstellen des *M. costalis*, von den Rippen. Jedes schräge Bündel überspringt mehre Rippen, von deren Oberfläche es jedoch Zuwachs an Fasern erhält, ehe es weiter abwärts und hinterwärts an einer jenseits seiner Ursprungsrippe gelegenen Rippe sich befestigt. Die zweite oder mittlere Reihe ist die Summe von Fascikeln fast ganz queren Verlaufes, welche die Mitte der Aussenflächen der Rippen einnehmen. Die dritte Reihe besteht wieder aus schräg von vorne nach hinten absteigenden Bündeln, welche denjenigen der obersten Reihe analog angeordnet sind. — Eine saumartig längs der Rippenspitzen hingezogene Fleischmasse (*M. rectus*

Auct.) besteht aus Längsbündeln, in deren Unterfläche von dem Vorderrande jeder Rippe, zunächst ihrer Spitze, ein vorwärts gerichtetes Bündel übertritt.

Eine vorderste Fortsetzung des *M. rectus* ist von der ersten Rippe aus zum Zungenbeinbogen und von diesem aus zum Unterkieferschenkel erstreckt. Der zum Unterkiefer erstreckte Theil erhält zahlreiche gerade Verstärkungsbündel von der Oberfläche der ersten Rippe. Sein Ende verschmilzt oft mit einem schräg von der Rückengegend ausgehenden Senker des Unterkiefers.

Die oberflächlichste Muskelhülle der Rumpfgegend [1]) wird gebildet durch Reihen von Fleischbündeln, die von den Rippen aus an die Hautschilder treten und durch Systeme von Fleischbündeln, welche, ohne an Rippen fixirt zu sein, die einzelnen Hautschilder unter einander in verschiedener Richtung verbinden. Die von den Rippen an die Hautschilder tretenden Muskelsysteme bilden zwei Längsreihen. Jeder Rippe entspricht ein Muskel je einer Reihe. Die Muskeln beider Reihen entstehen in verschiedener Höhe und besitzen eine verschiedene Richtung. Eine Längsreihe oberer Muskeln entsteht unter der Anheftungsgrenze der Bündel der *M. costalis*. Jeder Muskelbauch steigt von vorne und oben schräg nach hinten und unten ab. Die Muskeln der zweiten Längsreihe entstehen unten längs dem *M. rectus* von den Rippenenden. Jeder ist von hinten sehr schräg, fast quer vorwärts und etwas aufwärts gerichtet.

Die subcostalen Muskeln sind 1) Reihen von flachen, der Zahl nach derjenigen der Rippen entsprechenden, Fleischbäuchen; jeder ausgehend vom oberen Ende einer Rippe, schräg nach vorne absteigend, über die Mitte der nächsten Rippe wegtretend und an der unteren Hälfte der nächst vorderen fixirt (*M. obliquus internus*); das System dieser Muskeln ist auf die Rumpfgegend beschränkt; und 2) *M. M. transversi*, unterhalb der Stämme der ventralen Nerven gelegen, sind sowol in der Schwanzgegend, als in der Rumpfgegend vorhanden. Der Schwanztheil geht zur Seite des Afters in den Rumpftheil über. Jener besteht aus einer dicken Schicht eng an einander geschlossener querer Fascikel, deren jeder von der Wurzel eines *Processus transversus* ausgeht. Die *M. M. transversi* beider Seiten bilden eine Umhüllung der paarigen Copulationsorgane und ihrer Muskeln; in der ventralen Mittellinie enden ihre Fleischfasern an einer schmalen Aponeurose.

In der Rumpfgegend sind jederseits zwei *M. M. transversi* vorhanden; beide vorwärts unter dem Herzbeutel bis zur vordersten Rippe fortge-

---

1) Die Abbildungen, welche d'Alton l. c. von diesen Hautmuskeln bei *Python* gegeben hat, sind sehr instructiv.

setzt. Jeder ist die Summe einzelner, der Zahl nach derjenigen der Rippen äquivalenter Muskelbäuche. Sie entstehen von den Innenseiten der Rippen neben den Insertionen der *M. M. retrahentes costarum.* Die Bäuche der äusseren Schicht sind schräg vorwärts und abwärts, die der inneren Schicht schräg hinterwärts und abwärts gerichtet. Die Bündel beider Schichten treffen am inneren Saume einer medianen Aponeurose zusammen. Diese Aponeurose verbindet die gegenständigen Muskeln. Sie liegt unter dem Peritonealsack, dem Herzbeutel, so wie vorne unter dem pneumatischen Apparate. — Ein muskulöses *Diaphragma* fehlt.

Tiefe hypaxonische Muskeln reichen vom Kopfe bis an das Ende der Schwanzgegend, von vorne nach hinten an Mächtigkeit abnehmend. In der Rumpfgegend bilden die unpaaren absteigenden Dornen, in der Schwanzgegend die Wurzeln der paarigen absteigenden Bogenschenkel ihre Ausgangspunkte. In der Schwanzgegend bestehen sie jederseits in einer Reihe einzelner Muskeln; jeder geht sehnig von der Basis eines absteigenden Bogenschenkels aus, ist schräg nach hinten und aussen gerichtet und endet mit breitem Fleischkörper an einem Querfortsatze. Diese Reihe von Muskeln ist in der Rumpfgegend fortgesetzt durch Muskeln, welche von den unteren Dornen ausgehend, schräg hinterwärts und auswärts gerichtet, an den zur Einlenkung der Rippenköpfe bestimmten *Tubercula* enden. Ausser diesen kommen in der Rumpfgegend noch vor: 1) Sehnen, welche die einzelnen absteigenden Dornen mit einander verbinden. 2) Muskeln, welche sehnig von den Grundflächen der Dornen ausgehen, nach vorne und aussen erstreckt, verbreitert und fleischig an den Hinterrändern zunächst nach vorne gelegener Rippen enden (*M. retrahentes costarum*). Die Masse der hypaxonischen Muskeln ist in der Nähe des Schedels am mächtigsten.

§. 62.

Die Rückenmuskeln der *Crocodila* zeigen sich im Wesentlichen übereinstimmend mit denen der *Sauria.* Die hintere Hälfte des Schwanztheiles besitzt Längsbündel, die, gleich denen des entsprechenden Theiles des ventralen Schwanzmuskels, durch fibröse Querbinden gesondert sind, welche den Hautschilderreihen entsprechen. Die vordere Hälfte des Schwanztheiles der Rückenmuskelmasse ist in zwei Längsportionen gesondert; diese besitzen *Inscriptiones tendineae* und bestehen aus in einander steckenden Muskel-Hohlkegeln. Am Rumpfe sind Längsmuskelmassen vorhanden, die, nach Zahl und Anordnung, denen der *Sauria* entsprechen. Die Sehnen der *M. M. spinales* und *semispinales* haften nicht immer unmittelbar an den Dornenden der Wirbel, sondern bei Arten der Gattung *Crocodilus* an faserhäutigen Platten, die zwischen den Dornenden und den knöchernen Hautschildern liegen und beiden eng angeschlossen sind. — Der *M. ileocostalis* entsteht vom Vorderende des *Os ileum* mit einer Sehne, die nicht allein sein Anfang ist, sondern auch der eines subcostalen *M. quadratus lumborum*, der mit schräg vorwärts und einwärts gerichteten Fasern unter den Vertebralstücken der Rippen, über den ventralen Nervenstämmen verläuft. Zwischen den Vertebralstücken der Rippen liegen gleichfalls schräg von aussen nach innen und vorne erstreckte Muskelbündel: *M. M. intercostales externi.* — Der Bereich des *M. ileo-costalis* ist beschränkt auf die Oberflächen der Vertebralstücke der Rippen. — In Betreff des Verhaltens der dorsalen Muskeln längs der Halsgegend gilt Folgendes: Unmittelbare Fortsetzungen der *M. M. spinalis* und *semispinalis* fehlen. Sie werden vertreten durch zwei paarige *M. M. splenii.* Ein innerer Muskel: *M. splenius capitis*, entsteht durch die Vereinigung schräg vorwärts und aufwärts steigender Fleischbündel, die von den Spitzen der Dornen der vordersten Rückenwirbel und sämmtlicher Halswirbel ausgehen. Auswärts von ihm liegt ein zweiter Muskel übereinstimmender Zusammensetzung, dessen Fleischbündel mehr auswärts von den Dornen derselben Wirbel entstehen. — Der *M. multifidus* besitzt keine deutliche Fortsetzung zum Schedel. — Eine unmittelbare Fortsetzung des *M. longissimus* reicht sehnig bis zur Basis des Atlas-Bogens. — Der *M. ileo-costalis* besitzt einen deutlich entwickelten Halstheil, dessen Bündel an den Halsrippen enden; seine vorderste Fortsetzung reicht bis zum *Processus mastoideus* des Schedels. Sein Halstheil umfasst scheidenförmig einen tiefen *M. rectus capitis lateralis.* Dieser ist lang und entsteht durch die Vereinigung innerer und äusserer Bündel; jene gehen aus von den Wurzeln der Querfortsätze, diese von den Halsrippen. Er endet einwärts vom *M. ileo-costalis*, neben dem *Foramen magnum.*

Unter den Vertebralstücken der hintersten Rippen ist der *M. quadratus lumborum* ausgebreitet; zwischen denselben liegen die schräg vor- und auswärts gerichteten Bündel der *M. M. intercostales externi.*

Die ventralen Muskeln der Schwanzgegend verhalten sich übereinstimmend mit denen der *Sauria*, mit dem einzigen wesentlichen Unterschiede, dass sie keine Copulationsorgane umschliessen.

In Betreff der ventralen Muskeln der Rumpfgegend gilt Folgendes: Die meisten liegen im Bereiche der den Vertebralstücken der Rippen angeschlossenen starren Leisten. Einige liegen auf, andere unter, andere zwischen ihnen. Unter denselben, oder doch so, dass sie, hinreichend weit nach vorne ausgedehnt, sie abwärts umfassen würden, liegen: 1) paarige *M. M. pyramidales.* Jeder dieser Muskeln besitzt zwei Schichten: eine oberflächlichste, welche zur Seite des Afters den *M. ischiococcygeus* begrenzt und mit ihm in gleicher Ebene liegt und eine zweite stärkere, vorne vom *Os ischii* entstehende. Diese Muskeln bedecken abwärts

Anfänge der *M. M. adductores* des Oberschenkels, das *Os pubis* und das hinterste Drittheil der medianen Aponeurose der *M. M. obliqui externi.* — 2) Jeder der paarigen *M. M. obliqui externi* besteht aus zwei Schichten, die sich decken. Jede Schicht besitzt eine *Pars thoracica* und *abdominalis.* Die erstere beginnt mit einzelnen Zacken von den *Processus uncinati* der Vertebralstücke der Rippen. Die mediane Aponeurose der paarigen Muskeln überzieht die *M. M. recti.* — 3) Die *M. M. recti* sind von der Beckengegend bis zur hinteren Grenze des *Sternum* erstreckt. Ihre Continuität ist unterbrochen durch die paarigen Leisten des *Sternum abdominale.* — 4) Zwischen den den Vertebralstücken der Rippen angeschlossenen Leisten liegen in der Brustgegend *M. M. intercostales interni,* welche jenseits derselben einen Bauchtheil (*M. obliquus internus*) besitzen. Ihre flachen Fleischbündel entstehen von den Enden der Innenseiten der Vertebralstücke der Rippen und stehen mit einer die Innenseite der letzteren, bis zu den Wirbeln hin, überziehenden, über den ventralen Nervenstämmen gelegenen Aponeurose in Continuität. — 5) Eine unterhalb der ventralen Nervenstämme gelegene von der Wirbelsäule beginnende Aponeurose steht in Continuität mit den an der äusseren Grenze der Vertebralstücke der Rippen beginnenden fleischigen Anfängen des *M. transversus.* Er besitzt eine *Pars abdominalis* und *thoracica,* welche letztere unter dem *Sternum* liegt. 6) Eine Schicht von Muskelfasern überzieht das Bauchfell [1]).

Im Bereiche der Halsgegend liegen folgende ventrale Muskeln: 1) paarige, vom Vorderrande der Aussenfläche des Brustbeines zur Innenseite jedes Unterkieferschenkels erstreckte *M. M. sternomandibulares*; 2) paarige, vom Brustbeine zum Zungenbeinkörper erstreckte *M. M sternohyoidei*; 3) paarige, vom Brustbeine zu den Rippen des zweiten Halswirbels erstreckte Vertreter der *M. M. sternomastoidei.*

Hypaxonische Muskeln fehlen nicht nur in der Schwanzgegend, sondern auch im grössten Theile der Rumpfgegend. Sie sind dagegen entwickelt unter den vordersten Rückenwirbeln und sämmtlichen Halswirbeln. Sie sind: 1) kurze paarige, zu innerst gelegene *M. M. recti capitis laterales interni,* welche mit divergirenden Bündeln ausgehen von den *Procc. spinosi inferiores* der vordersten Halswirbel. 2) Längere *M. M. recti capitis laterales,* zusammengesetzt aus vorwärts strebenden Fleischbündeln doppelten Ursprunges, indem innere von den *Procc. spinosi inferiores,* äussere von den Wurzeln der Querfortsätze entstehen. Beide Muskeln enden an der Basis des Hinterhauptes. 3) Systeme schräger Fleischbündel, welche von den *Procc. spinosi inferiores* zu den Rippen

---

1) Diese im Allgemeinen wie bei Vögeln sich verhaltende Muskelausbreitung bedarf noch genauerer Untersuchung.

vorwärts erstreckt sind. 4) Sie sind verflochten mit Fleischbündeln, welche zwischen den Querfortsätzen und Rippen liegen: *M. M. intertransversarii.*

§. 63.

Die Grundzüge des Verhaltens der Muskeln bei den *Chelonia* sind folgende:

Die dorsalen Muskeln sind in den verschiedenen Körpergegenden in ungleicher Stärke entwickelt. Sie sind mächtiger und zahlreicher längs der Regionen des Schwanzes und des Halses, als längs der unbeweglichen Brustgegend. Ihren Bereich in der Dimension der Quere bilden in der Schwanzgegend die Querfortsätze, in der Brustgegend diejenigen Strecken der Querfortsätze, die vom Rückenschilde frei überwölbt werden, ohne mit ihm verwachsen zu sein; in der Halsgegend die Gelenkfortsätze. Im Allgemeinen sind die dorsalen oder epaxonischen Muskeln nach demselben Plane angelegt, wie die hypaxonischen. — Die nähere Anordnung der dorsalen Muskeln der Schwanzgegend ist im Wesentlichen folgende: 1) Paarige, flache, von den unteren Flächen der hintersten Seitenstücke des Rückenschildes ausgehende Muskeln streben schräg einwärts zur Dorsalseite des Schwanzes und sind sehnig an den oberen Dornen der Schwanzwirbel befestigt. Die Muskeln selbst sind bald symmetrisch angeordnet und in einfachen Schichten vorhanden, wie z. B. bei den *Emydea* (*Emys, Chelydra* u. A.), bald etwas asymmetrisch entwickelt und in doppelten Schichten vorhanden, wie bei einigen mit gekrümmtem Schwanze versehenen *Testudinea*; bei diesen sind ihre Endsehnen zu einer Aponeurose verschmolzen; bei jenen, namentlich bei *Chelydra*, haften einzelne dickere Sehnen an den einzelnen Wirbeln. 2) Tiefer liegen discrete Muskelbäuche, jeder schräg vom Dorn eines Wirbels zum Gelenkfortsatz des nächsten tretend. 3) Auf den einzelnen Querfortsätzen liegt eine Reihe von Längsmuskeln, die von einander wenig gesondert sind. — Längs der Brustgegend fehlen dorsale Muskeln bald ganz, wie bei Arten der Gattung *Testudo*, bald liegt ein Längsmuskel [1]) auf den mit dem Rückenschilde unverwachsen bleibenden Strecken der Querschenkel, wie z. B. bei den *Emydea*, und unter ihnen am deutlichsten entwickelt in der ganzen Länge dieser Gegend bei *Chelydra*. — In der Halsgegend sind die

---

1) *M. longissimus dorsi* Bojanus; *M. sacrospinalis* Rathke. Bei Embryonen von *Chelonia* findet man, wie Rathke (Entwickelung der Schildkröten S. 155) gefunden und ich bestätigen kann, deutliche Spuren von Muskeln, die zwischen und auf den einzelnen Wirbelbogen liegen. Diese Fasern werden starr, verknöchern und tragen so zur Vermittelung der Verbindung zwischen den oberen Enden der Wirbelbogen und den über ihnen entstandenen medianen Platten des Rückenschildes bei.

dorsalen Muskeln stärker ausgebildet, und zwar nach folgendem Plane angelegt: 1) Vorherrschend sind Systeme von paarigen Muskeln, welche seitwärts von Querfortsätzen oder von Spitzen der Gelenkfortsätze entstehen, convergiren und an der dorsalen Mittellinie der einzelnen Wirbel enden. Diese Muskeln sind theils längere, theils kürzere. Die hintersten längeren Muskeln entstehen seitlich unter den vordersten Platten des Rückenschildes, also von der Gegend der Querfortsätze; die übrigen gehen aus von den Spitzen der vorderen Gelenkfortsätze der Halswirbel. Die Bäuche derselben sind nicht an dem nächst vorderen Wirbel befestigt, sondern überspringen mehre Wirbel, bis sie sich fixiren. Von den Gelenkfortsätzen derjenigen Wirbel, die sie überspringen, pflegen sie Verstärkungsbündel zu erhalten. — Die kürzeren Muskeln treten von den Spitzen der vorderen Gelenkfortsätze eines Wirbels zur Rückenseite des nächst vorderen und sind auswärts von den langen Muskeln befestigt. — 2) Systeme von kurzen Muskelbäuchen verbinden die vorderen Gelenkfortsätze eines Wirbels mit den hinteren des nächst folgenden. — Bäuche dieses und des zuerst genannten Muskelsystems enden an der Hinterhauptsgegend des Schedels. An dem Hinterhaupte enden über den vorigen Muskeln ferner *M. M. splenii capitis*: paarige Muskelbäuche, ausgehend von dem Dorne eines hinteren Halswirbels, successive verstärkt durch Fleischbündel, welche von den Dornen der vor ihm gelegenen Halswirbel entstehen.

Die unteren Muskeln sind theils hypaxonische, theils ventrale. Das Verhalten der hypaxonischen Muskeln der Schwanzgegend ist dies: Von der Basis der absteigenden (hypaxonischen) Bogenschenkel, und wo diese mangeln, von den Unterflächen der Wirbelkörper, entstehen mit sehnigen Anfängen Fleischbündel schrägen Verlaufes, welche, vorwärts und auswärts strebend, an den unteren Flächen der Wurzeln der Querfortsätze von Schwanz- und Kreuzwirbeln befestigt sind.

In der Brustgegend sind hypaxonische Muskeln gleichfalls vorhanden. Einige derselben sind nach vorn, andere nach hinten gerichtet. Die Anlage der ersteren ist diese: Paarige Muskelbäuche entstehen von den Seiten mehrer Wirbelkörper und den Wurzeln ihrer Querschenkel. Die jeder Seite verschmelzen zu einem langen Muskel. Von diesem treten Bäuche seitlich an die Gelenkfortsätze mehrer Halswirbel. Der Muskel [2]) endet unter der Basis des Hinterhauptes [3]). — Die hypaxonischen Mus-

2) *M. retrahens capitis collique* Boj.

3) Die nach hinten gerichteten, einwärts vom *M. transversus* unter den Wirbelkörpern entstehenden Muskeln sind: 1) paarige, von den Seiten eines der vorletzten Rückenwirbelkörper ausgehende, lange, zur Ventralseite der Cloake erstreckte, an der Basis des Copulationsorganes endende *M. M. retractores penis*. 2) Paarige, von den Seiten der hintersten Rückenwirbel und der Kreuzwirbel entstehende, unter

keln der Halsgegend bilden drei Gruppen: 1) Von der Mitte eines Wirbelkörpers ausgehende Bündel, schräg auswärts strebend, Wirbel überspringend und an den Gelenkfortsätzen weiter vorwärts gelegener Wirbel befestigt. 2) Kurze Muskeln, ausgehend von einem Wirbelkörper und an dem Gelenkfortsatze eines nächst hinteren Wirbels fixirt. 3) Die Gelenkfortsätze je zweier Wirbel in der Längenrichtung verbindende Bäuche.

In Betreff der ventralen Muskeln der Schwanzgegend gilt Folgendes: 1) Paarige Bäuche entstehen unter den Wirbelquerfortsätzen; hinter dem After hangen sie durch Aponeurose zusammen; zur Seite desselben weichen sie aus einander. Jeder Muskel ist fortgesetzt unter die äusseren Enden der Querfortsätze der Kreuzbeingegend und zum *Os ileum*, an welchem ein Fascikel haftet: *M. ileo-coccygeus.* 2) Paarige untere Längsbäuche sind auch zu den *Ossa ischii* erstreckt, an deren Hinterrändern sie haften: *M. M. ischio-coccygei.* 3) Theilweise bedeckt von diesen Muskeln liegen quere Muskeln: *M. M. transversi caudae*, welche, unter den Querfortsätzen entstehend, den jenseits des Beckens erstreckten Abschnitt der Cloake umfassen. Sie besitzen eine über den *Ossa ischii* und über den *Foramina obturatoria* gelegene, aus Querbündeln bestehende Fortsetzung. 4) Von diesen Muskeln umfasst, liegt unter dem vorderen Theile des Schwanzes ein gleichfalls unterhalb der Querfortsätze, und zwar bei *Testudo* mit einzelnen Sehnen, die zu einer Aponeurose sich verbinden, entstehender paariger Muskel, dessen fleischige Endbäuche an der Innenseite des Vorderrandes des *Os pubis* befestigt sind: *M. M. pubo-coccygei.* 5) Zwischen dem *M. ileo-coccygeus* und dem *M. transversus caudae* jeder Seite entstehen die zur Hinter-Extremität erstreckten subcaudalen Muskeln [4]).

Das Verhalten der ventralen Muskeln der Rumpfgegend ist folgendes: 1) Unmittelbar über dem *Plastron* liegen Muskeln, welche, ihren Lagerungsverhältnissen gemäss, *M. M. pyramidales* entsprechend, abwärts in weiterer oder geringerer Ausdehnung an dem *Plastron* haften und am Becken befestigt sind. Einer pflegt unter dem *Os ischii* zu beginnen und vorne an dem *Os pubis*, besonders unter dessen vorderem Fortsatze, befestigt zu sein; der zweite: sein Antagonist, strebt von vorne nach hinten und endet in der nämlichen Gegend des *Os pubis.* Beide Muskeln sind bald durch ihre Fleischbündel mit einander innig verwachsen, bald deutlicher von einander getrennt, wie z. B. bei *Staurotypus.* Sie liegen völlig oder fast in gleicher Ebene mit *M. M. adductores brachii*, sind auch

---

dem *M. transversus cloacae* hinterwärts gerichtete, zur Seite des Afters endende *M. levatores ani.*

4) Vgl. §. 69.

nicht selten von den Anfängen dieser Muskeln nur unvollkommen getrennt. 2) Schildkröten, deren hintere Beckenhälfte beweglich ist, z. B. *Staurotypus*, besitzen dem *Plastron* zunächst eine Schicht querer Muskelbündel [5]. 3) *M. M. recti* sind sehr schwach entwickelt und besitzen eine geringe Ausdehnung nach vorne. Sie gehen aus vom Vorderrande der ventralen Beckenknochen [6]. 4) *M. M. obliqui externi* entstehen von den Innenseiten der Randstücke des Rückenschildes; oft mit einzelnen Zacken. Die hintersten absteigenden Bündel des Muskels haften am Vorderrande des *Os pubis*; zum Theil begrenzen sie den Aussenrand des *M. rectus*; die meisten gehen einwärts in eine Aponeurose über, welche eine breite *Linea alba* bildet. 5) *M. M. obliqui interni* entstehen unter den Enden der knöchernen Wirbel-Querschenkel. Ihre flachen, schräg vorwärts gerichteten Fleischbündel liegen grossentheils unter einer Aponeurose, welche unterhalb der Wurzeln der knöchernen Querschenkel entsteht und unter dem Rückenschilde liegt (*Fascia costalis*). Die ventrale Aponeurose des Muskels verschmilzt mit der des *M. obliquus externus*. 6) Quere Fleischbündel, die unter den ventralen Nervenstämmen und unter der *Fascia* des *M. obliquus internus* liegen, bilden den *M. transversus*. — Die ventralen Muskeln der Halsgegend sind folgende: 1) Eine oberflächliche, aus Querfasern gebildete Muskelschicht umfasst die Halsgegend unten vom Vorderrande des *Sternum* bis in den Zwischenraum der beiden Unterkieferschenkel: *M. latissimus colli Auctt.* — 2) Von dem Vorderrande des *Sternum* ist ein paariger schräger Muskel: *M. sternomastoideus*, schräg auswärts und vorwärts zum Schedel erstreckt. — 3) Von den oberen Flächen und den Vorderrändern der *Ossa coracoidea* treten paarige Muskeln zur Unterseite des Zungenbein-Apparates: *M. M. coraco-hyoidei*. Ihre nähere Anordnung bietet grosse Verschiedenheiten dar [7].

---

5) Sie ist nur jenseits der beweglichen Naht über einer Strecke des *Plastron* entwickelt. Sie liegt in gleicher Ebene mit dem *M. latissimus colli*.

6) Man findet diese meist ganz übersehenen Muskeln deutlich, wenn gleich sehr schwach entwickelt, z. B. bei *Staurotypus*.

7) Am eigenthümlichsten verhalten sie sich bei den Gattungen *Staurotypus* und *Chelydra*. Bei *Chelydra serpentina* verschmelzen die paarig entstandenen *M. M. coraco-hyoidei* an der vorderen Hälfte des Halses hinter dem Zungenbeine zu einer unpaaren Fleischmasse, die unter dem vordersten Theile der Luftröhre liegt und sie umfasst, indem ihre Aussenränder durch eine an der Rückseite der Luftröhre gelegene Aponeurose verbunden sind. Uebrigens endet die unpaare Muskelmasse unter dem Zungenbeinkörper und an den Hinterrändern seiner mittleren Hörner. Vor der Vereinigung der beiden *M. M. coraco-hyoidei* löset sich von jedem ein Bauch, der an die Seite der Speiseröhre tritt und an ihrer Aussenwand sich ausbreitet. Bei *Staurotypus odoratus* ist dieser Bauch ein isolirt vom *Os coracoideum* entstehender Muskel, der gleichfalls in der Circumferenz des *Oesophagus* endet,

Die *Chelonia* besitzen ferner ein flaches muskulöses *Diaphragma*, das theils an der Unterseite des dritten und vierten Wirbelkörpers, theils längs den Querfortsätzen des dritten Rückenwirbels entsteht und an die Lungen sich anlegt.

Endlich liegt eine zweite vordere flache Muskelausbreitung, einem *Septum* oder *Diaphragma* ähnlich, vorne am Eingange in den vom Rückenschilde und vom Bauchschilde begrenzten Raum und zwar so, dass sie, theils vom Vorderrande des Rückenschildes, theils vom Bauchschilde entstehend, hinten an den aufsteigenden Schenkel der *Scapula*, und oben an das *Os coracoideum*, also an dessen der Bauchhöhle zugewendete Fläche tritt [8]).

§. 64.

Muskeln des Unterkiefers und seines Suspensorium, des Zungenbein-Apparates, so wie einige Muskeln des Kehlkopfes, pflegen bei vielen *Amphibia dipnoa*, nach Ausgangsstellen und Richtung, übereinstimmend oder ähnlich sich zu verhalten. Schräg von oben und hinten und zwar vom Schedel und der Oberfläche der dorsalen Muskeln des Rumpfes absteigende Muskeln haften an den obersten Gliedern einzelner Bogen (*M. levator suspensorii*, *M. M. levatores ossium hyoideorum*); andere, ähnlicher Richtung, treten vom Schedel und der Oberfläche der dorsalen Muskeln unmittelbar an die zweiten Glieder dieser Bogen heran (*M. temporalis*, *M. digastricus*); andere gehen von den obersten Gliedern der einzelnen Bogen aus (*M. M. ceratohyoidei*). Andere verbinden die unteren Glieder an verschiedenen Stellen und in verschiedener Richtung mit einander. — Bei den *Amphibia monopnoa*, wo die Zahl der Zungenbeinmuskeln reducirt ist, erscheint die Uebereinstimmung ihrer Anlage mit derjenigen der Unterkiefermuskeln meistens minder klar ausgeprägt.

Die allgemein vorhandenen Muskeln des Unterkiefers sind: 1) drei schräg von hinten nach vorne absteigende: zwei Hebemuskeln: *M. M. temporalis* und *masseter*, und ein Senker: der sogenannte *M. digastricus*; 2) ein vom Gaumen-Apparate aus, von vorne und innen nach hinten und aussen gerichteter *M. pterygoideus*. — Ausser ihnen treten 3) an den Unterkiefer, vom Zungenbeine ausgehend, Muskeln (*M. M. geniohyoidei*

---

vor seinem Herantreten an diesen aber durch wenige Fasern mit dem Zungenbeinmuskel zusammenhangt.

8) *M. serratus magnus* Bojanus. Ich finde keine Vergleichungspunkte zwischen diesem Muskel und einem *M. serratus* anderer Wirbelthiere. Die flachen Fleischbündel hangen inwendig mit einer Aponeurose zusammen, die zur Gegend des Herzbeutels ausgedehnt ist. Der ganze Muskel bildet, wie bereits erwähnt, eine vordere, hinter den aufsteigenden Theilen des Schultergürtels und über seinen ventralen Schenkeln gelegene, theils fleischige, theils häutige Ausbreitung. Sie erinnert an das bei Vögeln zwischen den Schenkeln der *Furcula* gelegene *Septum*.

und *hyomandibulares*) und 4) ist zwischen den beiden Unterkieferschenkeln oberflächlich eine quere Muskelschicht ausgespannt (*M. mylohyoideus*); 5) kommen anscheinend allgemein *M. M. genioglossi* vor.

In specielleren Planen einzelner Gruppen liegt sowol die Vervielfältigung dieser Muskeln, als auch der Hinzutritt anderer Muskeln, bestimmt zur Verschiebung beweglicher Stücke der Skelettheile, namentlich des Suspensorium, des Gaumen-Apparates und selbst des Oberkiefers.

Bei den *Amphibia dipnoa* erhalten sich die Verhältnisse des Muskelapparates in der eben angedeuteten Einfachheit.

Bei den *Urodela* nimmt 1) der *M. temporalis* seinen Ausgang von der vordersten Strecke der Wirbelsäule, haftet über dem dorsalen Rumpfmuskel an den Dornen der Halswirbel und steigt nach vorne gerichtet längs dem Schedeldache und dann in der Schläfengrube zum *Processus coronoideus* ab. 2) Der *M. masseter* steigt aus dem hinteren Theile der Schläfengrube, namentlich vom Vorderrande des Suspensorium, wenig schräge ab. 3) Ein *M. pterygoideus* ist von der vordersten Strecke des Pterygoidealgewölbes und von der Gegend des *Processus orbitalis posterior* schräg hinterwärts gerichtet und jenseits des *Processus coronoideus* befestigt. 4) Der Senker (*M. digastricus*) steigt, von der hinteren Schedelgrenze unterhalb der dorsalen Muskelmasse beginnend, hinter dem Suspensorium, dem er angeheftet ist, zum Eckfortsatze des Unterkiefers ab. 5) Fortsetznngen der geraden Bauchmuskeln vertreten *M. M. geniohyoidei*. 6) Der quer zwischen den beiden Unterkieferschenkeln gelegene *M. mylohyoideus* begrenzt hinten einen zweiten, den Zungenbein-Apparat abwärts umfassenden oberflächlichen Quermuskel, der, wo ein ausgebildeter Kiemendeckel vorhanden ist, wie bei *Siredon*, bei den Larven der *Myctodera*, zwischen den beiden häutigen Ueberzügen desselben liegt, bei den *Proteidea* minder ausgebildet vorhanden ist, bei den *Derotremata* und den *Myctodera* an der perennirenden queren Hautfalte des Halses und dem Ueberbleibsel des Kiemendeckels endet.

Bei den *Batrachia* geht der *M. temporalis* von dem hintersten Theile der Schedeloberfläche aus und ist am *Processus coronoideus* fixirt. Der *M. masseter* entsteht mit zwei Portionen: einer äusseren kleineren, am Unterrande der hintersten Strecke des *Os quadrato-jugale* und einer zweiten grösseren vom Vorderrande des Suspensorium. Der *M. pterygoideus* entsteht fleischig dicht hinter der *Orbita* und endet sehnig vor der *Pars articularis* am Unterkieferknorpel. Ein Senker steigt von dem Suspensorium ab und ist hinter dem Unterkiefergelenke fixirt; sein näheres Verhalten ist bei verschiedenen *Batrachia* nicht ganz gleich. Ein zweiter Senker (*M. vertebro-mandibularis Auctt.*) entsteht von den vordersten Halswirbeln und besitzt den nämlichen Ansatz am Unterkiefer. — *M. M. genio-hyoidei* sind vom Zungenbeinkörper aus zum Unterkiefer erstreckt. — Eigenthümlich ist den meisten *Batrachia* ein kleiner vorderer querer accessorischer Muskel, der die beiden vordersten, von Deckknochen unbelegt bleibenden ossificirten Strecken des primordialen Unterkiefers verbindet (*M mylohyoideus internus Auctt.*). — Der *M. mylohyoideus* ist flach, in der Mitte gewöhnlich sehnig. Auch bei vielen *Batrachia* ist er noch jenseits der Unterkieferschenkel nach hinten ausgedehnt und umfasst bei den mit einfachem queren Kehlsacke versehenen Gattungen, z. B. bei *Cystignathus*, diesen unten und hinten.

Bei den *Sauria Kionocrania* entsteht der *M. temporalis* von der Schedeloberfläche, ist hier auswärts gewöhnlich umgürtet vom Schläfenbogen, und abwärts befestigt am *Processus coronoideus.* — Der *M. masseter* entsteht mit mehren schwer zu trennenden Schichten vom Vorderrande des Suspensorium und von der *Columella.* — Eine Eigenthümlichkeit der *Sauria* ist der Besitz eines oberflächlichen *M. levator anguli oris*, der, von der Gegend des *Os frontale posterius* ausgehend, schräg vorwärts zum Mundwinkel gerichtet ist. — Der Senker des Unterkiefers geht vom Hinterrande des freien Schläfenbeinfortsatzes aus und steigt hinter der Paukenhöhle zum Eckfortsatze ab. — Es sind zwei *M. M. pterygoidei* vorhanden. Der *M. pterygoideus externus*, meist sehr mächtig, geht vom *Os transversum* und zwar von einem oft stark entwickelten absteigenden Fortsatze desselben aus und ist, von vorne und innen nach hinten und aussen tretend, längs der hintersten Strecke des Aussenrandes des Unterkiefers fixirt. Der *M. pterygoideus internus* ist von der Oberfläche des *Os pterygoideum* zum hinteren Theile der Innenseite des Unterkiefers erstreckt. — Ein Hebemuskel des *Os pterygoideum* ist vorhanden in einem hinter der *Columella* und einwärts von ihr von der *Ala temporalis* zu seiner Oberfläche gerade absteigenden Muskel: *M. levator ossis pterygoidei.*

Den *Chamaeleonidea* kommen von den genannten Muskeln nur die typischen zu; es fehlen namentlich discrete *M. M. pterygoidei interni*, und *M. M. levatores ossis pterygoidei.* Mit ihnen stimmt *Amphisbaena* überein.

Bei den *Ophidia* ist der Muskelapparat, entsprechend der Beweglichkeit ihres Suspensorium und der Glieder ihres Kiefer-Gaumen-Apparates, viel zusammengesetzter, als bei den *Sauria.* Hebemuskeln des Unterkiefers sind in dreifacher Zahl vorhanden: 1) ein vom Hinterrande der *Orbita* entstehender, schräg nach hinten absteigender Muskelbauch haftet am Aussenrande des Unterkiefers; 2) ein über der *Squama temporalis* entstehender Muskel ist schräg vor- und abwärts zur Mitte des Unterkieferschenkels erstreckt; 3) ein dritter Muskel, der vom Vorderrande des Suspensorium ausgeht und mächtiger ist, als die übrigen, endet mit einer stärkeren Schicht an der Aussenseite, mit einer schwächeren an der

Innenseite des *Processus coronoideus.* — Bei manchen Giftschlangen, z. B bei *Trigonocephalus,* sind die Muskelverhältnisse noch complicirter, indem ein mit dem ersten der Hebemuskeln zusammenhangender Muskelbauch so angeordnet ist, dass er die Giftdrüse comprimirt. — Absteigende Senker des Unterkiefers sind gewöhnlich mehre vorhanden: 1) ein vorderer, der oft zwei Bäuche besitzt: einen stärkeren, vom hinteren Rande des Suspensorium, und einen schwächeren, vom Hinterrande der *Squama temporalis* ausgehenden; 2) ein hinterer, der von der Kante der Wirbelsäule und zwar von der Gegend der vordersten Wirbel aus, zum Eckfortsatze des Unterkiefers absteigt. 3) ein von der Oberfläche der Rückenmuskelmasse schräg zum Innenrande des Unterkiefers erstreckter, der mit den Bündeln des geraden *M. costomandibularis* verflochten ist. — Vom *Os transversum* aus ist einwärts vom Unterkiefer ein starker *M. pterygoideus externus* nach hinten erstreckt, der, von innen nach aussen tretend, das hinterste Ende des Unterkiefers auswendig umfasst. Bei den Giftschlangen besitzt er nahe seinem durch eine schmale Sehne vermittelten Ursprunge vom *Os transversum* eine mehr oder minder breite, an dem kurzen Oberkiefer derartig befestigte Sehne, dass letzterer nach innen gezogen und dadurch aufgerichtet werden kann. Ein *M. pterygoideus internus* kömmt ebenfalls vor. — Längs der vorderen Hälfte des Unterkiefers endet, als Fortsetzung des sogenannten geraden Bauchmuskels, eine Muskelausbreitung, die von den Spitzen und freien Enden der vordersten Rippen ausgeht, *M. costo-mandibularis.* — Zwischen den beiden Unterkieferschenkeln liegen bei vielen Schlangen quere, sich kreuzende Muskeln.

Die Verschiebung des Suspensorium geschieht durch zwei Muskeln. Es wird nach hinten und oben gezogen durch einen hinter dem Senker des Unterkiefers breit von der Kante der Wirbelsäule entstehenden, schräg vor- und abwärts gerichteten, an seinem untersten Ende hinten befestigten Muskel. Es wird vorwärts gezogen durch einen von der Schedelbasis, und zwar vom *Sphenoideum basilare* ausgehenden, schräg nach unten und hinten nach seinem unteren inneren Ende befestigten Muskel.

Eigene, zur Verschiebung des Gaumen-Apparates dienende Muskeln sind: 1) ein hinter dem *Processus orbitalis posterior* vom Schedel schräg hinterwärts zum *Os pterygoideum* gerichteter Hebemuskel desselben; 2) ein von der Schedelbasis und zwar vom *Sphenoideum basilare* schräg nach hinten erstreckter, längs der oberen Fläche und dem Rande des *Os pterygoideum* befestigter Muskel, der dasselbe einwärts zieht. 3) Das *Os palatinum* wird aufwärts gezogen durch einen aus der Schläfengrube entstehenden, unterhalb der fibrösen *Orbita* vorwärts gerichteten Muskel: *M. levator ossis palatini.* 4) Der vorderste Theil des Gaumen-Apparates wird gesenkt durch *M. M. retractores Vomeris.*

Viel einfacher ist wiederum der Muskel-Apparat bei den *Monimostylica* beschaffen. — Die *Crocodila* besitzen: 1) einen *M. temporalis*;

2) und 3) einen *M. pterygoideus externus* und *internus*; so wie 4) einen von der Hinterhauptsgegend schräg auswärts zum Eckfortsatze des Unterkiefers absteigenden Senker. Am Unterkiefer enden ferner 5) paarige vom Vorderrande der Aussenfläche des Brustbeines ausgehende *M. M. sternomandibulares*; 6) von den Zungenbeinhörnern ausgehende *M. M. hyomandibulares*; 7) ein oberflächlicher *M. mylohyoideus*, der zwischen den Unterkieferschenkeln liegt; endlich kommen vor 8) *M. M. genioglossi*.

Die *Chelonia* besitzen, statt zweier *M. M. pterygoidei*, nur einen, *M. pterygoideus internus*; ferner einen aus der Schläfengrube zum *Processus coronoideus* absteigenden *M. temporalis*, einen vom *Processus mastoideus* zum Eckfortsatze erstreckten Senker des Unterkiefers; einen zwischen den Unterkieferschenkeln gelegenen *M. mylohyoideus*; einen unter ihm gelegenen *M. geniohyoideus* und einen *M. genioglossus*.

§. 65.

In Betreff der Muskeln des Zungenbein-Apparates ist hervorzuheben: 1) dass dieselben bei den *Amphibia dipnoa*, die durch Kiemen athmen, — also bald perennirend, bald während früherer Entwickelungsstadien, — sehr entwickelt vorhanden sind; 2) dass bei den *Urodela myctodera* und bei den *Batrachia* mit der Reduction des Zungenbein- und Kiemenbogen-Apparates auch eine Reduction der Zungenbeinmuskeln stattfindet; 3) dass die Zungenbeinmuskeln bei den definitiv entwickelten *Urodela myctodera*, *Batrachia*, so wie bei den *Amphibia monopnoa*, in Betreff ihrer Anordnung, an diejenigen höherer Wirbelthiere erinnern. — Vom Zungenbein-Apparate entstehen auch, fast bei allen Amphibien, zum Kehlkopfe tretende *M. M. hyothyreoidei*; bei den *Urodela* steigen auch Muskeln von der Oberfläche der Rückenmuskeln zum Kehlkopfe ab, die demnach nach Analogie von Hebemuskeln der Kiemenbogen angeordnet sind. — Ausser diesen Muskeln besitzen die Amphibien fast allgemein solche, die, auf den Kehlkopf selbst beschränkt, als Verengerer desselben wirken [1]).

---

1) Vgl. die Schrift von Henle: Vergleichend-anatomische Beschreibung des Kehlkopfes. Leipzig 1839. 4. — Die *Amphibia dipnoa* besitzen paarige Muskeln, die, von den hintersten Zungenbeinbogen ausgehend, über dem *Pericardium* an die Vorderseite des Kehlkopfes treten. — Sie scheinen denselben zu erweitern, bilden aber zugleich eine Art von Kiemenhöhlen-Diaphragma. Solche flache quere Muskeln kommen vor bei *Siredon*, bei den *Proteidea*, den Larven der *Myctodera* und bei den *Gymnophiona*. — Bei den genannten *Urodela*, mit Einschluss von *Menobranchus*, kommen zu diesen Muskeln andere paarige, einfach oder doppelt vorhandene, die, wie die Muskeln der Zungenbeinbogen, von der Oberfläche der Rückenmuskeln absteigen. Henle sah bei *Triton* ihre Entstehung vom hintersten Theile des Schedels. — Ausser diesen Muskeln sind bei *Siredon*, den *Myctodera* und bei *Coecilia* Muskeln vorhanden, welche an der dorsalen Wand des *Larynx* gelegen, oder ihn ringförmig umfassend, als Verengerer wirken. — Bei den definitiv

[Bei den *Perennibranchiata* erhalten sich die Muskeln des Zungenbein-Appates in ähnlicher Ausbildung, wie bei vielen Fischen. An den oberen Enden der zwei oder drei vorderen Zungenbeinhörner sind Muskeln befestigt, welche von den dorsalen Rumpfmuskeln absteigend, diese Zungenbeinhörner in schräger Richtung aufwärts ziehen. Mit einander sind die einzelnen Zungenbeinhörner gewöhnlich durch zwei Systeme von Muskeln verbunden: durch schräge, auswärts gelegene Muskeln und durch gerade gelegene Muskeln, welche der ventralen Mittellinie zunächst liegen. — Bei den *Myctodera* sind die Zungenbeinmuskeln sehr reducirt. Der Hauptmuskel ist ein von den verbundenen Enden der beiden hinteren Hörner zum vorderen Horne erstreckter *M. ceratohyoideus.* — Bei den *Batrachia* sind vorhanden: 1) Heber des Zungenbeines, die von dem Schedel oder hinter demselben von der Grenze der dorsalen Muskelmasse aus zu den Seiten des Zungenbeines sich erstrecken. Gewöhnlich sind zwei vorhanden: ein vorderer, der, vom Schedel absteigend, an den Seitenrand des Zungenbeinkörpers und des vorderen Hornes tritt, und ein hinterer, der zu der Basis des *Cornu thyreoideum* tritt. Es sind dies die *M. M. stylohyoideus anterior et posterior Auctt.* — 2) Ein *M. hyoglossus s. ceratoglossus*, der mit paarigen Bäuchen von den *Cornua thyreoidea* zu entstehen pflegt, die unter dem Zungenbeinkörper zu einem einfachen Muskel verschmelzen, der, wieder in zwei Schenkel gespalten, in die Zunge tritt. — Bei den *Sauria* sind hintere und vordere Zungenbeinhörner durch *M. M. ceratohyoidei* verbunden. *M. M. ceratoglossi* treten in die Zunge. *M. M. hyomandibulares* an den Unterkiefer. — Letztere Muskeln kommen auch den übrigen Ordnungen zu; ausser ihnen *M. M. hyoglossi.*]

§. 66.

Abgesehen von den Extremitäten-Muskeln, die vom Schultergerüste entstehen, ist dieses selbst durch eigene Muskeln verschiebbar. Bei den meisten Amphibien treten von vorne nach hinten, von oben nach unten

---

entwickelten *Batrachia* treten von den *Cornua thyreoidea* und oft vom hinteren Theile des Zungenbeinkörpers paarige Muskeln — jederseits gewöhnlich drei — an den Kehlkopf. Die *Aglossa*, bei denen die *Cornua thyreoidea* des Zungenbein-Apparates zur Vervollständigung des Kehlkopfes verwendet sind, bilden keine Ausnahme von dieser Regel. — Ausser diesen Muskeln kommen bei einigen *Batrachia*, z. B. bei *Rana*, noch Kehlkopfsmuskeln vor, welche ganz auf diesen Theil des pneumatischen Apparates beschränkt sind. — An den Kehlkopf der *Ophidia* treten Muskeln sowol vom Unterkiefer, als von den vordersten Rippen oder von dem Zungenbeinbogen aus. Ein Paar von der Innenseite der Unterkieferäste entstehender Muskeln vertritt *M. M. hyothyreoidei.* Unmittelbar von den vordersten Rippen oder mittelbar vom Zungenbeinbogen ausgehende Fortsetzungen der an den Rippenspitzen gelegenen ventralen Muskeln (*M. M. recti*) erinnern, nach Ursprung und Richtung, an *M. M. sternothyreoidei.* — Ausser ihnen kommen auf dem Kehlkopf selbst beschränkte Muskeln vor. — Bei der überwiegenden Mehrzahl der *Sauria* sind *M. M. hyothyreoidei* vorhanden in paarigen Muskeln, die von den Seiten eines Ligamentes entstehen, das von der *Cartilago entoglossa* des Zungenbeines an den Kehlkopf tritt. — Bei den *Ascalobota* und bei *Amphishaena* entstehen sie unmittelbar vom Zungenbeinkörper. — Bei den *Varani* gehen Vertreter dieser Muskeln, wie bei den Schlangen, vorne vom Unterkiefer schmal aus und enden, verbreitert, an der Unterseite des Kehlkopfes. — Die *Chelonia* besitzen gleichfalls *M. M. hyothyreoidei*, die vom Zungenbeinkörper, oft an den Ausgangsstellen der mittleren Hörner, entstehen; ausser ihnen einen *M. crico-arytaenoideus.*

und von unten nach oben gerichtete Muskeln an die Ränder und die Innenseite der *Scapula*; meistens zieht ein Muskel die *Pars coracoidea* zum *Thorax* und immer treten Muskeln vom Schultergürtel zum Zungenbein-Apparat.

In der Ordnung der *Urodela* herrschen Verschiedenheiten in Betreff der Schultermuskeln. Unter den *Proteidea* ist z. B. bei *Menobranchus* der Schultergürtel sehr wenig beweglich. Fortsetzungen einer die Bauchseite umhüllenden Muskelschicht treten an die *Pars coracoidea*; oberflächliche Muskellagen von der *Pars acromialis* zur Zungenbeingegend. — Viel ausgebildeter sind die Schultermuskeln bei den *Myctodera*. So ist z. B. bei *Triton* ein Muskel vorhanden, der von der hinteren Schedelgegend zur *Scapula* und zum *Processus acromialis* erstreckt ist; ein anderer, der von derselben Schedelgegend zur Vorderseite des oberen Randes der *Scapula* tritt; ein dritter, der von der Rückengegend abwärts zur Grenze von *Scapula* und *Processus acromialis* erstreckt ist; ein vierter, der den Hinterrand der *Scapula* etwas schräg abwärts gegen die Bauchseite zieht; ein fünfter, der die Unterfläche der *Scapula* schräg abwärts zur Bauchseite zieht.. Ausser ihnen kommen zum Zungenbeine und zum hinteren Ende des Unterkiefers erstreckte Muskeln vor.

Bei den *Batrachia* sind die Schultermuskeln noch zahlreicher. Häufig kommen folgende vor:

Zwei Muskeln, ein höherer und ein tieferer, die von der Hinterhauptsgegend an die *Pars suprascapularis* [1]) treten; einer, der vom Schedelquerfortsatze an den Vorderrand der *Scapula* über dem *Acromion* erstreckt ist [2]). Von der Kante der Wirbelsäule aus tritt ferner an die Innenfläche der *Pars suprascapularis* ein Muskel (*M. rhomboideus*) [3]); ein anderer an die Aussenfläche der *Scapula* [4]). Von der Aussenfläche des *M. obliquus externus* tritt ein Muskel an den Hinterrand der *Scapula* [5]). Von den Querfortsätzen der vorderen Wirbel ausgehende Muskeln (*M. M. serrati Auct.*) enden an den Innenflächen der *Scapula* und der *Pars suprascapularis* [6]). Sie sind Antagonisten, indem die von dem zweiten Querfortsatze entstehenden schräg hinterwärts und aufwärts, die von dem dritten und vierten Querfortsatze ausgehenden schräg vorwärts und aufwärts gerichtet sind. *Scapula* und *Pars suprascapularis* sind verbunden durch einen Muskel, der von der unteren Fläche der

---

1) Dugès No. 58. und 60.
2) Dugès No. 65.
3) Dugès No. 59.
4) Dugès No. 66.
5) *Depressor abdominalis scapulae* Zenker; *Portio omo-abdominalis obliqui externi* Klein.
6) In den Schriften von Zenker, Klein, Dugès mit eigenen Namen belegt.

einen zu der der anderen tritt [7]). Ein *M. omohyoideus* ist von der *Scapula* zum Zungenbeine erstreckt [8]).

Bei den *Sauria Kionocrania* wird die *Scapula* vorwärts und aufwärts gezogen durch eine oberflächliche, vom Schedel und von der Rückenkante ausgehende Muskelausbreitung, *M. cucullaris.* — Ein von den Querfortsätzen der vordersten Halswirbel entstehender *M. levator* endet am Vorderrande der *Scapula.* — Ein gewöhnlich mit vier Zacken von den Oberflächen mehrer Rippen ausgehender, an der Innenfläche der *Scapula* endender Muskel: *M. serratus*, besteht aus zwei antagonistischen Portionen, einer vorderen und einer hinteren. — Ein anderer Muskel, der vom Aussenrande des *Sternum* nnd von der ersten Sternocostalleiste fleischig ausgeht, endet sehnig an der Innenfläche der *Scapula*: *M. sternoscapularis.* — Die Innenflächen der *Pars coracoidea* und des *Sternum* sind verbunden durch eineu *M. pectoralis minor.* — Vom Vorderrande der *Clavicula* ist zum Schedel-Querfortsatze oder zu dem Querfortsatze eines der vordersten Halswirbel erstreckt ein *M. cleidomastoideus.* — Allgemein ist ein *M. omohyoideus* vorhanden.

Bei den *Crocodila* ist das Verhalten der Muskeln folgendes: Ein *M. cucullaris* ist vertreten durch einen von der Kante der Halswirbelsäule ausgehenden oberflächlichen Muskel, der am Vorderrande der *Scapula* befestigt ist. 2) Dem *M. rhomboideus* entspricht eine von der Oberfläche der dorsalen Muskeln ausgehende Muskelausbreitung, die am oberen Rande und an der Innenseite der Scapula endet. 3) Ein *M. levator scapulae* steigt von den Rippen vorderer Halswirbel zum Vorderrande der Scapula ab. 4) Von den folgenden Halsrippen absteigende Bäuche, *M. M. serrati anteriores*, enden an der Innenfläche der *Scapula.* 5) Ihre Antagonisten sind Fleischbäuche, die mit drei Zacken von den Aussenflächen der vier ersten Brustrippen entstehend, schräg vorwärts steigen und am Hinterrande und der Innenfläche der *Scapula* enden (*M. M. serrati posteriores*). 6) Das *Os coracoideum* ist mit der letzten Halsrippe und der vordersten Brustrippe verbunden durch Muskelbäuche, die von deren Oberfläche zu seinem Hinterrande erstreckt sind (*M. pectoralis minor*). 7) Ein *M. omohyoideus* ist vertreten durch einen vom Vorderrande des *Os coracoideum* zum Hinterrande des Zungenbeinhornes erstreckten Muskel. 8) Ein Muskel, der zwischen dem Vorderrande des *Sternum* und der Rippe des zweiten Halswirbels liegt, vertritt die Stelle eines *M. sternomastoideus.*

Bei den *Chelonia* ist der Muskel-Apparat des Schultergerüstes sehr reducirt und nach eigenthümlichem Plane gebildet. Muskeln, welche die

---

7) Dugès No. 64. *M. interscapularis* Klein.

8) Dugès No. 18.

Schulter an den Schedel ziehen, fehlen. Es sind wesentlich zwei Muskeln vorhanden: 1) Ein mit einer verschiedenen Anzahl einzelner Sehnen von den Seiten der Halswirbel entstehender, absteigender Mnskel, dessen vereinigte Bäuche am Vorderrande des absteigenden Astes der *Scapula* befestigt sind und dieselbe vorwärts ziehen: *M. scalenus* Boj. *s. levator scapulae.* 2) Ein kleinerer Muskel, der oben, unter dem zweiten rippenähnliuhen Querfortsatze und unter der entsprechenden Strecke des Rückenschildes befestigt, von aussen und hinten an das oberste Ende der *Scapula* tritt und sie zurückzieht [9]). — 3) Vom *Os coracoideum* ist zum Zungenbein erstreckt ein *M. coracohyoideus* und 4) vom *Plastron* zum Schedel ein *M. sternomastoideus.*

Von den Muskeln der Extremitäten.

§. 67.

Allgemeine Gesichtspunkte sind folgende: 1) Die Muskeln des *Humerus* und *Femur* entstehen theils oberhalb, theils unterhalb der Gelenkgruben, die diese Knochen aufnehmen; die an den tieferen Knochen der Extremitäten endenden entstehen theils auswärts, theils einwärts, theils annähernd median. Es zerfallen demnach die Extremitätenmuskeln in zwei Hauptgruppen: anziehende: *Adductores*, und abziehende: *Abductores.* 2) Von entgegengesetzten Richtungen ausgehende, convergirend an den einzelnen Knochen der Extremitäten endende Muskeln sind niemals absolut äquivalent nach ihren Massen und eben so wenig absolut symmetrisch nach ihren Ausgangs- und Ansatzpunkten. 3) Es ist demnach Streckung oder Beugung nur ein hervorstechendes Resultat entweder combinirter Action relativ antagonistischer, adducirender und abducirender Muskelgruppen, oder einseitiger Thätigkeit einzelner Muskeln; das reine Resultat einseitiger sowol, als combinirter Action relativ antagonistischer Muskelgruppen bleibt dagegen vollständigere oder beschränktere Adduction oder Abduction nach vorne und nach hinten, oder mit dieser oder jener verknüpfte Rotation; die Ansatzweise einzelner Abductoren oder Adductoren verleihet ihnen diese rotirende Wirkung auf die Knochen. — 4) Muskeln der Vorder-, wie der Hinterextremität nehmen ihre Ausgänge theils von den auswendigen, theils von den inwendigen Oberflächen der Schulter- und Beckenknochen. 5) Einzelne Muskeln beider Extremitäten pflegen ande-

---

9) *M. subclaxius* Boj. *s. retractor scapulae.* Ausser diesen Muskeln kommt noch der §. 63. erwähnte sogenannte *M. serratus* in Betracht.

ren Ursprunges zu sein. Die Vorderextremität besitzt Muskeln, die von den äusseren Oberflächen der Rückenmuskeln abgelöset sind. Ihre ventralen Muskeln sind von den äusseren Oberflächen der Bauchmuskeln abgelöset oder gehen vom *Sternum* oder von ventralen Theilen des Schulter gürtels, die die Continuität der ventralen Muskeln unterbrechen, aus. — An der Hinterextremität enden auch Muskeln, die von den inneren Flächen der ventralen Schwanzmuskeln abgelöset sind; häufig solche, die vom Rumpfe unterhalb der Querfortsätze, demnach ebenfalls einwärts von den ventralen Muskeln, entstehen [1]). Auch die von den unteren Beckentheilen ausgehenden Muskeln der Hinterextremität liegen grossentheils über den Bauchmuskeln, demnach an deren Innenfläche [2]).

§. 68.

Die Muskeln der Vorderextremität sind nach ähnlichem Plane angelegt, wie die der Säuger, und auch im Einzelnen einer gewissen Reduction auf die dieser letztgenannten Thierklasse eigenthümlichen Muskeln fähig, wie aus den Beispielsweise gegebenen Andeutungen ihres Verhaltens in den einzelnen Gruppen hervorgeht. — Die adducirenden Muskeln des *Humerus* besitzen immer ein bedeutendes Uebergewicht über den abducirenden.

Unter den *Urodela* ist — nach Untersuchung von *Salamandra, Menopoma, Siredon* — folgende Uebersicht gewonnen: Die von der Bauchseite zum *Humerus* tretenden adducirenden Muskeln sind: 1) ein von der Brust- und Bauchgegend mit queren, mit aufsteigenden und mit absteigenden Bündeln ausgehender, mit seinem Ende das *Tuberculum maius* umfassender *M. pectoralis maior*; 2) ein tieferer, vom Vorderrande und von der Aussenfläche der *Pars coracoidea* ausgehender, einwärts gerichteter, an der Innenseite des *Tuberc. maius* befestigter *M. pectoralis secundus*; 3) ein von der Aussenfläche des *Processus acromialis* ausgehender, schräg nach aussen und hinten absteigender, theils über dem *Tuberculum*, theils auswärts von ihm fixirter *M. deltoides*; 4) ein von der Innenseite der *Pars coracoidea* ausgehender, am *Tuberculum minus* endender rotirender Muskel: *M. coracobrachialis*.

Von der Rückseite, also oberhalb der *Cavitas glenoidalis*, entstehende Muskeln sind: 1) ein von der Aussenfläche der *Scapula* ausgehender, zum *Tuberculum maius* erstreckter Abductor: *M. suprascapularis*; 2) ein an der Grenze der *Cavitas glenoidalis* entstehender, die Stelle eines *M. subscapularis* vertretender Abductor, der an der Hinterseite der oberen Hälfte des *Humerus* endet; 3) ein rotirend wirkender Abductor: *M. latissimus dorsi*, steigt von der dorsalen Rumpfmuskelmasse schräg vorwärts gerichtet ab und endet am *Tuberculum minus*.

Der Vorderarm besitzt zwei Beugemuskeln: 1) einen adducirenden *M. coracoradialis*, der vom Aussenrande der *Pars coracoidea* ausgeht und theils am unter-

---

1) *Crocodila, Chelonia*.

2) Die Anfänge des *M. M. pyramidales* z. B. der Crocodile liegen unter den von ventralen Beckentheilen ausgehenden Muskeln.

sten Theile des Innenrandes des *Humerus*, theils am Innenrande des *Radius* endet, und 2) oinen unter dem *Tuberculum maius humeri* entstehenden *M. humero-radialis*. — Die am *Olecranon* endende Sehne der Streckmuskelmasse entsteht durch Vereinigung zweier Muskeln: 1) eines abducirenden *M. anconaeus longus*, der vom Rande der *Cavitas glenoidalis* des Schultergerüstes ausgeht, und 2) eines unter dem *Tuberculum minus* beginnenden Muskels. — Ein rotirender *M. abductor* (*M. supinator longus*) entsteht vom *Condylus externus humeri*; ein rotirender *M. adductor* (*M. pronator*), der längs dem inwendigen Rande des *Radius* befestigt ist, geht vom *Condylus internus humeri* aus. — Vom *Condylus externus* entsteht auch ein abducirender *M. extensor carpi*; vom *Condylus internus* ein adducirender *M. flexor carpi* und ein *M. flexor digitorum communis*. Von der Handwurzel gehen *M. M. extensores* und *abductores* der einzelnen Finger aus.

Die Muskeln des *Humerus* der *Batrachia* besitzen, in Vergleich zu denen der *Urodela*, folgende Eigenthümlichkeiten: Der adducirende *M. pectoralis maior* ist vertreten durch drei discrete Bäuche: einen queren, einen schräg aufsteigenden [1]) und einen schräg absteigenden. Der zweite dieser Bäuche ist abgelöset von der Oberfläche des *M. rectus abdominis* oder hangt mit dessen Aussenrande zusammen. Der dritte entsteht von dem *Manubrium sterni*, oder, bei Mangel desselben, von der *Clavicula*. — Der von der Aussenfläche der *Pars coracoidea* ausgehende *M. pectoralis secundus* besteht entweder aus einem Bauche oder aus zweien, die am *Tuberculum maius* enden — Der *M. delloides* entsteht an der Oberfläche der *Basis scapulae et claviculae*, umfasst, abwärts tretend, die Gelenkkapsel und endet bei *Rana* und *Cystignathus* am *Tuberculum*, ist dagegen bei *Bufo* an dessen Aussenseite noch weiter abwärts erstreckt. Bedeckt von ihm liegt gewöhnlich ein tieferer Muskel, der die Gelenkkapsel zunächst umfasst, mit einigen Fascikeln an ihr haftet und oberhalb des *Tuberculum* endet. Der Endansatz des von der Innenfläche der *Pars coracoidea* ausgehenden *M. coracobrachialis* ist gewöhnlich weit nach unten, einwärts verlegt. Statt eines einfachen *M. suprascapularis* endet eine durch Vereinigung zweier Muskelbäuche gebildete Sehne an der Aussenseite des *Tuberc. maius*; der eine dieser Bäuche geht aus vom dorsalen Rande der *Omolita*, der zweite accessorische von der Dorsalfläche des Querfortsatzes des vierten Wirbels. Der *M. subscapularis* ist vertreten durch einen bald einfach, bald mit zwei Bäuchen von der Innenseite der *Scapula* und der *Basis ossis coracoidei* ausgehenden, einwärts vom einfachen *Tuberculum* oder an einem kleinen *Tub. minus* befestigten Muskel [2]). Ein Spannmuskel des Capselgelenks ist bald ein Bauch dieses Muskels, bald entsteht er neben ihm, wie bei *Bufo agua*. — Ein *M. latissimus dorsi* fehlt.

Die an dem oberen Ende des gemeinsamen Vorderarmknochens (Gegend des

---

1) Dieser Bauch ist besonders stark bei *Pipa*; er steht hier in Continuität mit einem hinteren oberflächlichen Muskel, der längs dem Vorderrande des Oberschenkels befestigt ist und diesen vorwärts zieht.

2) Dieser Muskel ist bei *Pipa* sehr stark und weit abwärts längs dem *Humerus* befestigt.

Olecranon) endende Streckmuskelmasse des Vorderarmes [3]) entsteht durch die Vereinigung eines abducirenden Kopfes (*M. anconaeus longus*) mit zwei längs dem *Humerus* entstehenden Köpfen. Der abducirende Kopf entsteht theils von der *Basis scapulae* über der *Cavitas glenoidea*, theils im Umfange der letzteren. Die vom *Humerus* entstehenden Köpfe beginnen unter seinem Gelenkkopfe. — Ein *M. flexor adductor* des Vorderarmes entsteht von der ganzen Aussenfläche des *Os coracoideum* und längs der *Clavicula*. Seine lange Sehne ist an der Radialseite des *Humerus* eingeschlossen in einer tendinösen Brücke [4]), die von dem *Tuberculum maius* oder dessen *Spina*, nach innen, zum Knochen hinübergespannt ist. — Ein zweiter *Flexor* des Vorderarmes entsteht von der Mitte der Beugeseite des *Humerus* und ist mit breiter Sehne längs dem Radialrande des Vorderarmes befestigt. — Ein abducirender rotirender Muskel des Vorderarmes (*M. supinator longus*) entsteht oberhalb des *Condylus externus humeri* und endet längs des unteren Drittheiles des Vorderarmes. — Ein adducirender rotirender Muskel (*M. pronator*) entsteht vom *Condylus internus humeri* und tritt schräg zur Radialseite des Vorderarmes. — Abducirende Streckmuskeln entstehen vom *Condylus externus humeri*. Sie sind: zwei Streckmuskeln der Handwurzel: *M. extensor carpi radialis* und *ulnaris*, und der zwischen ihnen liegende starke *M. extensor digitorum communis* [5]). — Adducirende Beugemuskeln entstehen vom *Condylus internus humeri*: *M. M. flexor carpi ulnaris* und *radialis*, *M. flexor digitorum longus* und *flexor pollicis longus*. Der *M. flexor digitorum longus* geht bei *Bufo* über in eine *Aponeurosis palmaris*, die einen Knochenkern enthält; diese ist der Ausgangspunkt von Beugesehnen der Finger; zwei solche treten an die Seite der untersten Phalanx eines jeden. — Kurze Beuger und Strecker entstehen theils vom *Carpus*, theils von den Mittelhandknochen.

Bei den *Sauria Kionocrania* sind die adducirenden Muskeln des *Humerus*: 1) der vom *Os episternale*, von der Brustbeinplatte und den Oberflächen mehrer Sternocosstalleisten ausgehende, unter dem *Tuberculum maius* endende *M. pectoralis maior*. 2) Statt eines *M. pectoralis secundus* sind gewöhnlich zwei von den Aussenflächen der *Pars coracoidea* ausgehende Muskelbäuche vorhanden, die neben und unter dem vorigen Muskel an der *Spina tuberculi maioris* enden. 3) Rotirende Hebemuskeln des Oberarmes sind gewöhnlich zwei vorhanden: einer, der von dem Sternalende der *Clavicula* ausgeht und den Kopf des Oberarmes aussen umfasst, und ein zweiter, der von der Gegend des *Acromion* ausgeht und den Kopf des Oberarmes innen umfasst. 4) Der von der Innenseite der *Pars coracoidea* entstehende *M. coracobrachialis* ist dadurch ausgezeichnet, dass er gewöhnlich erst am untersten Ende des *Humerus* über seinem *Condylus internus* fixirt ist.

---

3) Ihre Sehne schliesst bei *Pipa* eine Ossification ein, ähnlich der *Patella*.

4) Diese Brücke liegt höher bei *Bufo* und bei *Pipa*, als bei *Rana* und *Cystignathus*, ist auch von verschiedener Längenausdehnung. Bei *Pipa*, wo sie kurz ist, ist sie vom *Tuberculum maius* zu einem inneren kleinen Höcker hinübergespannt.

5) Er spaltet sich bei *Bufo agua* über dem *Carpus* in zwei Sehnen; eine tritt an den Aussenrand des äusseren Fingers; die andere auf den Rücken des *Metacarpus* des zweiten Fingers.

Abducirende Muskeln sind folgende: 1) Von der Oberfläche der *Scapula* gehen gewöhnlich zwei Muskeln aus, die beide am *Tuberculum maius* enden: ein kleinerer, längs dem Vorderrande der *Scapula* entstehender (z. B. bei *Platydactylus*), und ein umfänglicherer *M. infraspinatus*. 2) *Abductores rotatores*, nämlich: ein vom Hinterrande der *Scapula* zum *Tuberculum minus* erstreckter *M. teres maior* und ein breit von der Rückenkante entstehender, theils gerade, theils schräg vorwärts absteigender, gleichfalls am *Tuberculum minus* endender *M. latissimus dorsi*. — Endlich endet am *Tub. minus* ein mächtiger, nicht nur von der ganzen Innenseite der *Scapula*, sondern auch von einem Theile der Innenseite der *Pars coracoidea* ausgehender *M. subscapularis*.

Die Streckmuskelmasse des Vorderarmes besitzt einige Eigenthümlichkeiten. Der Schultertheil derselben besitzt einen abducirenden und einen adducirenden Kopf; es entsteht nämlich der *M. anconaeus longus* mit einem Kopfe von der Unterseite der *Scapula*, und zwar hinter der *Cavitas glenoidalis*, mit einem anderen von der der *Pars coracoidea*. In diesen adducirenden Kopf geht oft noch eine vom *Sternum* und zwar von seiner Innenseite entstehende Sehne über (z. B. bei *Iguana*). Der Oberarmtheil der Streckmuskelmasse entsteht mit zwei Bäuchen vom *Humerus*. Die am *Olecranon* endende Sehne schliesst häufig eine der *Patella* ähnliche Ossification ein. — Der adducirende Beuger des *Radius* (*M. coracoradialis*) verschmilzt am Ende mit dem vom *Humerus* ausgehenden Vorderarmbeuger zu einer gemeinschaftlichen Sehne. — *Rotatores abducentes* des Vorderarmes, die vom *Condylus externus humeri* ausgehen, sind: ein *M. supinator longus* und *brevis*; *Rotatores adducentes* sind: ein *M. pronator teres* und *quadratus*.

Abducirende Streckmuskeln gehen vom *Condylus externus humeri* aus; zwei sind bestimmt für die *Regio carpi*, nämlich ein *M. extensor carpi radialis* und *ulnaris*; einer für die Finger: *M. extensor digitorum communis*; ein anderer abducirender Muskel: *M. abductor pollicis longus*, entsteht von der unteren Hälfte der *Ulna*. — Adducirende Beugemuskeln, die vom *Condylus internus humeri* entstehen, sind: ein *M. flexor carpi radialis* und *ulnaris*, ein *M. flexor digitorum communis* und *flexor pollicis longus*. Der *M. flexor digitorum communis* bietet bei mehren *Sauria*, z. B. bei *Podinema*, bei *Iguana*, eigenthümliche Einrichtungen dar [1]). Er entsteht vom *Condylus internus humeri* mit drei Bäuchen, deren Endsehnen unter der Handwurzel in eine flache, theils sehnige, theils ossificirte Scheibe übergehen. Von dem inneren sehnigen Theile der Scheibe entstehen die Beugesehnen des Daumens und Zeigefingers, von dem knöchernen Theile der Scheibe die Beugesehnen der übrigeu Finger. Von der oberen Fläche derselben Scheibe entstehen *M. M. lumbricales*. Ein starker langer, von dem *Radius* ausgehender *M. flexor profundus* endet an der Scheibe.

Die Anordnung der Muskeln des *Humerus* der *Crocodila* ist von derjenigen der *Sauria* mehrfach verschieden. Abwärts entstehende Adductoren sind: 1) ein *M. pectoralis maior*, weit ausgedehnten Ursprunges, indem er vom Aussenrande

1) Diese Einrichtungen fehlen jedoch anderen *Sauria*, namentlich den *Ascalobota* und *Chamaeleonidea*.

und der Oberfläche des *Sternum*, von dessen hinterem Knorpelfortsatze und längs der vordersten Leiste des *Sternum abdominale* entsteht und vorne mit quer einwärts, weiterhin mit schräg vorwärts gerichteten Bündeln zum *Tuberculum maius* strebt. 2) Ein *M. pectoralis secundus*, der, schwach entwickelt, von der Oberfläche und dem Hinterrande des *Os coracoideum* entsteht und neben dem *Tub. maius* einwärts befestigt ist. Ein eigener *M. coracobrachialis* fehlt. Hebemuskeln des Oberarmes entstehen theils unter, theils vor, theils über der *Cavitas glenoidalis*. Es sind ihrer drei. 1) Ein zweiköpfig von den einander entsprechenden Enden des unteren und oberen Schulterstückes ausgehender, der an der Vorderseite des *Tub. maius* fixirt ist. 2) Ein vom Vorderrande des Basilardrittheiles der *Scapula* entstehender, der, nachdem er den Kopf des Oberarmes umfasst, auswendig vom *Tub. maius* endet und in den Anfang des *M. brachialis internus* mit Fasern übergeht. 3) Ein von dem vorderen und äusseren Fortsatze des *Os coracoideum* ausgehender, der an der Innenseite der Schultertheile und des Bodens der *Cavitas glenoidalis* zum *Humerus* tritt. — Aufwärts entstehende *M. M. abducentes* sind: 1) Ein von dem Vorderrande und der Aussenfläche des oberen Endes der *Scapula* ausgehender *M. suprascapularis*, der an einem eigenen über dem *Tuberc. maius* gelegenen Höcker sehnig befestigt ist. 2) Ein rotirender *M. abducens* ist der *M. subscapularis*; er endet am Innenrande der Streckseite des *Humerus* und hangt mit einem hier vom *Humerus* ausgehenden Bauche der Streckmuskeln des Vorderarms zusammen. 3) Zwei dem *M. teres maior* der Säuger vergleichbare Muskeln; einer, der vom Hinterrande der *Scapula* zunächst der *Cavitas glenoidalis* ausgeht und neben dem *M. subscapularis* befestigt ist und ein zweiter, der höher vom Hinterrande der *Scapula* ausgeht und dessen Endsehne mit der des *M. latissimus dorsi* verbunden ist. 4) Ein *M. latissimus dorsi*, der, von geringem Umfange, von der Rückenkante, den Enden von fünf Brustwirbeln entsprechend, ausgeht, dessen Bündel theils gerade absteigen, theils schräg vorwärts und auswärts gerichtet sind und der am Aussenrande der Streckseite des *Humerus* hoch oben endet. — Der Streckmuskel des Vorderarmes besitzt, ausser den vom *Humerus* selbst ausgehenden Fleischköpfen, deren drei vorhanden sind, und von denen der äussere mit dem *M. anconaeus longus* in Verbindung steht, zwei vom Schultergerüste entstehende lange Köpfe; ein adducirender entsteht sehnig von der Innenseite des *Os coracoideum*; seine Sehne hangt zusammen mit einem der hinteren Bäuche des *M. serratus* durch eine Verbindungssehne; ein zweiter abducirender Kopf entsteht sehnig von der *Scapula* über der *Cavitas glenoidalis*. — Ein adducirender Beuger des Vorderarmes: *M. coracoradialis*, entsteht mit flacher Sehne von der Aussenfläche der Basis des *Os coracoideum*. Zwei andere vom Oberarm ausgehende Beuger enden gleichfalls am *Radius*. Einer entsteht unter dem *Tuberculum maius humeri*; der zweite auswärts von ihm. Seine Endsehne tritt durch eine am Ende des *Humerus* gelegene quere Sehnenschlinge hindurch und endet tiefer am *Radius*, als der vorige.

Abducirende rotirende Muskeln, die vom *Condylus externus humeri* entstehen, sind: ein *M. supinator longus* und *brevis*; adducirende *Rotatores*, vom *Condylus internus humeri* entstehend, sind: ein *M. pronator teres* und *quadratus*. — Vom *Condylus externus* ausgehende *Abductores extensores* sind: 1) ein längs dem Aussenrande der *Ulna* befestigter *M. anconaeus quartus*. 2) und 3) *Extensores carpi radialis longus* und *brevis*. 4) Der Vertreter eines *M. extensor digitorum longus* geht in eine Fascie des Handrückens über und sendet eine Sehne zum *Os metacarpi* des zweiten Fingers. 5) Ein anderer Muskel vertritt einen *M. extensor pollicis longus.* — Vom *Condylus internus* ausgehende *Adductores flexores* sind: 1) ein sehr starker *M. flexor carpi ulnaris*, so wie 2) und 3) lange *M. M. flexores* der Finger. Sie werden nach der Handwurzel zu sehnig. Ihre Sehnen enden an einer platten Sehnenscheibe. Von dieser gehen Beugesehnen der vier Finger und *M. M. lumbricales* aus. Die platte Sehnenscheibe selbst wird durch einen *M. flexor profundus* gegen die über ihr liegenden Handwurzelknochen gezogen. — Die *M. M. extensores* und *abductores* der einzelnen Finger entstehen von den Enden der Vorderarmknochen und der Handwurzelknochen.

Bei den *Chelonia* verhält sich die adducirende Muskelgruppe folgendermaassen: Der *M. pectoralis maior* ist vertreten durch zwei Muskeln: 1) einen von den mittleren Sternalplatten bis zum Aussenrande des Rückenschildes hin erstreckten, hinten mit dem *M. pyramidalis* zusammenhangenden, mit schräg auswärts, gerade vorwärts und schräg einwärts gerichteten Bündeln zum *Tuberculum internum* tretenden, und 2) einen über der vordersten Sternalplatte entstehenden, neben ihm inserirten Bauche. 3) Der *M. pectoralis superior* geht aus von der unteren Fläche des *Os coracoideum* und von dem *Ligamentum coraco-acromiale* und endet theils an dem *Tub. internum*, theils jenseits desselben. 4) Am *Tuberculum externum* ist bald ein einfacher *M. coracobrachialis* fixirt (*Trionyx*), bald ist derselbe durch zwei Bäuche vertreten. — Der *M. deltoides* geht vom Vorderrande und der Unterfläche des Acromialastes aus. *M. M. suprascapulares* fehlen. Von der *Scapula* gehen nur Muskeln aus, welche am *Tuberculum externum* enden. Sie sind: 1) Ein von der *Scapula* absteigender, mächtiger Vertreter des *M. subscapularis*, in der äusseren Circumferenz jenes *Tuberculum* inserirt. 2) Ein vom Hinterrande der *Scapula* absteigender, an der Hinterseite jenes *Tuberculum* endender Muskelbauch: *M. teres.* 3) Statt eines *M. latissimus dorsi* ist ein Muskelbauch vorhanden, der unter der vordersten Seitenplatte des Rückenschildes entsteht und einwärts vom *Tuberculum externum* endet.

Die am *Olecranon ulnae* sehnig befestigte Streckmuskelmasse des Vorderarmes entsteht durch die Verbindung zweier Köpfe, von denen ein abducirender über der *Cavitas glenoidalis* von dem oberen Schulterstücke: der *Scapula*, der andere vom *Humerus* ausgeht. — Ein *M. flexor adductor* des Vorderarmes: *M. coracoradialis*, entsteht bei *Testudo* sehnig von der Aussenseite des *Os coracoideum* und ist ziemlich hoch am *Radius* befestigt. Bei *Chelydra* entsteht von der Oberfläche und dem Hinterrande des *Os coracoideum* einfach ein Muskel, der in zwei Bäuche sich spaltet, von denen einer sehnig in der Mitte, der zweite am unteren Ende des *Radius* befestigt ist. — Bei *Chelonia* und *Trionyx* sind gleichfalls zwei *M. M. flexores adducentes* vorhanden, deren einer am *Radius* inserirt ist, während der zweite in die Aponeurose der unteren Seite der Handwurzel übergeht. — Ein vom *Humerus* ausgehender *Flexor* des Vorderarmes (*M. brachialis internus*) endet hoch oben am *Radius* und der *Ulna.*

Rotirende *M. M. abducentes* (*M. supinator longus* und *brevis*) gehen vom *Condylus externus humeri* aus. [Bojanus bezeichnet den *Condylus externus*, der Lage nach, immer als *internus*, den letzteren als *externus.*] Ein rotirender *M. adducens* (*M. pronator teres*) entsteht vom *Condylus internus.* — Ein *Extensor carpi ulnaris* und zwei *extensores carpi radiales* gehen vom *Condylus externus* aus. — Ein *flexor carpi ulnaris* (*ulnaris internus* Boj.), mit dem ein zweiter Bauch (*M. flexor sublimis* Boj.) sich verbindet, und ein *flexor carpi radialis* (*radialis internus* Boj.) entstehen über dem *Condylus internus.* — Ein *M. extensor communis digitorum* und ein *M. extensor pollicis* gehen vom *Condylus externus* aus. — Ein vom *Condylus internus* entstehender *Flexor* (*M. palmaris* Boj.) tritt über in die Aponeurose des *M. flexor digitorum profundus.* Dieser entsteht von der *Ulna* und vom *Carpus* und geht in eine Aponeurose über, von der die Zehenbeuger entstehen. Tiefere Beuger sind die *M. M. lumbricales*; die Zehen werden an einander gezogen durch *M. M. interossei.* — Kürzere *M. M. extensores* (*M. M. extensores breves digitorum*, *M. extensor proprius digiti minimi*, sowie ein *M. adductor pollicis*) entstehen vom *Carpus.*

---

§. 69.

1) Von den am Becken entstehenden Schenkelmuskeln umfassen die am tiefsten endenden diejenigen höheren Ansatzes; diese die am höchsten aufwärts inserirten. So sind die hoch oben am Oberschenkel inserirten von tiefer an ihm befestigten, diese aber wieder von Muskeln umfasst, die am Unterschenkel oder selbst weiter abwärts am Fusse enden. Es stecken also die einzelnen in verschiedener Höhe endenden Muskelgruppen trichterförmig in einander. 2) Unter den am Becken entstehenden Muskeln haben die ***M. M. flexores adducentes*** ein bedeutendes Uebergewicht über den ***Flexores abducentes.*** 3) Im Plane der Amphibien liegt ferner der Besitz von Extremitäten-Muskeln subcaudalen Ursprunges, von denen der am weitesten hinterwärts und am tiefsten entstehende mit ***M. M. flexores adducentes*** des Unterschenkels und selbst des Fusses in Verbindung tritt, der zweite kürzere, höhere am Oberschenkel befestigt ist. Dieser letztere ist häufig mit dem ***Flexor abducens*** verbunden oder gibt einem an der Fibularseite endenden ***Tendo flexorius*** Ursprung. — In Betreff der specielleren Anordnung der Muskeln des Fusses, namentlich der Beugemuskeln der Zehen, sind die Unterschiede zwischen den einzelnen Gruppen der Amphibien sehr erheblich.

Eine Skizze des Verhaltens der Schenkelmuskeln bei den *Urodela* ist folgende [1]):

1) Ein *M. abductor femoris* entsteht breit von der *Basis ossis ileum*, ist, hinter dem *Acetabulum* schräg absteigend, zum Aussenrande des Oberschenkels er-

---

1) Es wurden *Siredon, Menopoma, Salamandra* verglichen.

streckt und an diesem fast in seiner ganzen Länge fixirt: *M. glutaeus.* — 2) Die Streckmuskelmasse des Unterschenkels entsteht mit zwei abducirenden Köpfen von der *Basis ossis ileum*; der eine liegt höher, der andere tiefer und ist sehnig. Dieser letztere ist zugleich der Anfang des *M. abductor fibularis.* — Die längs der Aussenhälfte der Streckseite des Oberschenkefs gelegene Fleischmasse wird unten sehnig und tritt in Verbindung mit der Endsehne eines längs der Innenhälfte der Streckseite des *Femur* abwärts erstreckten Muskels [2]). — 3) Ein *M. abductor fibularis* entsteht am *Os ileum*, ist schräg abwärts zur *Fibula* gerichtet und nahe der Mitte ihrer Länge am Aussenrande ihrer Streckseite befestigt. — 4) Ein subcaudal entstehender, schräg vorwärts gerichteter *M. pyriformis* endet sehnig an der Innenseite des *Trochanter.* — 5) Von dem Ende der Sehne des *M. pyriformis*, oder dicht neben ihrer Insertion geht ein zweiter *M. abductor flexor fibularis* aus, der zum Aussenrande der *Fibula* tritt, tief abwärts reicht und entweder dicht über der Fusswurzel endet (*Salamandra*) oder bis zum Aussenrande des *Tarsus* aponeurotisch fortgesetzt ist (*Menopoma*). — 6) Ein hinten von der Bauchseite der *Regio pubis* des Beckens und im Umfange des Bodens der Pfanne entstehender rotirender Muskel tritt über der Pfanne zum Aussenrande des *Femur* und haftet an diesem in ganzer Länge mit absteigenden, schräg einwärts gerichteten Fleischbündeln: *M. obturator.* — 7) Ein *M. pectinaeus*, ein mächtiger Muskel, von der, einer *Symphysis* entsprechenden, Mitte der Bauch- oder Innenseite der *Regio pubis* entstehend, unter dem *Acetabulum* zum *Femur* tretend, die Innenseite seiner obersten Strecke umfassend, mit oberflächlichen Längsbündeln aber fortgesetzt in die innere Hälfte der Streckmuskelmasse des Unterschenkels. Diese wird verstärkt durch Bündel, die längs dem Innenrande der Streckseite des *Femur* entstehen (*M. vastus*). Erst die Endsehne beider Muskeln hangt über dem *Condylus internus femoris* mit derjenigen der äusseren Streckmuskelmasse (Nr. 2) zusammen. — *M. M. flexores adducentes* des Unterschenkels entstehen theils von der *Regio pubis*, theils von der *Regio ischiadica* des Beckens. — 8) Von dem vordersten äusseren Ende der *Cartilago pubis* aus ist ein *M. gracilis* zum obersten Theile des Randes der *Tibia* erstreckt. 9) Andere *M. M. flexores adducentes* erinnern an die *M. M. semimembranosus* und *semitendinosus.* Sie entstehen breit und fleischig ganz oberflächlich von der *Regio ischiadica* des Beckens, zum Theil auch aponeurotisch an der *Regio pubis* desselben. In das hintere Ende ihrer Fleischmasse geht ein subcaudal entstehender Muskel (*M. subcaudalis*) über. Das Ende dieser *M. M. flexores adducentes* ist an dem Rande des obersten Drittheiles der *Tibia* befestigt. — 10) Bedeckt von den Anfängen dieser Muskeln liegt der breite Anfang eines von der ganzen Fläche der *Regio ischiadica* des Beckens entstehenden, längs dem Innenrande des Oberschenkels befestigten *M. adductor ischiadicus.* — 11) Vom Aussenrende des *Os ischii* ist schräg vorwärts zum *Trochanter* erstreckt ein *M. quadratus femoris.* — 15) Von der oberen Fläche und dem Aussenrande des *Os ischii* geht ein *M. gemellus* aus, der am Hinterrande der Gelenkcapsel und dicht unter ihr am *Femur* haftet.

---

2) Vgl. Muskel Nr. 7.

Bei den *Batrachia* herrschen, wegen Reduction der Schwanzgegend, bedeutende Abweichungen. Es kommen nur Andeutungen der subcaudalen Muskeln anderer Amphibien vor in einem *M. pyriformis* und einem zweiten von der Schwanzgegend ausgehenden Muskel, der oft mit dem *M. semitendinosus* in Verbindung tritt. Der *M. gastrocnemius* erhält keine von der Caudalgegend ausgehende Verstärkungsbündel. In die Streckmuskelmasse des Unterschenkels gehen keine vom Oberschenkel entstehende Bäuche über.

Das Verhalten der einzelnen Muskeln ist folgendes:

1) Ein *M. abductor* geht vom Aussenrande der hinteren Hälfte des *Os ileum* aus, steigt schräg nach hinten und aussen ab und endet am *Trochanter* (*M. glutaeus*). 2) Ein zweiter *M. abductor*, der längs der *Basis ossis ileum* entsteht, endet längs der oberen Hälfte des Aussenrandes des *Femur* (*M. glutaeus secundus*). 3) Ein *M. abductor fibularis* entsteht dicht oberhalb des *Acetabulum* vom *Os ileum* und endet an der Fibular-Seite des Unterschenkels. 4) Ein zweiter *Abductor fibularis* entsteht über der Insertion des *M. pyriformis* von der Aussenseite der Gelenkcapsel und endet an der Fibularseite des Unterschenkels. 5) Ein *M. pyriformis* geht oberhalb des Afters vom hintersten Ende des *Os coccygis* aus, ist schräg abwärts gerichtet und umfasst mit seinem Ende eine Strecke der Aussenseite der oberen Hälfte des *Femur*. — Von innen an den Oberschenkel tretende Muskeln (*M. M. adducentes*) entstehen theils vor der Pfanne von der *Regio pubis*, theils hinter derselben von der *Regio ischiadica*. Sie sind: 6) Ein *M. pectinaeus*, entstehend von der vorderen, der Bauchhöhle zugewendeten Circumferenz der *Regio pubis*, der befestigt ist längs der Innenseite der oberen Hälfte des *Femur*. 7) Ein *M. adductor anterior*, ausgehend vom *Os pubis*, und 8) ein *M. adductor ischiadicus anterior*, sind bei manchen *Batrachia* eng an einander geheftet; zu ihnen kömmt 9) ein *M. adductor ischiadicus secundus*. 10) Vom hintersten Theile der *Symphysis ischiadica* tritt an den Hinterrand des *Femur* unterhalb der Gelenkcapsel ein *M. quadratus femoris*. 10) Ein tiefster, unmittelbar von der Oberfläche des *Os ischii* entstehender *M. gemellus* endet hoch oben in der Circumferenz der Gelenkcapsel und dicht unter ihr. — 12) Sein Antagonist ist ein *M. obturator,* der unmittelbar von der ganzen vorderen und unteren Bogenhälfte der Beckenscheibe (*Regio pubis* und Theil der *Regio ischiadica*) ausgeht, steil hinterwärts gerichtete Fasern besitzt und hinten an der Gelenkcapsel des Oberschenkels befestigt ist. — Die *M. M. adductores-flexores* des Unterschenkels verhalten sich folgendermaassen: 13) Der *M. subcaudalis* ist vertreten durch einen *M. ischio-tibialis*, der von einem in der Circumferenz des hintersten Segmentes der Beckenscheibe ausgespannten convexen Ligamente ausgeht, hinten längs dem Oberschenkel oberflächlich und subcutan absteigt und zuletzt übergeht in die Fleischmasse oder die Sehne des *M. semimembranosus*. — In der Circumferenz der *Portio ischiadica* der Beckenscheibe entstehen neben einander ein *M. semimembranosus* und *M. semitendinosus*. 14) Die Endsehne des höher aufwärts entsehenden *M. semimembranosus* besitzt zwei Schenkel: einen inneren, der die Basis des unteren Gelenkkopfes des *Femur* umfasst, nnd einen äusseren, der an der Tibialseite des Unterschenkels endet. 15) Die Endsehne des weiter abwärts entstehenden *M. semitendinosus* umfasst die Tibialseite des Unterschenkels mit zwei Schenkeln unter dem vorigen Muskel. 16) Ein *M. gracilis* entsteht abgesondert im vorderen Umfange der *Symphysis*

ossium pubis, steigt längs der Innenseite des Unterschenkels ab und endet oben an der Tibialseite des Unterschenkels.

Die Sehne der Streckmuskelmasse des Unterschenkels, welche eine *Patella* einschliesst, entsteht durch die Vereinigung von Muskelbäuchen, die theils vom Becken und zwar sowol über, als unter dem *Acetabulum*, theils von der Gelenkcapsel des Oberschenkels ausgehen. Ein abducirender Bauch entsteht von dem unteren Rande der Leiste des *Os ileum* sehnig, wird fleischig und ist in schräg einwärts absteigender Richtung in die Aponeurose der Muskelmasse fortgesetzt; ein zweiter abducirender Bauch entsteht vom oberen Rande der *Basis ossis ileum*; ein dritter adducirender schwacher von der *Symphysis ossium pubis*; der mächtigste endlich von der vorderen Oberfläche der Gelenkcapsel des *Femur*. — Verstärkende, vom Oberschenkel selbst ausgehende, den *M. M. vasti* und *cruraeus* entsprechende Muskelbäuche fehlen.

Der oberflächliche Beugemuskel des Fusses: *M. gastrocnemius* [1]), steht ausser Verbindung mit den hoch entstehenden Beugern des Unterschenkels. Er ist gemischten Ursprunges. Bei *Cystignathus* besitzt er eine abducirende Sehne vom *Condylus externus femoris*, zwei sich verbindende Sehnenursprünge von den beiden *Condyli femoris* und eine dritte von den Köpfen der vereinigten Unterschenkelknochen. Er geht unten am Unterschenkel in eine an der Hinterseite des *Tarsus* absteigende Sehne über und ist an der Fusswurzel von aussen nach innen in eine *Aponeurosis plantaris* ausgebreitet.

Bei den *Sauria Kionocrania* kommen mehre subcaudal entstehende Muskeln vor, die theils am Oberschenkel enden, theils zum Unterschenkel und zum Fusse erstreckt sind. Die Beugemuskeln ihres Unterschenkels sind zahlreich. Ihre Unterschenkelknochen sind einer rotirenden Bewegung fähig. — 1) Ein *M. abductor femoris* geht aus von dem vorderen Theile des Unterrandes des *Os ileum* und umfasst die obere Strecke des Aussenrandes des *Femur* (*M. glutaeus*). — 2) Ein starker *M. abductor fibularis* geht aus von der hinteren Strecke des Unterrandes des *Os ileum* und ist an der Aussenseite des *Femur* abwärts zur *Fibula* erstreckt, deren Streckseite hoch oben von ihm umfasst wird. — 3) Die breite Endsehne eines mächtigen, subcaudal entstandenen *M. pyriformis* umfasst einen Theil der oberen Strecke des *Femur* einwärts. Von dem unteren Rande seiner Endsehne geht eine Längssehne aus, die längs der Beugeseite des *Femur* abwärts erstreckt ist und in der Kniekehle an der Hinterseite der Gelenkcapsel des Kopfes der *Fibula* oder an einer *Cartilago interarticularis* (*Iguana*) endet. — 4) Ein Theil der Fleischbündel eines zweiten kürzeren subcaudalen Muskels (*M. subcaudalis*), der unter den vorderen Schwanzwirbeln, in der Circumferenz des *M. pyriformis* entsteht, ist auswärts, dicht neben der Sehne des *M. pyriformis* am *Femur* befestigt; ein anderer Theil der Fleischbündel desselben Muskels hangt mit dem Anfange eines tiefen, inneren, in der Kniekehle endenden *M. flexor tibialis* zusammen; die eigentliche

---

1) Bei *Pipa* bildet seine absteigende Sehne ein Polster, das zwei Ossificationen einschliesst: eine obere kleinere und eine untere grössere. Am Fusse spaltet sich die Sehne in zwei Schenkel: einen inneren, der an der Plantarseite des inneren, und einen äusseren, der an zwei äusseren Fusswurzelknochen zweiter Reihe endet.

Fortsetzung des *M. subcaudalis* reicht aber als Fleischbauch zum Unterschenkel und geht sehnig in die innere Portion des *M. gastrocnemius* über oder ist mit diesem Muskel zum *Tarsus* erstreckt. Dieser absteigende Bauch ist oft durch ein *Ligamentum ileo-ischiadicum* unterbrochen. — 5) Von der Innenfläche des *Os pubis* geht hinten ein rotirender Muskel aus, der über dem *Acetabulum* an das oberste Ende der Hinterseite des *Femur* tritt und auswärts vom *Trochanter* endet: *M. obturator internus.* — 6) Mehre kurze Fleischbündel entstehen in der Umgebung der inneren Hälfte des Randes des *Os pubis*, seiner Vorderseite und der Gegend des *Foramen obturatorium.* Convergirend treten sie von vorne und innen zum obersten Theile des Schenkels und enden im Umfange des *Trochanter*: *M. obturator externus.* — Die von den horizontalen Beckenknochen an die Innenseite des *Femur* tretenden Muskeln entstehen theils von den Innenflächen, theils von den Aussenflächen derselben. — 7) Von der Innenfläche des *Os pubis* entsteht ein *M. pectinaeus*, der einwärts an der Streckseite des obersten Dritttheiles des *Femur* sehnig endet. Jeder *M. pectinaeus* ist ein Schenkel einer queren, vorne an der der Bauchhöhle zugewendeten Fläche der *Ossa pubis* gelegenen Fleischmasse, die bald aus zwei Hälften besteht (*Iguana*), bald unpaar ist (*Podinema*). — 8) Mit der Endsehne des *M. pectinaeus* verbunden ist die eines zweiten *M. adductor*, der vom Vorderrande und einer Strecke der Innenseite des *Os pubis* ausgeht und dessen vorderer, unterer, aponeurotischer Theil auch den Anfang des *M. gracilis* bildet. — 9) Ein starker *M. adductor ischiadicus* geht mit breiter Sehne von der *Symphysis ischiadica* aus und endet breit längs der Innenseite der Mitte des *Femur.* — 10) Ein unter ihm von der *Symphysis ischiadica* entstehender rotirender Muskel tritt schräg abwärts an den obersten Theil des Hinterrandes des *Femur*: *M. quadratus femoris.* — 11) Ein unmittelbar vom *Os ischii* entstehender Muskel tritt von hinten und innen an die Gelenkcapsel des *Femur*: *M. gemellus.* — 12) Ein an den *M. gracilis* erinnernder *M. adductor tibialis* geht aus von einer Aponeurose, die in der vorderen *Regio ossis pubis* mit dem *M. adductor pubis* zusammenhangt und endet hoch oben an dem freien, inneren Rande der *Tibia*, bei einigen *Sauria* verbunden mit dem Ende des *M. semitendinosus.* — Die übrigen *M. M. adductores flexores tibiales* sind theils oberflächliche, theils tiefe. Die oberflächlichen entstehen in der ganzen Circumferenz des Beckens, mit Ausnahme des vorderen Theiles des *Os ileum* und der Vorderseite des *Os pubis.* Ein Sehnenbogen, der zwei schräge Schenkel besitzt: einen vorderen und unteren, der die *Spina ossis pubis* mit der *Symphysis ischiadica* verbindet, und einen hinteren und oberen, der vom Ende des *Os ileum* zum *Tuber ossis ischii* erstreckt ist, bilden die Ausgangspunkte der oberflächlichsten dieser Muskeln. Dieselben sind: 13) Ein an den *M. semitendinosus* erinnernder, auswendig gelegener *M. adductor flexor tibialis*, der von dem vorderen Schenkel jenes Sehnenbogens und von der unteren Hälfte seines hinteren Schenkels entsteht. Das Ende dieses breiten Muskels haftet, bald verbunden mit dem des *M. gracilis*, bald getrennt von ihm, am freien Rande der obersten Strecke der *Tibia* und ist durch eine kleine Sehne fortgesetzt in den inneren Bauch des *M. gastrocnemius.* — 14) Ein zweiter, schmalerer, von ihm bedeckter *M. adductor flexor tibialis* (*M. semimembranosus*) entsteht theils vom *Tuber ossis ischii*, theils von dem zum *Os ileum* erstreckten Sehnenschenkel und endet, von dem *M. semitendinosus* umfasst, oben am freien Rande der *Tibia.* —

Zu diesen Muskeln kommen tiefere *M. M. adductores flexores*, die in der Kniekehle enden und zwar an der inneren, der *Fibula* zugekehrten Seite des Kopfes der *Tibia* und dem obersten Theile ihres Hinterrandes. 15) Der vordere dieser tiefen *M. M. flexores* entsteht bald von der *Regio pubis* (*Podinema*), bald von der *Regio obturatoria* und dem Vorderrande des *Os ischii* (*Euprepes*). 16) Der zweite entsteht von der *Regio ischiadica*. In ihn pflegen früher (*Euprepes*) oder später (*Iguana*) Fleischbündel aus dem *M. subcaudalis* überzugehen. — Diese beiden tiefen *M. M. flexores* sind bei einigen *Sauria*, z. B. bei *Scincus* und *Euprepes*, in ihrem ganzen Verlaufe getrennt; bei anderen, wie bei *Iguana*, bei *Podinema*, vereinigen sie sich zu einer gemeinsamen Endsehne. Diese gemeinsame Endsehne erhält meistens eine kurze Verbindungssehne von der Endsehne des *M. subcaudalis*, die in den *M. gastrocnemius* übertritt. — Bei *Podinema* besitzen die beiden tiefen *M. M. flexores* und der absteigende Bauch des *M. subcaudalis* eine gemeinsame Endsehne, von der ein Sehnenschenkel in den *M. gastrocnemius* tritt. — 17) Die Strecksehne des Unterschenkels, welche eine *Patella* einschliesst, entsteht durch die Vereinigung von Muskelbäuchen, welche theils vom Becken, und zwar sowol über, als unter dem *Acetabulum*, theils vom *Femur* ausgehen. Die am Becken beginnenden Bäuche sind: 1) ein abducirender, der von der *Spina anterior* des *Os ileum* und von einem mit ihr zusammenhangenden Ligamente ausgeht und einwärts strebt; 2) ein adducirender, der von der *Spina ossis pubis* ausgeht und auswärts gerichtet ist. Am Oberschenkel entstehen zwei Bäuche: ein äusserer beginnt hoch oben von seinem Aussenrande; ein innerer entsteht am Innenrande seiner unteren Hälfte. — 18) Zwischen *Tibia* und *Fibula* liegen rotirende Muskeln: ein oberer und ein unterer. — Hinsichtlich der übrigen Muskeln des Fusses ist hervorzuheben: die Anwesenheit eines langen Hebemuskels des Fusses, der von der Vorderseite des *Condylus externus femoris* entsteht und an den *Ossa metatarsi* zweier mittleren Zehen endet; die Anwesenheit zweier langen Beugemuskeln der Zehen. Häufig ist ein von der Aussenseite des *Femur*, dicht über seinem *Condylus externus* entstehender abducirender Muskel zugleich *Flexor* der Fusswurzel und gemeinsamer Beugemuskel der Zehen. Da zwischen den paarigen Schenkeln seiner Zehensehnen die Sehnen eines zweiten gemeinsamen Beugemuskels der Zehen hindurchtreten, heissen seine Sehnen *Tendines perforati* und der ganze Muskel: *M. flexor perforatus*. — Der zweite gemeinsame Beugemuskel der Zehen: *M. flexor perforans*, der an der Fusswurzel über dem vorigen liegt, hat zwei Ursprünge: einen von dem *Condylus externus femoris* und einen zweiten zwischen den einander entsprechenden Innenseiten der oberen Strecken der *Tibia* und *Fibula*. — Diese Beugemuskeln der Zehen bieten im Detail ihrer Anordnung erhebliche Unterschiede dar.

Die *Crocodila* sind, im Gegensatze zu den *Sauria*, ausgezeichnet durch den Besitz eines unter den Wirbelquerfortsätzen der Lumbargegend entstehenden, von vorne nach hinten erstreckten *M. abductor femoris*. — 1) Dieser *M. abductor femoris* entsteht von den Seiten von fünf Lendenwirbelkörpern und unter den Grundflächen ihrer Querfortsätze. Er tritt über dem *Acetabulum* zum *Femur* und endet mit breiter Sehne an der Aussenseite seines oberen Viertels — 2) Ein zweiter von dem dorsalen Kamme und der vorderen Hälfte des *Os ileum* ausgehender *Abductor*: *M. glutaeus*, ist längs dem mittleren Drittheile der Aussenseite des *Femur* befestigt. — 3) Es sind zwei von der hintersten Strecke des *Os ileum* ausgehende *M. M. flexores abductores* des Unterschenkels vorhanden, deren Enden am Aussenrande des obersten Endes der *Fibula* angeheftet sind. — 4) Zwei vom *Os pubis* ausgehende rotirende Muskeln treten unter dem *Acetabulum* zur Innenseite des *Femur* und enden über dem *Trochanter* hoch oben an der Grenze seiner Innen- und Hinterseite. Einer dieser Muskeln geht aus von der oberen, der Bauchhöhle zugewendeten Fläche des *Os pubis* und der hintersten Leiste des *Sternum abdominale* (*M. obturator internus*); der zweite geht aus von der unteren Fläche des *Os pubis* und der zwischen den gegenständigen *Ossa pubis* gelegenen *Membrana obturatoria*, unter welcher er zum *Femur* erstreckt ist (*M. obturator externus*). — 5) Ein von der Innenseite des *Os ileum*, von der Pfanne und von der Innenseite des *Os ischii* ausgehender Muskel (*M. iliacus internus*) ist an der Innenseite des obersten Viertels des *Femur* befestigt. — 6) Vom *Os ischii* gehen mehre *Adductores* des Oberschenkels aus. Einer entsteht breit von der Gegend der *Symphysis ossium ischii*, ist schräg vorwärts gerichtet und endet mit den *M. M. obturatores* über dem *Trochanter* (*M. quadratus femoris*). — Ein weiter vorwärts vom *Os ischii* entstehender *M. adductor primus* ist längs der Mitte des *Femur* an seiner Innenseite befestigt. — Etwas weiter einwärts, aber in fast gleicher Höhe, entsteht vom Aussenrande des *Os ischii* ein dünner *M. adductor secundus*. — 7) Von der oberen Fläche des *Os ischii* geht ein starker Muskel aus, der am obersten hintersten Theile des *Femur* an und unmittelbar unter der Gelenkcapsel fixirt ist: *M. gemellus*. — 8) Die subcaudal entstehenden Muskeln verhalten sich folgendermaassen: Es sind ihrer zwei vorhanden: ein kurzer und ein langer. Der kurze: *M. pyriformis*, entsteht an den beiden vordersten Schwanzwirbeln und endet neben dem *Trochanter*. — Der lange: *M. subcaudalis*, entsteht längs der absteigenden Bogenschenkel und der Unterfläche der Querfortsätze des vorderen Drittheiles der Schwanzgegend und haftet mit starker Endsehne an dem *Trochanter*. Von dieser Endsehne aus steigt eine Sehne längs der Beugeseite des *Femur* ab, welche unten in die vom *Condylus externus femoris* entstehende Ursprungssehne des *M. gastrocnemius* übergeht. — 9) Die dem Oberschenkel und dem Unterschenkel gemeinsame Streckmuskelmasse entsteht durch äussere und innere, theils vom Becken, theils vom Oberschenkel selbst ausgehende Muskelbäuche. Zwei äussere abducirende Bäuche entstehen vom *Os ileum*; nämlich: von der *Spina* ein dünnerer, der einwärts und ziemlich hoch an die Streckseite des *Femur* tritt; von dem Kamme ein zweiter stärkerer, der aussen tief abwärts an das *Femur* tritt. Zwei innere adducirende Bäuche entstehen von der *Basis ossis pubis* und dem ihr angehörigen, die Pfanne begrenzenden Ligamente; sie sind: ein schwächerer, an die Mitte der Streckseite des *Femur* tretender, und ein stärkerer, der tiefer abwärts in die Streckmuskelmasse übergeht. Vom *Femur* selbst entstehen: eine mittlere und zwei seitliche Fleischmassen (*M. M. cruraeus* und *vasti*). Die Streckmuskelsehne schliesst eine *Patella* ein. — Die *M. M. flexores* des Unterschenkels enden an der *Tibia* und *Fibula*. Die einen, wie die anderen, entstehen durch die Vereinigung von adducirenden, unter der Pfanne, und von abducirenden, über derselben entstehenden Muskelbäuchen. — 10) Die eine Endsehne der *M. flexores* des Unterschenkels ist am Rande des obersten Endes der *Tibia* befestigt. Sie ist das Ende mehrer Köpfe verschiedenen Ursprunges: zweier von dem unteren Beckenknochen und eines vom *Os ileum* ausgehenden. Einer der ersteren entsteht mit dünner Sehne vom Vorderrande des *Os ischii*, der zweite vom *Tuber ischii*; der abducirende Bauch entsteht vom hintersten Ende des *Os ileum*. Die drei Bäuche verschmelzen, nachdem der letztgenannte ein dünnes Bündel abgegeben hat, das in die gemeinschaftliche Sehne des *M. flexor fibularis* übergeht. — 11) Ein von dem Hinterrande des *Os ischii* ausgehender *M. flexor adductor* ist in zwei kurze Sehnen gespalten: eine, die am Innenrande des obersten Endes der *Fibula* befestigt ist, und eine zweite quere, welche in die gemeinsame Sehne der beiden zunächst zu erwähnenden Muskelbäuche übergeht. Diese beiden Bäuche sind: erstens ein starker vom hintersten Ende des *Os ileum* ausgehender *M. abductor* und zweitens das Bündel, welches vom abducirenden Bauche des *M. flexor tibialis* sich ablöset. Die gemeinsame Sehne dieser beiden Muskelbäuche vereinigt sich mit der queren Endsehne des *M. adductor fibularis* und ist hierauf längs dem Fibularrande des Unterschenkels bis zur Aussenseite der Fusswurzel fortgesetzt. — In den unteren Theil dieser Sehne geht die Endsehne eines einwärts vom Ansatze des *M. flexor tibialis* vom obersten Theile der Beugeseite der *Tibia* entstandenen *M. tibialis posticus* über. Die vereinigte Endsehne dieser Muskeln, die am Aussenrande der *Regio tarsi* befestigt ist, wird zum Ausgangspunkte von Beugemuskeln der beiden inneren Zehen (*M. M. flexores perforati*). — Der *M. flexor perforans* der Zehen entsteht mit zwei Köpfen: einem vom *Condylus externus femoris* und einem zweiten zwischen *Tibia* und *Fibula*.

Die *Chelonia* besitzen einen unter den Querfortsätzen der Brustwirbel von vorne nach hinten erstreckten *Abductor femoris* und einen dem *M. psoas* vergleichbaren Muskel. Von der Unterfläche dieser Querfortsätze treten auch Muskelbündel zum *Os ileum* des Beckens. Bojanus hat dieselben Tab. XVIII. Fig. 43 u. 44 von *Emys europaea* abgebildet; s. die Beschreibung p. 77. — Die einzelnen Muskeln sind folgende: 1) Zwei von vorn ausgehende Abductoren (*M. M. glutaei*) umfassen mit gemeinschaftlicher Endsehne die oberste Strecke des Aussenrandes des *Femur*. Eine der in diese Sehne übergehenden Fleischmassen entsteht unter der Basis der *Processus transversi* der hintersten Brustwirbel. Die Bündel der zweiten Fleischmasse gehen vom *Os ileum*, namentlich von seinem Hinterrande, seiner Aussenfläche und zum Theil auch seinem Innenrande aus. — 2) Mit der Endsehne dieser Muskeln ist verbunden die eines hinter dem Kreuzbeine entstehenden subcaudalen Muskels: *M. pyriformis*. — 3) Ein *M. flexor abductor cruris* (*M. biceps*) entsteht hoch oben von der Aussenseite des *Os ileum* und endet sehnig am Aussenrande der *Fibula*; bei manchen Schildkröten, z. B. der Gattung *Testudo*, in der zweiten Hälfte ihrer Länge. — 4) An der Innenseite des obersten Endes des *Femur* ist ein unter der Wirbelsäule, unmittelbar vor dem Kreuzbeine entstehender Muskel: *M. psoas*, befestigt. — 5) Mit der Endsehne des vorigen Muskels verbunden ist die eines von der inneren Fläche des *Os pubis* und von dem Vorderrande dieses Knochens entstehenden, einwärts vom *Acetabulum* zum Oberschenkel tretenden umfänglichen adducirenden *M. pectinaeus.* — 6) Am *Trochanter internus* endet die gemeinschaftliche Sehne mehrer adducirenden Muskeln; nämlich: erstens eines vom Vorderrande des *Os pubis* schräg absteigenden Fleischkopfes; zweitens eines vor der *Symphysis ischiadica* quer gelegenen Muskels, der, bei *Testudo* unpaar, den Oberschenkeln beider Seiten gemeinsam ist; drittens einer Fleischmasse, die von der Aussenfläche der *Membrana obturatoria* und vom Vorderrande des *Os ischii* ausgeht. — 7) Ein von der Aussenfläche des *Os ischii* ausgehender *M. quadratus femoris* umfasst die Grenze des Innen- und Hinterrandes des obersten Drittheiles des *Femur.* — 8) Ein theils von der oberen Fläche des *Os ischii*, theils von der hinteren Grenze des *Os pubis* über der *Membrana obturatoria* entstehender, schräg nach aussen und hinten strebender Muskel endet theils an der Gelenkcapsel des *Femur*, theils in dem Zwischenraume der beiden *Trochanteres* und erinnert an einen *M. gemellus* und *obturator internus.* — 9) *M. M. adductores flexores* des Unterschenkels entstehen sehnig auswendig von der Gegend der ventralen Beckentheile hinter dem *Os pubis* und hinter dem *Acetabulum.* Ihr Anfang hangt durch eine schräge vorwärts und auswärts gerichtete Sehne (*Ligamentum pubis ischiadicum* Boj.) mit der vorderen *Spina ossis pubis* zusammen. Ein anderer Muskel (*M. semitendinosus*) endet fleischig theils an der Innenseite des Hinterrandes *Femur*, theils an der obersten Strecke des der *Fibula* zugewendeten Innenrandes der *Tibia.* Er hangt bei einigen Schildkröten durch eine Sehne mit dem *M. gastrocnemius* zusammen. Ein zweiter Muskel (*M. semimembranosus*), welcher vom *Os ischii* (von seiner Hinterfläche, seinem Hinterrande und auch seiner Oberfläche) entsteht, endet sehnig unter dem vorigen Muskel, weiter auswärts an der *Tibia.* Mit diesem Muskel verbindet sich oben in der Gegend des Oberschenkelgelenkes das Ende eines in ansehnlicher Breite subcaudal entstehenden Muskels: *M. subcaudalis.* — 10) Die vorne an der *Tibia* sehnig endende Streckmuskelmasse des Unterschenkels ist bei *Testudo* das Ende von Muskelbäuchen, die theils vom *Femur* und vom *Os ileum*, theils vom *Os pubis* entstehen. Ein vom äusseren und ein vom inneren *Trochanter* entstehender Muskelbauch bildet, im Verein mit einem zwischen ihnen liegenden, hoch oben von der Aussenfläche des *Os ileum* sehnig entstandenen Muskelbauche, die äussere Masse; eine innere Masse wird gebildet durch einen vom Aussenrande des *Os pubis* ausgehenden adducirenden Muskelbauch. — Die Muskeln der Unterschenkel- und Fussgegend sind bei *Emys* durch Bojanus erläutert.

Vierter Abschnitt.

Vom Nervensysteme und von den Sinnesorganen.

I. Vom Nervensysteme.

1. Von den Centralorganen.

§. 70.

Das Rückenmark ist durch die ganze Länge des von den oberen Wirbelbogen gebildeten Canales erstreckt [1]. — Seine Stränge, zwischen denen eine untere tiefere und eine obere seichtere Längsfurche sich hinzieht, schliessen einen Hohlraum ein. In der Lumbargegend bleiben die oberen Rückenmarksstränge, ohne Bildung eines *Sinus*, an einander geschlossen [2]. — An den Ausgangsstellen der für die Extremitäten bestimmten Nervenwurzeln pflegt das Rückenmark angeschwollen zu sein [3].

Die Anlage der vordersten Strecke des centralen Nervensystems ist folgende: Indem die oberen Stränge des Rückenmarkes aus einander weichen, liegt die Oberfläche der unteren Stränge, die den Boden des Spinalcanales bilden, als *Sinus medullae oblongatae*, erweitert, frei zu Tage. Dieser *Sinus* communicirt mit dem Hohlraume, dessen Boden die die Gehirnbasis ausmachenden Fortsetzungen des Rückenmarksystemes bilden. Die oberflächlichen Decken dieses Hohlraumes pflegen zu sein: hinten das *Cerebellum*; darauf folgende mittlere Erhabenheiten: *Lobi optici*, denen vorne paarige Hemisphären angeschlossen sind. — *Cerebellum*, *Lobi optici* und Hemisphären pflegen, eine Reihe bildend, einander unmittelbar zu folgen. — Vor der Gegend der *Lobi optici* liegt nach oben

1) Untersuchungen an Repräsentanten aller Ordnungen haben keine Ausnahme von dieser Regel erkennen lassen.

2) Auch beim *Chamaeleon* und den Crocodilen habe ich einen *Sinus lumbalis medullae spinalis*, wie er den Vögeln zukömmt, vermisst.

3) Die Stärke dieser Anschwellungen entspricht dem Umfange der austretenden Nerven. Bei den *Batrachia* überwiegt die hintere Anschwellung die vordere an Stärke. Bei den *Chelonia* sind beide stark und treten um so mehr hervor, als, bei geringer Stärke der Rumpfnerven, das Rückenmark zwischen ihnen nur sehr dünn ist. Vgl. die Abbildung bei Bojanus Tab. XXI. Fig. 83. 84. — Carus bemerkte bei Ophidiern, entsprechend der Abgangsstelle der Wurzeln eines jeden Spinalnerven, eine leichte Anschwellung.

die *Epiphysis* [4]), nach unten die *Hypophysis*, welche durch ein *Infundibulum* mit dem dritten Ventrikel communicirt. — Den *Lobi inferiores* vieler Fische entsprechende untere Anschwellungen fehlen. — Windungen fehlen den Hemisphären anscheinend allgemein; sie mangeln auch dem *Cerebellum* der meisten Amphibien, mit Ausnahme desjenigen der Crocodile. — In das den vierten Ventrikel überwölbende *Cerebellum* treten die oberen Rückenmarksstränge ein. — Vor dem *Cerebellum* entstehen die *N. N. trochleares*. — Die *Lobi optici* bilden durch Commissuren unter einander verbundene Decken, welche den Ventricularhohlraum theils unmittelbar, theils mittelbar überwölben. Die nähere Anordnung der von ihnen verdeckten Theile bietet bei den einzelnen Ordnungen der Amphibien Eigenthümlichkeiten dar. — Zu den Seiten des *Aditus ad infundibulum* sind gewöhnlich paarige Erhabenheiten: *Lobi ventriculi tertii* (*Thalami optici*) gelegen. Sie pflegen durch eine Quer-Commissur: *Commissura posterior* verbunden zu sein. Sie sind gewöhnlich von den *Lobi optici* mehr oder minder deutlich gesondert. Sie liegen bald zwischen den Hemisphären und den *Lobi optici* oberflächlich zu Tage, bald sind sie verdeckt. — Der Zusammenhang der beiden Hemisphären ist vermittelt durch eine vor dem *Aditus ad infundibulum* gelegene, gewöhnlich weisse Quer-Commissur: *Commissura anterior*. — Der Hohlraum, den jede Hemisphäre enthält (Seitenventrikel) communicirt mit dem dritten Ventrikel. Vom Boden dieses Seitenventrikels ist eine graue Anschwellung erhoben. Sie pflegt auswärts zu liegen. Sie ist, namentlich bei den *Amphibia monopnoa*, nur durch einen engen Zwischenraum von der dünnen Schale der Hemisphäre getrennt. Die Anschwellung pflegt vorne mit dem *Tractus olfactorius* in Verbindung zu stehen. Sie erinnert an *Processus natiformis* und Ammonshorn der Hemisphäre des Säugethier-Gehirnes. — Anschwellungen der Geruchsnerven (*Tubercula olfactoria s. corpora mammillaria*) pflegen den Hemisphären unmittelbar oder mittelbar angeschlossen zu sein. In letzterem Falle sind die *Tractus olfactorii* gewöhnlich hohl und ihr Hohlraum communicirt mit dem Seitenventrikel. — Die die Ventricularräume auskleidende *Pia mater* bildet verschiedentlich entwickelte *Plexus chorioidei*. — Die häutigen Umhüllungen der Centralorgane entsprechen im Ganzen denjenigen höherer Wirbelthiere.

[Ueber die Centralorgane des Nervensystemes s. Carus Darstellung des Nervensystemes S. 474 ff. Mit Abb. Taf. 4. — Serres Anatomie comparée du cerveau. — Abbildungen des Gehirnes von *Boa* und *Chelonia* s. bei Swan Illustrations of the nervous system. Tab. XII. XVII. XVIII.]

4) Sie erhebt sich zunächst hinter der Gegend des *Lobus ventriculi tertii* (*Thalami optici* und *Commissura posterior*). — Zwischen dem *Infundibulum* und dem *Chiasma* der Sehnerven liegt die dem *Tuber cinereum* entsprechende Strecke.

§. 71.

Den *Amphibia dipnoa* fehlt an der Uebergangsstelle der *Medulla spinalis* in die *Medulla oblongata* eine Krümmung. Die *Medulla oblongata* ist wenig umfänglich. — Bei den meisten *Amphibia dipnoa*, namentlich z. B. bei *Siredon*, bei *Salamandra*, bei den *Batrachia*, kommen Anhäufungen von Crystallen in der Umgebung der Gefässhäute des centralen Nervensystemes, zum Theil auch, und zwar insbesondere bei vielen *Batrachia*, in der Umgebung der austretenden Nerven vor. — An der *Pia mater* pflegt Flimmerbewegung sich zu zeigen.

Bei den *Urodela* [1]) ist der *Canalis spinalis* weit; der *Sinus medullae oblongatae* ist flach, sehr breit; die Seitenwülste, welche ihn begrenzen (*Corpora restiformia*), sind sehr niedrig Allgemein sind die Hemisphären länglich, die *Tubercula olfactoria* ihnen unmittelbar angeschlossen. — Bedeutende Verschiedenheiten zeigen sich in Betreff der zwischen *Medulla oblongata* und den Hemisphären gelegenen Bedeckungen der Ventricularräume. Bei den *Proteidea* erhebt sich vor der *Medulla oblongata* eine ununterbrochene, im Ganzen dünne Brücke über dem Ventrikel. Diese Brücke enthält die Elemente des *Cerebellum*, der *Lobi optici* und der *Thalami optici s. Lobi ventriculi tertii*, die aber nur die schwächsten Andeutungen einer Sonderung darbieten. Ein sehr schmaler Streif, der, vom *Corpus restiforme* ausgehend, sich erhebt und den hinteren Saum der Brücke bildet, ist die Andeutung des *Cerebellum*. — Viel deutlicher ist die Sonderung des *Cerebellum* von den *Lobi optici* bei *Siredon*. Andere Eigenthümlichkeiten des Gehirnes dieses Thieres bestehen in dem Umfange der *Epiphysis* und in der verhältnissmässig sehr bedeutenden Entwickelung der *Tubercula olfactoria*. Dieselben sind nicht nur viel umfänglicher, als bei den *Proteidea*, sondern auch schärfer von den Hemisphären abgesetzt. — Was die *Myctodera* anbetrifft, so ist bei *Salamandra* das *Cerebellum* eine von dem Hinterrande der *Lobi optici* scharf abgegrenzte Quercommissur. Die *Lobi optici* sind runde, gewölbte, paarige Erhabenheiten; vorne gehen sie über in niedrige, den *Aditus ad infundibulum* begrenzende *Thalami* (*Lobi ventriculi tertii*), die von ihnen unvollkommen abgeschnürt sind. Die *Tubercula olfactoria* sind von den sehr länglichen Hemisphären scharf abgegrenzt, aber minder umfänglich, als bei *Siredon*.

[Ueber das Gehirn von *Menobranchus* u. von *Menopoma* vgl. Mayer Analecten.]

Das Gehirn von *Coecilia* zeigt bedeutende Unterschiede. Die *Medulla oblongata* ist flach; ihr Hohlraum von hinten nach vorne verbreitert. Ihre seitlichen Marksäume: *Corpora restiformia*, sind vorne durch

---

1) Abbildungen des Gehirns von *Proteus* s. namentlich in den angeführten Schriften von Rusconi.

eine nicht erhobene Quercommissur, die ein *Cerebellum* vertritt, verbunden. Die Hemisphären sind lang, gestreckt, hohl. Jeder ist vorne die Anschwellung des Geruchsnerven: *Tuberculum olfactorium*, innig verbunden. Der Hinterrand jeder Hemisphäre reicht bis zum *Sinus medullae oblongatae*. Zwischen den beiden hinten divergirenden Hemisphären eingekeilt, über der Quercommissur der *Corpora restiformia*, liegen, statt der *Lobi* und *Thalami optici*, zwei durch einen mittleren Spalt von einander getrennte *Lobi ventriculi tertii*, welchen durch schmalen Stiel die *Hypophysis* angeschlossen ist. Die *Pedunculi cerebri* sind von den *Lobi ventriculi tertii* verdeckt, doch nicht enger mit ihnen verbunden [2]).

Die *Batrachia* sind ausgezeichnet: 1) durch einen weiten *Sinus medullae oblongatae*, welcher einen sehr dicken, gefässreichen Körper: *Plexus chorioideus*, aufnimmt. 2) Das *Cerebellum* bildet eine schmale, von vorne nach hinten comprimirte, bogenförmige Quercommissur. 3) Die vor dem *Cerebellum* gelegenen oberflächlichen Erhabenheiten: *Lobi optici*, sind gewölbte Kugelsegmente. 4) Unter dem hinteren Saume dieser *Lobi* und von demselben bedeckt, also vor dem *Cerebellum*, liegen paarige, in der Mitte zusammenhangende, den *Aquaductus Sylvii* unmittelbar überwölbende Körper, den Lagenverhältnissen nach, an Vierhügel erinnernd. 5) Vor den *Lobi optici*, zwischen ihnen und den Hemisphären liegen frei zu Tage kleinere, den *Aditus ad infundibulum* begrenzende Erhabenheiten: Strecken der *Thalami optici s. Lobi ventriculi tertii*, von denen die Sehnerven ausgehen, über denen die *Epiphysis* sich erhebt. Die hinteren Strecken dieser *Thalami* sind von den *Lobi optici* überwölbt und stehen mit deren Markmasse in Verbindung. Unter einander sind die hinteren verdeckten Strecken dieser *Thalami* durch eine Quercommissur verbunden. 6) Die Hemisphären sind gestreckt, hohl, an der Basis und am Boden der Seitenventrikel angeschwollen. 7) Die Anschwellungen, von denen die beiden Geruchsnerven ausgehen: *Tubercula olfactoria*, stehen mit einander in enger Querverbindung und sind den paarigen Hemisphären eng angeschlossen.

§. 72.

Bei den *Amphibia monopnoa* bildet die *Medulla oblongata* eine beträchtliche, abwärts gerichtete Krümmung. Sie ist zugleich verhältnissmässig, und namentlich im Vergleiche zum Rückenmarke, viel umfänglicher, als bei den *Amphibia dipnoa*.

Das Gehirn der *Sauria Kionocrania* zeigt folgendes Verhalten: 1) Unter den oberflächlichen Erhabenheiten ist das *Cerebellum* die am wenigsten umfängliche. Es ist ein unpaarer, dünner, steil und hoch auf-

2) Eine Beschreibung und Abbildung hat Rathke gegeben: in Müller's Archiv 1852. Tab. IX.

steigender Körper. — Bei manchen Gattungen, z. B. *Iguana*, bei *Varanus*, ist es zwar dünn, aber schildförmig, vorne concav, hinten convex, und zeigt Andeutungen einer Sonderung in einen mittleren und zwei seitliche Erhabenheiten, durch sehr schwache Vorragungen, zwischen denen Spuren von Furchen liegen. Bei einigen *Sauria*, z. B. *Platydactylus guttatus*, liegen, statt des einfachen *Cerebellum*, zwei comprimirte, dünne Erhabenheiten hinter einander. — 2) Die rundlichen, gewölbten *Lobi optici* grenzen vorne an den Hinterrändern der umfänglicheren Hemisphären. Zwischen ihnen liegt die *Epiphysis*; dagegen liegen keine *Thalami optici* frei zu Tage. — 3) Eine unmittelbar vor dem *Cerebellum*, von dem hinteren Saume der *Lobi optici* bedeckte, über der Gegend des *Aquaeductus Sylvii* gelegene Quercommissur, welche, ihrer Lage nach, an die Vierhügelmasse erinnert, besteht gewöhnlich in zwei verbundenen kleinen Seitenanschwellungen. Von einer zur Seite der *Medulla oblongata* auswendig gelegenen kleinen Anschwellung tritt ein Markschenkel in je eine dieser über dem *Aquaeductus Sylvii* gelegenen Erhabenheiten. Von der Schale jedes *Lobus opticus* strahlen die Fasern des Sehnerven zusammen. An der Innenfläche des *Lobus* liegt ein erhabener grauer Kern. 4) Der *Aditus ad infundibulum* liegt tief, jederseits begrenzt von einem kleinen erhabenen Markkörper, *Thalamus opticus* (*Lobus ventriculi tertii*), der mit dem Kerne des *Lobus opticus* in Verbindung steht. — 5) Die vom Boden jedes Seitenventrikels der Hemisphäre erhobene Anschwellung ist gewöhnlich sehr beträchtlich, so dass der Zwischenraum zwischen ihr und der sie umgebenden Schale des Hemisphärenlappens nur unbedeutend ist, der Seitenventrikel demnach grossentheils von ihr ausgefüllt wird. Die Anschwellung selbst steht in Verbindung mit den Anfängen der Geruchsnerven (*Tractus olfactorii*). — 6) Die Anfänge der Geruchsnerven sind gewöhnlich rund, hohl; eng beginnend, pflegen sie alsbald, oder erst später, längliche, kolbige, bis zur vorderen Grenze der Schedelhöhle erstreckte Anschwellungen zu bilden, von deren Boden vorne die eigentlichen *N. N. olfactorii* mit mehren Fäden auszugehen pflegen (*Scincus*, *Iguana*, *Varanus*). — Bei *Platydactylus* liegen die *Tubercula olfactoria* vorne den Hemisphären eng an.

Das Gehirn der *Chamaeleonidea* ist nach dem Typus desjenigen der *Kionocrania* gebildet. Das aufsteigende, nach hinten schildförmig gewölbte *Cerebellum* besitzt in zwei, von seiner Basis vorwärts erstreckten, Schenkeln eine Art *Valvula*. — Die vor dem *Cerebellum* über der Gegend des *Aquaeductus Sylvii* gelegene Quercommissur besitzt mehre kleine Anschwellungen, erscheint daher perlschnurförmig. — *Lobi optici* und Hemisphären sind, abweichend von den übrigen *Sauria*, an Umfang kaum verschieden. — Jeder Hemisphärenlappen ist rundlich; dieselbe Form besitzt die starke Anschwellung im Seitenventrikel. — Abweichend von denen aller übrigen untersuchten *Sauria* zeigen sich die Geruchsnerven, in so ferne nicht nur discrete *Tubercula* ihnen mangeln, sondern auch die Bildung eines hohlen Riechkolben ausbleibt.

Das Gehirn der *Ophidia* zeigt nur unbedeutende Abweichungen von dem der *Sauria Kionocrania.* — Die zu den Seiten des Spaltes gelegenen oberen Schenkel der *Medulla oblongata* sind ziemlich dick. Das gewöhnlich dünne, von vorne nach hinten abwärts gebogene, unten concave, oben convexe *Cerebellum* liegt dachförmig so über dem *Sinus medullae oblongatae*, dass dieser fast ganz oder völlig bedeckt ist. Bei einigen Schlangen ragt hinter dem *Cerebellum* ein *Plexus chorioideus* aus dem engen Spalte der *Medulla oblongata* hervor. — Die *Lobi optici* bilden fast kugelrunde Erhabenheiten. *Thalami optici* kommen zwisehen ihnen und den Hemisphärenlappen oberflächlich nicht zu Tage. Nur die *Epiphysis* liegt in der Mitte zwischen ihnen. Die *Lobi optici* erheben sich über einer dünnen Decke des *Aquaeductus Sylvii*, die hinten, dem *Cerebellum* zunächst, eine Quercommissur bildet, vorne in Zusammenhang steht mit den den *Aditus ad infundibulum* begrenzenden Erhabenheiten; ein Spalt, der diese Decke durchbricht, bewirkt eine Communication zwischen dem dritten Ventrikel und den von den *Lobi optici* selbst bedeckten Ventrikeln. In letztere ragen Wülste hinein. In Vergleich zu den *Lobi optici* sind die Hemisphären von sehr beträchtlichem Umfange. Vom Boden jedes Seitenventrikels erhebt sich eine von seinem hinteren Ende ausgehende, schräg von aussen nach innen und vorne gerichtete, längliche, gewundene Anschwellung. — Jeder Hemisphäre ist entweder ein kleines *Tuberculum olfactorium* unmittelbar angeschlossen (*Pelias Berus*), oder sie ist fortgesetzt in einen langen hohlen Geruchskolben, wie bei mehren untersuchten *Coluber*-Arten.

Das Gehirn der *Chelonia* [1]) bietet besonders durch zwei Verhältnisse Analogieen mit demjenigen der *Batrachia* dar. Einmal liegt hinter dem *Cerebellum* über dem *Sinus medullae oblongatae* ein umfänglicher, oft mit vielen Querfalten versehener gefässreicher Körper (*Plexus chorioideus*); zweitens kommen zwischen den Hemisphären und den *Lobi optici* den *Aditus ad infundibulum* begrenzende, den *Thalami optici* entsprechende Erhabenheiten (*Lobi ventriculi tertii*) oberflächlich unter der *Epiphysis* zu Tage, von denen die Sehnerven ausgehen. Das *Cerebellum* ist umfänglicher, als bei den *A. dipnoa* und den *Monopnoa Streptostylica.* Die *Lobi optici* sind hohle, an der Basis in der Mitte mit einander zusammenhangende Erhabenheiten. Die Hemisphären, die umfänglichsten Hirntheile, sind hohl und enthalten längliche, von der Aussenseite ihres Bo-

---

1) Man vergl. die Abbildungen des Gehirnes von *Emys europaea* bei Bojanus Tab. XXI.

dens erhobene Anschwellungen. Die hohlen Anfänge der Geruchsnerven sind verengte Fortsetzungen der Hohlräume der Hemisphären.

Die *Crocodila* [1]) sind ausgezeichnet durch folgende Verhältnisse: 1) An dem Uebergange der *Medulla spinalis* in die *Medulla oblongata* bildet diese, die viel mächtiger ist, eine beträchtliche abwärts gerichtete Krümmung. 2) Die zu den Seiten des *Sinus medullae oblongatae* gelegenen oberen Stränge: *Corpora restiformia*, welche, von hinten nach vorne an Breite zunehmend, in das *Cerebellum* übergehen, sind anfangs gewunden; bei einigen Crocodilen vorne quer gefurcht. 3) Eine dünne *Valvula cerebelli* bedeckt den Vordertheil des vierten Ventrikels unmittelbar. 4) Das *Cerebellum* ist umfänglicher, als bei allen übrigen Amphibien. In seine Seiten gehen die *Corpora restiformia* über. Sein mittlerer Theil besteht aus einem dicht hinter den *Lobi optici* steil aufsteigenden vorderen Wurm, der unter Bildung einer Krümmung in einen absteigenden hinteren Wurm übergeht. Eine tiefe mittlere, mit engem unterem Eingange versehene Furche trennt den aufsteigenden Schenkel des steilen Bogens oder den vorderen Wurm vom absteigenden Schenkel oder hinteren Wurm. Oberflächlich bezeichnet eine Querfurche die Grenze des absteigenden oder hinteren Wurmes. Dieser namentlich besteht aus einzelnen Querblättern. In aller Beziehung bietet demnach das *Cerebellum* Analogieen dar mit demjenigen des Vogelgehirnes. 5) Die *Lobi optici* besitzen hinten, vorne und oben verbundene Wandungen. Diese begrenzen einen Hohlraum, der unten durch einen mittleren Längsspalt mit dem *Aquaeductus Sylvii* communicirt. In den Hohlraum der *Lobi optici* ragen paarige, von ihrem Boden ausgehende beträchtliche Anschwellungen hinein, deren Schalen die Wandungen der *Lobi* sind. Die verbundenen vorderen Wandungen der *Lobi optici* gehen in die Begrenzungen des *Aditus ad infundibulum* über. 6) Der längliche Eingang in das *Infundibulum* ist verdeckt durch die Hemisphären. 7) Die Hemisphären sind umfänglich. Vom Boden jedes Seitenventrikels ist eine sehr beträchtliche Anschwellung erhoben. Sie ist von der eigentlichen Wand der Hemisphäre durch einen schmalen Raum geschieden. Nur vorne, auswendig und oben hangt sie mit der Hemisphärenwand unmittelbar zusammen, und zwar da, wo diese in die Aussenwand des Geruchsnervenrohres übergeht. — Von der Basis der Innenwand jeder Hemisphäre gehen in den Ventrikel vorragende seichte Anschwellungen aus. 8) Die von den Hemisphären ausgehenden hohlen Anfänge der Geruchsnerven erweitern sich nach vorne zu länglichen hoh'en *Bulbi*. Die Wandungen der Hemisphären sind in diese hohlen *Tractus olfactorii* fortgesetzt.

1) Eine Abbildung eines Crocodilgehirnes hat Müller gegeben. Vgl. Neurologie der Myxinoïden Taf. 3. — Die Anschwellungen der Geruchsnerven sind mangelhaft abgebildet, wie bereits früher hervorgehoben.

2. Vom peripherischen Nervensysteme.

§. 73.

In Betreff der, ihrer Zahl nach, derjenigen der Wirbel im Ganzen entsprechenden Spinalnerven gilt Folgendes: 1) Sie entstehen mit unteren (vorderen) und oberen (hinteren) Wurzeln aus dem Rückenmarke [1]. 2) Auf Kosten der letzteren Wurzel entsteht das Spinalganglion. 3) Die Aeste eines jeden Spinalnerven pflegen zu sein: 1. aufsteigende *R. R. dorsales* und 2. untere. Diese unteren Aeste geben in den Körperstrecken, in welchen hypaxonische Muskeln vorkommen, Zweige für diese ab und sind dann als *R. R. ventrales* fortgesetzt. — Am Schwanze verlaufen die ventralen Nerven auswärts von den subcaudal entstehenden Extremitäten-Muskeln, zwischen diesen und den sie umfassenden ventralen Muskeln; am Rumpfe zwischen den *M. M. transversi* und den inneren schiefen Muskeln [2].

Die Hirnnerven aller Amphibien sind ähnlich angelegt, wie die der Fische und der höheren Wirbelthiere. Ihre Ursprungsverhältnisse, ihre Austrittsstellen aus der Schedelhöhle und ihre peripherischen Endigungen zeigen wesentlich übereinstimmende Momente. — Innerhalb der Schedelhöhle aufsteigende und in ihr sich verbreitende Aeste, wie sie vielen Fischen zukommen, sind nicht bekannt; Längsstämme, welche dem *R. lateralis N. trigemini* vieler Fische genau entsprechen, eben so wenig. — Wie bei den Knochenfischen, erhalten sich bei den *Amphibia dipnoa* Beziehungen des *R. maxillaris inferior N. trigemini* und eines *R. mandibularis* des *N. facialis* zum Unterkieferbogen und dessen Muskeln; solche eines *R. hyoideus* vom *N. facialis* und eines dem *N. glossopharyngeus* entsprechenden Zweiges des *N. vagus* zum ersten Zungenbeinbogen; solche des *N. vagus* zu den folgenden Bogen des Zungenbein-Apparates und den entsprechenden Muskeln.

---

1) Ausnahmen bilden, nach den Beobachtungen von Fischer und Bojanus, bei vielen *Sauria* und *Emys europaea* der erste oder die beiden ersten Spinalnerven, indem sie nur untere oder vordere Wurzeln zu besitzen pflegen.

2) Das Detail der Anordnung der Spinalnerven ist noch sehr wenig studirt worden; am ausführlichsten bei *Emys* durch Bojanus. — Je nach der grösseren oder geringeren Entfernung der Vorderextremitäten vom Schedel entstehen deren Nerven mehr vorne oder weiter hinterwärts. Der Plan der Anordnung der Extremitäten-Nerven ist demjenigen ihrer Anlage bei den Säugern entsprechend. Am meisten durchgeführt sind die Untersuchungen über die anatomischen Verhältnisse der Extremitäten-Nerven gleichfalls durch Bojanus an *Emys europaea*. Der *Plexus brachialis* entsteht durch Elemente des sechsten bis neunten Cervicalnerven; der *Plexus cruralis* durch den siebenten bis neunten Brustnerven.

[Ueber das peripherische Nervensystem der Reptilien vgl. folgende Schriften: Ueber die Nerven des Frosches handelt Volkmann in Müller's Archiv 1838 p. 70. — Viele *Reptilia dipnoa* schildert in Bezug auf das Verhalten ihrer Hirnnerven die ausgezeichnete Schrift von J. G. Fischer, Amphibiorum nudorum neurologia. Speciminis primi pars 1 et 2. Berolin. 1843. 4. c. tab. — O. E. A. Hjelt, de nervis cerebralibus parteque cephalica nervi sympathici Bufonis cinerei adnotata quaedam. Helsingfors 1852. 8. — Einzelne Nerven schildern auch: C. Vogt, Beiträge zur Neurologie der Reptilien in Neue Denkschriften der allg. Schweizerischen Gesellschaft für die gesammten Naturwissenschaften Bd. 4. Neufchaftel 1840. p. 52, und Bendz, Bidrag til den Sammenlignende Anatomie af Nervus glossopharyngeus, Vagus, Accessorius Willisii og Hypoglossus hos Reptilierne in Det Kl. Danske Videnskabernes Selbskabs naturvidenskabelige og mathematiske Afhandlinger. 10 delen. Kiöbenharn 1843. — Bischoff, Nervi accessorii Willisii anatomia et physiologia. Darmst. 1832. 4.

Die *Reptilia monopnoa* betreffend, so vergleiche man, ausser den genannten Abhandlungen von Vogt und Bendz: über *Emys europaea* das Werk von Bojanus; über *Python*: Vogt in Müller's Archiv 1839 S. 39; über die Kopfnerven der Saurier und Crocodile: J. G. Fischer: die Gehirnnerven der Saurier in: Abhandlungen aus dem Gebiete der Naturwissenschaften, herausgegeben v. d. naturwissenschaftlichen Verein in Hamburg, 2. Bd. 2. Abthl. Hamburg 1852. 4. J. Müller, Vergleichende Neurologie der Myxinoiden. Berlin 1840. 4. — J. Müller in seinem Archiv 1839, Anhang zu Vogt's Aufsatz. — J. Leidy, Ueber einige Körper in der *Boa constrictor*, welche den Pacini'schen Körperchen gleichen. Müller's Archiv 1848 S. 527.

Das sympathische Nervensystem ist — abgesehen von den genannten Schriften — speciel abgehandelt durch E. H. Weber, Anat. compar. N. sympathic. Lips. 1817. 4., und zum Theil durch Giltay und Swan; s. ferner über das sympathische Nervensystem des Frosches Bidder und Volkmann, Die Selbsständigkeit des symp. Nervens. Leipzig 1847. 4.]

§. 74.

Die Hirnnerven der *Amphibia dipnoa* sind ausgezeichnet durch folgende Verhältnisse: 1) Die vom Brustbein oder vom Schultergürtel zu Zungenbein und Zunge erstreckten geraden Muskeln werden mit Nerven versorgt, die vom ersten Spinalnerven ausgehen, der also einen *N. hypoglossus* vertritt [1]. 2) Zwischen *Scapula* und Schedel gelegene Muskeln erhalten Zweige theils aus dem *N. vagus*, theils aus dem ersten Spinalnerven. 3) Die Anwesenheit von Längsnervenstämmen, die, vom *N. vagus* ausgehend, als *Rami laterales N. vagi*, längs den Seiten des Rumpfes von vorne nach hinten erstreckt sind, liegt im Organisationsplane der *Urodela* und *Batrachia*, bei denen solche Längsnervenstämme entweder perennirend, oder wenigstens während des Larvenzustandes vorhanden sind [2]. 4) Die Wurzelbündel der *N. N. vagus* und *glossopharyngeus*

1) Von diesem Nerven sind auch die Bewegungen der Zunge abhängig.

2) Dieses Seitennervensystem ist durch van Deen bei Froschlarven und bei *Proteus* entdeckt (de differentia et nexu inter nervos vitae animalis et organicae. Lugd. Batav. 1834. 8. und Müller's Archiv 1834. S. 477). — Die ausführlichsten

verlassen neben einander die *Medulla oblongata* und die Schedelhöhle und bilden auch ein gemeinsames Ganglion. Aus der Bahn dieser Nerven hervorgehende Zweige treten nicht allein zum Anfange des *Tractus intestinalis* und zum Herzen, sondern auch zum Kehlkopf und dessen Muskeln; andere Zweige sind für die Lungen bestimmt. 5) Von dem *N. facialis* tritt ein *R. mandibularis* zum Unterkiefer. Von einer ihm angehörigen gangliösen Anschwellung, die isolirt oder mit dem *Ganglion Gasseri N. trigemini* verschmolzen sein kann, geht ein zur Seite des Axensystemes des Schedels nach vorne erstreckter *N. palatinus* aus.

§. 75.

Für die *Urodela* gilt Folgendes: 1) Die meisten Augenmuskelnerven sind discreten Ursprunges und Verlaufes. Nur der *N trochlearis* und ein Ast für den *M. rectus superior* scheinen aus der Bahn des *R. ophthalmicus N. trigemini* zu kommen [3]. — 2) Der neben dem *N. acusticus* entstehende *N. facialis* sendet in der Schedelhöhle einen Wurzelstrang in das *Ganglion* des *N. trigeminus* [4]. Der *N. facialis* bildet ein discretes, mit dem *N. trigeminus* unverschmolzenes *Ganglion*. Von diesem geht der vorwärts erstreckte *R. palatinus* aus. — Ausserhalb der Schedelhöhle steht der *N. facialis* in Verbindung mit dem, dem *N. glossopharyngeus* entsprechenden vordersten Aste des *N. vagus*. Die Muskeläste des *N. facialis* enden in dem Senker des Unterkiefers, in dem Muskel des Kiemendeckels (*Siredon*), in dem diesen bei den *Derotremata* und *Myctodera* vertretenden Muskel und in dem *M. mylohyoideus*. — 3) Seiten Längsnerven, welche vom *N. vagus* ausgehen, sind beobachtet bei den *Perennibranchiata*, den *Derotremata* und der Gattung *Triton*. — Die *Proteidea* [5]: *Proteus* und *Menobranchus*, besitzen mehre Seiten-Längsnerven; bei den übrigen namhaft gemachten *Urodela* ist nur einer jederseits bekannt. — 4) Bei den *Perennibranchiata* erhalten die Hebemuskeln der hinteren Zungenbeinbogen, die Muskeln, welche diese an der Ventralfläche verbinden, so wie die Muskeln der äusseren Kiemen ihre Nerven

---

Angaben über sein Verhalten bei *Proteus* finden sich bei Fischer. Mayer hat die Seitennerven von *Menobranchus* und *Menopoma* beschrieben; Calori die von *Siredon*; Fischer die von *Triton*.

3) Nach Beobachtungen von Fischer.

4) Z. B. bei *Siredon*, *Triton*, *Salamandra*. Fischer hat Elemente dieses Nerven verfolgt in äussere Nasenmuskeln bei *Triton*.

5) Fischer beschreibt bei *Proteus* drei Stämme. — Bei *Menobranchus* geht aus dem *N. vagus* ein Stamm hervor; derselbe entlässt einen dünnen Längsast, der unmittelbar unter der Haut, der Mitte der dorsalen Muskelmasse anliegend, nach hinten erstreckt ist. Die Fortsetzung des Stammes selbst verläuft etwas tiefer, dicht über den freien Rippenenden nach hinten. — Bei *Siredon* folgt ein dünner *R. lateralis* genau der Grenzlinie zwischen Dorsal- und Ventralmasse des Seitenmuskels.

aus der Bahn der vereinigten *N. N. glossopharyngeus* und *vagus.* — Bei *Salamandra* tritt aus dem *N. glossopharyngeus* ein Zweig in den von den vereinigten hinteren Zungenbeinhörnern ausgehenden *M. ceratohyoideus.* — 5) Was den *N. sympathicus* anbetrifft, so tritt bei *Salamandra* von dem *N. vagus* aus in Begleitung der Aortenwurzel jederseits ein Nerv zur *Aorta.* Ein paariger, von einzelnen gangliösen Anschwellungen unterbrochener Strang begleitet die *Aorta.* Zwei läng: liche, mit einander durch eine Commissur verbundene Anschwellungen liegen hinter den Ursprungsstellen der *Artt. subclaviae.* Aus dem rechten Ganglion entsteht ein die *Art. gastrica* begleitender Eingeweidenerv; weiterhin ein zweiter Nerv, der der *Art. coeliaco-mesenterica* folgt.

Einige an *Coecilia* beobachtete Eigenthümlichkeiten [6]) sind diese: 1) Das Tentakel erhält ein Fädchen aus dem ersten Aste des *N. trigeminus.* 2) Der *N. facialis* verschmilzt nicht mit dem *N. trigeminus.* 3) Vom dritten Spinalnerven geht ein tiefer Seitenlängsstamm aus. 4) In ein sehr starkes *Ganglion* treten mehre Zweige ein. Diese sind: ein vom *N. facialis* ausgehender, darauf mit dem *N. glossopharyngeus* verbundener sympathischer Ast, ein Paar Fäden aus dem *N. vagus* und *R. R. communicantes* von den beiden ersten Spinalnerven. Aus diesem *Ganglion* gehen hervor ein den *N. hypoglossus* vertretender Zweig und ein *R. communicans* zum dritten Spinalnerven.

§. 76.

Eigenthümlichkeiten der *Batrachia* sind folgende: 1) der *N. vagus* entlässt einen äusseren Hautnerven, der gewöhnlich einen vorderen Hautzweig (den *R. auricularis*) abgiebt und dann, als Längsstamm, gewöhnlich der Haut auf das engste anliegend, die *Arteria cutanea* begleitet [1]). Verschieden von diesen Seitennerven ist das Seitennervensystem der Froschlarven [2]). — 2) Aus der Bahn der vereinigten *N. N. glossopha-*

---

6) Vgl. Fischer l. c. p. 40. Fischer hat auch einen *R. palatinus* aus dem *N. facialis* vermisst.

1) Fischer hat diesen Nerven bei *Pipa* als *R. lateralis N. vagi* beschrieben. — Volkmann kennt blos den sogenannten *R. auricularis* (l. c. p. 79). — Ich kenne den in Begleitung der *Arteria cutanea* verlaufenden Längsnerven bei vielen *Batrachia*: *Pipa*, *Dactylethra*, *Cystignathus pachypus*, *Rana esculenta*, *Bufo agua.* Nach Abgabe anderer Hautzweige (*R. auricularis*) ist er in Begleitung der *Arteria cutanea* nach hinten erstreckt.

2) Nach den Beobachtungen von Krohn (Froriep's Notizen 1838 No. 137) verläuft der *Ramus lateralis vagi* bei sehr jungen Froschlarven bis gegen die Hälfte der Schwanzlänge genau zwischen der Grenze der oberen und unteren Muskelmasse und scheint weiter hinten zur Basis der Rückenflosse zu treten. In späteren Stadien verläuft er längs der Basis der Rückenflosse. — Fischer entdeckte bei Froschlarven noch einen vorderen *R. lateralis*, der, ähnlich wie eines der Elemente des *N. trigeminus* der meisten Fische, vom *N. trigeminus* ausgehend, nach

ryngeus und *vagus* entsteht ein *N. lingualis*. 3) Aus der Bahn derselben Nerven entstehen Muskelzweige für den hinteren Zungenbeinmuskel, *M. ceratohyoideus s. stylohyoideus posterior* und den *M. stylopharyngeus*. 4) Der *N. intestinalis N. vagi* empfängt einen sympathischen *R. communicans* aus dem *N. hypoglossus* und bildet dann eine Anschwellung: *Ganglion trunci N. vagi s. cervicale medium*, von welcher die Nerven des Herzens, der Lungen und des *Tractus intestinalis* ausgehen. — 5) Die Wurzel des neben dem *N. acusticus* die *Medulla oblongata* verlassenden *N. facialis* bildet bei einigen *Batrachia* eine dem *Ganglion N. trigemini* eng anliegende Anschwellung (*Pelobates*, *Bombinator*); bei Anderen ist sie vollständig in das *Ganglion Gasseri* eingesenkt (*Rana*, *Hyla*, *Bufo*) [3]. Der *R. palatinus* nimmt seinen Ausgang in dem ersteren Falle von der Anschwellung des *N. facialis*, in dem zweiten von dem gemeinsamen *Ganglion*. — 6) Ein peripherischer *N. facialis* ist vertreten durch einen vom *Ganglion Trigemini* über die *Columella* tretenden Ast, der durch einen *R. communicans* mit dem *N. vagus* in Verbindung steht und mehre Zweige entlässt; unter ihnen einen längs dem Unterkiefer vorwärts erstreckten *R. mandibularis* (*Chorda tympani*). Die Muskeln, in denen der *N. facialis* endet, sind die Senker des Unterkiefers, der vordere Zungenbeinmuskel (*cerato-hyoideus anterior*), der Quermuskel des Unterkiefers und die Ausbreitung der Fasern des letzteren im Umkreise der Kehlsäcke der Männchen mehrer *Batrachia* [4]. — 7) Der *N. abducens* ist, mit Ausnahme der Gattung *Bufo*, eingesenkt in das *Ganglion N. trigemini* [5]), so dass die Muskeln, welche bei *Bufo* durch den discreten *N. abducens* versorgt werden, nämlich: der *M. rectus externus*, der *M. suspensorius bulbi*, so wie der Muskelapparat des nickhautähnlichen unteren Augenlides, ihre Nerven aus der Bahn des *R. ophthalmicus N. trigemini* erhalten. — 8) Der *R. ophthalmicus N. trigemini* bildet, in Gemeinschaft mit einer Wurzel vom *N. oculorum motorius*, ein *Ganglion*

---

vorne erstreckt ist und unter der Haut des Kopfes, namentlich der Stirn-, Nasen- und Wangengegend, sich verbreitet. — Die Froschlarven besitzen, nach Fischer, ausser dem eigentlichen Seitennerven, noch den als *R. auricularis* bezeichneten Hautnerven (l. c. p. 58 sq.).

3) Nach den Beobachtungen von Fischer ist diese Verschmelzung eine epigonale, indem die Larven einen vom *N. trigeminus* getrennten *N. facialis* besitzen, der ein eigenes *Ganglion* bildet und den *N. palatinus* entlässt.

4) Contractionen dieser Muskeln auf Reizung der Wurzel des *N. facialis* sind zuerst durch Volkmann beobachtet (l. c. S. 84).

5) Nach den Beobachtungen von Fischer ist diese Verschmelzung gleichfalls eine epigonale, indem bei den Larven der *N. abducens* getrennt ist. Volkmann hat den Eintritt des *N. abducens* in das *Ganglion N. trigemini* bei *Rana* richtig erkannt und auch Bewegungen des unteren Augenlides und des *Retractor bulbi* nach Reizung seiner Wurzel beobachtet (l. c. S. 81).

ciliare. — 9) Aus der Bahn des *N. ophthalmicus* treten Zweige an die äusseren Nasenmuskeln [6]. — 10) Was den *N. sympathicus* anbetrifft, so besteht der Kopftheil seines Grenzstranges in einem vom *Ganglion N. trigemini* ausgehenden, in der Schedelhöhle nach hinten erstreckten, dann sie verlassenden und an das *Ganglion vagi* tretenden, aus mehren Strängen gebildeten *R. communicans.* Die Fortsetzung dieses Grenzstranges liegt unter den Wirbelquerfortsätzen, zwischen den *Rami anteriores* der Spinalnerven. An den Verbindungsstellen mit den einzelnen Nerven kommen *Ganglien* vor. *Nervi splanchnici* gehen von den Austrittstellen der vordersten Spinalnerven (öfter mit Ausschluss des ersten) ab. Die der beiden Seiten vereinigen sich am Anfange der *Aorta.* — Die oberhalb der Querfortsätze der Wirbel verlaufende *Art. vertebralis* wird von einem feinen sympathischen Strange begleitet.

§. 77.

Die Hirnnerven der *Amphibia monopnoa* sind ausgezeichnet durch folgende Verhältnisse: 1) Der *N. hypoglossus* ist, indem er durch eine einfache oder doppelte Schedelöffnung austritt, ein eigener Hirnnerv. — 2) Mit Ausnahme der *Ophidia* ist ein eigener, durch seine eigenthümlichen Ursprungsverhältnisse zwischen den vorderen und hinteren Wurzeln der vordersten Spinalnerven und seine Richtung zur Schedelhöhle, die er mit dem *N. vagus* verlässt, charakterisirter *R. accessorius* vorhanden. — 3) Ein Seitennervensystem des *N. vagus* fehlt ausnahmslos. — 4) Der Stamm des *N. vagus* besitzt fast allgemein bei seinem Eintritt in die Brusthöhle eine Anschwellung (*Ganglion trunci*), welche als Vereinigungspunkt in der Bahn des *N. vagus* verlaufender sympathischer Elemente mit solchen, die aus den letzten Halsnerven stammen und als Ausgangspunkt von *R. R. cardiaci*, ein *Ganglion cervicale medium* vertritt. — 5) Die Aeste der hinteren Hirnnerven pflegen frühzeitig zu gemeinsamen gemischten Stämmen zusammenzutreten, so dass eine anatomische Bestimmung des peripherischen Endpunktes der Nervenzweige verschiedenen Ursprunges erschwert ist. — 6) Aus den Bahnen der einem *N. glossopharyngeus* und *vagus* entsprechenden Hirnnerven gehen zwei Kehlkopfsäste hervor: ein *R. laryngeus anterior* (*superior*) und *posterior* (*inferior s. recurrens*). — 7) Der *N. facialis* ist beständig discreten Ursprunges; sein Stamm verläuft über der *Columella* (*Stapes*) des Gehörorgans nach hinten. Aus einem *Ganglion*, das er bildet, geht der *N. palatinus* hervor, welcher Zweige abgibt an die Gaumenschleimhaut und durch Schlingen in Verbindung steht mit Zweigen des *R. infraorbitalis*

---

6) Es ist wahrscheinlich, dass sie aus der Bahn des *N. facialis* stammen. Volkmann sah jedoch Zuckungen der Nasenmuskeln auf Reizung der Wurzel des *N. trigeminus* entstehen (l. c. p. 83).

N. trigemini (*Plexus sphenopalatinus*) oder, in Verein mit ihnen, ein *Ganglion sphenopalatinum* bildet. Aus diesem *Plexus* und *Ganglion* gehen Gaumenzweige und Zweige für den hinteren Nasengang hervor. — 8) Zwischen dem *N. palatinus* und dem *Ganglion* des *N. facialis* einerseits und dem *N. glossopharyngeus* andererseits liegen *R. R. communicantes* (Jacobson'sche Anastomose). — 9) Die Aeste des *N. trigeminus* besitzen mindestens zwei discrete Austrittsstellen aus der Schedelhöhle, indem der *R. ophthalmicus*, gesondert durch eine Oeffnung des vorderen Keilbeinsegmentes, die Schedelhöhle verlässt. — 10) Der *R. ophthalmicus* besitzt bei den *Sauria*, *Ophidia* und *Crocodila* und wenigstens bei einigen *Chelonia* ein eigenes, von dem *Ganglion Gasseri* meistens ganz getrenntes *Ganglion*. — 11) Die Augenmuskelnerven sind immer discreten Ursprunges und Verlaufes. — 12) Bei Anwesenheit von Nickhautmuskeln und von *M. M. retractores bulbi* vertheilt sich der *N. abducens* [1]) — ausser im *M. rectus externus* — auch in diese. — 13) Der *N. oculorum motorius* gibt nicht nur Zweige ab an die *M. rectus superior*, *internus*, *inferior* und *obliquus inferior*, sondern auch Fäden für den *M. palpebralis superior* und eine Wurzel zum *Ganglion ciliare*, dessen andere Wurzel aus dem *R. ophthalmicus* stammt. — 14) Bereich der Vertheilung des *N. trochlearis* bleibt *M. obliquus superior*.

§. 78.

Eigenthümlichkeiten der *Sauria* sind folgende: 1) Der *N. hypoglossus* besitzt eine oder mehre Wurzeln, die von der *Basis medullae oblongatae* ausgehen und die Schedelhöhle durch ein *Foramen condyloideum* verlassen; er ermangelt eines *Ganglion*. Der peripherische Nerv entsteht durch Vereinigung dieses Cerebralnerven mit Elementen des ersten oder auch des zweiten Spinalnerven, die in der Regel nur untere (vordere) Wurzeln besitzen. Ein *R. descendens* vertheilt sich in den von Schulter und *Sternum* zum Zungenbeine tretenten Muskeln. — Die Fortsetzung des Stammes nimmt meistens, wenn schon nicht beständig (*Platydactylus guttatus*), den *N. glossopharyngeus* in seine Bahn auf, tritt so über die Spitze des hinteren Zungenbeinhornes zur Mitte, in den einzelnen Zungenbeinmuskeln sich vertheilend und in der Zunge endend [1]). — 2) Der *N. accessorius* entsteht mit einer verschiedenen Wurzelzahl zwischen *N. vagus* und zweitem Spinalnerven, tritt in die Schedelhöhle und verlässt

---

1) Bojanus scheint der Erste gewesen zu sein, der dies Verhalten des *N. abducens* hervorhob. Rücksichtlich der Verbindungen des *N. abducens* mit sympathischen Fäden herrschen noch Widersprüche und Unklarheiten.

1) Die von den hinteren Zungenbeinhörnern zu den vorderen erstreckten *M. M. ceratohyoidei* erhalten bei einigen *Sauria* isolirte Zweige aus dem *N. glossopharyngeus*. Dahin gehören nach Fischer: *Lacerta*, *Euprepes*, *Varana*, *Iguana*.

diese durch das *For. jugulare* mit dem *N. vagus*. Ein *R. externus* vertheilt sich in die *M. M. cucullaris* und *omomastoideus*. — 3) Ein *Ganglion radicis N. vagi* ist bei mehren *Sauria*, jedoch ohne mikroskopische Analyse, vermisst worden [2]. — Der *R. laryngeus superior* [3]) entsteht, mit wenigen Ausnahmen [4]), nach Vereinigung von Elementen des *N. vagus* mit dem *N. glossopharyngeus* aus der Bahn dieses letzteren. Er entlässt *R. R. pharyngei*; er endet aber vorzugsweise in Muskeln des Kehlkopfes. Unter dem Kehlkopfe verschmelzen die beiden gegenständigen Nerven zu einer einfachen oder doppelten Schlinge [5]). — Ein *R. recurrens* entsteht bald einfach, bald mit mehren Fäden aus dem Stamm des *N. vagus* und zwar bald vor, bald hinter dem *Ganglion trunci* desselben. Er steigt längs der *Trachea* zum Kehlkopfe auf und scheint nur für dessen Schleimhaut bestimmt zu sein [6]). — 4) Der *N. glossopharyngeus* ist immer discreten Ursprunges, besitzt auch eine eigene Austrittsstelle aus der Schedelhöhle, die vor derjenigen des *N. vagus* liegt. Seine Verbindungen mit den *N. N. vagus* und *hypoglossus* erschweren die Erkenntniss des peripherischen Bereiches der ihm ursprünglich angehörigen Elemente. — 5) Der *N. facialis* bildet ein *Ganglion*, von welchem der *R. palatinus* (*R. Vidianus*) entsteht. Der *R. palatinus* tritt in Begleitung einer entsprechenden Arterie durch den *Canalis Vidianus* des *Os sphenoideum basilare*, geht nach seinem Austritte aus dem genannten Knochencanale Verbindungen ein mit dem *R. infraorbitalis N. trigemini*, ist dann, unter Abgabe von Gaumenzweigen, längs dem Axentheile des Schedels nach vorn fortgesetzt und besitzt an Endzweigen: 1. solche, die an der Schleimhaut des Gaumens sich vertheilen, und 2. solche, die Verbindungen mit dem *R. maxillaris superior N. trigemini*, namentlich mit dem *R. alveolaris superior*, eingehen. — Ein dünner *R. communicans* verbindet gewöhnlich den *R. palatinus* mit dem *N. glossopharyngeus*. — Ein zweiter *R. communicans* ist zwischen dem *Ganglion* des *N. facialis* und dem, dem *N. glossopharyngeus* anliegenden, *Ganglion cervicale superius* gelegen; statt sich mit diesem *Ganglion* zu verbinden,

---

2) Z. B. bei *Podinema* (*Salvator*) *Merianae*, *Varanus bengalensis* u. A. S. Fischer l. c. S. 169.

3) *R. laryngo-pharyngeus* Bendz, Fischer. Es liegt kein Grund vor, den in der menschlichen Anatomie üblichen Namen des peripherischen Nerven zu ändern.

4) Bendz macht als solche namhaft: *Amphisbaena*; Fischer: *Euprepes Sebae*, *Lacerta ocellata*. — Fischer sucht den anatomischen Beweis zu führen, dass der *R. laryngeus superior* wesentlich durch die vom *N. vagus* aus an den *N. glossopharyngeus* übergetretenen Zweige gebildet sei.

5) Von Fischer entdeckt und genau beschrieben (l. c S. 159).

6) So nach den Beobachtungen von Fischer (l. c. S. 172).

ist er aber bei einigen *Sauria* in den Halsstamm des *N. sympathicus* fortgesetzt. — Ein *R. mandibularis* (*Chorda tympani*) [7]) ist, vom Stamm des *N. facialis* aus, hinter dem Suspensorium zum Unterkiefer erstreckt, tritt in einen Knochencanal desselben und verbindet sich mit dem *R. alveolaris inferior N. trigemini.* — Ein vom *N. facialis* ausgehender Nerv tritt in Begleitung einer Arterie vorwärts und aufwärts, ist längs dem äusseren Schedelrande in die Orbita erstreckt und steht hier sowol mit dem *R. maxillaris superior*, als auch anscheinend mit dem *R. frontalis* des ersten Astes des *N. trigeminus*, in Verbindung [8]). — Der Stamm des *N. facialis* endet mit zwei Muskelzweigen, von welchen einer für den Senker des Unterkiefers, der andere für den Hautmuskel des Halses und die zwischen den beiden Unterkieferschenkeln gelegene oberflächliche Muskelausbreitung (*M. mylohyoideus*) bestimmt ist. — 6) In Betreff der peripherischen Verzweigung des *N. trigeminus* ist hervorzuheben, dass ein Zweig für die Orbitaldrüse (Harder'sche Drüse) und die Nickhaut aus der Bahn des zweiten Astes des *N. trigeminus* hervorgeht, und dass aus dem dritten Aste ein Zweig in die Zunge verfolgt ist [9]). — 7) Abgesehen vom Kopftheile des *N. sympathicus*, der durch die, die einzelnen Hirnnerven verbindenden, gerade verlaufenden *R. R. communicantes* repräsentirt ist, kommen vor: 1. ein System von Verbindungssträngen der einzelnen Spinalnerven (tiefer Halstheil und Rumpftheil des *N. sympathicus*) und 2. oberflächlicher Halsstämme. Beide pflegen mit dem, dem *N. glossopharyngeus* anliegenden, *Ganglion cervicale supremum* unmittelbar oder mittelbar verbunden zu sein. Der oberflächliche Halsstamm ist entweder vom Halstheile des *N. vagus* gesondert [10]), oder verläuft in der Bahn desselben [11]). Der tiefe Halsstamm besteht, gleich seiner hinteren Rumpffortsetzung, in einem Systeme einfacher, zwischen den *R. R. anteriores* der Spinalnerven des Halses gelegener *R. R. communicantes* [12]).

7) Von Fischer allgemein, mit Ausnahme von *Chamaeleo*, beobachtet.

8) Es ist dies der als oberflächlicher Kopftheil des *N. sympathicus* aufgefasste *R. recurrens N. trigemini ad N. facialem* Fischer (l. c. S. 122). Weitere Forschungen, namentlich Versuche an lebenden Thieren, müssen ergeben, ob dieser Zweig nicht, wie ich es vermuthe, Elemente des *N. facialis* in die Bahn des *N. trigeminus* überführt, Der *Musc. levator oris* dürfte vermuthlich von solchen aus dem *N. facialis* in den *N. trigeminus* übergehenden Elementen versorgt werden. Ein *M. palpebralis* (*Musc. adductor maxillae superioris* Fischer) erhält nach Fischer einen Zweig aus der unteren Fläche des *Ganglion Gasseri.*

9) Vgl. über beide die Angaben von Fischer.

10) Bei den meisten *Sauria.* Vgl. Fischer p. 198 sqq.

11) Z. B. bei *Podinema* (Salvator) *teguixin*, *Merianae*, *nigropunctatus* nach Müller und Fischer.

12) Er ist hier von Fischer zuerst beschrieben.

§. 79.

Eigenthümlichkeiten der *Ophidia* sind folgende: 1) Ein durch seine Ursprungsverhältnisse charakterisirter *N. accessorius* fehlt. — 2) Der *N. hypoglossus* besitzt eine Hirnwurzel und eine Wurzel vom ersten Spinalnerven. Die Austrittsöffnung liegt im *Occipitale laterale.* — 3) Die *N. N. vagus* und *glossopharyngeus* besitzen dicht neben einander entstehende Wurzeln, denen eine gemeinsame Austrittsstelle aus der Schedelhöhle zukömmt. Der vorderste Ast des *N. glossopharyngeus* nimmt einen Verbindungszweig aus dem *N. vagus* auf und vertheilt sich in der Umgebung des *Ostium laryngis.* Ein anderer Zweig (*R. recurrens*) steigt neben der Luftröhre nach hinten, um, wieder vorwärts gewendet, zum Kehlkopf zu treten. — Die beiden *R. R. intestinales N. vagi* sind durch asymmetrischen Verlauf ausgezeichnet, indem der linke neben dem *Truncus caroticus impar* verläuft, der rechte zwischen *Oesophagus* und rechtem Halsvenenstamme gelegen ist. Sie geben Zweige an den *Oesophagus*, den pneumatischen Apparat und die Lungengefässe, worauf sie in der Herzgegend zu einem einfachen Stamme verschmelzen, aus welchem Zweige für die Lunge und ein Zweig, der für Leber und Magen bestimmt ist, hervorgehen. Die Magenzweige reichen bis zum Ende des Magens [1]). — 4) Der *N. facialis* entlässt nach vorn den *R. palatinus s. Vidianus.* Dieser tritt durch den *Canalis Vidianus* des Keilbeines vorwärts und theilt sich, nachdem er ihn verlassen, in mehre Zweige: einen hinteren und einen vorderen Verbindungszweig mit dem zweiten Aste des *N. trigeminus*; dieser letztere bildet bei *Python* ein *Ganglion sphenopalatinum* [2]), von welchem Zweige zur Thränendrüse und zum hinteren Nasengange abgehen. — Der *N. palatinus* ist vor seinem Eintritt in den *Canalis Vidianus* durch eine Nervenschlinge, die an den *N. petrosus superficialis* erinnert, mit dem *N. facialis* und dieser durch eine andere mit dem *N. glossopharyngeus* verbunden. Sein Hauptstamm gibt Zweige ab für die Hebemuskeln des Suspensorium und die absteigenden Senker des Unterkiefers. Eine *Chorda tympani* scheint vertreten zu sein in einem zum Unterkiefer erstreckten Zweige [3]). — 5) Der *N. trigeminus* besitzt eine *Portio maior* und *minor*; der erste Ast des *Trigeminus* hat seine eigene Austrittsstelle und sein eigenes *Ganglion.* Ein Fädchen für die queren, das *Os pterygoideum* und das Suspensorium an die Schedelbasis ziehen-

---

1) Diese Eigenthümlichkeiten sind bereits von E. H. Weber hervorgehoben: Anat. comp. nerv. sympath. p. 52.

2) Dasselbe fehlt, nach Müller, bei *Crotalus.*

3) Er ist erwähnt, als Ast der *N. facialis* von Vogt in Müller's Archiv 1839 S. 51. Müller sah ihn dagegen aus dem *Ganglion cervicale supremum* hervorgehen. Ebendas. S. 62. Weder Vogt, noch Müller haben Verbindungen mit dem *N. alveolaris inferior* constatirt.

den Muskeln hat seine eigene Austrittsöffnung aus der Schedelhöhle. Er verläuft eine Strecke weit in der Bahn des *N. palatinus*. — Die Giftdrüse und die Oberkieferdrüse erhalten Nerven aus dem zweiten Aste des *N. trigeminus*. — Was den *N. sympathicus* der *Ophidia* anbetrifft, so ist das dem *N. glossopharyngeus* anliegende *Ganglion cervicale supremum* Sammelpunkt von Verbindungsschlingen der Hirnnerven; die genannten vorderen Faden münden in ihm, solche, die die *N. N. vagus, hypoglossus* und, über den hypaxonischen Muskeln gelegen, die *Rami anteriores* der vorderen Spinalnerven (einen Grenzstrang oder tiefen Halstheil bildend) mit einander verbinden [4]), beginnen an ihm. Dieser Grenzstrang fehlt im grössten Theile des Rumpfes; jeder *R. anterior* gibt hier einen feinen *R. visceralis* zu den Eingeweiden [5]). — Aus dem *Ganglion cervicale supremum* treten Fäden an die *Art. subvertebralis*, die diese begleiten. — Sympathische Elemente, welche einem oberflächlichen oder carotischen Halsstamme entsprechen, verlaufen in den Bahnen der *R. R. intestinales vagi*; insbesondere des linken, der den *Truncus caroticus impar* begleitet.

§. 80.

In Betreff der *Chelonia* ist Folgendes hervorzuheben: 1) Der *N. hypoglossus* verlässt die Schedelhöhle durch eine einfache oder doppelte Oeffnung im *Os occipitale laterale*. Sein *R. anterior* vertheilt sich in den *M. M. hyoglossus, genioglossus* und der Zunge; sein *R. descendens*, nach eingegangenen Verbindungen mit Cervicalnerven, in den *M. coracohyoideus*. — 2) Der *N. accessorius* [1]) entsteht ziemlich weit hinterwärts von der *Medulla spinalis* zwischen vorderen und hinteren Wurzeln bis zum vierten Cervicalnerven. Sein *R. externus* endet im *M. sternomastoideus*. — 3) Die *N. N. vagus* und *glossopharyngeus* sind discret und besitzen getrennte Austrittsstellen aus dem Schedel. Der vordere Ast des *N. glossopharyngeus* gibt einen Zweig für den *M. hyomandibularis* und endet in der Zunge. Ein zweiter Ast, der einen *R. communicans* aus dem *N. vagus* erhält, ist der *R. laryngeus superior*, welcher in den Muskeln des Kehlkopfes endet. — Der *N. vagus* gibt einen *R. recurrens* ab, der, um den *Truncus arteriosus* herumtretend, zur Seite der *Trachea*

---

4) Schultze hat diesen Grenzstrang wiederholt demonstrirt; J. Müller hat ihn beschrieben und abgebildet. — Fäden desselben treten an die *Arteria subvertebralis impar* und begleiten sie.

5) E. H. Weber hat hierauf bereits aufmerksam gemacht. Anat. comp. nerv. symp. pag. 50. Diese *R. R. viscerales* bilden, ehe sie zu den Eingeweiden treten, unter den absteigenden Dornen gelegene Schlingen und besitzen Knötchen. Müller, der diese Schlingen beschreibt, sieht darin Aequivalente eines sympathischen Grenzstranges.

1) Es war Bojanus, der ihn bei den Cheloniern und überhaupt bei den Amphibien zuerst nachwies.

vorwärts steigt, dieser und dem *Oesophagus* Zweige gibt und vorn mit dem *R. laryngeus superior* Verbindungen eingeht. — 4) Der *N. facialis* tritt über der *Columella* nach hinten; er endet im Senker des Unterkiefers; Zweige treten in den *M. latissimus colli*. Eine *Chorda tympani* ist nicht angetroffen. — Bei seinem Austritte aus der Schedelhöhle geht der *R. palatinus* von ihm aus, gelangt in den zwischen dem *Os sphenoideum basilare* und *Os pterygoideum* gelegenen *Canalis Vidianus*, entlässt *R. R. nasales posteriores* und geht dann vorn in den *R. maxillaris superior Trigemini* über, welcher hintere und vordere *R. R. palatini* entlässt [2]). Bald nach seinem Abgange vom *N. facialis* tritt ein sympathischer Zweig, dessen Elemente theils vom *N. glossopharyngeus*, theils aus dem *Canalis caroticus*, als Fortsetzung des sympathischen Grenzstranges, stammen, in seine Bahn über. Eine Schlinge verbindet den *N. facialis* mit dem, dem *N. glossopharyngeus* anliegenden, *Ganglion cervicale supremum*. Von diesem aus ist der Grenzstrang zum *N. vagus* und *hypoglossus* erstreckt und dann, als oberflächlicher Halsstamm, neben dem *N. vagus* und dem *Truncus caroticus* verlaufend, fortgesetzt. Er geht am Eingange der Brusthöhle über in ein *Ganglion cervicale medium*, das dem *N. vagus* mehr oder minder dicht anliegt, mit ihm in Verbindung steht und dann bei manchen *Chelonia* ein *Ganglion trunci* bildet. In das *Ganglion cervicale medium* gehen Zweige aus dem sechsten und siebenten Cervicalnerven ein [3]). Dieses *Ganglion* ist Ausgangspunkt einerseits des Grenzstranges, welcher *R. R. communicantes* von den *R. anteriores* aller Spinalnerven erhält und auch längs dem Schwanze fortgesetzt ist, und andererseits der an die Gefässstämme tretenden Geflechte.

§. 81.

Eigenthümlichkeiten der *Crocodila* bestehen in folgenden Verhältnissen: 1) Die Wurzeln des *N. hypoglossus* erhalten keine accessorischen Fäden aus den Bahnen der Spinalnerven. Sie gehen aber oft ein in ein *Ganglion*, das den *N. N. vagus* und *glossopharyngeus* angehört. In den peripherischen Nerven treten Elemente über aus der dem *N. glossopharyngeus* homologen Portion des *N. vagus*. — Den Verbreitungsbezirk bilden die *M. M. sternohyoideus, coracohyoideus, sternomandibularis, hyomandibularis*, *hyoglossus* und *genioglossus*. Die Zweige für den letzt-

---

2) Bei *Chelonia mydas* tritt nach Bendz ein vom ersten und zweiten Aste des *N. trigeminus* ausgehender Zweig in Begleitung eines Arterienbogens (*Art. temporo-muscularis* Bojan.) nach hinten und setzt sich nach Abgabe eines *R. communicans* an das *Ganglion cervicale medium*, in den *N. sympathicus* fort.

3) Einen tiefen Halsstamm des *N. sympathicus* hat Bojanus bei *Emys* nicht gefunden. Bei *Testudo* gehen von den die weiten, zum Theil häutig geschlossenen *Foramina intervertebralia* verlassenden Halsnerven Längsfäden ab, deren Vereinigung zu einem Längsstamm ich aber nicht erkannt habe.

genannten Mnskel gehen hervor aus einer unpaaren Schlinge, welche die gegenständigen Nerven verbindet. — 2) Der *N. accessorius* tritt gewöhnlich in das schon erwähnte *Ganglion* des *N. vagus*; ein von diesem ausgehender Nerv, welcher dem *R. externus N. accessorii* zu entsprechen scheint, ist mit dem ersten Halsnerven verbunden. — 3) Bei den meisten Crocodilen sind die Wurzeln der *N. N. vagus* und *glossopharyngeus* nicht von einander getrennt, verlassen die Schedelhöhle durch eine gemeinsame Oeffnung und bilden ein gemeinsames *Ganglion* [1]). Bei *Alligator lucius* sind beide Nerven getrennt [2]). Das *Ganglion* liegt dem *N. glossopharyngeus* an. — Unter der erstgenannten Bedingung entsteht ein *N. laryngeus communis* [3]), der gemeinsame Stamm eines *R. laryngeus superior* und *R. recurrens* aus dem *Ganglion*, unter der anderen entsteht er durch die Vereinigung von Elementen der beiden getrennten Nerven [4]). Nach Entlassung eines Muskelastes für den Kehlkopf: *R. laryngeus superior*, ist der Stamm des Nerven längs der Speiseröhre fortgesetzt, an der er Geflechte bildet, und entlässt weiterhin mehre längs der *Trachea* aufsteigende *R. R. recurrentes*. — Ein *Ramus mandibularis* (*Chorda tympani*) *N. facialis* ist vermisst worden [5]). — Die Verhältnisse des *N. palatinus* (*N. Vidianus*), und seiner Verbindungen mit dem Oberkieferaste des *N. Trigeminus*, gestalten sich wesentlich ähnlich, wie bei den *Sauria*. — Anstatt des sogenannten *Ramus recurrens trigemini Auct.* der *Sauria* ist ein Verbindungszweig zwischen dem *Ganglion* der beiden hinteren Aeste des *N. trigeminus* und dem Stamme des *N. facialis* vorhanden [6]). — Der *N. trigeminus* entspringt bei *Crocodilus biporcatus* mit vier gesonderten Wurzelsträngen [7]). — Der *N. alveolaris inferior* entlässt

1) So nach Fischer bei *Crocod. biporcatus*, *acutus* und *Alligator punctulatus*.

2) Nach übereinstimmenden Beobachtungen von Vogt, Bendz und mir.

3) *R. Laryngopharyngeus* Fischer.

4) Ich habe dies bereits früher hervorgehoben. Die einzelnen Arten der Crocodile bieten offenbar manche Verschiedenheiten dar. Fischer hat dies übersehen, wenn er (l. c. S. 157) eine frühere — *Alligator lucius*, mit getrennten *N. N. vagus* und *glossopharyngeus*, betreffende — Angabe bei anderen Arten nicht bestätigt fand. Meine Bezeichnung: *R. descendens glossopharyngei*, gründete sich auf Beobachtungen an einer Art; sie diente wesentlich, Vogt's *Sympathicus superficialis* zu eliminiren.

5) Die Verhältnisse des *N. facialis* sind noch immer nicht hinreichend aufgeklärt, indem die Muskeln des äusseren Ohres, der Nase u. a. bei den Untersuchungen über seinen Verbreitungsbezirk unberücksichtigt geblieben sind.

6) Vgl. Fischer l. c. S. 124 u. S. 191. Ich habe bereits bemerkt, dass dieser Zweig wahrscheinlich motorische Fäden aus dem *N. facialis* in den *N. trigeminut* überführt.

7) Vgl. Fischer S. 118.

Zweige an den *M. mylohyoideus* und an die Unterkieferdrüse (Moschusdrüse). — Die sogenannten sympathischen Verbindungsstränge zwischen den einzelnen Hirnnerven verhalten sich im Wesentlichen, wie bei den *Sauria*. — Die Fortsetzung des Grenzstranges liegt am Halse eingeschlossen im *Canalis vertebralis*, weiterhin frei. Es sind einfache Längsfäden welche die *R. R. anteriores* der Spinalnerven verbinden. — Statt oberflächlicher, die gewöhnlich oberflächlich gelegenen Halsarterien, begleitender sympathischer Stämme folgt dem tiefer gelegenen einfachen *Truncus caroticus communis* ein durch Verbindungsfäden aus dem Grenzstrange des Halses verstärkter, streckenweise aus paarigen Strängen bestehender, streckenweise einen einfachen Stamm bildender Nerv (*S. impar*) [8]).

II. Von den Sinnesorganen.

1. Vom Gehör-Apparate. [1])

§. 82.

Das weiche Labyrinth sämmtlicher Amphibien liegt eingeschlossen in den Skelettheilen der beiden hintersten Schedelsegmente. Von den den Wirbelthieren überhaupt planmässig zukommenden Theilen desselben sind immer drei halbcirkelförmige Canäle vorhanden, welche vier Ampullen besitzen, die mit der Höhle der *Alveus communis* communiciren. Nicht minder beständig ist ein geschlossener häutiger Sack, welcher breiige crystallinische Concretionen enthält und, trotz abweichender Grössenverhältnisse, nach seiner Lage und der an ihm Statt habenden Vertheilung eines Hauptastes des *N. acusticus* oder eines Zweiges des *N. cochleae*, an den *Sacculus rotundus* der Säuger erinnert. Bei allen *Amphibia monopnoa* ist ferner eine Schnecke beobachtet; ob mehr als ein sehr kleines Rudiment derselben, das bei *Batrachia* [2]) vorkömmt, in der Unterclasse

---

8) Wie der tief gelegene *Truncus caroticus communis* paarige oberflächliche *Artt. carotides communis* anderer Amphibien vertritt: so der tief gelegene *Sympathicus impar* die neben den *Artt. carotides* verlaufenden sogenannten oberflächlichen Halsstämme des *Sympathicus*. Fischer's Vergleichungen (S. 199) sind unhaltbar. — Die extreme Feinheit des sympathischen Grenzstranges am Rumpfe, der mehre Anatomen gedenken, ist mir nicht vorgekommen.

1) S. ausser den Schriften von Cuvier, Scarpa, Huschke, Bojanus: C. J. H, Windischmann, de penitiori auris in Amphibiis structura. Lips. 1831. 4., die einige Ergänzungen und Berichtigungen früherer Angaben enthält.

2) Ein solches Schneckenrudiment finde ich bei *Rana mugiens*. Es ist ein

der *Dipnoa* nachweisbar ist, müssen fortgesetzte Forschungen lehren. — Ampullen, Sack und Schnecke sind Träger der Ausbreitungen der Gehörnerven. Der *N. acusticus* besitzt zwei Hauptzweige: einen *R. vestibuli* und einen zweiten Ast, der bei den *A. dipnoa* nur für den *Sacculus rotundus*, bei den *A. monopnoa*, ähnlich dem *R. cochleae* der Säuger, für Sack und Schnecke bestimmt ist. In den Ampullen der halbcirkelförmipen Canäle scheinen allgemein inwendige Vorsprünge: sogenannte *Septa*, an denen diese Ausbreitung geschieht, vorzukommen [3]). — Niemals sind die in der Circumferenz des Labyrinthes gelegenen Hartgebilde durchgängig solide, vielmehr gehört zu den Einrichtungen des Gehörorganes die Anwesenheit von Unterbrechungen der Continuität dieser Hartgebilde durch sogenannte Fenster. Bei denjenigen Amphibien, welche eine Schnecke besitzen, also bei allen *Monopnoa*, correspondirt eines dieser Fenster (*Fenestra rotunda*) der Schnecke selbst oder einem häutigen, ihr angehängten Sacke (*Chelonia*). — Bei Batrachiern kömmt ein ähnliches Fenster vor, dem anscheinend weder eine Schnecke, noch ein angeschlossener Sack entspricht [4]). — Alle Amphibien ohne Ausnahme besitzen aber ein dem *Alveus communis* entsprechendes Fenster (*Fenestra ovalis*), das durch ein mehr oder minder verschiebbar eingefügtes discretes Hartgebilde einen soliden Verschluss erhält. Dieses Hartgebilde ist mindestens ein Deckel: *Operculum*, der, wenn seine Aussenfläche in einen soliden Stiel ausgezogen ist, *Columella* heisst und, nach Lage und Form, ein dem *Stapes* homologes Gebilde ist.

In den Kreis der besonderen Eigenthümlichkeiten einzelner Gruppen gehört ferner der Besitz sowol eines *Recessus* der Rachen-Schleimhaut (*Tuba Eustachi*), welcher als häutiger, undurchbrochener Sack in der Umgebung des der *Fenestra ovalis* eingefügten Hartgebildes liegt, als auch einer durch ein Trommelfell nach aussen begrenzten Trommelhöhle. Bei Anwesenheit eines Trommelfelles ist dessen Innenwand die Anheftungsstelle des einen Gehörknöchelchens oder des Endgliedes einer Kette von

---

kleiner rundlicher Auswuchs oder Höcker, der dem Sack eng angewachsen ist; sein Umfang gleicht demjenigen einer Ampulle; seine Wand ist härter, als die des Sackes. Als ein eigenes vom Sacke abgegrenztes Gebilde darf dieser Auswuchs, namentlich in Hinblick auf Schildkröten, wol als Schneckenrudiment aufgefasst werden.

3) Vgl. Steifensand in Müller's Archiv 1835 S. 177.

4) Ed. Weber (Amtlicher Bericht über die Versammlung deutscher Naturforscher und Aerzte zu Braunschweig. Braunschweig 1842. S. 83) hat darauf aufmerksam gemacht, dass bei Fröschen, trotz Mangels einer Schnecke, eine durch Membran verschlossene zweite Oeffnung im Ausgange des Canales, durch welchen der *N. vagus* aus der Schedelhöhle tritt, vorkömmt. Ich kann ihr Vorkommen bei einigen exotischen grösseren Fröschen: Arten der Gattungen *Rana* und *Cystignathus*, bestätigen.

Hartgebilden, welche, wie die Gehörknochen der Säuger, an einander geschlossen sind. — Eigene Muskeln für diese Gehörknochen sind bei einzelnen Gruppen beobachtet. — Ein bewegliches äusseres Ohr ist nur bei den Repräsentanten einer Gruppe angelegt (*Crocodila*).

§. 83.

Bei allen *Amphibia dipnoa* geschieht die Einschliessung des Labyrinthes durch die *Ala temporalis* und das *Os occipitale laterale*. Den weichen halbcirkelförmigen Canälen correspondirende knöcherne Canäle pflegen nicht vollkommen ausgeführt zu sein. — Den *Gymnophiona* und *Urodela* mangelt sowol ein *Recessus* der Rachenhöhle, als auch eine Trommelhöhle. Eine Schnecke und eine *Fenestra rotunda* sind nicht nachgewiesen. Das die *Fenestra ovalis* verschliessende Hartgebilde ist eine Platte von verschiedener histologischer Beschaffenheit, die in verschiedener Weise an dem Suspensorium haftet. Bei *Proteus* und *Menobranchus* besitzt das ossificirte *Operculum* einen kurzen Stiel, der durch Ligament mit einem ihm entsprechenden Fortsatze des Suspensorium in Verbindung steht; bei *Siredon* hangt mit dem knorpeligen *Operculum* ein knöcherner Stiel zusammen, der durch Ligament am Suspensorium haftet; bei *Menopoma* ist das *Operculum* ossificirt, sein Stiel aber knorpelig; bei *Coecilia* besitzt die knöcherne Opercularplatte einen zum Suspensorium erstreckten Knochenfortsatz.

Unter den *Batrachia* ist es nur die Gruppe der *Pelobatoidea* [1]), welche durch Mangel von *Tuba* und Trommelhöhle, so wie durch analogen Verschluss der *Fenestra ovalis* mit den *Urodela* übereinstimmt. Die meisten *Batrachia* [2]) besitzen paarige, mit paarigen *Ostia* beginnende häutige Aussackungen der Rachenhöhle und Trommelhöhlen, die durch häutige Trommelfelle geschlossen sind. An jedes Trommelfell schliesst das Endglied einer von der *Fenestra ovalis* ausgehenden Kette von Hartgebilden sich an. Der letzteren sind z. B. bei *Rana* drei vorhanden: eine knorpelige Opercularplatte, ein dieser angeschlossener stabförmiger Knochen, dessen Ende an einen mit der Mitte des Trommelfelles eng verbundenen Knorpel angeheftet ist. Diese Kette von Hartgebilden liegt ausserhalb der Wandung des häutigen *Recessus* der Rachenhöhle, die aber den Knochenstiel scheidenartig umfasst und den dem Trommelfelle anliegenden Knorpel begrenzt. — Das Trommelfell selbst geht vom Hin-

1) Dahin gehören, nach Huschke's Entdeckung: *Bombinator*, nach Müller: *Pelobates* und *Cultripes*, nach Wiegmann (Nov. Act. Acad. Nat. Cur. T. XVII.): *Telmatobius* und *Phryniscus*, und nach meinen Beobachtungen ein durch seine schwarzgelbe Färbung an die eines Salamanders erinnernder Frosch: *Atelopus varius*, Mus. zool. Berol., so wie *Brachycephalus ephippium*.

2) Dahin gehören: *Rana*, *Cystignathus*, *Rhinoderma*, *Alytes*, *Bufo*, *Ceratophrys*, die *Hylae*. *Breviceps* u. A.

terrande des Suspensorium aus; bei *Bufo* von ihm unmittelbar; bei anderen, wie bei *Rana*, *Cystignathus*, *Hyla*, *Breviceps*, nur mittelbar von ihm. Es ist hier nämlich das Trommelfell an einem ringförmigen Knorpelrahmen ausgespannt, dessen kleinstes, vorderes Segment am *Os tympanicum* des Suspensorium befestigt ist [3]). Meistens ist die äussere Haut verdünnt über dem Trommelfelle fortgesetzt; bei *Bufo* sehr wenig verdünnt.

Die *Aglossa* sind durch mehre Verhältnisse von den übrigen *Batrachia* verschieden: 1) Der Verschluss der *Fenestra ovalis* geschieht durch ein dünnes, blattförmiges, knorpeliges *Operculum*; diesem ist ein gekrümmter Knochen angefügt. 2) Der Verschluss der langen engen Trommelhöhle geschieht nicht durch ein häutiges Trommelfell, sondern ausschliesslich durch den bei *Pipa* dünnen, bei *Dactylethra* dicken und nach aussen convexen Knorpel, der bei anderen Familien an die Innenwand des Trommelfelles sich anlegt. An diesen Knorpel stösst das Ende des gekrümmten Knochens. 3) Die Eingänge in die beiden *Recessus* (*Tubae*), von der Rachenhöhle aus, sind nicht doppelt und getrennt, sondern durch ein einziges medianes *Ostium* repräsentirt. Die *Tubae* selbst sind verlängert und vom Rachen aus in Knochen eingeschlossen. Das *Os sphenoideum basilare* bildet das Dach, das *Os pterygoideum* den Boden des Knochenrohres, in dem jede *Tuba* verläuft.

§. 84.

Alle *Amphibia monopnoa* besitzen eine Schnecke und ein entsprechendes Schneckenfenster (*Fenestra rotunda*). Die Schnecke der *Ophidia*, *Sauria* und *Crocodila* zeigt grosse Uebereinstimmung in ihrer näheren Anordnung; die der *Chelonia* Besonderheiten. Die weichen Umgebungen der Schnecke liegen bei den drei ersten Gruppen eingeschlossen in einer abwärts gerichteten, doch leicht hinterwärts gekrümmten und am Ende dieser Krümmung kegelförmig abgerundeten knöchernen Capsel. Die Weichtheile selbst haben eine entsprechende Form und gehen unten aus in einen flaschenförmigen oder retortenförmigen Blindsack (Flasche, *Lagena*). Die Axe der Schnecke enthält einen länglichen, zweischenkeligen, in der Mitte offenen Knorpelrahmen, dessen Gestalt ihrer Gesammtrichtung entspricht und der sie in eine äussere und innere Kammer: *Scala tympani* und *Scala vestibuli*, theilt. Sowol eine zwischen den Schenkeln des Knorpelrahmens ausgespannte Membran, als auch die etwas Otolithenbrei enthaltende Flasche dienen zur Ausbreitung des *N. cochleae*, der ausserdem einen Zweig für den *Sacculus rotundus* abgibt.

---

3) Dieser Knorpelrahmen ist bei *Cystignathus ocellatus* kein blosser Ring, sondern vom Ringe ausgehende Fortsetzungen liegen trichterförmig in der Circumferenz der Trommelhöhle.

Was zunächst die *Ophidia* anbetrifft, so ist Folgendes hervorzuheben: Zur Einschliessung ihres Labyrinthes sind verwendet die *Ala temporalis*, das *Occipitale laterale* und die *Squama occipitalis*. Sowol Trommelhöhlen als auch *Recessus* der Rachenhöhle (*Tubae*) mangeln ihnen durchgängig. Der Verschluss der *Fenestra ovalis* geschieht bei den Gattungen *Typhlops*, *Rhinophis* und *Tortrix* durch einen knöchernen Deckel, der keinen ossificirten Stiel besitzt [1]); bei den *Ophidia Eurystomata* dagegen durch eine *Columella*. Der Knochenstiel derselben ist gewöhnlich lang und am Ende mit knorpeliger Epiphyse versehen, die am Suspensorium angeheftet ist. Bei den meisten Schlangen ist die *Fenestra ovalis* weit, die *Columella* beträchtlich. Dies gilt auch von manchen im Wasser sich aufhaltenden Schlangen, wie z. B. von *Eunectes murinus* und *Chersydrus granulatus*. Bei der Gattung *Hydrophis* ist dagegen die *Fenestra ovalis* ungewöhnlich eng; ihr Verschluss geschieht durch einen ausserordentlich dünnen kurzen Knochenstiel.

Unter den *Sauria* mangelt den *Amphisbaenoidea* sowol ein Trommelfell, als auch ein *Recessus* der Rachenhöhle. Der Verschluss der *Fenestra ovalis* geschieht durch ein mit kurzem Stiele versehenes *Operculum*. Sein Stiel liegt umgrenzt von einer durch das Hinterhauptsbein gebildeten unten offenen Knochencapsel, an deren Wand sein Ende sich anlegt.

Die *Chamaeleonidea* ermangeln eines Trommelfelles, besitzen aber eine verhältnissmässig weite Aussackung der Rachenhöhle, die mit engem *Ostium* von letzterer ausgeht. Der Verschluss der *Fenestra ovalis* geschieht durch ein scheibenförmiges *Operculum*, dessen Mitte in einen Knochenstiel ausgezogen ist. Das Ende einer Knorpelscheibe, in welche dieser Stiel ausgeht, haftet durch Ligament an dem unteren Ende des Suspensorium. Der Stiel liegt an der Aussenwand des *Recessus* der Rachenhöhle. Die vordere Begrenzung dieses äusseren Gehörapparates wird gebildet durch das Suspensorium.

Die meisten *Kionocrania* [2]) besitzen jederseits: 1) einen *Recessus* der Rachenhöhle, welcher ein weites inneres *Ostium* zu haben pflegt, 2) eine Trommelhöhle, deren Vorderwand durch das Suspensorium gebildet wird, deren auswendiger Verschluss durch ein am Suspensorium befestigtes Trommelfell geschieht; 3) eine *Columella*, deren Basis die *Fenestra ovalis* verschliesst. Das Ende ihres Stieles ist, unter Bildung eines Winkels, verbunden mit der Mitte eines knorpeligen Hartgebildes, das am hinteren Ende des Trommelfelles haftet und von diesem aus, der Längsrichtung des Schedels folgend, zum Suspensorium erstreckt ist. — Das Gehör-

---

1) Nach J. Müller.

2) Die Gattungen *Acontias* und *Anguis* verhalten sich, nach Windischmann, den *Chamaeleonidea* analog.

labyrinth ist umschlossen von *Ala temporalis*, *Occipitale laterale* und *Squama occipitalis*.

Das Gehörapparat der Crocodile besitzt folgende Eigenthümlichkeiten: Es ist eine dem äusseren Ohre vergleichbare Klappe vorhanden. Dieselbe besteht in einer vom Aussenrande des Schläfenbogens ausgehenden, unten mit freiem Rande versehenen, vorhangartig über dem Trommelfelle hangenden Hautfalte. Ihrer vorderen Hälfte entspricht eine kürzere aufsteigende Hautfalte. — In den hinteren Theil der oberen Hautfalte tritt ein vom *Os mastoideum* ausgehender Muskel. — 2) Die beiden *Tubae Eustachii* besitzen eine gemeinsame Ausmündung in die Rachenhöhle. Dieselbe liegt hinter dem Gaumen und den Choanen, umgeben von einem kreisförmigen. etwas röhrig vorspringenden Wulste. Der einfache Anfang beider *Tubae* verläuft hart an der Verbindungsstelle der beiden Basilarknochen des Schedels und ist darauf im *Occipitale basilare* in zwei Schenkel gespalten, deren jeder mit der Paukenhöhle seiner Seite communicirt. Engere Gänge, die in die *Tubae* einmünden, kommen aus den pneumatischen Knochen des Schedels und dem pneumatischen *Os articulare* des Unterkiefers. — 3) Die Einschliessung des Gehörlabyrinthes geschieht zumeist durch die *Squama occipitalis*; ausser ihr wesentlich durch das *Occipitale laterale* und durch ein eigenes *Os petrosum*. — 4) Die das knöcherne Labyrinth umgebenden Knochen besitzen weite Zellen und sind lufthaltig [3]). — 5) Ein kleiner Muskel, der von der hinteren Wand des *Os tympanicum* ausgeht, ist an der Mitte des Stieles der *Columella* befestigt [4]).

Eigenthümlichkeiten der *Chelonia* sind folgende: 1) Der Raum, durch welchen die *Columella* von der *Fenestra ovalis* aus, bis zum Paukenfelle sich erstreckt, ist lang und in zwei durch eine enge Oeffnung des *Os tympanicum*, durch welche die *Columella* hindurchtritt, mit einander communicirende Hohlräume zerfallen. Der der *Fenestra ovalis* und *rotunda* zunächst gelegene Hohlraum, welcher von der *Ala temporalis* und dem *Occipitale laterale* nach innen begrenzt wird und mit Zellen dieser Knochen und des *Occipitale externum* communicirt, ist das *Antivestibu-*

---

3) Eine sehr ausführliche Beschreibung eines Theiles dieser Gänge hat geliefert Owen in der Philosophical Transactions 1850. Part. 2. p. 521. Abbildungen erläutern dieselbe. — Die Pneumaticität des Unterkiefers, welche Owen unbekannt blieb, habe ich durch Bloslegung der äusseren Knochentafel seines *Os articulare* erkannt bei mehren frisch untersuchten Exemplaren von *Alligator lucius*; die Oeffnung und den häutigen Gang gefunden bei *Crocodilus niloticus*. Andere nicht genau bestimmte Arten der Gattungen *Alligator* und *Crocodilus* besitzen die Oeffnung gleichfalls; so dass wahrscheinlich die Pneumaticität dieses Theiles des Unterkiefers allen Crocodilen zukömmt.

4) So nach Cuvier Oss. Foss. T. 9. p. 177.

lum Bojani. Die zweite, weitere, äussere Abtheilung: die eigentliche Paukenhöhle, ist einwärts vom *Os tympanicum* begrenzt. Dieser Knochen bildet nämlich einen der Schedelwand zu — mit Ausnahme der Durchtrittsöffnung für die *Columella* — vollkommen geschlossenen Trichter, welcher durch das auswendig vorgespannte Trommelfell auch vorn geschlossen ist. — 2) Die aus dem *Antivestibulum* in diese Paukenhöhle erstreckte *Columella* steht durch eine Knorpelepiphyse, in welche das Ende ihres Stieles ausgeht, in Verbindung mit einer dem häutigen Trommelfelle eng angeschlossenen, nach aussen convexen Knorpelscheibe. — Die beiden *Tubae* besitzen discrete *Ostia pharyngea* [5]). Jede ist bogenförmig als Canal um den hinteren Rand des *Os tympanicum* zur knöchernen Paukenhöhle erstreckt. Die canalförmige Fortsetzung der Rachenschleimhaut liegt bei *Chelonia* in einer aus fibrösem Gewebe gebildeten Scheide. Die Fortsetzung ihrer Schleimhaut umfasst mit ihrer Aussenwand die *Columella*. — 4) Der mit Otolithenbrei angefüllte *Sacculus rotundus* des weichen Labyrinthes ist durch seinen Umfang ausgezeichnet, steigt ab und liegt in einer eigenen Knochengrube. — 5) Die Schnecke verhält sich abweichend von derjenigen der übrigen Amphibien. Sie besitzt zwei Theile. Einer ist dem *Sacculus rotundus* eng angeschlossen, liegt einwärts von ihm und etwas hinter ihm. Er ist conisch, besitzt ein eigenes Knorpelgerüst; in ihn tritt der *N. cochlearis* ein. Der zweite Theil ist ein mit engem Halse an der hinteren Grenze der eigentlichen Schnecke beginnender, in horizontaler Richtung nach hinten erstreckter, blasenförmiger Sack, dessen Aussenwand an die häutig geschlossene *Fenestra rotunda* stosst [6]). — 6) Das sogenannte *Septum* in den Ampullen der

5) Eines eigenthümlichen an die *Tuba* tretenden Muskels gedenkt Bojanus bei *Emys europaea*.

6) Die eigentliche Schnecke der *Chelonia* war bisher fast ganz unbeachtet geblieben. Windischmann hat nur ihren accessorischen Theil: den häutigen Sack, gekannt und diesen als Schnecke gedeutet. Rathke (Entwickelungsgesch. d. Schildkröten S. 216) hat den knorpeligen Theil der eigentlichen Schnecke gesehen, aber nicht ganz deutlich beschrieben und abgebildet (s Tab. IX. Fig. 12), auch nicht als Schnecke gedeutet. Zum Verständnisse vorläufig Folgendes: An den weichen *Alveus communis* grenzt bei *Chelonia mydas* der absteigende, mit milchweissem, breiigem *Contentum* angefüllte häutige Sack: *Sacculus rotundus*. Dicht an der hinteren und inneren Grenze des Sackes, mit seiner Wand innig zusammenhangend, liegt ein zweites, gleichfalls absteigendes conisches Gebilde: die Schnecke. Sack und Schnecke liegen in einem eigenen Hohlraume der Knochensubstanz des Schedels und zwar von allen Theilen des Gehörlabyrinthes am tiefsten abwärts. Die kegelförmige Schnecke enthält, umschlossen und ergänzt durch häutige Strecken, ein eigenthümliches Knorpelgerüst, das einem Schneckengewinde ähnelt. An der Rückseite eines absteigenden, oben breiteren, unten verschmälert und stumpf endenden Knorpels springen in schräger Richtung zwei in einem Bogen zusammenhangende

halbcirkelförmigen Canäle verhält sich in den verschiedenen Ampullen ungleich [7], ist aber in Vergleich zu dem anderer *Amphibia monopnoa* in allen einfach gebildet (*Testudo nigra*).

2. Vom Gesichts-Apparate.

§. 85.

Die Anlage des Gesichts-Apparates [1]) ist der den übrigen Wirbelthieren zukommenden conform. Rücksichtlich der Zahl und Folge sowol der brechenden Medien, als auch der einzelnen Häute des *Bulbus* ist vom allgemeinen Plane nicht abgewichen. Verschiedenheiten bieten dar die histologische Ausführung sowol der Häute des *Bulbus*, als auch seines *Diaphragma*: der Iris. Desgleichen herrschen Unterschiede in der Anordnung der in die Höhle des *Bulbus* eindringenden Gefässe. — Eine grosse Mannichfaltigkeit zeigt sich in Betreff der Augenlidbildungen. — Den meisten mit oberem und unterem Augenlide versehenen Amphibien kömmt auch eine Nickhaut zu. — Drüsige Apparate in der Umgebung des *Bulbus* fehlen wenigen Amphibien. Bei den *Amphibia monopnoa*, wo sie allgemein vorhanden, zeigen sie sich, nach Zahl und Ausdehnung, verschieden. — Der Bewegungs-Apparat des *Bulbus* besteht bei den mit ausgebildeten Sehorganen begabten Amphibien mindestens in vier geraden und zwei schiefen Augenmuskeln. Die Anzahl dieser Muskeln ist bei einigen Gruppen durch *M. M. retractores bulbi* vermehrt. — Die Befestigungsstellen der geraden Muskeln am Schedel sind nicht überall dieselben. — Die Nickhaut besitzt einen eigenen Muskel-Apparat, dessen specielle Einrichtungen und Combinationen in den einzelnen Ordnungen, ja selbst nach den Gattungen, grosse Verschiedenheiten darbieten.

Die beiden *N. N. optici* bilden, anscheinend ausnahmlos, ein *Chiasma*. An der Vorderseite desselben erscheint eine Kreuzung der Bündel solcher

---

Leisten: eine höhere ausgedehntere und eine tiefere minder ausgedehnte, derartig vor, dass sie eine Rinne einschliessen. Die tiefere Leiste steigt frei von der höheren ab und ist in dieser Strecke von der knorpeligen Axe durch einen der letzteren parallelen Spalt geschieden, worauf sie wieder mit dieser Axe verbunden erscheint. — An diesem Gerüste vertheilt sich der *N. cochleae.* Das konische Ende der Schnecke enthält Otolithenbrei.

7) So nach den Untersuchungen von Steifensand (Müller's Archiv 1835 S. 177) angestellt an *Testudo nigra.* Diese Untersuchungen bedürfen einer Ausdehnung auf verschiedene Schildkröten.

1) Vgl Blainville, Principes d'Anat. comparée p. 411 sqq. — D. W. Soemmerring, de oculorum section. horizontal. Götting. 1818. fol. — Es ist hier weder ein Eingehen in die physikalischen, noch in die histologischen Verhältnisse beabsichtigt.

Art, wie sie durch die in einander geschobenen Finger beider Hände entsteht [2]).

§. 86.

Eigenthümlichkeiten einzelner Gruppen sind folgende: Unter den *Urodela* herrschen, in Betreff des Verhaltens der äusseren Bedeckungen des *Bulbus*, Verschiedenheiten. Bei den *Perennibranchiata* und den *Derotremata* ist die äussere Haut ohne Faltenbildung in seiner Circumferenz über den *Bulbus* fortgesetzt; Augenlider fehlen. — Bei *Proteus* ist die äussere Bekleidung des sehr winzigen *Bulbus* undurchsichtig und unverdünnt; bei den übrigen mehr oder minder durchsichtig und verdünnt. — Unter den *Myctodera* ermangelt *Salamandra maxima* gleichfalls der Augenlider. — Während bei den Larven von *Salamandra* und *Triton* die äussere Haut ununterbrochen über den *Bulbus* fortgesetzt ist, besitzen sie nach absolvirter Entwickelung zwei Augenlider: ein oberes und ein unteres. — Drüsige Gebilde in der Circumferenz des *Bulbus* fehlen den *Urodela*. — Der Muskel-Apparat des *Bulbus* besteht bei *Salamandra* in zwei schiefen und vier geraden Muskeln. — Eigenthümlich ist es, dass mehre der geraden Augenmuskeln unter dem *Os sphenoideum basilare* entstehen.

Bei den *Gymnophiona* liegt der sehr kleine *Bulbus* unter einer unverdünnten Fortsetzung der äusseren Haut.

Unter den *Batrachia* ist die, durch den Besitz eines sehr kleinen *Bulbus* ausgezeichnete, Gattung *Pipa* die einzige, bei der Mangel von Augenlidern und ununterbrochene Fortsetzung der äusseren Haut über den *Bulbus*, bisher beobachtet ist. Die überwiegende Mehrzahl der *Batrachia* besitzt ein oberes Augenlid und eine Nickhaut. Letztere geht mit ihrem unteren Rande bald unabgesetzt in die äussere Haut über (*Rana*), bald ist ein rudimentäres, pigmentirtes unteres Augenlid neben ihr vorhanden (*Bufo*). Das obere Augenlid ist gewöhnlich dem *Bulbus* angewachsen und folgt ihm in seinen Bewegungen. Die Nickhaut ist mehr oder minder durchsichtig, und wird, vermöge eines eigenthümlichen Bewegungs-Apparates, von unten nach oben vor den *Bulbus* gezogen [1]). — Dieser Bewegungs-Apparat ist im Einzelnen sehr verschieden eingerichtet, wie schon eine Vergleichung der Gattungen *Rana* und *Bufo* zeigt. Wesentlich ist die Anwesenheit eines Sehnenbogens, der am häutigen Boden der Augenhöhle sich hinzieht, dessen einer Schenkel am Innenrande und

---

2) Ob eine vollkommene Kreuzung sämmtlicher Fascikel beider Nerven Statt hat, oder ob einige derselben an ihrer ursprünglichen Seite bleiben, ist noch unentschieden.

1) Eine Ausnahme von dieser Regel bildet, nach Duméril und Bibron (l. c. Tome VIII. p. 472), die Gattung *Scaphiopus*, wo das obere Augenlid vor den *Bulbus* gezogen werden soll.

dessen zweiter Schenkel am Aussenrande der Nickhaut haftet. Strecken dieses Sehnenbogens liegen in häutigen, röhrenförmigen Scheiden, an denen Muskelausbreitungen enden, die die Sehne in den Grund der *Orbita* zurückziehen. Bei *Bufo agua* sind zwei solcher Muskeln vorhanden. Beide entstehen unter dem *Os sphenoideum basilare*, neben dem *M. retractor bulbi*; einer umfasst das Sehnenende nahe dem vorderen, der andere nahe dem hinteren Rande des unteren Augenlides. — Die Muskeln des *Bulbus* sind, ausser zwei schiefen, die vom *Os ethmoideum* entstehen, und vier geraden, die theils im Umkreise des *Foramen opticum*, theils — und dies gilt namentlich vom *M. rectus externus* — unter dem *Os sphenoideum basilare* entstehen, ein *M. retractor bulbi*, der, dicht neben dem *M. rectus externus* gelegen und gewissermaassen abgelöset von ihm, auswärts von der Eintrittsstelle des *N. opticus* an dem *Bulbus* befestigt ist [2]).

Eine Orbitaldrüse, die, gemäss ihrer Lage am vorderen Augenwinkel, der Harder'schen Drüse entspricht, scheint den meisten *Batrachia* zuzukommen [3]).

§. 87.

Bei den *Ophidia* ist der Umfang der Augen verschieden: mässig bei den *Eurystomata*; sehr unbeträchtlich bei einigen *Angiostomata*, namentlich bei *Rhinophis* und *Typhlops*. Der *Bulbus* bildet bei den *Eurystomata* eine auswendig vorspringende Wölbung, die bei den *Angiostomata* fehlt. — Allgemein ist die äussere Haut ohne Faltenbildung in seiner Circumferenz und ohne Unterbrechung der Continuität über den *Bulbus* fortgesetzt. Es fehlen demnach Augenlider. — Bei den *Eurystomata* ist der Hautüberzug des *Bulbus* dünn und durchsichtig; bei den *Angiostomata* wenig oder gar nicht verdünnt. — Der Hautüberzug [1]) besitzt zwei

2) Was die Gefässvertheilung im Innern des *Bulbus* anbetrifft, so fehlt, nach Hyrtl, bei *Rana* und *Bufo* eine *Art. capsularis* aus der *A. centralis retinae*. Eine lange Ciliararterie der inneren Oberfläche der *Chorioidea* theilt sich in zwei Zweige, welche zwischen den Ciliarfortsätzen und der *Membrana hyaloidea* um den Rand der Linse einen Kranz bilden, ohne in den Glaskörper und die Linse selbst einzutreten. Viele Zweige dieses Gefässkranzes erstrecken sich an der *Hyaloidea* einwärts bis zum Sehnerven. S. Med. Jahrbücher des Oesterreich. Staates 1838 Bd. XV. S. 379.

3) Eine nähere Untersuchung derselben bleibt Desiderat. Sie ist zuerst erwähnt von Petit in den Mémoires de l'Académie des sciences. Paris 1737. — Auch Dugès hat sie (p. 124) beachtet, nennt sie aber Thränendrüse.

1) Vgl. J. Cloquet, Mémoire sur l'existence et la disposition des voies lacrymalès dans les serpens. Paris 1821. 4. (Mémoires du Musée d'histoire natur. de Paris T. VII. p. 80) — Hyrtl, Med. Jahrb. d. Oesterr. Staates Bd. 15 S. 383, hat die arteriellen Gefässe, welche an der Aussenfläche dieser *Conjunctiva* sich vertheilen, geschildert. Aus einem, den *Bulbus* umfassenden, arteriellen Gefäss-

Schichten: eine äusserste, die Fortsetzung der *Epidermis*, welche bei der Abschuppung in Zusammenhang mit der ganzen Oberhaut abgestossen wird, und eine unter ihr liegende Fortsetzung der *Cutis*. Unter dieser liegt die vordere Wand einer Capsel, deren hintere Wand die der *Cornea* unmittelbar anliegende *Conjunctiva bulbi* ist, deren vordere Wand demnach, wäre sie geschlitzt, eine *Conjunctiva palpebrarum* bilden würde. In die Höhle dieser Capsel münden Ausführungsgänge der Thränendrüse. Am vorderen Augenwinkel steht der Hohlraum der Capsel durch eine Oeffnung in Verbindung mit einem kurzen weiten Thränencanal. Dieser ist zwischen Oberkiefer und Gaumenbein gelegen und mündet vor letzterem Knochen mit enger Oeffnung in die Rachenhöhle. — Die Thränendrüse liegt entweder ganz innerhalb der Augenhöhle und zwar grossentheils unter dem *Bulbus*, oder eine Strecke derselben ist ausserhalb der *Orbita* gelegen und dem Drucke des *M. temporalis* ausgesetzt. Ihr Umfang ist verschieden [2]). Bei einigen *Trigonocephali* umfasst sie den *Bulbus* fast gürtelförmig und ihr Ring bleibt nur am äusseren Augenrande ungeschlossen. — Die Muskeln des *Bulbus* sind zwei schiefe, vom Ethmoidalsegmente des Schedels ausgehende, und vier gerade; von den letzteren entstehen die *M. M rectus superior* und *internus* im Umfange des *Foramen opticum*; die beiden anderen von der Grenze der *Ala temporalis* und des *Sphenoideum basilare*. — Die *Sclerotica* ist häutig und ermangelt immer eines Knochenringes [3]).

Unter den *Sauria* gibt es Gattungen, deren *Bulbus* sehr klein ist, wohin namentlich die Scincoiden-Gattungen *Dibamus* und *Typhline* gehören. — Hinsichtlich der Anordnung der Augenlider herrscht grosse Mannichfaltigkeit. Bei den *Amphisbaenoidea* und einigen *Scincoidea*, z. B. ausser den genannten blödsichtigen Gattungen, auch bei *Acontias*, bei *Ophiops*, bei *Gymnophthalmus* und *Ablepharus*, ist die äussere Haut ungeschlitzt über den nicht gewölbten *Bulbus* fortgesetzt. Bei den *Amphisbaenoidea* liegt vor dem *Bulbus* eine, wie bei den *Ophidia*, gebildete

---

kreise entstehen in verschiedener Anzahl (9 bis 15) kleine Arterien, die ein Netz bilden, ähnlich dem Gefässnetze der Pupillarmembran Die Gefässe sind um die Zeit der Häutung viel entwickelter, als zu anderen Zeiten.

2) Verhältnissmässig am beträchtlichsten ist der Umfang der Thränendrüse bei *Typhlops* Bei *T. lumbricalis* etwa zehnmal so gross, als der *Bulbus*. (S. Duvernoy in den Annales des sc. natur. T XXX p. 29). Duvernoy (ibid. T. XXVI. p. 139) fand sie umfänglich bei *Pelias berus*; bei *Hydrophis*, *Bungarus*, *Naja* bezeichnet er sie als klein. Bei *Crotalus durissus* liege eine Strecke ausserhalb der *Orbita*.

3) Nach den Beobachtungen von Hyrtl, Med. Jahrbücher des Oesterreich. Staates Bd 15 Jahrgang 1838, verhalten sich die Gefässe der *Hyaloidea* bei Schlangen ganz ähnlich, wie bei Fröschen und Kröten. Die Gefässe sind blos auf die *Hyaloidea* beschränkt, dringen nicht in den Glaskörper oder zur Linsencapsel.

durchsichtige Capsel. — Eine analoge Einrichtung kömmt den *Ascalobota* zu [4]). Unterscheidend ist nur der Umstand, dass die äussere Haut in der Circumferenz des vorspringenden *Bulbus* eine ringförmige Falte bildet, bevor sie, verdünnt und durchsichtig, die vor dem *Bulbus* gelagerte, zur Aufnahme der Thränen bestimmte Bindehaut-Capsel überzieht. — Die meisten *Kionocrania* besitzen durch Schlitzung der äusseren Haut und der vorderen Wand der Bindehautcapsel ein unteres und ein oberes Augenlid; ausser diesen aber eine Nickhaut. Zwischen den Häuten des unteren Augenlides liegt gewöhnlich eine rundliche Knorpel- oder Knochenscheibe [5]) eingeschlossen. — Bei Repräsentanten der *Scincoidea* kommen eigenthümliche Verhältnisse des unteren Augenlides vor. Viele besitzen nämlich ein mehr oder minder transparentes unteres Augenlid, das, ohne das Sehen zu hindern, vor den *Bulbus* gezogen werden kann und so das Eindringen fremder Körper, namentlich des Staubes, auf denselben hindert. Bald ist das ganze Augenlid auswendig unbeschuppt, bald ist eine durchsichtige, brillenähnliche, der *Cornea* entsprechende Stelle in demselben vorhanden [6]). — Die *Chamaeleonidea* besitzen ein bewegliches, ringförmig um den ganzen Umkreis des *Bulbus* gezogenes, von der pigmentirten äusseren Haut bis zu seinen Rändern bekleidetes, breites Augenlid, das eine kreisförmige Oeffnung umschreibt und in seiner unteren Hälfte ein Knochenplättchen enthält. Eine Nickhaut ist spurweise vorhanden. Ein *M. sphincter palpebrarum* ist ringförmig; eine Harder'sche Drüse und eine Thränendrüse, jene gross, am vorderen Augenwinkel, diese klein, hinterwärts vom *Bulbus* gelegen, sind vorhanden. — Die *Orbita* der meisten *Kionocrania* ist unten und hinten begrenzt durch eine fibröse Haut. Von den Wandungen der *Orbita* gehen *M. M. palpebrales superior* und *inferior* aus, welche zwischen die Häute der beiden Augenlider treten [7]). — Der drüsige Apparat besteht in einer an der vorderen Seite der *Orbita* unter dem *M. obliquus superior* gelegenen, oft ziemlich weit ausgedehnten, gewöhnlich sehr umfänglichen,

---

4) J. Müller hat hierauf aufmerksam gemacht (s. Ammon's Zeitschr. für Ophthalmologie Bd. 1. Jahrg. 1830 S. 179). Bei einigen *Ascalobota*, namentlich der Gattung *Dionyx*, kömmt in der Continuität der häutigen Bekleidung des *Bulbus* eine kleine Solidification von knorpeliger oder knöcherner Textur vor. S. Duméril und Bibron Vol. 3. p. 319.

5) Sie ist gross, scheibenförmig z. B. bei *Varanus, Uromastix, Iguana.*

6) Dahin gehören die von Cocteau als *Hyaloblepharides* zusammengefassten *Scincoidea*: die meisten Arten folgender Duméril'scher Gattungen: *Eumeces, Euprepes, Lygosoma*; die *Heteropus, Campsodactylus, Hemiergis, Heteromeles, Chelomeles, Brachymeles, Seps.*

7) Das untere Augenlid wird durch eine flache, den Boden der Augenhöhle bildende Muskelausbreitung abwärts gezogen.

flachen Drüse [8]). Eine Oeffnung im *Os lacrymale* führt in einen weiten, auswendig vom knorpeligen Nasengerüst gelegenen, vom Oberkiefer begrenzten Thränencanal, der an der Aussenwand des hinteren Nasenganges, nahe seiner Communication mit dem Rachen, ausmündet. — Bei den mit einer Nickhaut versehenen *Kionocrania* besitzt diese einen eigenthümlichen Muskel-Apparat. Neben dem *M. rectus externus* entsteht von der Grenze des *Os sphenoideum basilare* und der *Ala temporolis* ein kurzer, dicker, in die *Orbita* ragender Muskel: *M. bursalis.* Seine Fasern enden an einer häutigen Röhre. Durch dieselbe tritt eine Sehne zum unteren Rande der Nickhaut. Diese Sehne geht aus von der hinteren Grenze des einfachen Ethmoidalsegmentes des Schedels, und ist abwärts und hinterwärts gebogen, um durch die Schlinge hindurch wieder vorwärts zur Nickhaut zu treten [9]). — Der Muskel-Apparat des *Bulbus* besteht, ausser den beiden vom Ethmoidalsegmente des Schedels ausgehenden *M. M. obliqui* und vier *M. M. recti*, aus zwei, neben dem *M. rectus externus* entstehenden, den *Bulbus* nach hinten ziehenden *M. M. retractores.* Sie fehlen den *Ascalobota*, z. B. *Platydactylus* nicht, werden dagegen bei *Chamaeleo* vermisst. — Dem *Bulbus* der meisten *Kionocrania* mit Einschluss der *Ascalobota*, so wie auch der *Chamaeleonidea*, eigen ist ein aus discreten, einander dachziegelförmig deckenden Knochenschuppen gebildeter, in der äusseren Lamelle der *Sclerotica* gelegener Knochenring. — Eigenthümlich ist ferner den meisten und vielleicht allen *Sauria* eine dem Kamme des Vogelauges oder dem *Processus falciformis* des Fischauges vergleichbare gefässreiche und pigmentirte Falte [10]), welche von der *Chorioidea* aus neben der Eintrittsstelle des *N. opticus* zu den durchsichtigen Medien des *Bulbus* erstreckt ist. — Die Iris besteht aus quergestreiften Muskelfasern. Ein gleichfalls aus quergestreiften Muskelfasern bestehender Spannmuskel der *Chorioidea* entsteht ringförmig von der inneren Oberfläche des Knochen-

---

8) Ob diese, ihrer Lage nach, einer Harder'schen Drüse entsprechende Drüse die einzige in der *Orbita* vorhandene ist, oder ob, wie bei den *Chamaeleonidea*, noch eine kleine Thränendrüse ausser ihr vorkömmt, vermag ich mit Sicherheit nicht anzugeben.

9) Die eben beschriebene Einrichtung scheint die gewöhnliche und vielleicht allgemein vorkommende zu sein. Ich finde sie z. B. bei *Uromastix, Iguana, Podinema* (Salvator) u. A.

10) Dieser Kamm (*Pecten s. Marsupium*), welcher durch Mangel von Falten oder sehr geringe Anzahl derselben vor dem des Vogelauges ausgezeichnet ist, pflegt keilförmig durch den Glaskörper bis zum unteren Rande der Linsencapsel zu dringen. Er ist bei Sauriern sehr verschiedener Familien beobachtet; unter den *Kionocrania* bei *Varanus*, *Lacerta*, *Iguana*, *Anguis*, *Platydactylus*; ferner auch bei *Chamaeleo.*

ringes und heftet sich mit rückwärts erstreckten Fasern ringförmig an die *Chorioidea* [11]).

Die Crocodile besitzen zwei horizontale Augenlider und eine Nickhaut. Zwischen die Häute der ersteren treten *M. M. palpebrales*. Das untere Augenlid ermangelt einer Kochenplatte. Der Bewegungs-Apparat der Nickhaut ist einfach. Er besteht in einem, an der Innenseite des *Bulbus* von der Aussenfläche der *Sclerotica* ausgehenden Muskel, dessen Sehne über dem *N. opticus* nach hinten und unten tritt, und an dem Rande der Nickhaut sich befestigt, die er vorzieht. Die *Sclerotica* ermangelt eines Knochenringes [12]). Die Iris besitzt quergestreifte Muskelbündel; der Spannmuskel der *Chorioidea*, gleichfalls quergestreifte Muskelbündel besitzend, entsteht von dem vorderen Theile der *Sclerotica*; seine Fasern heften sich, rückwärts tretend, an die *Chorioidea* [13]). — Ein abortiver Kamm kömmt den *Crocodila* zu [14]).

Die *Chelonia* besitzen gleichfalls zwei horizontale Augenlider und eine Nickhaut. Zwischen die Häute der ersteren treten *M. M. palpebrales*. Der *M. palpebralis inferior* ist die Fortsetzung einer den Boden der fibrösen *Orbita* einnehmenden und zugleich die hintere Wand derselben bildenden, die Thränendrüse auswärts umfassenden Muskelausbreitung. Der Bewegungs-Apparat der Nickhaut verhält sich eigenthümlich, in so fern er combinirt ist mit einem Hebemuskel des unteren Augenlides [15]). An der Innenseite des *Bulbus* entstehen von der Aussenfläche der *Sclerotica* zwei Muskeln, von deren Bündeln einige mit einander verflochten sind. Einer dieser Muskeln tritt über dem *N. opticus* in einem Bogen zur Nickhaut; ein zweiter zum äusseren Augenwinkel an das untere Augenlid, das er hebt. — Der Bewegungs-Apparat des *Bulbus* ist gleichfalls complicirt, indem zu den gewöhnlichen zwei schiefen und vier geraden Muskeln [16]) noch ein, aus mehren Bäuchen bestehender, im nächsten Umkreise

---

11) Nach den Beobachtungen von Brücke (Müller's Archiv 1846 S. 376). Brücke fand diesen Muskel bei den *Sauria*, mit Einschluss der *Ascalobota* und der *Chamaeleonidea*.

12) Es war ein Irrthum von Soemmerring, dass er den Crocodilen einen Knochenring zuschrieb.

13) S. Brücke a. a. O. S. 376.

14) Nach den Beobachtungen von Soemmerring l. c. p. 59.

15) Es erklärt dies anatomische Verhalten die den Schildkröten eigenthümliche Combination der Bewegungen der Nickhaut und des unteren Augenlides. Bei Berührung des *Bulbus* wird die Nickhaut und fast gleichzeitig auch das untere Augenlid vorgezogen — Ich habe dieses bisher unbeachtet gewesene Verhalten der Muskeln gefunden bei *Chelonia mydas* und bei *Chelydra serpentina*.

16) Die beiden schiefen Augenmuskeln entstehen von der *Regio ethmoidalis* des *Septum interorbitale*; die übrigen aus dem Raume, welcher nach innen von der knorpelhäutigen Seitenwand der Schedrlcapsel, nach aussen von dem auf die

des *N. opticus* befestigter *M. retractor bulbi* hinzukömmt. — Der drüsige Apparat besteht in zwei Drüsen: einer sehr umfänglichen, auswendig und oben gelegenen Thränendrüse, deren weiter Ausführungsgang im äusseren Bereiche der *Conjunctiva* des oberen Augenlides mündet, und einer kleineren, am inneren Augenwinkel gelegenen Harder'schen Drüse. Die *Sclerotica* ist ausgezeichnet durch den Besitz eines aus dachziegelförmig sich deckenden Schuppen bestehenden Knochenringes. — Die Iris besitzt quergestreifte Muskelfasern. Ein gleichfalls aus quergestreiften Muskelfasern bestehender Spannmuskel der *Chorioidea* ist auch in dieser Ordnung beobachtet[16]).

3. Vom Geruchs-Apparate.

§. 88.

Der Geruchs-Apparat liegt paarig und symmetrisch zu den Seiten des *Septum narium*. Das Riechorgan besitzt zwei *Ostia*: ein äusseres, das den äusseren Eingang bildet und ein zweites, das, als Ausgang oder hintere Nasenöffnung, entweder unmittelbar in die Mundhöhle oder in einen *Recessus* der Rachenhöhle: in den hinteren Nasengang, mündet. In letzterem pflegen auch die Thränengänge und die Ausführungsgänge der Nasendrüsen zu münden. — Die Communication der Riechorgane mit der Mund- und Rachenhöhle entspricht der pneumatischen Respiration der Amphibien in so ferne, als die Nase zum Luft einführenden Canale benutzt wird. — Die Ausmündungsstelle der hinteren Nasenöffnungen und Nasengänge liegt nicht bei allen Amphibien an derselben Stelle; bei wenigen an den Lippen oder den äussersten Grenzen der Mundhöhle; bei den meisten ziemlich vorne am Gaumen, bei einigen weit nach hinten. Die *Proteidea* und die *Crocodila* bilden die beiden Extreme. — Ein Flimmer-Epithelium kömmt der Schleimhaut der Nase zu.

Bei den *Proteidea* sind die Geruchsorgane oben durch Knochen unbelegt; die hinteren Nasenöffnungen durchbohren die Lippen an den äussersten Grenzen der Mundhöhle, ermangeln auch einer auswendigen Begrenzung durch Hartgebilde. Bei *Proteus* liegt die hintere Nasenöffnung weiter vorwärts, als bei *Menobranchus*. Bei letzterem bildet das unter der Haut gelegene Riechorgan ein gekrümmtes, nach aussen concaves Rohr. An der Innenseite desselben verläuft der Geruchsnerv, welcher aus zahlreichen, einzeln und successive in das Geruchsorgan eintretenden Fäden besteht. In der Höhle des Rohres liegen drei Längsstreifen, welche

---

Oberfläche des *Os pterygoideum* absteigenden Fortsatze des Schläfenbeines begrenzt wird.

16) S. Brücke a. a. O. S. 376.

durch quere oder schräge reihenweise angeordnete vorspringende Leistchen verbunden werden. Auch bei *Proteus* besitzt das Gerüst des Riechorgans inwendig von einer medianen Längsfalte ausgehende Reihen von Querrippen [1]) und das Verhalten der Geruchsnerven ist ähnlich, wie bei *Menobranchus.*

Bei allen übrigen Amphibien sind die Rachenmündungen der Riechorgane von Knochen begrenzt. Vollständiger ausgebildete *Cartilagines laterales*, die vom *Septum* ausgehen, bilden das Dach, das seinerseits wieder mehr oder minder weit von Knochen belegt ist. Bei den *Urodela*, mit der erwähnten Ausnahme der *Proteidea*, liegen die Rachenmündungen vorn an der äusseren Grenze der Mundhöhle zwischen Oberkiefer und Gaumenbein. — Bei den *Batrachia* besitzen die äusseren Nasenöffnungen einen eigenen Muskel-Apparat [2]).

Bei den *Amphibia monopnoa* sind die durch das einfache *Septum* getrennten Nasenhöhlen von Knorpeln umschlossen, welche von diesem *Septum* ausgehen. Die Grenze zwischen der eigentlichen Nasenhöhle und dem hinteren Nasengange ist durch Vorsprünge mit knorpeliger Grundlage bezeichnet. — Bei den *Streptostylica* und den *Chelonia* sind die Nasenhöhlen mit Einschluss der hinteren Nasengänge kurz und münden weit nach vorne, zwischen *Ossa vomeris* und *palatina*, aus; bei den *Crocodila* sind sie sehr verlängert und münden weit nach hinten aus. — Unter den *Streptostylica* [3]) ist die der äusseren Nasenöffnung entsprechende eigentliche Nasenhöhle kürzer bei den *Ophidia* [4]), als bei den *Sauria*.

Bei den Schildkröten ist die der äusseren Nasenöffnung entsprechende Nasenhöhle durch ein durchbohrtes *Diaphragma* von dem röhrenförmig zur hinteren Nasenöffnung erstreckten hinteren Nasengange [5]) geschieden. Die eigentliche Nasenhöhle besitzt einen bei *Chelonia* auf das Dach der Mundhöhle absteigenden *Recessus*. — Bei den Crocodilen führt ein langer, oberhalb der Gaumenplatten der Kieferknochen gelegener Vorhof in eine hintere weitere Abtheilung. In diese ragen, ähnlich wie bei vielen Vögeln, von aussen zwei blasige, hohle Einsackungen des knorpeligen

---

1) Vgl. die Abbildung bei Rusconi de la Sirène Tab. 3. Fig. 3. 4.

2) Vgl. die Abb. bei Dugès l. c. Planche VI. Fig. 42. 1—3.

3) Sowol in der Ordnung der *Ophidia*, als in derjenigen der *Sauria* kommen sogenannte Nasendrüsen vor; bei den *Ophidia* allgemein; unter den *Sauria* kommen sie anscheinend nur wenigen zu. Zu diesen gehört z. B. *Uromastix spinipes*, wo die Nasendrüse sehr umfänglich ist, und unmittelbar vor dem Thränenbeine zwischen dem Knorpelgerüste der Nase und dem knöchernen Oberkiefer, also weiter nach hinten liegt, als bei den Schlangen.

4) Bei den *Hydrophida* sind die äusseren Nasenöffnungen, wie Schlegel hervorhebt, verschliessbar.

5) Bei den *Trionychoidea* ist die weiche Nase vorne rüsselförmig ausgezogen.

Nasengerüstes: Muscheln hinein, deren Grundflächen durch eine gekrümmte Vertiefung geschieden sind. Unterhalb der Stelle, wo die vordere dieser beiden Muscheln hineinragt, ist der Eingang in den hinteren Nasengang. Dieser ist lang und wird begrenzt vorne, auswendig und unten vom Gaumenbeine, innen und oben vom *Os vomeris*, hinten vom *Os pterygoideum*. Sein *Ostium* liegt ganz hinten in der Rachenhöhle vor dem *Ostium* der *Tubae Eustachii*. — Der Thränencanal mündet an der Aussenwand der Nasenhöhle in der Nähe der vorderen Muschel, an der Uebergangsstelle der Nasenhöhle in den hinteren Nasengang.

§. 89

Bei verschiedenen Amphibien kommen noch andere Organe vor, welche wahrscheinlich als Sinnesorgane zu betrachten sein dürften. Es gehören dahin: 1) Die vom *N. trigeminus* mit Fäden versehenen Tentakel der *Gymnophiona*, gelegen in Gruben, welche von Gesichtsknochen begrenzt werden, aus denen sie durch Oeffnungen dieser Knochen nach aussen hervortreten können. — 2) In der Nähe der äusseren Nasenöffnungen gelegene, blos bei einigen *Ophidia* (den *Crotalina*: *Crotalus* und *Trigonocephalus*) vorkommende Organe [1]). — 3) Das sogenannte *Tuberculum palatinum* der Schildkröten: ein unpaares, eiförmiges, weiches, weissliches, jeder Höhlung ermangelndes, vor den Choanen, zwischen diesen und dem Gaumentheile des Zwischenkiefers, unter der Gaumenhaut gelegenes Organ, in welches Gaumennerven eintreten [2]). — 4) Anscheinend diesem *Tuberculum palatinum* verwandte Organe, bei *Ophidia* und *Sauria* beobachtet [3]). Paarige, enge, vor den Choanen in den Gaumen mündende Oeffnungen sind die Ausgänge von Höhlen, die gewöhnlich durch Knochen begrenzt werden. Jede Höhle ist nämlich umfasst vom *Os vomeris* und der *Concha* ihrer Seite; sie liegt unmittelbar unter dem knöchernen Boden der Nasencapsel. Die Höhle besitzt

---

1) Dieses zuerst durch Home näher beachtete Organ besteht z. B. bei *Trigonocephalus* in einer auswärts vom Auge, zwischen Auge und Nase gelegenen Grube, welche weiter ist als das Nasenloch. Ueber der Grube ist eine verdünnte Hautschicht, etwa wie ein Trommelfell, gespannt. Die unter dieser Haut liegende Grube ist etwas trichterförmig. Sie ermangelt jeder Communication mit der Nase.

2) Dieses Organ ist von Bojanus bei *Emys europaea* entdeckt. Anat. testud. p. 139. 140. Tab. XXVI. Fig. 147.

3) Diese Organe werden hier, meines Wissens, zuerst erwähnt. Ich habe ihre paarigen Oeffnungen bei Sauriern aus sehr verschiedenen Abtheilungen gefunden. So bei *Varanus*, bei *Podinema*, bei *Iguana*, bei *Pseudopus*, bei *Chamaeleo*. — Unter den *Ophidia* kenne ich sie bei mehren Coluber-Arten, bei *Python*, bei *Trigonocephalus* u. A. Diese Organe erinnern, nach ihrer Lage unter der Nase, an die Jacobson'schen Organe der Säuger.

eine häutige Auskleidung; sie enthält z. B. bei *Varanus* ein eigenthümliches, ziemlich weiches, scharf begrenztes Organ, das, wie ein Pilz, auf einem sehr kurzen Stiele sitzt.

Fünfter Abschnitt.

Vom Verdauungs-Apparate.

§. 90.

Eine Bewaffnung der die Mundhöhle begrenzenden Knochen mit Hartgebilden liegt im Plane der Amphibien. Diese Hartgebilde sind Hornscheiden oder Zähne. Bewaffnet durch solche Hartgebilde sind, mit wenigen Ausnahmen, die Kiefer. Ausser den Kiefern pflegen bei den meisten *Amphibia dipnoa* Knochen des Gaumen-Apparates: *Ossa palatina* oder *Ossa vomeris, Ossa pterygoidea* und bei den meisten *Monopnoa streptostylica* ebenfalls *Ossa palatina* und *pterygoidea* zahntragend zu sein. Bei den *Monopnoa monimostylica* fehlt eine zahnartige Bewaffnung der Gaumenknochen durchaus. — Eine Zunge fehlt nur wenigen Gattungen. — Drüsige Apparate, deren Secret in die Mundhöhle gelangt, können fehlen oder vorhanden sein. — Aussackungen der Rachenhöhle, und zwar theils solche, die, als hintere Nasengänge mit den Nasenhöhlen, theils solche, die als Thränengänge mit dem geschlossenen oder geöffneten Sacke der *Conjunctiva bulbi* communiciren, theils endlich solche, die als *Tubae* vor die *Fenestra ovalis* des Gehör-Organes treten, kommen den meisten Amphibien zu. — Besondere Aussackungen der Rachenhöhle, die zu stimmbildenden Apparaten werden, sind vielen männlichen *Batrachia* eigen. — Die Durchbrechung der Seitenwandungen des Rachens von Spalten (Kiemenspalten) gehört in den Entwickelungsplan aller Amphibien; die Benutzung dieser Gegend zu respiratorischen Zwecken durch Bildung von Kiemen gehört in den Organisationsplan der *Amphibia dipnoa*; die perennirende Erhaltung der bei den meisten *Amphibia dipnoa* nur während eines gewissen Lebensstadiums fungirenden Kiemen ist Eigenthümlichkeit der *Urodela perennibranchiata*. — Ein ausnahmslos vorhandener, epigonal als Respirationsorgan benutzter pneumatischer Apparat ist ventrale Ausstülpung der Rachenhöhle.

Die Strecken des eigentlichen *Tractus intestinalis* sind: 1. eine vordere vom Bauchfelle ausgeschlossene: Schlund und Speiseröhre; 2. eine vom *Peritoneum* umfasste, die verschiedene Abtheilungen: Magen, Dünndarm und Dickdarm besitzt. Das Ende des Dickdarmes mündet bei allen Amphibien in die vom *Peritoneum* nicht bekleidete Cloake: den gemeinsamen Recipienten des *Rectum*, der Harn ausführenden Gänge und des leitenden Apparates der Geschlechtsdrüsen. — Schlund und Speiseröhre, gleich wie der übrige *Tractus intestinalis*, ermangeln einer Belegung mit einer Schicht quergestreifter Muskeln. — Die Anordnung der Schleimhaut des *Tractus intestinalis* bietet ziemlich grosse Mannichfaltigkeit dar. — Leber, *Pancreas* und Milz kommen allen Amphibien zu [1]). — Ausnahmslos ist eine Gallenblase vorhanden. — Der After ist bei einigen *Amphibia dipnoa* rundlich (*Gymnophiona, Siren, Batrachia*); bei andern bildet er einen Längsspalt (*Proteidea*, *Derotremata*, *Myctodera*). Unter den *A. monopnoa* ist der After bei den *Streptostylica* ein Querspalt; bei den *Monimostylica* ist er rundlich.

§. 91.

Unter den *Urodela* besitzt die Gattung *Siren* Hornscheiden und Zähne; jene, deren feine Ränder in freie Spitzen ausgehen, kommen am Zwischenkiefer und Unterkiefer vor; die Zähne liegen oben an knöchernen Gaumenplatten, unten am *Os operculare* des Unterkiefers haufenweise hinter einander. — Die übrigen *Urodela* ermangeln der Hornscheiden. Sie besitzen sämmtlich Zähne, angefügt an den Knochen des Ober- und Unterkiefers und an den *Ossa palatina* und, wenigstens bei *Menobranchus* und *Siredon*, auch an den *Ossa pterygoidea*. Die Zähne der oberen Kieferknochen und der *Ossa palatina* bilden zwei concentrische Reihen; die des Unterkiefers sind bei den meisten einreihig und blos längs dem *Os dentale* fixirt; bei *Siredon* zweireihig längs dem *Os dentale* und *operculare*. — Die Zunge ist am Boden der Mundhöhle befestigt, daher nicht vorstreckbar; bei den *Myctodera* jedoch an den Rändern freier, als bei den übrigen. — Speicheldrüsen fehlen. — Das Darmrohr hangt von der Durchtrittsstelle des *Oesophagus* durch das *Diaphragma* an bis zum Ende des *Rectum* an einem *Mesenterium*. Der Magen ist gerade hinterwärts gerichtet, bildet demnach ein Längsrohr. Bei seinem Uebergange in das *Duodenum* verändert er meistens seine Richtung nicht; bei *Salamandra* bildet das Ende seiner *Portio pylorica* eine Krümmung. — Eine Pförtnerklappe fehlt. — Der Dünndarm macht gewöhnlich einige leichte Win-

---

1) Die reichhaltigste Zusammenstellung s. bei J. Brotz et C. A. Wagemann de Amphibiorum hepate, liene et pancreate observationes zootomicae. Friburgi Brisgovior 1838. 4.

dungen, ehe er in das beständig weitere, kurze, durch keine Klappe geschiedene, gerade hinterwärts gerichtete *Rectum* übergeht. — Die Muskelhaut des Magens ist dick, besonders im Pförtnertheile; die des Darmes ist dünner. — Die Schleimhaut der Magenhöhle bildet Längsfalten.

Die Leber ist befestigt durch ein *Ligamentum suspensorium* und *gastro-hepaticum*; sie beginnt hinter dem *Diaphragma* und erstreckt sich an der Ventralseite des Magens und des Darmes ziemlich weit nach hinten. Ihre Form ist mehr oder minder länglich; ihre Ränder sind mehr oder minder ausgeschweift, wenig eingeschnitten, bei Manchen etwas gekerbt; hinten besitzt sie oft einen länglichen lappigen Anhang. Ein Zerfallen der Leber in grössere Lappen kömmt nicht vor. In der Mitte oder am Ende ihrer concaven, dem Darmrohre zugewendeten Fläche liegt die stets vorhandene, mehr oder minder oblonge Gallenblase. — Die Milz, von beträchtlichem Umfange und meist länglicher Form, liegt zwischen den Lamellen des *Mesogastrium* links vom Magen. — Das nicht ganz kleine *Pancreas* ist in der Pförtner- und Duodenalgegend, eng an diesen Strecken des Darmrohres angeschlossen, zwischen den Lamellen des *Mesenterium* eingeschlossen.

§. 92.

Die *Gymnophiona* besitzen Zähne. Die oberen stehen in zwei concentrischen Reihen, indem sie dem Oberkiefer und den Gaumenbeinen folgen; die unteren sind bei *Coecilia* und *Siphonops* längs dem Unterkiefer in einfacher, bei *Epicrium* in zweifacher Reihe angeordnet. — Die flache Zunge ist am ganzen Boden der Mundhöhle befestigt, daher nicht vorstreckbar. An ihrer Oberfläche münden zahlreiche *Cryptae*. — Speicheldrüsen sind nicht vorgefunden. — Der lange *Oesophagus* ist gerade hinterwärts erstreckt und geht hinter dem Herzen ohne Unterbrechung in den, dieselbe Richtung verfolgenden, bis zum Ende der Leber reichenden, Magen über, der, gleich dem ganzen folgenden Darmrohre, an einer Bauchfellfalte frei suspendirt ist. Der Magen ist vor dem *Oesophagus* durch etwas grössere Dicke der Wandungen, durch den Besitz von Längsrunzeln und abweichende Texturverhättnisse der Schleimhaut ausgezeichnet. Die Uebergangsstelle in das *Duodenum* ist durch eine ringförmige Falte, an welcher die Längsfalten enden, bezeichnet. — Das übrige Darmrohr ist dünnwandiger, als der Magen, bald, mit Ausnahme einiger Windungen, gerade hinterwärts gerichtet, bald mehr gewunden [1]). Die Weite ist ziemlich gleichmässig [2]). Die Uebergangsstelle des kurzen *Rectum* in die lange Cloake ist durch eine kreisrunde Klappe bezeichnet.

---

1) S. nähere Angaben über die Verhältnisse bei den einzelnen Arten bei Duvernoy, Ann. des sc. nat. T. 30. Paris 1833. p. 140. Tab. XV.

2) Erweiterungen, deren Rathke Erwähnung thut, entstehen durch Anhäufung

Die Leber beginnt hinter dem Herzbeutel, liegt linkerseits, befestigt an einem *Ligamentum gastro-hepaticum* und *suspensorium*. Sie ist lang, nimmt fast ein Drittheil der Länge der Rumpfhöhle ein und besteht aus zahlreichen, dachziegelförmig sich deckenden, scheibenförmigen Lappen, von welchen einzelne durch Einschnitte wieder getheilt sind [3]). Jeder Lappen besitzt einen doppelten Peritonealüberzug. Längs ihrem Innenrande steigt der Ausführungsgang hinterwärts. Die Gallenblase liegt in einer Vertiefung der Leber. — Das nicht unbeträchtliche *Pancreas* und die etwas längliche dunkele Milz liegen neben einander am Anfange des *Duodenum*. In diesen mündet mit dem *Ductus pancreaticus* der Gallengang.

§. 93.

Die meisten *Batrachia* besitzen Zähne. Gänzlicher Mangel derselben ist selten; er ist nur wenigen Gattungen, z. B. *Pipa* und *Bufo*, eigen. — Der Unterkiefer ist niemals zahntragend; meistens sind es die Oberkiefer und die paarigen *Ossa vomeris*; letztere Knochen nicht allgemein, denn Zähne fehlen z. B. den Gattungen *Dactylethra*, *Breviceps*, *Crossodactylus*, *Phyllobates*, am *Vomer*. — Die Froschlarven besitzen, statt der Zähne, eine hornartige Bekleidung beider Kiefer [1]). — Eine Zunge fehlt der Gruppe der *Aglossa* ganz. Bei den übrigen Gattungen, welche eine Zunge [2]) besitzen, ist gewöhnlich nur ihr Vordertheil, mit Ausnahme der Ränder, am Boden der Mundhöhle angewachsen; in ihrer hinteren grösseren Strecke pflegt sie frei zu sein. Doch steht diese Eigenthümlichkeit nicht ausnahmslos da; denn bei einzelnen Fröschen, z. B. bei *Hylaedactylus*, *Uperodon* und einigen *Hylae*, ist sie hinten mehr oder minder weit angewachsen. Das hintere Zungenende ist häufig in zwei Seitenfortsätze ausgezogen. — Speicheldrüsen sind bei keinem Repräsentanten dieser Gruppe beobachtet. — Eine Eigenthümlichkeit der Mundhöhle vieler männlichen *Batrachia* besteht darin, dass am Boden ihrer hintersten Strecke gelegene, durch Schlitze mit ihr communicirende, von Muskelausbreitungen belegte Aussackungen (die sogenannten Kehlblasen) zu acces-

---

von Speiseresten und Sand an einzelnen Strecken. — Im Magen fand ich halbverdaute Anneliden, anscheinend Lumbricinen.

3) Ich zähle bei *Coecilia annulata* 36 Lappen.

1) Diese Hornscheiden erscheinen nach Vogt (Entwickelungsgesch. d. Geburtshelferkröte S. 87) bei den Larven von *Alytes* spät, weil dieselben lange in den Eihüllen bleiben. Die Hornscheiden sind hier, wie bei anderen Fröschen, an den Rändern sägenförmig gezackt. Vor diesen Hornplatten beobachtete Vogt bei *Alytes* noch drei Reihen zahnartiger Gebilde von Horntextur (S. 88).

2) Ueber ihren feineren Bau vgl. Aug. Waller, Minute structure of the papillae and nerves of the tongue of the frog and toad. Philosophical Transactions. 1849. p. 139.

sorischen Stimmorganen werden. Diese accessorischen Stimmapparate bestehen entweder in zwei discreten Blasen, deren jede eine eigene Oeffnung besitzt, oder in einem unpaaren Sacke mit zwei seitlichen Eingängen [3]).

Charakteristisch für die *Batrachia* ist die fast quere Stellung des Magens. Der an den gerade absteigenden, inwendig von einem Flimmer-Epithelium ausgekleideten *Oesophagus* sich anschliessende Magen gewinnt sogleich beträchtlich an Weite, biegt sich nach rechts hinüber, verengt sich in seiner *Portio pylorica* zuletzt beträchtlich und setzt in den Dünndarm sich fort. Dieser ist bei den definitiv entwickelten Thieren nicht von bedeutender Länge — bei *Pipa* verhältnissmässig am längsten — macht einige Windungen und geht in das alsbald weite, daher äusserlich deutlich unterscheidbare, gerade absteigende, mässig lange *Rectum* über. Dies *Rectum* mündet mit engem *Ostium* in die Cloake. — Der ganze innerhalb der Bauchhöhle gelegene Theil des *Tractus intestinalis* ist an einer zusammenhangen Peritonealduplicatur befestigt. — *Oesophagus* und Magen besitzen eine dicke Muskelhaut; diejenige des Magens ist bedeutend dünner. Die Schleimhaut des Magens bildet Längsfalten und Runzeln; an der Uebergangsstelle des Magens in das *Duodenum* findet sich bei einigen *Batrachia* ein ringförmiger Schleimhautsaum, an dem die Längsfalten enden [4]). Ein ähnlicher Saum bezeichnet bisweilen die Grenze zwischen Dünndarm und *Rectum*. Die Schleimhaut des Dünndarmes bildet zickzackförmige oder wellenförmige Vorragungen.

Die Leber beginnt hinter dem *Diaphragma*. Sie besteht meist aus zwei, nur durch eine schmale Substanzbrücke mit einander verbundenen Hauptlappen von beträchtlicher Ausdehnung. Der linke derselben ist gewöhnlich durch einen mehr oder minder tiefen Einschnitt wieder in zwei Lappen getheilt. Die Gallenblase, rundlich oder birnförmig, liegt an der

---

3) Bei *Bufo agua* z. B. (wo der Kehlsack unpaar ist) führt jederseits ein zwischen dem hinteren Zungenende und dem Gelenktheile des Unterkiefers gelegener Schlitz in eine quer verlaufende Höhle, deren innere Bekleidung eine Fortsetzung der Mundschleimhaut ist. Die beiden äusseren Enden des queren Hohlraumes sind unter der Haut sackförmig erweitert. Eine mit dem *M. transversus mandibulae* in Continuität stehende Ausbreitung querer Muskelfasern, die unter Einfluss des *N. facialis* stehen, umfasst die Kehlblase und comprimirt sie. — Vgl. Rapp in den Jahrbüchern des Würtemberg. Naturw. Vereins Jahrg. 1847 S. 185. — Diese Kehlblasen sind nicht Eigenthum aller männlichen *Batrachia*, kommen vielmehr nur einzelnen Arten vieler Gattungen zu, während sie anderen fehlen. Unter unseren einheimischen Arten der Gattung *Rana* besitzt sie nur *R. esculenta*; sie fehlen dagegen den früher unter der gemeinsamen Bezeichnung *R. temporaria* zusammengefassten beiden einheimischen Arten.

4) Z. B. bei *Pipa, Dactylethra, Breviceps.*

die beiden Hauptlappen verbindenden Brücke. Die Leber haftet an einem *Ligamentum suspensorium* und einem *L. gastrohepaticum* des Bauchfelles. — Bei den *Aglossa* ist sie dadurch ausgezeichnet, dass sie aus drei (*Pipa*) oder zwei (*Dactylethra*) durch Substanzbrücken unverbundenen, nur durch die Fortsetzungen der sie bekleidenden Peritonealduplicatur zusammengehaltenen Lappen besteht. Die bei *Pipa* umfängliche, bei *Dactylethra* kleine Gallenblase liegt an der concaven Seite des rechten Leberlappens.

Das *Pancreas* liegt zur Seite der Pförtnergegend des Magens und des Anfanges des *Duodenum*. Seine Ausführungsgänge münden vereinigt mit dem *Ductus choledochus* in den Anfang des *Duodenum*.

Die Milz liegt entfernt vom Magen, eingeschlossen zwischen den Platten des *Mesenterium*, zur Seite des Endes des Dünndarmes. Sie ist meist kreisrund, scheibenartig, platt.

Die Larven der *Batrachia* sind durch viel beträchtlichere Länge des Darmrohres ausgezeichnet. — Eigenthümlichkeiten der Gattung *Pipa* sind: eine blasenartige Erweiterung der vordersten Strecke des *Duodenum*, bedeutende Länge und Enge des Dünndarmes. *Dactylethra* fehlt die blasenartige Erweiterung; dagegen ist der Endabschnitt des Dünndarmes erweitert.

§. 94.

Die *Ophidia* besitzen sämmtlich Zähne. Die in Function begriffenen sind durch ihre Grundflächen an Knochen angewachsen. Zahntragende Knochen sind in der Regel: das *Os maxillare superius*, das *Os palatinum*, das *Os pterygoideum* und das *Os dentale* des Unterkiefers. — Unter den *O. Eurystomata* ist auch der Zwischenkiefer zahntragend bei der Gattung *Python*; Mangel der Zähne am Gaumenapparate zeichnet aus die Gattung *Oligodon* [1]). — Unter den *O. Angiostomata* besitzt *Typhlops* nur Zähne an den *Ossa palatina*; *Uropeltis* nur längs Ober- und Unterkiefer; die *Tortricina* an Zwischenkiefer, Oberkiefer, Gaumenknochen und Unterkiefer. — Die Zähne der *O. Eurystomata* pflegen lang, schmal, gebogen, spitz, mehr oder minder hinterwärts gerichtet zu sein; die der *Angiostomata* sind im Allgemeinen kürzer und stumpfer. — Der merkwürdigen functionellen Entwickelung der *Processus spinosi inferiores* zahlreicher Wirbel zu Zähnen bei *Rhachiodon scaber* ist bereits früher Erwähnung geschehen [2]).

Die Zähne der Schlangen pflegen bis in die Nähe ihrer hervorragenden Spitzen von Taschen, die durch die Mundschleimhaut gebildet sind, umhüllt zu sein. Die abgenutzten Zähne werden durch neue ersetzt.

---

1) *Oligodon* Boie; *Calamaria oligodon* Schlegel.
2) S. §. 8.

Die Ersatzzähne entwickeln sich in der Schleimhaut der Mundhöhle, liegen in Taschen derselben und sind durch ihre Grundflächen mit Knochen nicht verwachsen. Sie liegen am Oberkiefer längs der Innenseite, am Gaumen längs der Aussenseite der in Function begriffenen Zähne.

Das nähere Verhalten der Zähne bietet Verschiedenheiten dar, die Motive für die systematische Anordnung der Schlangen geworden sind. Die meisten unschädlichen Schlangen besitzen conische, solide, ungefurchte und unausgehöhlte Zähne (*Stereodonta*). Dabei sind die Oberkieferzähne bald sämmtlich gleich lang, bald von ungleicher Länge. — Bei anderen Schlangen, die, allem Anscheine nach, ebenfalls unschädlich sind, fällt eine Verlängerung eines der hintersten oder einiger der hintersten Oberkieferzähne zusammen mit einer Furchung derselben. Die Furche verläuft an der convexen Seite des Zahnes in dessen Längsrichtung [3]).

Die eigentlichen Giftschlangen besitzen in jedem Oberkieferknochen einen Zahn, der mit einem zur Ausführung des Secretes der Giftdrüse dienenden Canale versehen ist. Dieser Canal besitzt zwei erweiterte Oeffnungen: eine obere Eingangsöffnung, in welche der *Ductus excretorius* der Giftdrüse einmündet, und eine untere, der Zahnspitze nahe Ausgangsöffnung, durch welche das Gift ausfliesst. Bei vielen Giftschlangen, ist die Zahnoberfläche in der zwischen diesen beiden Oeffnungen gelegenen Strecke ganz glatt; so bei den *Crotalina* und *Viperina*; bei Anderen ist die Zahnoberfläche längs der Vorderseite des Canales mit einer feinen Furche versehen; so bei den *Elapina* und *Hydrophida*. — Bei den erstgenannten Gruppen der Giftschlangen ist der Giftzahn der einzige Zahn des Oberkieferknochens und vor allen übrigen Zähnen durch seine Grösse ausgezeichnet. — Bei mehren *Elapina* und bei allen *Hydrophida* [4]) kommen in dem etwas längeren Oberkieferknochen hinter dem Giftzahne noch einige kleine Zähne vor. Diese sind bald solide, wie bei *Bungarus*, bald gefurcht, wie bei den *Naja* und den *Hydrophida*.

Der Entwickelung des Canales im eigentlichen Giftzahne geht die Bildung einer Furche voraus; der Canal entsteht durch Schliessung der Ränder dieser Furche. Ein Längsstreif an der Convexität des noch neuen, eben ausgebildeten Giftzahnes und eine ungewöhnliche Weite der Aus-

---

3) Diese Schlangen mit gefurchten Zähnen bilden die vorläufig, bis zu vollständiger Untersuchung ihrer gesammten Organisations-Verhältnisse adoptirte Abtheilung der *Glyphodonta*. Reinwardt hat die Furchung zuerst bei *Dipsas dendrophila* erkannt; Boje ward sie ein Motiv zu Gründung seiner Gattungen *Dipsas* und *Homalopsis*. Schlegel fand sie bei *Dryiophis*. Duvernoy hat weitere Untersuchungen über diese Schlangen angestellt.

4) Bemerkungen über die Zähne dieser Gruppen s. bei Fischer, die Familie der Seeschlangen. Hamburg 1855. 4.

gangsöffnung pflegen noch auf diese Entstehungsweise hinzudeuten. — Bei den meisten Schlangen wird der Giftzahn mit dem Oberkiefer, an welchem er durch seine Basis haftet, bald umgelegt, bald aufgerichtet. Aufgerichtet wird der Oberkiefer durch eine an ihm befestigte Sehne des *M. pterygoideus externus.* — Es ist aber auch eine Giftschlange bekannt: *Chloroechis* Schlegel [5]), bei welcher der Oberkiefer länger und minder beweglich ist, daher auch der Giftzahn nicht umgelegt werden kann.

Die Mundhöhle der *Ophidia* ist erweiterungsfähig. Die zwischen den Unterkieferschenkeln unterhalb der Mundhöhle gelegene Haut bildet eine mediane Längsfalte: *Sulcus gularis.*

Alle *Ophidia* besitzen absondernde Drüsen [6]), deren Secret in die Mundhöhle oder in die Circumferenz derselben gelangt. Diese Drüsen sind verschiedener Art:

1) Die unschädlichen *O. Eurystomata* besitzen längs der Begrenzungen des Mundes einfach construirte, reihenförmig angeordnete Lippendrüsen: *Glandulae labiales superiores* und *inferiores*, deren Secret durch zahlreiche kleine, auswärts von den Grundflächen der Zähne geöffnete Ausführungsgänge entleert wird. Die *Glandulae labiales superiores* reichen hinten häufig bis zur Lippen-Commissur; nicht selten gehen die beiderseitigen Drüsenreihen vorne in der Zwischenkiefergegend ununterbrochen in einander über. Oefter liegt vorne zwischen den Drüsenreihen beider Seiten eine discrete, unpaare, mittlere, mit jenen ausser unmittelbarer Verbindung stehende Reihe von Drüsensäckchen [7]).

2) Bei einigen der mit gefurchten Zähnen versehenen, anscheinend unschädlichen Schlangen hangt mit der *Glandula labialis superior* zusammen eine weichere, spurweise gelappte, grössere Drüsenmasse, deren Gänge zu einem in die Furche des gefurchten Oberkieferzahnes übergehenden *Ductus excretorius* sich vereinigen. Diese Drüse ermangelt aber einer fibrösen Bekleidung, wie sie der Giftdrüse der hohlzahnigen Schlangen zuzukommen pflegt.

3) Bei den hohlzahnigen Giftschlangen sind die *Glandulae labiales superiores* verhältnissmässig unbeträchtlicher, bei einigen *Hydrophida* sogar völlig vermisst worden. Charakteristisch ist für sie der Besitz einer

5) *Dinophis* Hallowell.

6) Vgl. über dieselben: Tiedemann in den Denkschriften der Academie zu München 1813 S. 25. — Seifert, Spicilegia adenologica. Berol. 1823. 4. — Meckel in seinem Archiv für Anatomie und Physiol. Jahrg. 1826 S. 1. — Schlegel in den Nov. Act. Acad. Leop. Carol. Vol. XIV. P. I. p. 145 sqq. — Duvernoy in den Annales des sciences naturell. T. XXVI. p. 132 sqq. — Bächtold (v. Rapp) Untersuchungen über die Giftwerkzenge der Schlangen. Tübingen 1843. 4.

7) Schlegel hat in seinem Essai sur la physiognomie des serpens zahlreiche Detailangaben über diese Drüsen. Er bezeichnet die mittlere unpaare Drüse als Glande frénale.

beträchtlichen Drüse, die, der giftigen Eigenschaften ihres Secretes halber, als Giftdrüse bezeichnet wird. Das Secret dieser Drüse erhält Abfluss durch den Canal des durchbohrten Zahnes. Die Drüse hat ihre Lage über dem Oberkiefer und dem *Os transversum*, hinter und zum Theil noch unter dem *Bulbus oculi.* Ihr Umfang ist verschieden nach den Familien; am geringsten verhältnissmässig bei den *Hydrophida*; am beträchtlichsten bei den *Elapina*; unter diesen ist sie am grössten angetroffen bei *Naja rhombeata*, wo sie, etwa den sechsten Theil der Länge des Thieres einnehmend, zur Seite des Rumpfes bandförmig über den Rippenmuskeln nach hinten erstreckt ist [8]). — Diese Drüse besitzt gewöhnlich eine einfache oder doppelte fibröse, oft durch eingetragene Muskelfasern contractile Hülle. Bei der Gattung *Trigonocephalus*, wo diese Hülle doppelt ist, sind von der inneren ausgehende fibröse Blätter zwischen die einzelnen Drüsenlappen erstreckt. Eine Fortsetzung der fibrösen Hülle geht als Scheide auf den *Ductus excretorius* über. Bei vielen Giftschlangen, z. B. den *Trigonocephali*, ist ein Bauch des *M. temporalis* derartig angeordnet, dass er einen Druck auf die Drüse auszuüben vermag. — Bei den *Crotali* und einigen Arten von *Trigonocephalus* ist der *Ductus excretorius* gewunden.

4) Ausser dem Secrete dieser Drüsen gelangt in die Rachenhöhle der Schlangen noch das Secret zweier Drüsen: nämlich der Thränendrüse und der Nasendrüse [9]). Letztere liegt in dem Raume zwischen dem Oberkiefer, dem *Os frontale anterius* und dem die Nasenhöhle umschliessenden Knorpel, bedeckt vom Nasenbeine. Ihr Ausführungsgang mündet mit dem Thränencanale am Gaumen [10]).

Die Zunge [11]) der *Ophidia* ist lang, schmal und vorne in zwei lange

---

8) S. eine gute Abbildung dieses von Reinhardt (Isis 1843 S. 220) entdeckten Verhaltens in der angeführten Abhandlung von Bächtold (v. Rapp) Tab. 2. Fig. 7.

9) J. Müller hat diese Drüse bei *Coluber*, *Vipera*, *Naja*, *Trigonocephalus* entdeckt. S. Meckel's Archiv 1829 S. 70. Schlegel's sorgfältigen Untersuchungen ist sie fast bei keiner Schlange entgangen.

10) Meckel l. c. glaubte, ausser den namhaft gemachten drüsigen Apparaten noch eine am Boden der Mundhöhle, unter der Zungenscheide gelegene, paarige *Glandula sublingualis* gefunden zu haben. Duvernoy glaubt, dass die vermeintlichen Drüsen zwei knorpelige Vorsprünge sind, die durch Dugès (Annales des sciences nat. 1827) entdeckt, an der Oeffnung der Zungenscheide liegen. Diese Zungenscheide selbst scheint aber, nach Duvernoy, kleine Drüschen in der Nähe ihrer Oeffnung zu enthalten. S. Duvernoy in den Annales des sciences naturell. T. XXVI. 1832. p. 123.

11) Ueber die Zunge der Schlangen vgl. Dugès in den Annales des sciences natur. 1827 und Duvernoy in den Mémoires de la société d'histoire naturelle de Strasbourg 1830.

Spitzen ausgezogen. Weder oben noch unten angeheftet, liegt sie in einer mit vorderer Oeffnung versehenen Scheide, aus welcher sie hervorgestreckt werden kann. Diese Scheide entsteht dadurch, dass von dem Boden der Mundhöhle paarige, über der Zunge und unter der ventralen Wand des Kehlkopfes vereinigte häutige Fortsätze oder Bogen aufsteigen. Mit dem Dache dieser Scheide steht die Kehlkopfsschleimhaut in Continuität.

Der *Tractus intestinalis* aller *Ophidia* ist durch mehre Eigenthümlichkeiten ausgezeichnet: Der *Oesophagus* ist lang, gestreckt, fortgesetzt in die zur Seite der Leber beginnende *Portio cardiaca* des Magens, welche eine gerade, hinterwärts steigende Richtung beibehält. Die *Portio pylorica* des Magens geht ohne oder nach Bildung einer Krümmung über in das *Duodenum*: den Anfang eines Dünndarmes, dessen Verhalten in so ferne ganz eigenthümlich ist, als er sehr kurze, schraubenförmige, durch Bindegewebsbrücken eng an einander geheftete Krümmungen oder Windungen bildet, welchen einzelnen Windungen ein *Mesenterium* nicht folgt, indem nur ihre Gesammtheit von einer Bauchfelltasche umfasst wird. Diesem Dünndarme angeschlossen ist das immer kürzere und weitere, gewöhnlich gestreckte *Rectum*, dessen Communication mit der Cloake durch ein enges, inmitten eines *Diaphragma* gelegenes *Ostium* zu Stande zu kommen pflegt.

Eine scharfe Grenze zwischen dem *Oesophagus* und der *Portio cardiaca* des Magens fehlt [12]). Die Magenhöhle ist einfach, durch keine Abschnürungen getheilt. Die Unterscheidung zweier Abtheilungen: einer *Portio cardiaca* und einer *Portio pylorica*, beruhet zumeist auf Unterschieden in den Texturverhältnissen der Schleimhaut, in der Dicke und Ausdehnbarkeit der Muskelhaut und in dem Durchmesser des Hohlraumes. Die *Portio cardiaca* pflegt weiter, ausdehnbar zu sein; sie besitzt bei leerem Magen eine dicke Muskelhaut und Längsfalten der Schleimhaut, welche bei starker Ausdehnung verschwinden. Die *Portio pylorica* besitzt eine glattere Schleimhaut, keine Längsfalten, ist dünnwandiger und oft enger, mehr darmförmig [13]).

Die Grenze zwischen *Pylorus* und Darm ist durch eine Klappe bezeichnet, die gewöhnlich ein kreisrundes, durchbohrtes *Diaphragma* dar-

---

12) Der *Tractus intestinalis* ziemlich vieler Schlangen ist untersucht worden von Duvernoy in den Annales des sciences naturelles 1833 T. XXX. p. 132. — Schlegel's Schrift: Sur la physiognomie des serpens, enthält zahlreiche Notizen; doch beschränken sich dieselben auf Angabe der äusseren Conturen des Darmrohres. — Den *Tractus intestinalis* von *Python bivittatus* schildert Retzius: Isis 1832 pag. 520.

13) Sie bildet, nach Duvernoy, bei *Boa constrictor* einige Windungen.

stellt. — Die Zahl der Windungen des Dünndarmes [14]) und die Texturverhältnisse seiner Schleimhaut sind ungleich [15]), selbst bei den Arten derselben Gattung, wie z. B. bei den *Python*. — Die Grenze von Dünndarm und Dickdarm ist gewöhnlich durch einen in den Anfang der Dickdarmhöhle vorragenden kreisrunden Wulst (*Valvula coli*) bezeichnet. — Das Vorkommen eines Blindsackes am Beginne des Dickdarms gehört in den Kreis der Besonderheiten einzelner Gattungen [16]). Auch im Uebrigen ist die nähere Beschaffenheit des *Rectum* ungleich. Seine Länge ist verschieden; seine Höhle ist bei vielen Schlangen einfach, bei andern dagegen durch Klappen oder kreisrunde Wülste oder mit engeren Oeffnungen versehene vorspringende *Diaphragmata* in mehre und zwar meist zwei oder drei Abtheilungen gesondert. Diese letztgenannten Einrichtungen bezwecken ein längeres Verweilen der Speisereste in dem Endabschnitte des Darmrohres [17]).

Die Leber liegt als länglicher, gestreckter, derber Körper von beträchtlicher Ausdehnung dicht an der rechten Seite des *Oesophagus* und des Anfanges der *Portio cardiaca* des Magens; mehr oder minder dicht hinter dem Herzbeutel beginnend, ist sie nicht bis zum *Duodenum* hin ausgedehnt. Sie besitzt einen doppelten serösen Ueberzug: einen sie loser überziehenden Sack und eine unmittelbare Bekleidung ihrer Substanz.

---

14) Sie sind sehr wenig entwickelt bei *Python tigris*; in geringer Zahl vorhanden bei den *Boae*; auch bei *Heterodon*.

15) Leistenartig vorspringende Falten, bald fast gerade, bald wellenförmig in der Längsrichtung des Darmes verlaufend, kommen häufig vor; oft sind diese Längsfaltenreihen durch Querfalten verbunden, wodurch eine netzförmige oder maschige Anordnung entsteht. Von den Falten erheben sich bei manchen Schlangen, namentlich im vordersten Abschnitte des Darmes, dichtstehende, weiterhin spärlicher werdende zottenartige Blättchen. — Specifische Verschiedenheiten zeigen sich z. B. bei *Python bivittatus* und *P. tigris*, wie schon eine Vergleichung der Beschreibungen, die Retzius von jener, Duvernoy von dieser Schlange geliefert hat, ergibt. Bei *Python tigris* beobachtete Duvernoy am Ende des Dünndarmes und im Anfange des Dickdarmes dichtstehende, nach Analogie von *Valvulae conniventes* gebildete Querfalten.

16) Den *Ophidia angiostomata* scheint dieser Blindsack allgemein zuzukommen. Es besitzen ihn die Gattungen *Tortrix*, *Ilysia*, *Typhlops*, *Onychocephalus*, *Rhinophis*. — Unter den *Ophidia eurystomata* ist er den *Python* eigen. — Duvernoy fand auch Andeutungen eines Blindsackes bei von ihm untersuchten Repräsentanten der Gattungen *Dipsas*, *Dryiophis*.

17) Duvernoy fand das *Rectum* verhältnissmässig am längsten bei *Python tigris, Elaps lemniscatus, Naja rhombeata*; lang ist der Dickdarm auch bei den *Trigonocephali*, wo zwei durch Texturverhältnisse der Schleimhaut, wie durch Beschaffenheit der Klappen unterschiedene Abtheilungen vorzukommen pflegen. — Kurz ist er z. B. bei *Heterodon simus* (*platyrrhinos* Schl.), wo auch nur zwei rudimentäre Querfalten in der Gegend seines Endes vorkommen.

Sie ermangelt namentlich bei den *Eurystomata* aller tieferen Einschnitte und Lappen. Die Pfortader verläuft in einer Furche ihrer dem *Oesophagus* zugekehrten Seite, bis zum Vorderende successive Zweige abgebend, deren Eintrittsstellen in die Leber oft durch zickzackförmige Vorsprünge der Substanz derselben bezeichnet werden.

Eigenthümlichkeit aller *Ophidia* ist es, dass die Gallenblase entfernt von der Leber, ziemlich weit jenseits ihres hinteren Endes, an der rechten Seite des *Duodenum* liegt. Sie ist mit dem langen *Ductus hepaticus* durch einen unter spitzem Winkel von diesem abtretenden *Ductus cysticus* verbunden. Der jenseits des Abganges des letzteren fortgesetzte *Ductus choledochus* tritt durch das *Pancreas* hindurch, um dicht hinter dem Pförtner in das *Duodenum* einzumünden [18]).

Der *Pancreas* [19]) liegt als pyramidales oder rundliches Conglomerat von Drüsenkörpern, welche entweder eine compactere Masse bilden oder, wie z. B. bei *Hydrophis*, mehr getrennt bleiben, hinter dem Pförtner an der rechten Seite des *Duodenum*. Sammelpunkt der einzelnen Drüsengänge ist gewöhnlich ein gemeinsamer *Ductus pancreaticus*; seltener treten sie in zwei oder mehre getrennt bleibende Gänge ein. Der einfache oder doppelte Ausführungsgang mündet, verbunden mit dem *Ductus choledochus* oder dicht neben ihm, in das *Duodenum*.

Die Milz [20]), durch unbeträchtlichen Umfang und gewöhnlich durch wenig dunkele Färbung ausgezeichnet, liegt bei den meisten Schlangen unmittelbar neben dem *Pancreas* und ist ihm gewöhnlich innig angeheftet. Sie ist meistens oval oder kugelrund und ungetheilt; nur bei einigen Schlangen gelappt [21]).

§. 95.

Die *Sauria* besitzen sämmtlich Zähne. Zahntragende Knochen können sein: Zwischenkiefer, Oberkiefer, die Knochen des Gaumen-Apparates

---

18) Einige Eigenthümlichkeiten in der Anordnung der Gallengänge sind von Duvernoy hervorgehoben. Bei einer *Boa* hatte der *Ductus hepaticus* einen gewundenen Verlauf. Bei mehren *Trigonocephalus* geschieht die Verbindung des *Ductus hepaticus* mit dem *Ductus cysticus* durch mehre gewundene, in der Substanz des *Pancreas* liegende Gänge: Einrichtungen, die die physiologische Bedeutung haben, den Abfluss der Galle zu verlangsamen.

19) Sehr specielle Bemerkungen bei Duvernoy Annales des scienses 1833. T. 30. p. 121.

20) Nachdem Meckel, System d. vgl. Anatomie Bd. 4. S. 372, die Milz der Ophidier übersehen hatte, ist sie durch Duvernoy, Ann. d. sc. nat. 1833 T. 30. p. 113, nachgewiesen.

21) Das Vorkommen einer Nebenmilz ist von Duvernoy bei *Boa constrictor* bemerkt. — Die Milz ist getrennt vom *Pancreas* bei *Eryx*, *Python*, *Chersydrus*; nur wenig ihm anhangend bei *Boa*. Die Verbindung ist inniger bei den übrigen Schlangen.

und der Unterkiefer. — Nicht alle genannten Knochen sind bei allen *Sauria* zahntragend. — Die Kieferzähne sind entweder bis auf ihre vorragenden Spitzen den Innenseiten der Kieferknochen angeschlossen, daher nach ihrer einwärts gerichteten Seite von keiner Knochenlamelle begrenzt, oder ihre Basis ist längs den Kieferrändern angelöthet, welche dann gewöhnlich mehr oder minder seichte Längsrinnen bilden, ohne jedoch einzelne Alveolen zu besitzen. — Diejenigen *Sauria*, denen die erste Anfügungsweise der Kieferzähne zukömmt, heissen *Pleurodonta*; die, bei denen sie in der zweiten Art befestigt sind: *Acrodonta*. — Die *Amphisbaenoidea* und *Chamaeleonidea* ermangeln der Gaumenzähne; sie sind, vermöge der Anheftungsweise ihrer Kieferzähne, fast sämmtlich *Pleurodonta*. — Auch viele *Kionocrania* besitzen keine Gaumenzähne, namentlich nicht die *Ascalobota*, die *Varani*, die *Ameivae* und einzelne Gattungen anderer Familien. — Die Kieferzähne der *Lacertina* sind entweder solide, oder hohl. — Die freie Krone der Zähne besitzt eine Schmelzschicht; die Basis ist ossificirt. — Die Zähne werden erneuert. Die Ersatzzähne der *Pleurodonta* liegen meistens nach innen von der Basis der alten; so lange sie weich und unausgebildet sind, umgeben von der Mundschleimhaut; ihre ersten Anlagen zeigen sich als konische Vorragungen der Mundschleimhaut. — Bei den *Acrodonta* liegen die Ersatzzähne in Höhlen an der Basis und der Innenseite der alten Zähne; im Oberkiefer über, im Unterkiefer unter diesen [1]). — Die Formen der Zähne sind verschieden, zum Theil selbst wechselnd bei den Individuen, je nach dem Alter.

Drüsige, in der Umgebung des Mundes gelegene Apparate kommen vielen *Sauria* zu. Die zahlreichen *Ostia* derselben münden an den Lippenrändern. *Amphisbaena* besitzt z. B. beträchtliche *Glandulae labiales superiores* und *inferiores*; *Anguis* und *Ophisaurus*, ausser umfänglicheren unteren Lippendrüsen, kleine Oberlippendrüsen; die *Varani*, *Podinema* (Salvator), *Iguana* u. A. eine Reihe *Glandulae labiales inferiores*; *Agama colonorum* Oberlippendrüsen. — Bei den *Varani*, bei *Podinema* u. A. ist die Gaumenschleimhaut von zahlreichen *Pori*: *Ostia* absondernder Follikel durchbrochen.

Die Zunge der *Sauria* bietet erhebliche und sehr charakteristische Unterschiede dar. Bei den *Amphisbaenoidea* ermangelt sie der Scheide, ist breit, platt, vorne in zwei feine Spitzen, hinten in paarige Fortsätze ausgezogen, unten durch eine Längsfalte am Boden der Mundhöhle befestigt. — Unter den *Kionocrania* ist sie bei den *Ascalobota* breit, kurz, fleischig, vorne frei, leicht eingekerbt oder stumpf, oberflächlich mit weichen Papillen besetzt. — Die als *Pachyglossa* zusammengefassten *Sauria*

1) So z. B. bei den *Varani*, bei *Podinema*, *Ctenodon* u. A.

sind gleichfalls ausgezeichnet durch den Besitz einer fleischigen, dicken, papillösen, vorne ganzrandigen oder in zwei kurze, stumpfe Fortsätze ausgezogenen, hinten concaven, zu den Seiten der Concavität meist in zwei längere, stumpfe Fortsätze ausgezogenen Zunge. Zwischen diesen Fortsätzen liegt gewöhnlich das *Ostium laryngis* — eine Regel, von welcher die Gattung *Phrynosoma* eine Ausnahme bildet, durch den Mangel freier hinterer Fortsätze, die vielmehr durch eine hinter dem *Ostium laryngis* gelegene Commissur verbunden sind, so dass der Kehlkopfseingang die Zunge durchbohrt. — Die *Chalcidea* besitzen eine kurze, vorne spurweise ausgeschweifte, hinten breitere und in zwei längere Fortsätze ausgezogene Zunge; bald ist die ganze Zunge sammetartig und weich, bald ist sie dies nur hinten, vorne dagegen schuppig oder granulirt. — Aehnlich verhalten sich einige *Scincoidea*, z. B. die Gattung *Dipoglossus*, wo sie vorne schuppig, hinten dick und papillös ist, und *Amphiglossus*, wo sie vorne glatt ist. Bei den übrigen *Scincoidea* ist die platte, vorne in zwei kleine Spitzen ausgezogene, hinten meist tiefer ausgeschweifte Zunge mit Schuppen bekleidet. — Die Zunge der *Lacertoidea* bietet in so ferne Verschiedenheiten dar, als sie bald in einer Scheide liegt, bald einer solchen ermangelt. Bei den *Varani* besitzt sie eine nach dem Typus derjenigen der Ophidier-Zunge gebildete Scheide, ist schmal, oberflächlich glatt, vorstreckbar und vorne in zwei lange Spitzen ausgezogen. Die *Ameivae*, namentlich die Gattungen *Podinema*, *Ameiva* und *Centropyx*, besitzen an der Basis der Zunge die Andeutung einer Scheide in einer erhobenen Falte, auf deren Oberfläche der Kehlkopf liegt. — Bei den *Lacertae* ist die Zunge frei, vorstreckbar, platt, dünne, an der Spitze mehr oder minder tief gespalten und oberflächlich mit rundlichen oder eckigen Wärzchen besetzt.

Am eigenthümlichsten verhält sich die Zunge bei den *Chamaeleonidea*. Im Umkreise der vorderen stielförmigen Verlängerung des Zungenbeinkörpers, welche eine *Pars entoglossa* repräsentirt, liegt eine verschiebbare, röhrenförmige Scheide, deren Wand den *M. hyoglossus* umschliesst; am Ende der Scheide liegt ein weicherer, kappenartig sie umfassender Endtheil, der eine Strecke weit sehr drüsenreich ist. Seine Drüsen sondern einen klebrigen Saft ab, der zum Fixiren der ergriffenen Insecten geeignet ist. — Die Zunge, welche im Zustande der Ruhe in einer scheidenartigen Einstülpung der Mundhöhle, daher unter dem Boden derselben liegt, kann mit ausserordentlicher Schnelligkeit und in beträchtlicher Weite hervorgestülpt werden. Querfalten, welche an der eingezogenen Zunge durch die röhrenförmige Scheide gebildet sind, verschwinden bei dem Hervorschnellen. Dies geschieht so, dass die *M. M. geniohyoideus* und *mylohyoideus* das Zungenbein nach vorne ziehen und dass zugleich die Zungenscheide, unter Mitwirkung eines Hohlmuskels, dessen Zusammenziehung ihren Axencanal verengert, von der *Pars entoglossa* nach vorne abgleitet. Unter Erschlaffung dieser Muskelfasern und unter Contraction der *M. M. hyoglossi* wird die Zunge zurückgezogen [2]).

Der *Tractus intestinalis* aller *Sauria,* mit Einschluss der *Amphisbaenoidea*, ist vor demjenigen der *Ophidia* wesentlich ausgezeichnet durch den Umstand, dass seine innerhalb der Bauchhöhle gelegene Strecke an einem *Mesenterium* befestigt ist, welches allen einzelnen Darmwindungen folgt. — Der Peritonealsack beginnt weit vorwärts.

Der *Oesophagus* pflegt in einen länglichen, mehr oder minder gerade nach hinten erstreckten Magen überzugehen. Der im Ganzen längliche Magensack ist gewöhnlich an seiner rechten Seite etwas convex (*Curvatura maior*), an der linken etwas ausgehöhlt (*Curvatura minor*). Sein Endtheil (*Portio pylorica*) pflegt mehr oder minder verengt und zwar bald gerade, bald, unter Vermittelung einer kurzen wieder vorwärts gekrümmten Strecke, in das *Duodenum* überzugehen. Der Dünndarm ist von verschiedener Länge, bald gestreckt und fast ganz windungslos, bald verschiedentlich stark gewunden. Das Verhalten des Dickdarmes ist ungleich; bei den meisten *Sauria* ist er ein kurzes *Rectum*, das durch beträchtlichere Weite, und zwar namentlich an seinem Anfange, vor dem Dünndarme ausgezeichnet ist; bei anderen *Sauria* ist er ein durch viel beträchtlichere Weite und Länge, bei einzelnen Gattungen auch durch innere Faltenbildungen ausgezeichneter Abschnitt des *Tractus intestinalis.*

Die Leber liegt hinter dem Herzen im Anfange der Bauchhöhle; ihre Gesammtform pflegt derjenigen des ganzen Körpers einigermassen zu entsprechen. Sie ist ein zusammenhangendes, durch einige Randeinschnitte unvollständig gelapptes Organ. — Alle *Sauria* besitzen eine Gallenblase. Dieselbe liegt immer — auch bei den *Amphisbaenoidea* und den fusslosen *Kionocrania* — in einem Einschnitte der Leber rechterseits; nicht von ihr entfernt, wie bei den Schlangen. — Die Milz [3]) pflegt zwischen den

---

2) Die Zunge der *Chamaeleonidea* ist Gegenstand vielfachster Studien geworden. Nicol. C. F. de Peiresc vita per Petrum Gassendum Hagae Comit. 1651 p. 479. — Perrault Mémoires pour servir à l'hisioire nat. des animaux. Paris 1676. fol. und Mémoires de l'Académie royale des sciences T. 9. p. 156. — Vallisnieri Istoria del Camaleonte Africano. Venezia 1715. — Houston An essay on the structure and mechanism of the tongue of the Chameleon. Dublin 1828. 4. — Duméril Comptes rendus de l'Académie des sciences Avril 1836. — Duvernoy in den Mémoires de la société d'histoire naturelle de Strasbourg. T. 2. livrais 2. p. 8. — Rusconi in Müller's Archiv 1844 S. 508. — Brücke, Sitzungsberichte der mathem. naturwiss. Classe d. Acad. d. Wissensch. zu Wien Bd. VIII. S. 65. 1852. — J. Zaglas in Goodsir's Annals of Anatomy and Physiology. Edinburgh 1852. p. 138. Plate VI.

3) Die Milz ist durch Kleinheit ausgezeichnet bei den *Ascalobota*, z. B. bei *Platydactylus.*

Blättern des *Mesenterium* an der Grenze von Magen und Dünndarm zu liegen. In derselben Gegend liegt das *Pancreas*.

In Betreff der einzelnen Unterordnungen gilt Folgendes: Bei den *Amphisbaenoidea* verläuft der Dünndarm, abgesehen von einigen kleinen Schlingen, gerade; das *Rectum* ist kurz, gerade, bildet am Anfange einen kleinen Blindsack. Speiseröhre und Magen besitzen Längsfalten, die, namentlich in der Magenhöhle stark vorspringend und dicht, an der *Valvula pylori* enden; dicht unter dieser liegt die Einmündungsstelle des *Ductus choledochus*. Die Schleimhaut des Dünndarmes bildet z. B. bei *Amphisbaena fuliginosa* und *Lepidosternon microcephalum* netzförmige Vorragungen, von denen zum Theil blattförmige Zotten ausgehen. Das vom Dünndarm durch einen ringförmigen Wulst geschiedene *Rectum* ist anfangs dickwandig und inwendig runzelig, weiterhin dünnwandig und glatt. Bei *Lepidosternon microcephalum* bildet es an seinem Anfange einen kleinen Blindsack. — Die Leber ist lang, an ihrem hinteren Ende eingeschnitten. In diesem Einschnitte liegt die Gallenblase. — Das *Pancreas* ist klein. Die Milz klein, schmal, länglich. — Milz und *Pancreas* liegen an der Grenze von Magen und *Duodenum*.

Bei den *Chamaeleonidea* geht die schräg abwärts gerichtete *Portio cardiaca* des Magens, deren Innenfläche, gleich der des *Oesophagus*, mit Längsfalten besetzt ist, unter Bildung eines Winkels, über in eine vorwärts gerichtete, dünnwandige, aller Falten ermangelnde, blasig erweiterte pylorische Tasche. Ein kreisrundes, mit enger Oeffnung versehenes, *Diaphragma* sondert diese vom *Duodenum*. Der gewundene Dünndarm besitzt inwendig vorragende Falten mit blattartigen Zotten. Das *Rectum* ist kurz, weit, inwendig ohne Zottenbildung; an seinem Anfange ist es bei einigen *Chamaeleonidea* einseitig blindsackartig erweitert; bei anderen nicht. Eine herabhangende Falte verengt den Ausgang des *Rectum* in die Cloake. — Die Leber ist durch einen Einschnitt in zwei Lappen unvollständig getheilt; der rechte reicht weiter nach hinten, als der linke. — Die Gallenblase, in dem Einschnitte an der concaven Seite der Leber gelegen, ist eiförmig. — Milz uud *Pancreas* liegen dicht neben einander; letzteres längs dem *Ductus choledochus*.

Die Anordnung des *Tractus intestinalis* der *Sauria Kionocrania* bietet nichts dar, was sie durchgängig von den beiden anderen Gruppen unterschiede. Die Gattungen und Arten der einzelnen Familien der *Kionocrania* sind in Betreff der Verhältnisse ihres *Tractus intestinalis* noch zu wenig untersucht worden, als dass allgemeinere Angaben über das Charakteristische der Darmbildung in den einzelnen Familien gegeben werden könnten [4]).

---

4) Einzelne Beispiele der Anordnung des Darmcanales sind folgende: Bei *Ty-*

§. 96.

Die *Crocodila* besitzen Zähne; diese stehen in einfachen Reihen am Zwischenkiefer, Oberkiefer und Unterkiefer. Längsrinnen der genannten

---

phline aurantiaca verläuft der Darm ganz gestreckt; er bildet bei den *Acontias* nur einige schwache Windungen: bei beiden ist das *Rectum* kurz und besitzt einen kleinen Blindsack. — Aehnlich verhalten sich, nach Cuvier (Leçons 4. p. 315), die Gattungen *Bipes*, *Lepidopus*. — Bei mehren *Scincus* ist der Dünndarm gewundener und in das viel weitere, kurze, inwendig glattwandige *Rectum* eingesenkt. — *Trachysaurus robustus* besitzt ein kurzes, kegelförmiges, dickwandiges *Rectum* ohne eigentlichen Blindsack an seinem Anfange. — Bei *Seps chalcides* ist der Dünndarm sehr wenig gewunden; das *Rectum* besitzt die Andeutung eines Blindsackes. Diese scheint aber bei anderen Arten, nach Cuvier's Angaben, zu fehlen. Bei *Anguis* ist der Magen lang, der Dünndarm etwas gewunden; der Anfang des *Rectum* ziemlich weit. Bei *Ophisaurus ventralis* bildet der Dünndarm einige Windungen; das kurze *Rectum* beginnt eng, erweitert sich allmälich; es besitzt inwendig Längsfalten. — Bei *Gerrhosaurus robustus* ist hinter dem Pyloruswulst eine sehr kurze Abtheilung des *Duodenum* von seiner Fortsetzung durch ein ringförmiges inneres *Diaphragma* gesondert; das kurze *Rectum* ist sehr weit. — Bei *Gerrhosaurus flavigularis* steigt der Magen gerade abwärts; der Dünndarm ist gewunden; am Anfange des weiteren *Rectum* befindet sich ein Blindsack. — Bei *Varanus albogularis* und *niloticus* ist der Magen lang, gestreckt, der Magensack bildet eine Wölbung nach rechts (*Curvatura maior*). An der äusseren Oberfläche des Magens kommen tendinöse Längsstreifen vor. Eine darmförmige enge *Portio pylorica* ist durch eine kreisrunde Pförtnerklappe getrennt vom *Duodenum*. Der Dünndarm ist weit, ohne scharfe äussere Grenze in den Dickdarm fortgesetzt. — Bei *Podinema teguixin* kömmt am Anfange des *Rectum* ein Blindsack mit einfacher Höhle vor. — Bei den *Lacertae* ist das *Rectum* kurz, cylindrisch oder conisch und weiter als der Dünndarm, der stielartig in denselben eingesenkt ist. — Mehre *Agamae* besitzen am Anfange des Dickdarmes eine blinde Tasche mit einfacher Höhle. — Bei *Phrynosoma orbiculare* ist die *Portio pylorica* des Magens etwas gekrümmt. Sie geht durch ein enges *Ostium* über in das sehr viel weitere, daher in seinem Anfange fast blindsackartig erweiterte *Duodenum* Der übrige Dünndarm ist eng, mehrfach gewunden. Das Ende des Dünndarmes ist glockenstielartig eingesenkt in das kurze, conische *Rectum*. Dieselbe Einsenkungsweise des Dünndarmes in das *Rectum* wird z. B. angetroffen bei *Sceleporus torquatus*, *Chalcarodon madagascariensis* Pet., *Istiurus amboinensis*. Aehnlich verhält sie sich auch bei *Lophura amboinensis*, wo das *Rectum* sehr weit, aber ohne Blindsack ist. — Bei *Chamaeleopsis Hernandezii* steigt der Magen fast gerade ab; die *Portio pylorica* ist wenig vorwärts gebogen. Der Dünndarm ist kurz, gewunden. Der Anfang des Dickdarmes bildet einen Blindsack; er ist lang und viel weiter, als der Dünndarm. — Die Arten der Gattung *Iguana* sind ausgezeichnet durch den Besitz zahlreicher *Diaphragmata* in ihrem Dickdarm. Bei *Iguana delicatissima* besitzt die Speiseröhre inwendig Längsfalten; der Magen ist ein ziemlich dickhäutiger, cylindrischer, gerade absteigender Schlauch; seine Schleimhaut bildet feine, dichte Längsfalten. Die *Portio pylorica* ist dünnwandiger. Eine Pförtnerklappe trennt sie vom *Duodenum*. Die Schleimhaut des *Duodenum* besitzt zickzackförmige, in Längsreihen angeordnete Falten. Der Dickdarm ist sehr lang und weit. Quere *Septa*, welche enge *Diaphragmata* besitzen, zerfällen seinen weiten blindsackartigen An-

Knochen nehmen die Zähne auf, die an der Grenze der Krone von einer Art Zahnfleisch umgeben sind. — Jeder Zahn ist hohl, bildet einen Hohlkegel. — An die Stelle der alten Zähne treten Ersatzzähne; jeder der letzteren liegt in der Höhle eines in Function begriffenen Zahnes. Die Anzahl der Zähne bleibt perennirend die nämliche, wechselt nicht mit dem Alter.

Die Zunge ist platt, am Boden der Mundhöhle angewachsen, durchaus nicht vorstreckbar; sie reicht bei den mit stumpfen kurzen Kiefern versehenen Crocodilen weiter vorwärts, als bei den mit zugespitzten, verlängerten Kiefern versehenen. — An der Zungenoberfläche münden zahlreiche Follikel. Längs dem Hinterrande der Zunge kömmt eine etwas erhabene Schleimhautfalte vor (*Alligator lucius*).

Die Schleimhaut des Gaumens bildet vor den hinteren Nasenöffnungen eine freie, nach hinten halbmondförmig ausgeschweifte, mit freien Seitenschenkeln absteigende Querfalte: ein Gaumensegel. — Speicheldrüsen fehlen. — Am Eingange des Schlundes, hinter dem *Ostium* der *Tubae* jederseits vorkommende, umschriebene, dichtstehende Längsfaltungen der Schleimhaut, zwischen welchen ein klebriger Schleim vorkömmt, erinnern an die Tonsillen vieler Vögel. — Ausserdem pflegen dicht hinter dem *Ostium* der *Tubae* Anhäufungen von Follikeln vorzukommen.

Die Speiseröhre ist weit. Ihre Einmündungsstelle in den Magen liegt dicht neben dem *Ostium pyloricum*; der Magen bildet daher einen Blindsack. Seine Circumferenz ist fast kreisrund. Seine Wandungen sind dick; besonders seine Muskelhaut. Seine Fleischfasern ziehen sich längs seiner beiden Ränder zu den Seiten seiner dorsalen und ventralen Fläche hin. Eingenommen sind diese beiden Flächen ähnlich, wie bei der Mehrzahl der Vögel, an deren Magenbildung diejenige der *Crocodila* überhaupt mehrfach erinnert, durch aponeurotische Scheiben. Die Magenschleimhaut ist eben. — Der Pförtner führt bei mehren Crocodilen, namentlich den Gattungen *Crocodilus* und *Rhamphostoma*, in einen zweiten kleineren muskulösen Sack, der durch ein sehr enges *Ostium* mit dem *Duodenum* communicirt [1]). — Der Dünndarm besitzt zwei Strecken von verschiedener Dicke

---

fang in einzelne Abtheilungen. Der Endabschnitt des Dickdarmes: das eigentliche *Rectum* ist minder weit und ermangelt der Falten. Aehnliche Bildungen zeigen die übrigen Arten der Gattung *Iguana*; jede besondere Modificationen s. Cuvier l. c. p. 312. — Unter den *Ascalobota* ist z. B. bei *Pachydactylus capensis* die verengte *Portio pylorica* des Magens wenig vorwärts gekrümmt; das Ende des Dünndarmes ist glockenstielartig in den erweiterten Anfang des kurzen conischen *Rectum* eingesenkt. Einige *Ascalobota*, z. B. *Hemidactylus*-Arten, besitzen ein kleines *Coecum*.

1) Wiederum eine Bildung, die an diejenige vieler Vögel, z. B. der Störche, *Ardea stellaris* und mancher anderen erinnert. — Die Crocodile, obschon auf eine

der Wandungen. Die erste oder das *Duodenum*, dünnwandig und inwendig mit Zotten besetzt, bildet gewöhnlich mehrfache Schlingen. — Bei einigen Crocodilen [2]) mündet der *Ductus cysticus* früher in diese Darmabtheilung, als der *D. hepaticus*. Die zweite dickwandigere Abtheilung des Dünndarms besitzt inwendig Zickzackfalten [3]). Die Grenze zwischen Dünndarm und Dickdarm ist bezeichnet durch einen kreisrunden Wulst, der eine nur enge Oeffnung umschreibt. Am Anfange des Dickdarms fehlt ein Blindsack. Der Dickdarm ist ein kurzes, sehr weites *Rectum*, mit glatter Schleimhaut. Es mündet durch eine beträchtlich verengte Oeffnung, fast trichterförmig, in die durch bedeutende Länge und durch den Besitz einer schlüpfrigen Schleimhaut ausgezeichnete Cloake und zwar so, dass sein *Ostium* der ventralen Wand der Cloake näher liegt, als der dorsalen.

Die Leber ist zweilappig; ihre Lappen umfassen den Herzbeutel Die Gallenblase liegt dem rechten Lappen an. Die Milz liegt hinter dem *Pancreas* zwischen den Windungen des *Duodenum*. Das *Pancreas*, ebenfalls dem *Duodenum* anliegend, pflegt bei der Gattung *Crocodilus* zwei Ausführungsgänge zu besitzen.

Die einzelnen Eingeweide der Unterleibshöhle liegen, ähnlich wie bei Vögeln, in abgesonderten serösen Säcken [4]). Solche sind vorhanden für die Leber, für den vorderen Theil des Magens, für *Pylorus* und Gallenblase und für den vorderen Theil der Cloake. Uebrigens sind die einzelnen Strecken des Darmcanales an einem *Mesenterium* befestigt.

§. 97.

Die Bewaffnung der Kiefer geschieht bei den *Chelonia* durch Hornscheiden, welche in mehr oder minder zugeschärfte, oft z. B. bei der Gattung *Testudo* in zahnähnliche Spitzen an ihren freien Rändern ausgehen. Das Wachsthum dieser Hornscheiden erfolgt auf Kosten einer

---

andere Art der Ortsbewegung angewiesen, als die Vögel, und sowol nach Bau und Verwendung ihrer Vorderextremitäten, als nach ihrer Gesammt-Architectonik wesentlich von diesen abweichend, zeigen doch hinsichtlich der Anordnung vieler einzelnen Organe und Theile ganz entschiedene Annäherung an deren Anlage bei den Vögeln. Annäherungen des Verhaltens einzelner Organe bei Thieren, deren Gesammt-Bauplan divers ist, kommen häufiger vor. *Pisces dipnoi* und Amphibien, Monotremen und Vögel, Clupeiden und Ganoiden bieten ähnliche Berührungspunkte im Verhalten der einzelnen Theile dar, obschon die Gruppen selbst nach diversen Planen gebildet sind.

2) Z. B. bei *Crocodilus niloticus* nach Tiedemann.

3) Eine nähere Untersuchung der Häute dieser zweiten Abtheilung des Dünndarmes an frischen Thieren ist Desiderat; zwischen Schleimhaut und Muskelhaut liegt eine eigenthümliche Schicht, die von mehren Anatomen als drüsig bezeichnet ist.

4) Die Leberzellen sind schon von Cuvier erwähnt. Lecons d'Anat. compar. Vol. 4. p. 2. p. 430.

die Kieferknochen überziehenden gefässreichen *Matrix*. In die zahnähnlichen Spitzen der Hornscheiden sind ihnen entsprechend gestaltete Papillen der *Matrix* eingesenkt. — Die Zunge verhält sich bei den einzelnen Gruppen verschieden. Sie ist angewachsen, nicht vorstreckbar; bei den *Emydea* und *Chelonia*, namentlich bei ersteren, unbeträchtlich und von verdicktem *Epithelium* überzogen; bei den *Testudinea* mit langen, weichen Papillen besetzt. — Eigentliche Speicheldrüsen scheinen, mit Ausnahme einer *Glandula sublingualis*, die wenigstens bei *Emys europaea* und einigen *Testudo*-Arten beobachtet ist, zu fehlen. — Bei den *Testudinea* ist aber die Gaumenschleimhaut von zahlreichen Oeffnungen: den Mündungen einfacher absondernder Drüsenbälge durchbrochen. Solche kommen sowol vor, als hinter den hinteren Nasenöffnungen vor [1]).

Das Verhalten des *Tractus intestinalis* ist folgendes: Die meist gerade hinterwärts erstreckte Speiseröhre ist fortgesetzt in den links gelegenen Anfang des quer gestellten Magens, dessen vorwärts gebogene *Portio pylorica* in das *Duodenum* übergeht: den Anfang eines verschiedentlich langen Dünndarmes, welchem ein Dickdarm von verschiedener Länge folgt. — Unterschiede der einzelnen Gruppen bestehen darin, dass bei den *Testudinea* und *Euereta* der *Tractus intestinalis* von viel beträchtlicherer Länge ist, als bei den *Emydea* und *Trionychoidea*, was besonders durch die Verhältnisse des Dickdarmes bedingt ist. Dieser ist bei den letztgenannten Gruppen ein kurzes *Rectum*, bei den anderen dagegen lang und, seinen Lagenverhältnissen nach, in eine aufsteigende, quere und absteigende Portion zu unterscheiden. Seine Länge kömmt derjenigen des Dünndarmes gleich oder übertrifft sie. — Besonderheiten sind folgende· Bei den *Euereta* ist der *Oesophagus* inwendig mit langen, abwärts gerichteten Stacheln besetzt Am Pförtner ist ein Wulst oder eine Klappe kaum angedeutet. Der Dickdarm ist vor dem Dünndarm äusserlich nur durch beträchtlichere Weite ausgezeichnet; auch inwendig fehlt eine Klappe oder ein Wulst an der Grenze beider Abtheilungen [2]). — Bei den *Testu-*

---

1) Bei *Testudo nigra* sind die vor den Choanen liegenden Oeffnungen weiter, die hinter ihnen gelegenen enger, aber zahlreicher.

2) Einzelne Beispiele sind folgende: Bei *Chelonia mydas* ist der *Oesophagus* mit abwärts gerichteten, hornartig verdickten Stacheln besetzt; der Magen erweitert, runzelig; ein Pförtnerwulst kaum angedeutet. Im *Duodenum* kommen rhomboidale Maschen vor, welche in Längsreihen angeordnet sind. Jede Masche schliesst kleinere ein. Im *Jejunum* sind die rhomboidalen Maschen vertreten durch dicht gestellte Längsfalten, deren Verbindung durch Querbrücken geschieht, so dass wiederum eine zellige Anordnung zu Stande kömmt. Gegen das *Ileum* hin nimmt die Höhe der Längsfalten ab; sie verlieren sich in niedrigere Längsstreifen und zuletzt wird die Schleimhaut fast glatt. Im *Ileum* kommen Haufen von Follikeln von geringem Umfange, aber von beträchtlicher Anzahl vor, welche, nach ihren Lagenverhältnissen, Peyer'schen Follikeln entsprechen. An der Grenze des weiteren

dinea [3]) ist die Schleimhaut des *Oesophagus*, mit Ausnahme der gewöhnlichen Längsfalten, glatt Die Grenze zwischen Magen und *Duodenum* ist durch eine kreisrunde Pförtnerklappe bezeichnet. Der Uebergang des engen Dünndarmes in den weiten Dickdarm geschieht oft entweder so, dass das Rohr des ersteren in das des letzteren wie eingesenkt erscheint, oder dass letzterer an seinem Anfange eine einseitige Aussackung bildet. — Bei den *Emydea* ist der Dünndarm lang und gewunden; das *Rectum* immer kurz. Es ist bald beträchtlich weiter, als der Dünndarm und bildet eine seitliche blinde Aussackung, wie z. B. bei *Chelys fimbriata*; bald ist es wenig weiter, wie z. B. bei *Podocnemis expansa*, *Pelomedusa mosambicensis*, bald übertrifft es den Dünndarm gar nicht an Weite, wie z. B. bei *Emys picta*. Unter den *Trionychoidea* ist z. B. bei *Trionyx granosus* der Magen lang und eng; der Dünndarm sehr lang, eng und gewunden. Das *Rectum* sehr kurz, wenig weiter als der Dünndarm. Die Innenfläche der Speiseröhre besitzt kurze, niedrige, in Längsreihen gestellte Papillen.

Die Leber der *Chelonia* pflegt gross, breit, zweilappig zu sein. Die Verbindung ihrer beiden Seitenlappen pflegt durch einfache oder mehrfache Brücken zu geschehen. — Die meist umfängliche Gallenblase [4]) liegt oberhalb dem rechten Leberlappen freier, oder in seine Substanz eingesenkt. — Ein Gallenblasengang und ein Leber-Gallengang inseriren sich oft getrennt in das *Duodenum*. — Der Umfang der Milz pflegt beträchtlich zu sein. — Das *Pancreas* besitzt oft mehre Ausführungsgänge [5]).

---

langen Dickdarmes fehlt eine *Valvula coli* oder ein sie vertretender Wulst. Die Schleimhaut des Dickdarmes bildet schwache Längsfalten. — Bei *Chelonia imbricata* kommen ebenfalls Zickzack-Längsfalten vor; diese sind streckenweise durch Quermaschen verbunden.

3) Bei *Testudo tabulata* besitzt die Schleimhaut des *Oesophagus* Längsfalten; die Magenschleimhaut ist, mit Ausnahme stärkerer Runzeln, glatt; im übrigen Dünndarme kommen dicht gestellte, schmale, nach dem freien Ende zugeschärfte Langsfalten vor. Gegen das Ende des Dünndarmes stehen die Falten minder dicht; die Schleimhaut des langen Dickdarmes ist glatt. — Bei *Cynixis Homeana* ist der Magen gekrümmt, sackförmig, weit; der Dünndarm kaum länger, als der Dickdarm; letzterer am Anfange blindsackartig erweitert, besitzt eine aufsteigende, quere und absteigende Portion. Das *Rectum* ist enger. — Ueber *Emys europaea* vgl. die Abbildungen bei Bojanus. — Bei *Emys picta* fehlt jede Andeutung eines Blindsackes am Anfange des *Rectum*. — Bei *Chelys fimbriata* ist der Anfang der Speiseröhre sehr weit; der Magen ein absteigender Sack mit Längsfalten. Der Dünndarm ist viel länger, als der Dickdarm, und so in diesen eingesenkt, dass der letztere am Anfange eine einseitige blinde Aussackung bildet.

4) J. Müller vermisste sie bei einer *Testudo nigra*.

5) Z. B. bei *Emys europaea*, nach Bojanus l. c. Th. XVI. XVII. XIX.

Sechster Abschnitt.

Von den Respirationsorganen.

§. 98.

Die respiratorischen Gefässe können bei Amphibien sowol an häutigen Auswüchsen oder Kiemen, die in der Rachengegend liegen, als auch an Strecken eines hohlen pneumatischen Apparates sich verzweigen. — Die bald perennirende, bald auf gewisse Lebensstadien beschränkte Verwendung besonderer häutiger Auswüchse der Rachengegend: der Kiemen für den genannten Zweck ist ausschliesslieh einer Unterklasse, derjenigen der *Amphibia dipnoa* eigen. — Die nach absolvirter embryonaler Entwickelung eintretende Benutzung von Strecken des pneumatischen Apparates für den nämlichen Zweck liegt dagegen im Organisationsplane aller Repräsentanten beider Unterklassen.

Die Anwesenheit von Kiemen ist beständig geknüpft an Unterbrechung der Coutinuität sowol der Rachenwandungeu, als auch der entsprechenden Gegend der äusseren Haut. Beide Wandungen sind beständig von mehren einander entsprechenden Spalten durchbrochen; die einzelnen Spalten sind von einander getrennt durch solide häutig überzogene Brücken, gebildet durch Bogenschenkel des Zungenbein-Apparates. Vor den Spalten hangt auswendig oft eine kiemendeckelartige Hautfalte vorhangartig herab.

Bei Embryonen der *Amphibia monopnoa*, so wie auch bei denen der Vögel und Säugethiere, sind gleichfalls Querspalten vorhanden, welche sämmtliche Schichten der Rachengegend von aussen nach innen durchbrechen. Die den *Amphibia dipnoa* eigene Ausbildung von Kiemenbüscheln oder Kiemenblättchen bleibt aber bei den eben genannten Thiergruppen gänzlich aus. Das Vorkommen von Spalten, welche sämmtliche Schichten der Rachengegend durchsetzen, ist demnach ein allen Wirbelthieren gemeinsames Moment; ihr Perenniren oder ihr Schwinden, so wie die unter ersterer Bedingung erfolgende Entwickelung von Kiemen, als Trägern respiratorischer Gefässe, sind Momente, welche engeren, in der Classe der Fische und der Unterclasse der *Amphibia dipnoa* ausgeführten, Organisationsplanen angehören.

Der zu respiratorischen Zwecken benutzte pneumatische Apparat besitzt in den Classen der Amphibien, Vögel und Säugethiere ausnahmslos eine ventrale Einmündung in die Rachenhöhle, erscheint demnach als deren ventrale Ausstülpung.

Sein häutiges Gerüst ist inwendig von Schleimhaut, die ein Flimmer-Epithelium trägt, ausgekleidet. — Gewissen Strecken dieses Gerüstes, und zwar immer den vorderen, sind Hartgebilde eingetragen von meist knorpeliger Textur. Die hintersten schlauchförmigen Strecken des pneumatischen Apparates sind oft vom Bauchfelle bekleidet. — Die vorderste Strecke seines Eingangscanales: der Kehlkopf, ist bei vielen, aber nicht allen Amphibien zum stimmbildenden Apparate eingerichtet.

[Vgl. über die Respirationsorgane die Handbücher von Cuvier und Meckel, und die Schrift von Lereboullet.]

I. Vom Kiemenapparate.

§. 99.

Unterbrechungen der Continuität sowol der äusseren Haut, als auch der Rachenwandung durch mehre hinter einander gelegene, mittelst solider Bogen getrennte Spalten, so wie in der nämlichen Gegend vorkommende häutige Auswüchse: Kiemen, bilden den Inbegriff dieses respiratorischen Apparates, der unter den *Amphibia dipnoa* Einigen perennirend, Andern transitorisch eigen ist. Die Spalten der äusseren Haut sind *Pori respiratorii externi*, die der Rachenwandungen *Pori interni*. Bei einigen Amphibien hangt, von den beiden Unterkieferschenkeln aus, zwischen und über den Kiemenspalten beider Seiten eine Verdoppelung der äusseren Haut als Kiemendeckel mantelförmig herab. Dieselbe schliesst einen Quermuskel ein, der eine Fortsetzung des *M. transversus mandibulae* ist und seine Nerven vom *N. facialis* erhält. Dieser Kiemendeckel-Apparat, der z. B. bei *Siredon*, so wie bei den Larven der *Urodela myctodera* und der *Batrachia* vorhanden, bei den *Proteidea* dagegen nur durch Anwesenheit des Muskels und einer unbedeutenden Falte angedeutet ist, ermangelt beständig eingetragener Hartgebilde. — Die die *Pori interni* trennenden Bogen besitzen häutige Ueberzüge; ihre der Rachenhöhle zugewendeten Strecken sind gewöhnlich mit härteren rauhen Höckerchen besetzt [1]); von ihrer convexen Seite pflegt ein freier häutiger Saum herabzuhangen. — Träger der respiratorischen Gefässnetze sind bei allen

---

1) An der convexen Seite jedes Kiemenbogens kömmt bei *Proteus* eine freie halbmondförmige Hautfalte vor. S. Abb. bei Rusconi Obs. sur la Sirène Tab. 2. Fig. 4. — Längs dem concaven Rande der beiden mittelsten Kiemenbogen von *Siredon* liegen zwei Reihen von zahnartig zugespitzten Hartgebilden; längs dem jedes der beiden anderen Bogen eine Reihe. Bei *Siren* ist, ähnlich wie bei Knochenfischen, der concave Rand jedes Kiemenbogens mit verhältnissmässig starken stachelartigen Auswüchsen besetzt.

Amphibia dipnoa äussere Kiemen; nur bei den Larven der *Batrachia* werden sie während eines späteren Entwickelungsstadiums durch innere Kiemen ersetzt. — Durch den perennirenden Besitz äusserer Kiemen ausgezeichnet ist die Gruppe der *Urodela perennibranchiata.* Die Anzahl der Kiemen beläuft sich jederseits auf drei. Jede äussere Kieme wurzelt an der dorsalen Grenze der drei hintersten Kiemenbogen in der äusseren Haut, und ist ein mit einfachem Stiele beginnendes, in verschiedener Weise getheiltes oder verästeltes Anhängsel derselben. An und in die Wurzel des Stieles erstrecken sich eigene Muskeln, welche das Kiemenbüschel nach verschiedenen Richtungen ziehen. Der häutige Ueberzug jeder Kieme steht in Continuität mit der *Cutis*, die die Basis unverdünnt, feiner und dünner geworden die Büschel oder Verästelungen überzieht. Die einzelnen äusseren Kiemen nehmen bei *Siren* und *Siredon* von vorn nach hinten an Länge zu. Bei *Proteus* ist die hinterste am kürzesten. Die Anzahl der Kiemenspalten ist ungleich; *Siredon* besitzt jederseits vier, *Siren* drei, die *Proteidea* zwei.

Bei den *Derotremata* liegt jederseits perennirend eine Kiemenspalte zwischen den beiden letzten Bogen des Zungenbein-Apparates. Die Anwesenheit derselben ist nicht geknüpft an die von Kiemenbüscheln, auf deren Vorhandensein in früheren, noch nicht näher bekannten Lebensstadien indessen die Wahrnehmung einiger Ueberreste bei jüngeren Individuen schliessen lässt [2]). Bei jungen Individuen von *Menopoma* sind jederseits zwei *Pori* beobachtet: ein vorderer, engerer, und ein hinterer, weiterer.

Dass bei den *Gymnophiona* von aussen in die Rachenhöhle führende *Pori* im Jugendalter vorhanden sind, ist durch eine Beobachtung J. Müller's constatirt, der bei einem jungen *Epicrium hypocyaneum* ein Kiemenloch und in diesem Ueberreste von Kiemenbüscheln angetroffen hat [3]).

Die *Urodela Myctodera* besitzen während ihres Larvenzustandes je-

---

2) Bei jungen Menopomen fand Mayer am dorsalen Ende von drei Kiemenbogen ein Büschel von acht bis zehn schwarzen Zotten, als Ueberbleibsel äusserer Kiemen. S. Analecten 1. S. 94. Auch für *Amphiuma* ist ihr Vorkommen durch Hunter's und Cuvier's Untersuchung des Gefässsystemes mehr als wahrscheinlich geworden.

3) J. Müller hat bei einer jungen *Coecilia hypocyanea* von $4\frac{1}{2}$ Zoll Länge an jeder Seite ein mit der Rachenhöhle communicirendes Kiemenloch angetroffen, in welchem schwarze Franzen enthalten waren, die aber nicht hervorragten. S. d. Abbildung in Tiedemann und Treviranus Zeitschrift für Physiologie Bd. 4. Taf. XVIII. F. 1. und die Beschreibung S. 195. — Durch diese Beobachtung von Kiemenfranzen ist die systematische Stellung der *Gymnophiona*, welche bereits anderen Naturforschern vorschwebte, fester begründet und zu klarerem Bewusstsein erhoben. Wichtig wäre ihre Erweiterung durch ergänzende Beobachtungen über die Zahl der ursprünglich vorhandenen Kiemenlöcher und Kiemenbüschel, so wie über das Verhalten des Gefässsystemes.

derseits drei äussere Kiemen, die über der dorsalen Grenze der Kiemen bogen liegen. Dieselben sind mit einem Flimmer-Epithelium bekleidet. Ihre Bildung bietet bei *Triton* und *Salamandra* kleine Unterschiede dar. Bei *Salamandra* besteht jede Kieme aus einem Stamme, welcher federartig mit einer doppelten Reihe von Anhängen besetzt ist; die an der Basis des Stammes gelegenen sind die längsten; nach der Spitze zu werden sie kürzer. Die Länge der einzelnen Kiemen ist ungleich; die vorderste ist die kürzeste, die hinterste die längste.

Die Larven der *Batrachia* besitzen anfangs äussere, später innere Kiemen. Die erst bei wenigen Arten bekannten Formen der äusseren Kiemen scheinen, nach Maassgabe neuerer Beobachtungen an exotischen Fröschen, grosse Verschiedenheiten darzubieten [4]). Bei *Rana* sind sie kleine fingerförmige, mit ihren Grundflächen hinter dem häutigen *Operculum* haftende, mit Flimmer-Epithelium bekleidete Hautauswüchse. Jeder Auswuchs besitzt eine je nach den verschiedenen Entwickelungsstadien verschiedene Anzahl von Aesten; die anfangs geringere Zahl der letzteren wächst bald. — Die Anzahl der einzelnen äusseren Kiemen selbst scheint bei den verschiedenen Gattungen der Batrachier ungleich zu sein [5]). — Bereits vor dem Schwinden der äusseren Kiemen hat bei den Larven von *Rana* die Entwickelung innerer Kiemen Statt; es sind dies sehr zarte, häutige, unregelmässig baum- oder quastförmig getheilte Auswüchse, welche längs der Convexität der vier knorpeligen Kiemen-

4) Die merkwürdigste Form von äusseren Kiemen ist von Weinland an *Notodelphys* beobachtet. Sie sind an Stielen befestigte Glocken: trichterförmige Hautausbreitungen, an denen die in den Stielen enthaltenen Gefässe sich vertheilen. S. Müller's Archiv 1854 p. 457. Tab. XVIII.

5) Die Anzahl der äusseren Kiemenbüschel scheint bei den verschiedenen Batrachier-Larven verschieden zu sein. Bei *Rana* sind jederseits zwei vorhanden. C. Vogt beobachtete bei *Alytes* nur eine einzige. Sie wächst als langer Stamm jederseits hervor, der sich in viele Fortsätze zerlegt. Während nun lange Zeit diese Kieme, deren äussere Oberfläche auf das lebhafteste flimmert, allein dem Respirationsgeschäfte vorsteht, bilden sich allmälich die inneren Kiemenfranzen aus und mit ihrer Entwickelung verkümmert nach und nach die äussere Hautkieme. Um diese Zeit sind alle Blutgefässe der Kieme mit stockenden, in ihrer Form veränderten Blutkörperchen angefüllt (Entwickelung der Geburtshelferkröte S. 91). — Nach Rusconi haben die äusseren Kiemen 70 Stunden nach Beginn der Entwickelung des Froscheies die Gestalt etwas abgeplatteter Höckerchen; in der 81. Stunde sind sie an ihren Rändern eingeschnitten und besitzen jede vier regelmässige Läppchen. Nach 5½ Tagen haben die äusseren Kiemen ihre volle Entwickelung erlangt und nun beobachtet man auch innere Kiemen. Am 6. Tage ist die rechte äussere Kieme geschwunden; später schwindet die linke. Reste der äusseren Kiemen sind noch kurze Zeit, nach innen zurückgezogen, erkennbar, schwinden aber bald. (Rusconi développement des grenouilles p. 13 sqq.) S. auch die Abbildungen äusserer und innerer Kiemen Pl. 3. Nr. 22—24 u. Pl. 4. Fig. 18—22.

bogen befestigt sind; an den beiden mittelsten zweireihig, an den beiden anderen einreihig.

Bei den *Urodela Myctodera*, so wie bei den *Batrachia* schwindet nach absolvirter Metamorphose die Kiemenathmung gänzlich. Es tritt eine Verwendung des bereits ausgebildeten pneumatischen Apparates zum respiratorischen Organe ein. Der Umstand, dass die pneumatischen Säcke bereits bei den Larven Gas zu enthalten pflegen, lässt vermuthen, dass ihnen während dieses Lebensabschnittes eine der Fisch-Schwimmblase analoge statische Function zukommeu dürfte.

II. Vom pneumatischen Apparate.

§. 100.

Im Plane der Anlage des pneumatischen Apparates der meisten Amphibien liegt es, dass einem unpaaren Eingangscanale paarige Lungensäcke angeschlossen sind; ihr Anschluss erfolgt bald unmittelbar, bald unter Vermittelung von paarigen Röhren: *Bronchi*. — Bei den meisten Amphibien sind die paarigen Lungensäcke, nach Lage und Ausdehnung, symmetrisch angeordnet. — Modificationen erfährt diese Symmetrie bei den *Gymnophiona*, einigen *Sauria* und allen *Ophidia*; ungleiche Ausdehnung der beiden Lungen erscheint nämlich als Regel bei allen *Gymnophiona*, bei vielen fusslosen *Sauria* und einigen *Ophidia*; die meisten *Ophidia* besitzen aber nur einen einzigen Lungensack. — Der unpaare Eingangscanal des pneumatischen Apparates ist in der Classe der Amphibien von sehr verschiedener Länge; meistens reicht er bis in die Herzgegend; er ist daher kurz bei den *Urodela* und *Batrachia*, mehr oder minder lang in den meisten übrigen Ordnungen. Die vorderste Strecke des Eingangscanales heisst, in Hinblick auf seine Benennung bei Säugern, Kehlkopf. — Wo der unpaare Eingangscanal überhaupt nur kurz ist, wie dies bei den *Urodela* und *Batrachia* zutrifft, besteht er nur in einem einzigen Abschnitte: dem Kehlkopfe, und eine Luftröhre fehlt; in den übrigen Ordnungen liegt jenseits des Kehlkopfes ein zweiter Abschnitt: eine Luftröhre. — Dem Gerüste beider Abschnitte des Eingangscanales sind Hartgebilde von knorpeliger Textur eingetragen. — Kehlkopfsknorpel sind durch Muskeln verschiebbar; der Luftröhre fehlt ein Muskelapparat. — Der Kehlkopf mancher, doch bei weitem nicht aller Amphibien ist zum stimmbildenden Apparate entwickelt.

[Ueber den Kehlkopf vgl. die Monographie von Henle: Vergleichend-anatomische Beschreibung des Kehlkopfes. Leipz. 1839. 4.]

§. 101.

Bei den *Urodela* sind, unter Mangel einer Luftröhre, einem kurzen, zum Stimmorgane nicht verwendeten Kehlkopfe paarige pneumatische Säcke unmittelbar angeschlossen. Jeder dieser Säcke pflegt von seinem Anfange bis zum Ende gleichmässig weit zu sein, eine Regel, von welcher *Menopoma* eine Ausnahme bildet, indem der Eingang eines jeden röhrenförmig verengt ist und so einen *Bronchus* darstellt. — Das *Ostium laryngis*, ein feiner Längsspalt, dessen gewöhnlich scharfe Ränder gar nicht oder nur sehr wenig in der Rachenhöhle vorragen, liegt ziemlich weit hinter der Zunge. — Der Kehlkopf ist zwischen den beiden hintersten Zungenbeinhörnern gelegen, mit denen er ausser unmittelbarer Verbindung steht, indem nur Muskeln von ihnen aus an ihn heran treten. — Die dem häutigen Gerüste des Kehlkopfes eingetragenen Knorpel sind paarige seitliche Längsstreifen; denselben kommen, mit Ausnahme der *Proteidea*, gezackte und gekerbte Ränder zu. — Bei *Menopoma* sind diese beiden seitlichen Längsstreifen unten durch Quercommissuren verbunden, oben zu einer, nur von kleinen medianen Oeffnungen durchbrochenen Platte verschmolzen. — Jeder der seitlichen Längsknorpel bildet entweder ein Continuum oder besteht aus zwei getrennten Knorpeln. Bei den meisten *Urodela* sind nämlich kurze, dreiseitige, den Eingang begrenzende Knorpel, welche, ihrer Lage nach, den *Cartilagines arytaenoideae* höherer Wirbelthiere entsprechen, von längeren Seitenknorpeln getrennt; nur bei den *Proteidea* nehmen Fortsätze dieser letzteren die Stelle der anderswo getrennten *Cartilagines arytaenoideae* ein. — Bei den meisten *Urodela* sind die Seitenknorpel auf den unpaaren Eingangscanal beschränkt; bei wenigen bilden sie Gerüste der paarigen Säcke. So sind die Enden der Seitenknorpel bei *Menopoma* in die Anfänge der paarigen *Bronchi* erstreckt. Dagegen kommen bei *Salamandra atra* in den Wandungen der Anfänge der pneumatischen Säcke discrete Knorpelinseln vor.

Die Lungen der *Urodela* sind mehr oder minder cylindrische Säcke von verhältnissmässig nicht bedeutender Weite. Ihre Innenfläche ist bald glatt, wie z. B. bei *Proteus*, bei *Triton*, bald in netzförmigen vorspringenden Maschen erhoben, wie z. B. bei *Siren*, bei *Salamandra*. — Suspendirt sind die Lungen seitwärts von der Wirbelsäule an freien, gekrösartigen Bauchfellfalten, welche sie auch umhüllen und zu ihnen ähnlich sich verhalten, wie ihre Fortsetzungen zu den keimbereitenden und den leitenden Geschlechtstheilen. — Das Bauchfellgekröse folgt der Lunge bald in ihrer ganzen Längsausdehnung, wie beim *Proteus*, bald ist es kürzer, als diese, wie bei den übrigen *Urodela*.

§. 102.

Bei den *Batrachia* ist der Kehlkopf kurz und verhältnissmässig weit; zugleich — anscheinend ausnahmslos — zum stimmbildenden Apparate verwendet. — Eine Luftröhre fehlt. — Paarige Lungensäcke sind dem Ende des Kehlkopfes entweder unmittelbar mit nur wenig engerem Halse, oder unter Vermittelung langer *Bronchi* angeschlossen. Unmittelbar erfolgt ihr Anschluss bei allen *Phaneroglossa*; unter Vermittelung langer *Bronchi* bei den *Aglossa*. — Das *Ostium laryngis* ist ein hinter der Zungenwurzel gelegener, ziemlich weiter Längsspalt. — Der Kehlkopf füllt den Raum zwischen den beiden divergirenden *Cornua thyreoidea* des Zungenbeines völlig aus. — Letztere stehen immer in Verbindung mit dem Kehlkopfe; meist durch kurze Bänder; bei manchen *Batrachia*, z. B. bei *Rana esculenta*, bei *Bufo cinereus*, durch Uebergang ihrer knorpeligen Epiphysen in den Ringknorpel des Kehlkopfes; bei den *Aglossa* sind diese Beziehungen des Zungenbeines zum Kehlkopfe am innigsten und eigenthümlichsten. — Die dem Kehlkopfe eingetragenen Knorpel verhalten sich bei den *Phaneroglossa* gewöhnlich folgendermaassen: Ein ringförmiger, an seiner dorsalen Seite bisweilen schildförmig verbreiterter Knorpel (*Cartilago laryngea*) nimmt einen Theil des Kehlkopfes ein. Er pflegt in paarige absteigende, mehr oder minder gezackte Seitenknorpel [1]) nach hinten fortgesetzt zu sein. Diese letzteren, die selten fehlen, reichen gewöhnlich nur bis an das Ende des Kehlkopfes, können jedoch auch, Bronchialknorpeln ähnlich, weiter über den Lungenhals oder auf die Mitte der Lunge ausgedehnt sein. — Mit dem Vorderrande der ringförmigen *Cartilago laryngea* articuliren die Grundflächen verhältnissmässig sehr umfänglicher, paariger, dem *Ostium laryngis* zunächst gelegener und dieses unterstützender Knorpel: *Cartilagines arytaenoideae*. — Jede *Cartilago arytaenoidea* besitzt im Ganzen die Form eines spitz- oder stumpfwinkeligen Dreiecks, das nach aussen convex, nach innen concav ist, so dass beide zusammen ein solides Gewölbe im Umfange des Kehlkopf-Anfanges bilden.

Bei einigen Fröschen, z. B. *Rana esculenta* und *temporaria*, ist die Spitze der *Cartilago arytaenoidea* ausgeschnitten und der Ausschnitt durch einen discreten kleineren Knorpel ausgefüllt. — Bei den *Phaneroglossa* sind gewöhnlich, und vielleicht allgemein, zwei Paar membranöser Zungen: häutige Stimmbänder vorhanden. — Die vorderen sind die beträchtlichsten und an den *Cartilagines arytaenoideae* fixirt. — Die mit wenig engerem Halse dem Kehlkopfe unmittelbar angeschlossenen Lungensäcke

---

1) Die Seitenknorpel fehlen, nach Henle, bei *Microps*; sie sind spurweise vorhanden bei *Bombinator*. — Sie sind ausgedehnter bei *Pseudis*, bei *Bufo*, wo sie über den Lungenhals reichen, und bei *Breviceps*, wo sie bis über die Mitte der Lungensäcke ausgedehnt sind, wodurch also ein Uebergang zu den Bronchien der *Aglossa* gegeben ist. — Eine Eigenthümlichkeit einiger *Batrachia*, die z. B. bei *Rana esculenta* und *Breviceps gibbosus* angetroffen wird, ist die vordere Verbindung beider Seitenknorpel durch eine knorpelige Querleiste.

sind paarig und symmetrisch. Der Lungenhals tritt durch das muskulöse *Diaphragma* in die Bauchhöhle, indem er das Bauchfell einstülpt. Der eingestülpte Theil des Bauchfelles ist der Lunge dicht angeschlossen und bekleidet sie unmittelbar. In der Höhle der Lungensäcke vorkommende, an ihrer Schleimhaut erhobene maschige Vorsprünge sind Träger der respiratorischen Gefässe. Grössere Maschen pflegen kleinere einzuschliessen.

Vor den *Batrachia Phaneroglossa* ausgezeichnet sind die *Aglossa*, sowol durch den Bau und die mehr oder minder knöcherne Textur ihres Kehlkopfes, als auch durch den Besitz langer *Bronchi*, die in ihre Lungensäcke führen. Der Kehlkopf ist sehr umfänglich; Theile des Zungenbeines vervollständigen ihn; er bietet sexuelle Unterschiede dar; häutige Stimmbänder fehlen; Fortsätze der *Cartilagines arytaenoideae* springen, ihre Stelle einnehmend, frei in die Kehlkopfshöhle vor. Die Stimmbildung scheint also durch Schwingungen dieser soliden Theile zu erfolgen. — Die Höhle des Kehlkopfes führt in zwei lange *Bronchi*. Dieselben besitzen solide Grundlagen von knorpeliger Textur. Die Bronchialknorpel zeigen bei den beiden Gattungen ein verschiedenes Verhalten. Bei *Pipa* [2]) sind zahlreiche discrete Knorpel vorhanden; die meisten sind einfache Bogen; einige sind gespalten. Ein schmaler Längsstreif an der äusseren Wand des *Bronchus* bleibt häutig, indem die Knorpel Bogen und keine Ringe bilden. *Dactylethra* besitzt, statt der discreten Bogen, eine knorpelhäutige Platte, deren Ränder nach oben in kurze Zacken oder Seitenfortsätze ausgezogen sind. — Jede Lunge ist bei *Dactylethra* ein einfacher Sack; bei *Pipa* besitzt ihr Sack vorne eine Nebenaussackung. — In die Lungenhöhle ragen bei beiden Balkennetze hinein; die queren Schenkel der letzteren sind am meisten vorspringend; gegen das Ende der Lunge hin nehmen sie an Höhe ab. Von diesen Balkennetzen gehen eigenthümliche, in die Lungenhöhle frei hineinragende Verlängerungen aus, wie solche auch schon in den Bronchien, von den Knorpeln ausgehend, spärlicher vorkommen; bei *Pipa* sind sie spitz, stachelig, ziemlich lang; bei *Dactylethra* stumpfer und kürzer. Bei *Dactylethra* ist nur die Lungenwurzel an der Seitenwand der Rumpfhöhle fixirt, indem deren Peritonealüberzug unter Faltenbildung in die Bekleidung der Lunge übergeht; der grössere Theil der vom Bauchfell bekleideten Lunge flottirt frei; bei *Pipa* reicht die Lunge weiter in die Beckengegend; ihr Peritonealüberzug geht von dieser Gegend aus. Von den *Ossa ileum* aus sind Muskeln zu den Lungen erstreckt, die sie zurückziehen (*M. M. pulmonales Auct.*).

---

2) Wie bereits Rudolphi in der Dissertation von Breyer hervorgehoben hatte, sind die Bronchien bei der männlichen *Pipa* bedeutend kürzer, als bei der weiblichen.

§. 103.

Bei den *Gymnophiona* liegt das *Ostium laryngis* ziemlich weit hinter der Zungenwurzel zwischen den hintersten Hörnern des Zungenbein-Apparates. Der Eingangscanal ist luftröhrenartig in die Länge gezogen. Der Dorsalwand desselben sind Knorpel eingetragen; namentlich kömmt am Anfange desselben eine von Querspalten durchbrochene Knorpelplatte vor, die nach dem *Ostium laryngis* hin in zwei longitudinale *Processus arytaenoïdei* ausgeht. Das Gerüst der Luftröhre besitzt discrete Querknorpel von unregelmässiger Form. Zwei pneumatische Säcke von ungleicher Ausdehnung sind der Luftröhre angeschlossen: ein sehr kurzer rechts gelegener und ein langer linker. Diese linke Lunge ist cylindrisch, fast bis zur Mitte der Rumpfhöhle ausgedehnt, und hangt an einer Peritonealfalte, die sie überzieht. Die innere Flächenvergrösserung beider Lungen geschieht durch quere rhomboidale oder polyedrische vorragende Maschen, welche bis an die äussersten Lungenenden reichen. Die Maschen entstehen dadurch, dass von einem in jedem Lungengerüst verlaufenden Längsstreifen Querbalken nach beiden Seiten hin ausgehen, welche mehrfach durch kurze Längscommissuren verbunden sind.

§. 104.

Das *Ostium laryngis* der *Sauria* liegt dicht hinter der Zungenwurzel; bei den *Varani* auf der ausgebildeten, bei den *Ameivae* auf der verkümmerten Zungenscheide. — Bei der Gattung *Phrynosoma* durchbohrt es die Substanz der Zunge, deren hintere Seitenfortsätze nicht discret, sondern durch eine Commissur verbunden sind. Von dem *Processus entoglossus* des Zungenbeines ist ein elastisches Band zur Ventralseite des Kehlkopfes erstreckt. Von den Seiten dieses Bandes pflegen die *M. M. hyothyreoidei* auszugehen. Vor dem *Ostium* liegt bald keinerlei Falte, bald ein kurzes, zungenförmiges, häutiges Blättchen, bald eine zungenförmige, ziemlich breite *Epiglottis* mit knorpeliger Grundlage. Der Eingangscanal besitzt zwei Abschnitte: Kehlkopf und Luftröhre. Die soliden Grundlagen des Kehlkopfes bestehen entweder in einem zusammenhangenden Knorpel, der vorne in Fortsätze: *Processus arytaenoidei*, ausgeht oder in einer *Cartilago laryngea*, mit welcher paarige *Cartilagines arytaenoideae* durch fibröses Gewebe zusammenhangen. Letztere Anordnung kömmt den meisten *Kionocrania* und den *Chamaeleonidea* zu. — Der Hauptknorpel oder die *Cartilago laryngea* bietet einzelne Verschiedenheiten dar. Er ist entweder von Oeffnungen unterbrochen oder durchgängig solide. Bei *Amphisbaena* besteht er in zwei seitlichen Längsstreifen, die an der Ventralseite durch Querstreifen verbunden sind; bei *Anguis* ist, statt der paarigen Längsstreifen, eine dorsale Knorpelplatte vorhanden, deren Ränder durch ventrale Querknorpeln verbunden sind. Bei den meisten *Kionocrania* ist der zusammenhangende Knorpel an der Ventralseite von medianen rundlichen Oeffnungen, an der Dorsalseite durch Spalten unterbrochen; bei einigen ist er durchgängig solide, undurchbrochen. Nicht selten bildet die wenig oder gar nicht durchbrochene *Cartilago laryngea* an der Ventralseite eine Längsfirste, in welcher ihre Seitenhälften ohne Unterbrechung ihrer Continuität zusammenstossen. Bei einzelnen Gattungen, z. B. bei *Iguana*, bildet die *Cartilago laryngea* eine in die Kehlkopfshöhle hineinragende mediane Vorragung. — Die Mitte des Vorderrandes der *Cartilago laryngea* ist bei einigen *Agamae* und bei den *Chamaeleonidea* ausgezogen in einen *Processus epiglotticus*, der anderen *Sauria* zu fehlen scheint. — Besondere, zur Stimmbildung geeignete Einrichtungen fehlen im Kehlkopfe der meisten *Sauria*; sie sind jedoch vorhanden in der Familie der *Ascalobota*, so wie in der Gruppe der *Chamaeleonidea*. — Bei den *Ascalabota* sind in der Gegend der Basis der *Cartilagines arytaenoideae* ziemlich breite Hautfalten vorhanden, die von der ventralen zur dorsalen Wand des Kehlkopfes sich erstrecken. — Bei den *Chamaeleonidea* kommen ähnliche Stimmbänder vor. Eigenthümlich ist ihnen zugleich der Besitz eines weiten häutigen Sackes, der mittelst einer queren, vom Ende der *Cartilago laryngea* und vom ersten Luftröhrenknorpel begrenzten Oeffnung mit der Höhle des Eingangscanales communicirt.

Die Luftröhre ist, mit Ausnahme von *Amphisbaena* und *Lepidosternon*, wo sie durch ihre Länge sich auszeichnet, im Ganzen kurz, entsprechend der Kürze des Halses und der geringen Entfernung des Herzens von dem Zungenbein-Apparate. Sie verläuft gerade, ungewunden nach hinten. Ihre Knorpel bilden gewöhnlich, mit Ausnahme des vordersten, der an der Dorsalseite offen zu sein pflegt, im Verlaufe der ganzen Luftröhre geschlossene Ringe; viele *Ascalobota* machen eine Ausnahme, indem die Ringe anfangs geschlossen, weiterhin offen zu sein pflegen. *Ptyodactylus fimbriatus* besitzt in der Strecke, wo diese offenen Knorpel vorkommen, eine Erweiterung der Luftröhre [1]). Die beiden *Bronchi*, in welche die Luftröhre sich theilt, pflegen sehr kurz zu sein; gewöhnlich ist jeder sogleich in seinen Lungensack eingesenkt; nur die *Varani* besitzen längere, freie *Bronchi*.

Die Lungen sind immer paarig. Mit Ausnahme der *Amphisbaenoidea* und vieler fussloser *Scincoidea* und *Chalcidea*, z. B. *Pseudopus*, *Ophisaurus*, *Bipes*, *Hysteropus*, *Anguis*, *Acontias* [2]), sind die beiden Lungensäcke

---

1) S. Tiedemann in Meckel's deutschem Archiv Bd. 4. S. 549 u. Meckel ebendas. Bd. 5. S. 223.

2) Bei *Typhline* und *Acontias* ist die linke Lunge ganz abortiv; bei *Amphisbaena*, *Lepidosternon*, so wie bei *Ophisaurus*, ist die linke Lunge schon viel weniger an Umfang reducirt. Bei *Anguis* und besonders bei *Pseudopus* ist der Unterschied in der Ausdehnung beider Lungen unbeträchtlich.

von gleicher Ausdehnung. Bei den genannten Gattungen ist die rechte Lunge die längere. Jede Lunge ist angeheftet und umschlossen von einer Bauchfellfalte, welche von der Seite des *Oesophagus* an sie übergeht. — In Betreff ihres Baues verhalten sich die Lungen der *Sauria* in so ferne verschieden, als sie bald einfache Schläuche bilden, bald mit Nebenaussackungen von verschiedenem Umfange versehen sind. Diese Nebenaussackungen oder Seitentaschen kommen meistens in der vorderen Strecke der Lunge vor; sie gehen aus von der in die Lunge eintretenden Fortsetzung des *Bronchus*; diese letztere kann noch durch eingetragene Knorpel unterstützt sein oder nicht; in beiden Fällen ist sie von mehren Oeffnungen durchbrochen, welche in die einzelnen Seitentaschen führen.

Die Lungen der *Chamaeleonidea* sind dadurch ausgezeichnet, dass die hintere Hälfte jeder in zahlreiche lange und enge zipfelförmige Hohlräume ausgeht. — Der *Bronchus* endet sogleich nach seinem Eintritte in die Lunge, indem sein Ende mit den Maschen einer weiten Höhle zusammenhangt und *Ostia* begrenzt, die in vordere kleinere Aussackungen führen. Der Lungensack ist in seinen vorderen zwei Drittheilen mit zahlreicheren Maschen verschiedenen Umfanges besetzt, als in dem hinteren, wo die Maschen sich verflachen und an Zahl abnehmen.

§. 105.

Bei den *Ophidia* ist das *Ostium laryngis* eine über der Zungenscheide gelegene Längsspalte. Vor derselben liegt keine Falte; bei einigen *Ophidia* aber ein kurzes schmales Wärzchen mit knorpeliger Grundlage (Andeutung einer *Epiglottis*). Die dem häutigen Gerüste des beständig langen Eingangscanales eingefügten Knorpel zeigen in dessen vorderstem kürzestem Abschnitte: dem Kehlkopfe, ein anderes Verhalten, als in seiner Fortsetzung: der Luftröhre. In dem Kehlkopfe kommen zwei seitliche Längsknorpel vor, welche mit einander durch Querknorpel verbunden sind. Diese verbindenden Querknorpel erstrecken sich bald nur über die Ventralwand, bald zugleich über die Dorsalwand des Kehlkopfes. Die Anzahl dieser Querknorpel ist bei verschiedenen Schlangen verschieden [1]). Der vorderste Querknorpel der ventralen Wand besteht gewöhnlich aus zwei unter spitzem Winkel zusammenstossenden Schenkeln, deren Vereinigungspunkt oft noch in einen vorwärts gerichteten gewöhnlich zugespitzten, nur bei *Boa* breiteren und platten Fortsatz (*Processus epiglotticus*) ausgezogen ist [2]). Dieselbe Einrichtung zeigt sich auch meistens an der dor-

---

1) Henle zählte z. B. deren 16 bei *Crotalus*, 10 bei *Python*, 8 bei *Boa*, 4 bei *Coluber pholidostictos*.

2) Dieser *Processus epiglotticus* ist nicht constant und fehlt, nach Henle, gewissen Arten einer Gattung, während er anderen zukömmt. So ist er vorhanden bei *Naja tripudians* und fehlt bei *Naja haie*, ist vorhanden bei *Elaps lemniscatus* und fehlt bei *Elaps lacteus*.

salen Wand, deren beide vorderste quere Knorpelschenkel jedoch oft unvereinigt bleiben. Von jedem Seitenschenkel des vordersten Querknorpels der dorsalen Wand geht ein vorwärts gerichteter, gebogener oder gekrümmter lanzetförmiger Theil aus, der entweder ein zusammenhangender Fortsatz (*Processus arytaenoideus*) oder ein discretes durch Naht oder durch fibröses Gewebe getrenntes Stück, in diesem letzteren Falle also eine discrete *Cartilago arytaenoidea* ist [3]). — Besondere Apparate zur Stimmbildung fehlen im Kehlkopfe durchaus.

Der luftröhrenähnlichen Fortsetzung des Eingangscanales sind immer discrete Knorpel eingetragen. Eine grössere oder geringere Anzahl der vordersten Knorpel bildet geschlossene Ringe; weiterhin folgende bilden blos Bogen mit freien, unvereinigt bleibenden, also durch häutige Strecken unterbrochenen Enden [4]). — In Betreff der eigentlich respiratorischen Strecken des pneumatischen Apparates zeigen sich erhebliche Unterschiede. — Im Plane aller *Ophidia* liegt asymmetrische Anordnung der Lungen. Diese Asymmetrie ist dem Grade nach verschieden. Der einfache Eingangscanal ist nämlich entweder in einen einfachen Sack fortgesetzt, oder es sind ihm paarige Lungensäcke angeschlossen; diese paarigen Lungensäcke sind immer von ungleicher Ausdehnung [5]).

3) Von verwandten Gattungen besitzen die Einen einen *Processus arytaenoideus* (z. B. *Eryx*), Andere (*Python*, *Boa*) eine discrete *Cartilago arytaenoidea*.

4) Ausführliche Detailangaben über die Luftröhrenknorpel finden sich bei Meckel (System d. vgl. Anatomie Bd. VI. S. 254). — Die geschlossenen Ringe reichen am weitesten nach hinten bei *Elaps*, weniger weit bei *Python*, noch weniger bei *Crotalus* und am wenigsten bei den *Coluber*-Arten.

5) Die Detailangaben über die Einfachheit oder Duplicität des pneumatischen Sackes lassen, wegen Unsicherheit über die jedesmal untersuchten Arten, noch manches zu wünschen übrig. Unter den *Ophidia Angiostomata* besitzen einfache Säcke: *Rhinophis* und alle untersuchten *Typhlopina*; was die *Tortricina* anbetrifft, so kommen anscheinend Arten mit zwei Lungen (*Tortrix xenopeltis* Schl.) und andere mit einer Lunge vor (*Tortrix scytale* Schl.). — Unter den *Eurystomata* besitzen die *Peropoda* (*Boa*, *Python*, *Eryx*) anscheinend sämmtlich zwei Lungen. — Die untersuchten *Calamarina* besitzen einen einfachen Lungensack. — Unter den *Colubrina* und den *Glyphodonta* scheinen, nach Maassgabe der bisherigen Beobachtungen, grosse Verschiedenheiten vorzukommen. Alle *Coronellae* Schl. besitzen, nach Angabe von Schlegel, eine einfache Lunge. Bei *Rhachiodon scaber* finde ich die Lunge einfach. *Tropidonotus natrix* besitzt ein sehr kleines Rudiment einer zweiten Lunge. *Coluber variabilis* besitzt, nach Schlegel, das Rudiment einer zweiten Lunge. Nach Angaben von Meckel kömmt ein solches bei den *Coluber* häufig vor. Die *Xenodon* besitzen, nach Schlegel, eine einfache Lunge (*X. severus* und *X. rhabdocephalus*). Bei den *Heterodon* finde ich eine rudimentäre zweite Lunge. — Die *Lycodon* Schl. besitzen nach Schlegel eine einfache Lunge; desgleichen die *Psammophis* Schl. und die *Homalopsis* Schl. — Bei *Dendrophis colubrina* fand Schlegel das Rudiment einer zweiten Lange. — Bei den *Dipsas* Schl. kommen, nach Angabe Schlegel's p. 262, Verschiedenheiten in Betreff der Lungen vor; indessen gibt er für *D. multimaculata*, *laevis* und

Die Flächenvergrösserung der respiratorischen Strecken des pneumatischen Apparates geschieht durch maschige Vorragungen. Grössere Maschen von viereckiger oder polygonaler Form schliessen kleinere und kleinste Maschen in beträchtlicher Anzahl ein. Diese Maschen sind Träger respiratorischer Gefässe: der Verzweigungen der *Arteria pulmonalis*, welche in *Venae pulmonales* übergehen. — Der Eingangscanal liegt vor dem *Oesophagus*; weiterhin oft an dessen rechter Seite; seine Fortsetzung: der einfache oder doppelte Lungensack über dem *Tractus intestinalis*.

Die Anordnung des pneumatischen Apparates zeigt grosse Verschiedenheiten: 1) Bei Anwesenheit paariger Säcke ist die Ungleichheit des Umfanges derselben sehr verschieden. Viele Schlangen besitzen, ausser der entwickelten Lunge, nur eine ganz unbeträchtliche und leicht zu übersehende Nebenaussackung; dahin gehören z. B. die *Tropidonotus*, *Heterodon eimus*, die *Trigonocephali*; bei Anderen ist das Missverhältniss des Umfanges beider pneumatischer Säcke minder gross, wie namentlich bei den *Peropoda*: *Python*, *Boa*, *Eryx*, wo die einfache Luftröhre in zwei *Bronchi* sich theilt, deren jedem ein pneumatischer Sack entspricht. — Die kleinere oder rudimentäre Lunge liegt bei den meisten Schlangen linkerseits, bei einigen z. B. bei *Heterodon* jedoch rechterseits.

2) Bei Anwesenheit eines ganz einfachen Sackes oder einer nur ganz kleinen Nebenaussackung beginnt die innere maschige Anordnung der Schleimhaut oft schon ganz vorne in demjenigen Abschnitte des pneumatischen Apparates, den man, wegen seiner Lage vor dem Herzen und wegen Besitzes von Knorpelbogen, als Luftröhre anzusprechen geneigt sein dürfte. So z. B. bei *Pelias*, bei *Acrochordus*, *Hydrophis*, *Typhlops*

3) Die Ausdehnung des einfachen pneumatischen Sackes bietet grosse Verschiedenheiten dar. Bei einigen Schlangen, z. B. bei den *Hydrophis*-Arten, bei *Acrochordus* reicht der einfache Lungensack bis dicht vor den After.

4) Die pneumatischen Säcke mancher Schlangen sind nicht bis an ihr Ende mit Maschen versehen, vielmehr ist ihre Innenfläche in der letzten hinteren Strecke oft glatt [6]). Die der Maschen entbehrende Strecke erhält, als blosses Bronchialgerüst, nach Beobachtungen von Hyrtl, bei einigen Schlangen, auch keine respiratorischen Arterien, sondern aus Kör-

---

annulata das Vorkommen eines einzigen Lungensackes an. — Die *Acrochordina* besitzen einen einfachen Lungensack. — Unter den *Hydrophida* fand ich bei drei untersuchten Arten der Gattung *Hydrophis* den Lungensack durchaus einfach. — Meckel gibt für *Platurus* die Anwesenheit eines sehr kleinen Rudimentes einer zweiten Lunge an. — Unter den übrigen Giftschlangen kömmt den untersuchten *Crotalina* und *Elapina* ein sehr unbeträchtliches Rudiment einer zweiten Lunge zu. — Die *Viperina* besitzen dagegen einen ganz einfachen Lungensack.

6) Glatt oder fast glatt z. B. bei *Heterodon simus* (*platyrrhina* Schl.).

perarterien hervorgehende Bronchialgefässe, deren Venen in Körpervenen einmünden [7]).

Was einzelne Bildungstypen anbetrifft, so zeigt der einfache oder mit unbeträchtlicher Nebenaussackung versehene pneumatische Schlauch oft folgende Anordnung: das Gerüst des Eingangscanales enthält vorne Knorpelringe, weiterhin Knorpelbogen, Hartgebilde, deren die jenseits des Herzens gelegene meist sackförmig erweiterte und daher lungenähnliche Strecke des Schlauches ermangelt. Bei manchen Schlangen nehmen die auf die Knorpelringe folgenden Knorpelbogen die vordere oder ventrale Wand des Eingangscanales ein; seine dorsale Wand bleibt häutig und nimmt von vorne nach hinten allmählich an Breite zu, so dass sie die der mit Querknorpeln versehenen ventralen Wand an Ausdehnung bald beträchtlich übertrifft. Diese häutige dorsale Wand ist bei ***Pelias berus*** schon ganz vorne, bei ***Hydrophis*** erst etwas weiter hinten mit maschigen Vorsprüngen besetzt. Erst von der Stelle an, wo die Knorpel auch an der Vorderseite aufhören und wo ein häutiger Sack beginnt, erstrecken sich die Maschen auch auf die ventrale Wand. Die Maschen pflegen am dichtesten zu sein in der noch vor dem Herzen gelegenen Strecke; minder dicht jenseits dem Herzen. Gegen das Ende des pneumatischen Sackes nehmen sie an Höhe ab, schliessen weniger kleinere Maschen ein und können selbst ganz verschwinden.

Anstatt dass bei den eben genannten Schlangen die dorsale Wand häutig und mit Maschen besetzt ist, die ventrale Wand dagegen die Knorpel enthält, ist bei Anderen z. B. bei *Acrochordus* [8]), bei ***Onychocephalus dinga*** [9]) die ventrale Wand des Eingangscanales häutig und inwendig mit Maschen besetzt.

7) S. Hyrtl Strena anatomica de novis pulmonum vasis in ophidiis nup. observatis. Pragae 1837. 4.

8) *Acrochordus fasciatus* zeigt folgende Bildung: Die vorderste Strecke der Luftröhre ist cylindrisch und besitzt geschlossene Knorpelringe. Etwas weiter hinten enthält nur die dorsale Wand Knorpelbogen; die ventrale Wand ist häutig; diese häutige Strecke ist inwendig mit Maschen besetzt. Jede Seite dieser Strecke der Luftröhre besitzt rundliche häutige Aussackungen, deren also zwei parallele Reihen vorhanden sind; inwendig sind sie maschig. Weiter nach hinten verlieren die Knorpelbogen der dorsalen Wand an Ausdehnung; die häutigen Strecken erscheinen breiter. In der Nähe des Herzens verengt sich der Raum. Ueber dem Herzen wird die Luftröhre cylindrisch, besitzt Knorpelringe. Ihre Innenfläche ermangelt in dieser Strecke der Maschen. Hinter dem Herzen beginnt der einfache, bis in die Nähe des Afters erstreckte Lungensack. Seine Innenfläche ist wieder maschig. An seinem Anfange besitzen die weiteren Maschen knorpelige Grundlagen; weiterhin schwinden letztere. Die Maschen werden flacher, weiter, erhalten sich aber bis an das Ende des Sackes.

9) ***Onychocephalus dinga*** Peters zeigt folgende Anordnung: Die vorderste

Bei anderen Schlangen führt die mit Knorpelbogen versehene und innerer Maschen ermangelnde Luftröhre jenseits dem Herzen in die Seite eines Lungensackes, welcher nicht nur weit nach hinten erstreckt, sondern auch seitwärts von der Luftröhre weithin nach vorne ausgedehnt ist und bis in die Zungenbeingegend reicht. So z. B. bei *Heterodon simus*[10]).

§. 106.

Bei den *Chelonia* liegt das *Ostium laryngis* dicht hinter der Zungenwurzel. Es ist gewöhnlich ein Längsspalt. Bei den meisten ist eine das *Ostium* vorne deckende Querfalte, also gewissermaassen eine häutige *Epiglottis* vorhanden. Bei der Gattung *Testudo* fehlt sie.

Der Kehlkopf enthält an Hartgebilden allgemein mindestens einen ihn ringförmig umfassenden Hauptknorpel (*Cartilago laryngea*) und zwei discrete *Cartilagines arytaenoideae*. Bei den Gattungen *Emys* und *Chelonia* kömmt an der Dorsalwand des Kehlkopfes zwischen dem Rande der *Cartilago laryngea* und der Basis der *Cartilagines arytaenoideae* noch ein discreter Knorpel vor, der also seinen Lagerungs- und Verbindungsverhältnissen nach, an eine *Cartilago cricoidea* erinnert. — Der ventrale oder untere Theil der *Cartilago laryngea* zeigt gegen sein Ende hin, Spuren von häutigen Interstitien; am deutlichsten und ausgedehntesten bei *Cinosternum*; solche Interstitien kommen auch im dorsalen Theile des Knorpels vor bei *Sphargis* und *Trionyx*, während derselbe bei *Testudo*, *Chelonia* und *Emys* ganz solide ist. Bei *Cinosternum* ist der Ring der *Cartilago laryngea* gegen das Ende des Kehlkopfes hin nicht geschlossen. — Bei einigen Schildkröten geht der ventrale Theil der *Cartilago laryngea* vorne in eine Spitze aus, welche längs der Innenwand als schwache Firste fortgesetzt ist. Es ist dies die Anlage einer Bildung, welche viel entwickelter ist bei *Sphargis*, wo innerhalb der Luftröhre eine Scheidewand vorkömmt, die dieselbe in zwei Seitenhälften theilt [1]). — Rücksichtlich des näheren Verhaltens der *Cartilagines arytaenoideae* zeigen einerseits die Gattungen *Emys* und *Chelonia* und andererseits *Trionyx* und

Strecke der Luftröhre ist ein mit Knorpelringen versehenes cylindrisches Rohr. Bald sind rechterseits die Knorpelringe unterbrochen, so dass sie sich nicht schliessen. Es beginnt eine häutige Aussackung mit innerer Maschenbildung Diese häutige Strecke nimmt weiterhin die ganze ventrale Seite des Eingangscanales ein, dessen dorsale Wand Knorpelbogen enthält. Letztere sind noch über und etwas hinter dem Herzen vorhanden. Dann erweitert sich der Canal und wird zu einem rein häutigen Sack, der verjüngt ziemlich weit nach hinten fortgesetzt ist.

10) Dieser Lungensack liegt links; rechterseits ist nur ein ganz kleines Lungenrudiment vorhanden. Die Maschen sind in der vorderen Hälfte des Lungensackes am dichtesten; nach hinten werden sie schwächer und verschwindrn zuletzt beinahe ganz.

1) Nach der Entdeckung von Rathke (Müller's Archiv. 1846. S. 292. Tab. X.)

die *Testudinea* sich verwandt. — Die Innenwand des Kehlkopfes ist, abgesehen von einer medianen häutigen Längsfalte bei *Testudo* und von dem erwähnten Firste bei *Chelonia*, so wie von einem unregelmässigen Vorsprunge der Basis jeder *Cartilago arytaenoidea* glatt. Besondere Einrichtungen zur Stimmbildung fehlen.

Die Luftröhre spaltet sich allgemein in zwei *Bronchi*. Ihre Länge ist verschieden. In der Gattung *Testudo* ist sie kurz und ihre Theilung in die beiden *Bronchi* erfolgt bei einigen Arten schon bald hinter dem Zungenbeine; bei den übrigen Schildkröten ist sie länger; ihre Spaltung hat erst tiefer statt. Die Gattung *Cinixys* ist durch Krümmungen der Luftröhre, wie der *Bronchi* ausgezeichnet [2]). — Je nach Verschiedenheit der Luftröhrenlänge sind auch die freien Strecken der *Bronchi* von verschiedener Länge [3]). Dem Gerüste der Luftröhre, wie der *Bronchi* sind Knorpel eingetragen. Dieselben sind bald geschlossene Ringe, bald Bogen; solche Bogen können einfach oder zweischenkelig sein; Uebergänge zweier und mehrer Bogen in einander kommen oft an einzelnen Stellen vor. Jeder *Bronchus* ist in den Hohlraum seiner Lunge fortgesetzt und erstreckt sich gewöhnlich bis zur Endtasche derselben. Diese innerhalb der Lunge fortgesetzte Strecke des *Bronchus* ist durch Knorpel gestützt, deren Formen unregelmässiger sind, als in der freien Strecke. Sie ist von zahlreichen, unregelmässig gestellten *Ostia* durchbrochen, die von knorpeligen Säumen begrenzt sind. Diese *Ostia* sind Eingänge in einzelne durch *Septa* von einander geschiedene, weite Taschen der Lunge. An ihren Innenwänden springen weitere Maschen vor, welche engere zellenähnliche Maschen umgrenzen. — Jede Lunge ist vorne und an ihrer Unterseite vom *Peritoneum* bekleidet, an dem das Zwerchfell sich ausbreitet; sie liegt zwischen der Fascia des Rückenschildes und dem Bauchfelle, hangt also nicht frei in die Bauchhöhle herab. Sie wird durch das Zwerchfell und den *M. transversus abdominis* comprimirt, die bei ihrer Zusammenziehung als exspiratorische Muskeln fungiren. Jede Lunge ist bis zum Becken nach hinten ausgedehnt.

§. 107.

Bei den *Crocodila* liegt das *Ostium laryngis* hinter der Zungenwurzel. Der Kehlkopf ist durch eine Art *Frenulum* an den Boden der

2) Solche Krümmungen oder Windungen kommen vor bei *C. Belliana* und *Homeana*. Bei *Cinixys Homeana* beginnt die Luftröhre eng, erweitert sich allmälich, steigt unter Bildung einer Krümmung bis zur Lebergegend nach hinten und theilt sich dann in zwei lange weite *Bronchi*, welche gekrümmt vorwärts steigen, um in die vorderen Anfänge der Lungen einzutreten. Diese Krümmungen kommen beiden Geschlechtern zu. *Cinixys Belliana s. africana* verhält sich ganz ähnlich.

3) Bei *Trionyx granosus*, wo die Luftröhre gerade verläuft und von mässiger Länge ist, liegen die langen gestreckten *Bronchi* dicht neben einander.

Rachenhöhle befestigt, indem die beiden seinen Eingang begrenzenden Falten in eine mediane unpaare am Zungenbeinkörper haftende Längsfalte übergehen. Eine *Epiglottis* fehlt. Kurze tendinöse Fäden heften die Unterfläche des Kehlkopfes an den vordern Theil des schildförmigen Zungenbeinkörpers. — Von den hintersten kurzen stumpfen Seitenfortsätzen des Zungenbeines treten kurze Ligamente an die Seitenwände des Kehlkopfes. — Das solide Gerüst des Kehlkopfs besteht in einer *Cartilago laryngea* und in *Cartilagines arytaenoideae.* Die *Cartilago laryngea* ist ringförmig; an der Ventralseite in der Dimension der Länge ausgedehnter, als an der Dorsalseite und ermangelt jeder Spur von häutigen Interstitien. Der hintere Rand der ventralen Seite ist in der Mitte eingebogen. seitlich ausgeschweift. Bei *Alligator* und *Crocodilus* bildet der Knorpel keinen Winkel oder Kiel an seiner Ventralseite, während dies bei *Rhamphostoma* der Fall ist. — Der vordere Rand der ventralen Seite ist tief ausgeschnitten; dieser Ausschnitt ist in eine kurse mediane Spitze ausgezogen, die nicht so weit nach vorne reicht, als die Seiten des Kehlkopfes. — Die *Cartilagines arytaenoideae* zeigen in so ferne Unterschiede, als sie bald mit ihrer ganzen Basis an der *Cartilago laryngea* haften, bald nur mit zwei Randfortsätzen, so dass zwischen der *Cartilago laryngea* und der bogenförmig ausgeschweiften Basis der *Cartilago arytaenoidea* eine blos häutige Strecke vorhanden ist, wie bei den *Alligator*-Arten. Die Möglichkeit einer Stimmbildung ist dadurch gegeben, dass die Giessbeckenknorpel mit ihren hinteren Rändern in die Kehlkopfshöhle ragen und dass unter ihnen die Schleimhaut derselben eine tiefe Tasche bildet. — Die Luftröhre ist, namentlich in Verhältniss zur Länge der beiden *Bronchi*, in die sie sich spaltet, lang; doch wechselt das relative Längenverhältniss nach den Arten. Sie verläuft bei den meisten Arten gerade; bei anderen z. B. *Crocodilus acutus* wendet sie sich, nachdem sie gerade abgestiegen, erst unter Bildung einer Krümmung nach vorne, ehe sie in ihre beiden *Bronchi* sich spaltet. Ihre Knorpel bilden im vordersten, weiteren Abschnitte Bogen, — je nach den Arten in verschiedener Anzahl — deren Schenkel an der Dorsalseite unverbunden bleiben; erst im Endtheile sind geschlossene Ringe vorhanden. Auch die beiden kurzen *Bronchi*, welche alsbald in die Lungen eintreten [1]), besitzen gewöhnlich geschlossene Knorpelringe. Ihre Fortsetzungen in der Lunge sind anfangs cylindrische, mit Knorpelringen versehene Canäle, die, später erweitert und der Knorpelringe ermangelnd, fortgesetzt sind. Bei seinem Eintritt in den Lungensack ist der *Bronchus* von Seitenöffnungen durch-

1) Bei *Alligator palpebrosus* sind, nach einer Beobachtung von Henle l. c. p 32, die untersten Bronchialknorpel durch einen einzigen spiralförmig gewundenen Knorpelstreifen gebildet.

brochen. Es besteht nämlich die Lunge in aneinandergefügten und mit einander in Höhlenverbindung stehenden einzelnen Säcken oder Taschen, deren jeder durch eine der bezeichneten Seitenöffnungen mit der Höhle des *Bronchus* communicirt. Die beiden Lungen liegen frei, umschlossen von Bauchfelltaschen zur Seite des *Oesophagus*.

Siebenter Abschnitt.

Vom Gefässsysteme, den Gefässdrüsen und Fettkörpern.

I. Vom Blutgefässsysteme.

§. 108.

Das Herz aller Amphibien ist vom *Pericardium* doppelt umschlossen. — Es liegt an der ventralen Seite des Verdauungs-Schlauches. — Seine Muskelbündel sind immer quergestreift. — Von den zwei Hauptabtheilungen, die ihm zukommen: einer zur Aufnahme und der anderen zur Austreibung des Blutes bestimmten, ist bei allen Amphibien die erstere in zwei Vorhöfe geschieden: einen rechten und einen linken. — Der rechte Vorhof nimmt Körpervenenblut, der linke Lungenvenenblut auf. — In den rechten Vorhof münden die Venen nicht unmittelbar, sondern unter Vermittelung eines rythmisch-contractilen *Sinus venosus*. — An der Einmündungsstelle des letzteren in den Vorhof sind den Rücktritt des Blutes hindernde Klappen angebracht. — In den linken Vorhof münden die zu einem Stamme vereinigten Lungenvenen unmittelbar.

Wesentliche Verschiedenheiten herrschen in Betreff der Lage des Herzens und der Anordnung seiner Ventricular-Abtheilung. — Das Herz liegt bei den definitiv entwickelten Amphibien entweder unmittelbar hinter dem Zungenbein-Apparate oder entfernter von ihm. Diese verschiedenen Lagenverhältnisse sind für einzelne Ordnungen beider Unterclassen bezeichnend; unter den *Dipnoa* liegt es dem Zungenbein-Apparate am nächsten bei den *Urodela*; am entferntesten von ihm bei den *Gymnophiona*; unter den *Monopnoa* am nächsten bei den *Sauria Kionocrania*.

Die Anordnung der Ventricular-Abtheilung des Herzens ist in so ferne verschieden, als die letztere entweder eine einfache Höhle, oder

Einrichtungen besitzt, durch welche ihre Scheidung in zwei Hohlräume entweder eingeleitet oder durchgeführt ist. Einfach bleibt die Höhle bei den *Dipnoa*; ihre Trennung ist angelegt oder durchgeführt bei den *Monopnoa*. — Bei Anwesenheit eines einfachen Ventricular-Hohlraumes führt dieser in einen äusserlich einfachen, noch innerhalb des Herzbeutels gelegenen Hohlcylinder: *Bulbus arteriosus*. Die Höhle des letzteren, aus welcher sämmtliche Arterien-Anfänge hervorgehen, ist anfangs entweder einfach oder alsbald durch eine Längsscheidewand in zwei Seitenabtheilungen geschieden. — Bei angelegter oder durchgeführter Scheidung der Ventricular-Abtheilung des Herzens in zwei Hohlräume — also bei den *A. Monopnoa* — besitzt dieselbe drei arterielle *Ostia*: zwei für Körper-Arterienstämme und das dritte für einen Lungenarterienstamm. — Die Wände der Anfänge dieser drei Gefässcanäle sind entweder nicht von einander getrennt, so dass je zwei Canälen oft ein einfaches *Septum* zukömmt, oder sie sind von einander gesondert. Im ersteren Falle ähnelt ihr Inbegriff dem einfachen *Bulbus arteriosus*.

Bei allen Amphibien vereinigen sich zwei Gefässstämme: Aortenwurzeln zur Bildung der einfachen Aorta. — Jede Aortenwurzel wird gebildet entweder durch Vereinigung mehrer Gefässbogen, welche durch *Rami communicantes s. Ductus Botalli* verbunden sind; oder sie ist die Fortsetzung eines einzigen Gefässbogens, dessen ursprünglich vorhandene Verbindung mit den übrigen Bogen aufgehoben ist. — Ein arterieller Gefässkreis, ähnlich dem *Circulus cephalicus* der Fische, kömmt, mindestens primordial, zu Stande dadurch, dass hinten die beiden Aortenwurzeln zusammenfliessen, vorne und zwar innerhalb der Schedelhöhle, die beiden *Artt. carotides* durch eine Queranastomose (*Ramus communicans anterior*) mit einander verbunden sind. — Den Wirbelabtheilungen entsprechende Gefässe folgen theils dem Verlaufe der Querschenkel des Wirbelsystemes, als *Artt. intercostales*, *intertransversariae*, theils treten sie, für den Spinalcanal bestimmt, durch die *Foramina intervertebralia* in diesen ein.

[Die ausführlichste Schrift über das Herz der Amphibien ist von: Brücke, Beiträge zur vergleichenden Anatomie und Physiologie des Gefässsystemes in den Denkschriften der kais. königlichen Academie der Wissenschaften Bd. 3. Wien 1852. Mit Abb.]

§. 109.

Den *Amphibia dipnoa* gemeinsame Einrichtungen des Herzens [1]) sind folgende: 1) Die Blutaufnehmende oder Vorhofs-Abtheilung des Herzens ist äusserlich einfach. Inwendig findet eine Scheidung statt durch ein *Septum*, das einen rechten und einen linken Vorhof trennt. — 2) Die Blutaustreibende oder Ventricular-Abtheilung des Herzens ist einfach; sie

1) Im *Pericardium* mehrer *Amphibia dipnoa* z. B. der *Tritones*, auch der *Batrachia* kommt ein Flimmer-Epithelium vor.

besitzt weder auswendig, noch inwendig Spuren einer Trennung in zwei Abtheilungen oder Höhlen. — Von der gemeinsamen muskulösen Wand ausgehende Fleischbalken ragen in die Höhle hinein; dieselben begrenzen zahlreiche, einzelne, mit der gemeinsamen Höhle communicirende, kleinere Hohlräume. — 3) In den umfänglicheren rechten Vorhof mündet ein *Saccus* oder *Sinus venosus*. Dieser besitzt quergestreifte Muskelprimitivbündel und ist rhythmisch contractil. In ihn münden die Körpervenen. — 4) In den engeren linken Vorhof mündet unmittelbar ein Lungenvenenstamm. — 5) Der Ventrikularhohlraum führt in den an der Ventralseite der Vorhofs-Abtheilung vorwärts gerichteten *Bulbus arteriosus*, der, vom *Pericardium* bekleidet, mit quergestreiften Muskelprimitivbündeln belegt und rhythmisch contractil ist. — 6) Aus diesem *Bulbus* entstehen Arterienstämme, welche den Schlund umfassen.

Unterschiede in Betreff des Herzens beruhen in Folgendem: 1) In den Lagenverhältnissen desselben. Es liegt unmittelbar hinter dem Zungenbein-Apparate bei den *Perennibranchiata* und *Derotremata*; in sehr geringer Entfernung von demselben bei den *Urodela* und *Batrachia*; beträchtlich weit hinter ihm bei den *Gymnophiona*. — 2) In der unvollkommenen oder vollkommenen Scheidung der Vorhofsabtheilung [2]). — 3) In der Beschaffenheit des *Bulbus arteriosus*, der entweder einen Cylinder von ziemlich gleichbleibender Weite bildet, oder, wie bei mehren *Urodela*, zwei Anschwellungen besitzt, in dessen Höhle nur bei einigen *Perennibranchiata*, so wie bei *Triton*, Klappenreihen vorkommen [3]). — 4) In dem entweder mittelbar oder unmittelbar erfolgenden Ausgange der einzelnen den Schlund umfassenden Arterienstämme vom *Bulbus*.

§. 110.

Im Entwickelungsplane der *Urodela* und *Batrachia* liegt es, dass aus dem *Bulbus arteriosus* hervorgehende paarige und symmetrische Gefässbogen (primitive Aortenbogen), nachdem sie den Speisecanal von unten nach oben umfasst, anfangs ohne intermediäre capillare Verzweigung, zu paarigen Längsstämmen sich vereinigen: Aortenwurzeln, die durch ihren Zusammenfluss die unter dem Axensysteme der Wirbelsäule liegende einfache Aorte bilden. — Aus dem ursprünglich vordersten Gefässbogen jeder Seite entsteht eine Arterie (*A. carotis*), deren Zweige für den Schedel und für die Gegenden des Unterkieferbogens und des vor-

2) Sie ist anscheinend unvollkommen bei *Proteus*, *Menobranchus*, *Siren*. So nach Untersuchungen von Hyrtl und mir. — Bei den *Derotremata*, den *Myctodera*, den *Batrachia* und *Gymnophiona* ist sie vollständig. — Die Trennung des Vorhofes in zwei Abtheilungen war schon J. Hunter bekannt. J. Davy und M. J. Weber haben dieselbe später bei Fröschen zuerst wieder beobachtet.

3) Bei *Proteus* enthält er z. B. zwei Reihen halbmondförmiger Klappen; jede Reihe besteht aus zwei Klappen; bei *Triton* zwei Klappen in einer Reihe.

dersten Zungenbeinbogens bestimmt sind. — Die einzelnen primitiven Aortenbogen, welche den Kiemenbogen folgen, erhalten intermediäre Verzweigungen erst zur Zeit der Entwickelung der Kiemen. Diese intermediären Verzweigungen liegen dann zwischen *Arteriae* und *Venae branchiales*. — Die eben genannten respiratorischen Kiemengefässe perenniren bei den *Urodela perennibranchiata*; sie sind geschwunden bei den definitiv entwickelten *Urodela Derotremata* und *Myctodera*, so wie bei den *Batrachia*. — Die Lungenarterien sind untergeordnete Aeste des hintersten Paares der primitiven Aortenbogen. Dieselben werden bei allen *Amphibia dipnoa* nach absolvirter epigonaler Entwickelung zu respiratorischen Arterien.

[Die Untersuchungen von Rusconi über die Entwickelung des Gefässsystemes des Frosches (*R. esculenta*) haben zu folgenden Ergebnissen geführt: Vor Anlage der äusseren Kiemen sind jederseits drei, aus dem ziemlich langen *Bulbus arteriosus* hervorgehende primitive Aortenbogen vorhanden. Die Bogen jeder Seite vereinigen sich über dem Darmrohre unter dem Axentheile der Wirbelsäule, ohne eine intermediäre capillare Vertheilung erfahren zu haben, zu einer Aortenwurzel. Die beiden Aortenwurzeln bilden die Aorta. — In einem späteren Stadium, und zwar um die Zeit des Erscheinens der beiden äusseren Kiemen gibt jeder der beiden vorderen primitiven Aortenbogen einen der Fortsetzung seines Stammes parallelen Ast ab, der unter Bildung einer Schlinge in seinen Stamm wieder einmündet. Die beiden Schenkel dieser Schlinge sind die Anlagen einer Kiemenarterie und einer Kiemenvene. Zwischen den beiden Schenkeln dieser Gefässschlinge entwickeln sich nach und nach intermediäre respiratorische Gefässe. — Da in einem dritten Stadium bei dem Schwinden der äusseren Kiemen innere, dem Verlaufe von vier Kiemenbogen folgende Kiemenblättchen in respiratorische Function treten, sind neue Einrichtungen des Gefässystemes erforderlich. Diese ereignen sich in folgender Weise. Zwischen der Fortsetzung des primitiven Aortenbogens und dem aus ihm hervorgegangenen ihm parallelen Aste entstehen längs dem Kiemenbogen kurze Anastomosen, aus denen als weitere Fractionen respiratorische in den Kiemenblättchen vertheilte Gefässe sich entwickeln. — Da die beiden äusseren Kiemen nur aus den beiden vordersten Aortenbogen respiratorische Aeste erhielten, statt zwei äusserer Kiemen aber vier innere Kiemenblattreihen vorhanden sind, entwickeln sich die respiratorischen Gefässe sowol der dritten, als der vierten Reihe innerer Kiemenblättchen aus dem dritten primitiven Aortenbogen. Dieser sendet auch einen Zweig zum pneumatischen Sacke und nach dem Schwinden der Kiemenrespiration ist die Arterie des vierten Kiemenbogens reducirt auf den oben erwähnten Zweig: die Lungenarterie.

Bei den durch äussere Kiemen athmenden Salamanderlarven ist das Verhalten des Gefässsystemes, nach Rusconi's Darstellungen, Folgendes: Es sind jederseits vier Aortenbogen vorhanden, welche aus dem vordersten erweiterten Ende des *Bulbus* mit drei *Ostia* hervorgehen, indem der dritte und vierte Bogen ein gemeinsames *Ostium* besitzen. Als Hauptfortsetzung jedes Aortenbogens erscheint eine *A. branchialis* für eine äussere Kieme, welche aus ihr als *V. branchialis* zurückkehrt. Ausser dieser *A. branchialis* gehen aus dem Aortenbogen mehre kleine, nicht in die Kieme eintretende Zweige ab. Diese Zweige sammeln sich in einen Ast, in dessen dorsales Ende die entsprechende Kiemenvene einmündet und der darauf einen *Truncus arteriosus* für die Aortenwurzel bildet. Eine ventrale aus dem nicht respiratorischen Aste abgehende Arterie vertheilt sich, einem Bronchialgefässe analog, in Muskeln des Zungenbein-Kiemenbogen-Apparates. — Sämmtliche *Trunci arteriosi* jeder Seite tragen zur Bildung einer Aortenwurzel bei. Der erste gibt aber, bevor er als *R. communicans* (*Ductus Botalli*) in diese fortgesetzt ist, eine *A. carotis* ab. — Der vierte entlässt, bevor er zum *R. communicans* wird, einen Stamm, der, nach Abgabe von Gefässen für andere Körpertheile, als Arterie des pneumatischen Sackes (*A pulmonalis*) endet.

Man vergleiche die angefuhrten Schriften von Rusconi über die Entwickelung des Frosches und über *Proteus*, so wie: M. Rusconi Descrizione anatomica degli organi della circolazione delle larve delle Salamandre acquatiche. Pavie 1817. 4.]

§. 111.

Bei allen *Urodela* tragen zur Bildung je einer Aortenwurzel sämmtliche oder die meisten der unmittelbar oder mittelbar aus dem *Bulbus arteriosus* hervorgegangenen Gefässbogen derselben Seite durch perennirend wegsam bleibende *R. R. communicantes s. Ductus Botalli* bei. — *Siren* stimmt, gemäss den Untersuchungen von Owen [1]), rücksichtlich der Anordnung der grösseren Gefässstämme, mit der Mehrzahl der Fische wesentlich überein. Der *Bulbus arteriosus* bildet nach seinem Austritte aus dem Ventrikel eine bogenförmig nach rechts gerichtete Krümmung und ist darauf in seiner längeren Strecke gerade vorwärts gerichtet. Aus dem vorderen Ende dieses Abschnittes gehen jederseits drei Gefässbogen hervor, welche als Kiemenarterien sich verhalten. Durch die Verschmelzung der drei ihnen entsprechender Kiemenvenen zu einem gemeinsamen Stamme entsteht eine Aortenwurzel; durch die Vereinigung der beiden Aortenwurzeln eine unpaare Aorta. Die vorderste Kiemenvene entlässt eine Kopfarterie, die hinterste eine Lungenarterie.

Bei der von Rusconi genau untersuchten Gattung *Proteus* ist das arterielle Gefässsystem anders eingerichtet, theils durch eine andere Ursprungsweise der Aortenbogen, theils dadurch, dass, ausser der respiratorischen Fraction jedes Aortenbogens, eine unmittelbare Fortsetzung des letzteren erhalten ist. — Der *Bulbus* geht vorne in ein Paar divergirender Stämme aus. Der Stamm jeder Seite zerfällt in zwei Aortenbogen. Der erste Aortenbogen folgt dem vordersten Kiemenbogen. Der zweite Aortenbogen theilt sich in zwei Aeste; einer der letzteren folgt dem zweiten, der andere dem dritten Kiemenbogen. — Jeder der beiden eigentlichen Aortenbogen besitzt 1. eine ununterbrochene Fortsetzung und 2. eine respiratorische Gefässfraction; der dritte Bogen ermangelt einer unmittelbaren Fortsetzung neben seiner respiratorischen Fraction. — Die respiratorische Fraction jeder der drei Bogen besteht in einer Kiemenarterie, in intermediären respiratorischen Gefässen und einer Kiemenvene. — Die beiden vordersten Kiemenvenen jeder Seite münden in die Fort-

---

1) Vgl. Owen in den Transactions of the zoological society of London. Vol. I. p. 213. Tb. XXXI. Fig. 3.

setzungen der ihnen entsprechenden beiden primitiven Aortenbogen; die dritte Kiemenvene geht in die Fortsetzung des zweiten Aortenbogens über. — Die Fortsetzung des zweiten primitiven Aortenbogens, so wie der zweiten und dritten Kiemenvenen bilden nach ihrer Vereinigung eine Aortenwurzel. — Die Vereinigungsstelle der beiderseitigen Aortenwurzeln zur hinteren Aorta liegt über dem Herzen.

Das vorderste durch Vereinigung der Fortsetzung des vordersten Aortenbogens und der vordersten Kiemenvene entstandene Gefäss gibt zwei Aeste ab: eine *Art. hyoideo-mandibularis* und eine *A. carotis interna anterior.* — Jede durch den zweiten Aortenbogen gebildete Aortenwurzel besitzt eine zur Hinterhauptsgegend vorwärts gerichtete Verlängerung, welche eine *Carotis posterior* abgibt und den Anfang einer im *Canalis vertebralis* gelegenen *Arteria vertebralis* bildet. Die Aortenwurzel entlässt nach hinten eine viscerale Arterie, welche, nach Abgabe von Schlundzweigen, dem Verlaufe des pneumatischen Sackes folgt, zunächst, als Lungenarterie, für diesen und ferner, als *Arteria oarica* oder *spermatica interna*, für die keimbereitenden Geschlechtstheile bestimmt ist. — Die aus dem Stamme der einfachen Aorta hervorgehenden Arterien sind: 1. *Artt. subclaviae*, deren jede, als *Art. epigastrica*, fortgesetzt ist; 2. unpaare viscerale Arterien, nämlich eine *Art. gastrica*, eine *Art. coeliaca*, zahlreiche kleine *Artt. mesentericae*; 3. zahlreiche *Artt. renales* [2]); 4. paarige *Artt. iliacae.* — Ausser ihnen gibt die Aorta dorsale paarige Zweige ab. Jeder durchbohrt den Wirbelkörperquerfortsatz seiner Seite nnd geht in longitudinale Schenkel aus, welche die im *Canalis vertebralis* gelegene *Art. vertebralis* bilden [3]).

[Vgl. über das Gefässsystem von *Proteus* die verschiedenen Schriften von Rusconi und die Abhandlung von Hyrtl in den med. Jahrbüchern d. Oesterreich. Staates Bd. 39. Jahrgg. 1844. S. 259.]

Bei den *Derotremata* gehen jederseits vier Stämme unmittelbar vom *Bulbus* aus. Sie folgen den Kiemenbogen. Der vorderste sendet Zweige zur Zunge und bildet, nach geschehener Entsendung eines Zweiges zur Aortenwurzel (*Ductus Botalli*) eine *A. carotis*. Die beiden mittleren stärksten Stämme verbinden sich zu einer Aortenwurzel. Nach Abgabe mehrer Kopfzweige vereinigen sich die beiden Aortenwurzeln dicht hinter dem Schedel zu einer *Aorta posterior.* Der vierte dünnste Stamm tritt über den *Oesophagus,* gibt ihm Zweige und ist, nach Abgabe eines *R. communicans* zum dritten Bogen, als Lungenarterie fortgesetzt.

---

2) Hyrtl zählte 18 *Artt. renales.*

3) Rusconi Observations anatomique la Sirène hat diese *Art. vertebralis* bereits gekannt. Vgl. die Erklärung der Abbildung zu Tb. IV. Fig. 9. Hyrtl hat ihre Verbindungen mit der Aorta beschrieben.

[Vgl. J. Hunter in Descriptive and illustrated catalogue of the physiological series of comparative anatomy contained in the museum of the royal college of surgeons. Lond. 1834 Vol. 2. p 150. tab. 23. 24. — Ueber *Amphiuma*, das ähnliche Verhältnisse zeigt, Cuvier in den Mémoires du Mussé d'hist. nat. T. XIV. 1817.]

Bei *Salamandra* ist der *Bulbus arteriosus* bis in die Nähe des *Ostium laryngis* etwas gekrümmt vorwärts erstreckt. Aus einer vorderen Anschwellung desselben gehen jederseits vier Aortenbogen mit drei *Ostia* hervor. Die drei letzten Bogen jeder Seite bilden die Aortenwurzel. Jede Aortenwurzel ist vor den Aortenbogen in einen bis zur Gegend des *Orbita* reichenden vorderen Stamm verlängert. Jeder dieser Stämme krümmt sich unter Bildung eines Bogens einwärts und hinterwärts. Die Verschmelzung der beiden Bogen zur einfachen Aorta erfolgt dicht hinter dem Schedel unterhalb des vordersten Wirbels vor und über dem Herzen. Von den einzelnen Aortenbogen entlassen der vorderste und hinterste arterielle Zweige Der Ausgangspunkt der Zweige des vordersten Aortenbogens ist eine Erweiterung: die sogenannte Carotidendrüse, welche er in der Nähe des Unterkieferendes bildet. Die von ihr ausgehenden Zweige sind: 1. eine *Art. hyoideo-mandibularis*, aus welcher Arterien für die Zungenbeingegend, den Boden der Mundhöhle und den Unterkiefer hervorgehen und 2. eine *Art. carotis*, die in eine *Art. carotis cerebralis* und eine Hinterhauptsarterie zerfällt. Eine obliterirte Fortsetzung des vordersten Bogens steht als *Ductus Botalli* mit der Aortenwurzel in Verbindung. — Der vierte Aortenbogen, welcher bei seinem Ursprunge eng mit dem dritten verschmolzen ist, entlässt eine viscerale Arterie, welche nach Abgabe von Zweigen für den Herzbeutel und den *Oesophagus*, als Lungenarterie fortgesetzt ist. — Aus der Aortenwurzel entstehende Aeste sind: 1. eine *Art. maxillaris interna* (*ophthalmica*), die aus ihrer vorderen Verlängerung hervorgeht; 2. eine zur *Glandula auricularis* und zur Hinterhauptsgegend tretende Arterie (*A. occipitalis*) 4) — Die unter der Wirbelsäule verlaufende unpaare Aorta entlässt im ganzen Verlaufe paarige *Artt. intercostales*; in der Gegend der Vorderextremitäten gibt sie die *Artt. subclaviae* ab. Ihre unpaaren Eingeweidearterien sind: eine *Art. gastrica*, eine *Art. coeliaca*, eine *Art. mesenterica anterior* und *posterior*. Sie entsendet ferner zahlreiche paarige Nierenarterien, welche zum Theil auch für die keimbereitenden Geschlechtstheile bestimmt sind. Während ihres Verlaufes zwischen den Nieren gibt sie paarige *Artt. iliacae* und gleichfalls paarige Arterien für die Gegend der Cloake ab und ist als *Art. caudalis* fortgesetzt. Jede *Art. iliaca* ist Ausgangspunkt der Arterien der Hinterextremitäten und gibt auch eine *Art. epigastrica*, so wie Gefässe für die Harnblase ab.

---

4) Ob diese Arterie in einen *Canalis vertebralis* als *A. vertebralis* sich fortsetzt ist noch nicht ermittelt; überhaupt die *A. vertebralis* noch unbekannt.

[Vgl. die Schriften von Funk, Rusconi, Brücke, so wie auch Hyrtl Med. Jahrb. d. Oesterr. Staates. Bd. 25. Jahrgg. 1838.]

§. 112.

Bei den definitiv entwickelten *Batrachia* entstehen jederseits drei Gefässbogen mittelbar aus dem *Bulbus arteriosus.* Der vorderste und der hinterste derselben sind bei den bisher untersuchten *Batrachia* von der Theilnahme an der Bildung der Aortenwurzel ausgeschlossen. Jede Aortenwurzel ist Fortsetzung des mittelsten Bogens ihrer Seite. Die Vereinigungsstelle der beiden Aortenwurzeln zur einfachen Aorta liegt weit nach hinten. Die Höhle des *Bulbus* besitzt eine unvollkommene Scheidewand. Aus dem *Bulbus* gehen vorne zwei Stämme hervor: einer für jede Seite, an deren Ursprungsstellen zwei Semilunarklappen liegen. Jeder dieser äusserlich einfachen Stämme ist inwendig durch zwei Längsscheidewände in drei vollständig abgeschlossene Canäle getheilt und jede Scheidewand ist in die Wände der austretenden Gefässe fortgesetzt [1]). Am äusseren Ende des vordersten dieser Canäle [2]) liegt eine Anschwellung: die Carotidendrüse (*Gl. carotidis*). Aus ihr gehen zwei Gefässe hervor: eine *Art. hyoidea* [3]) und eine *Art. carotis.* Letztere theilt sich vorne am Schedel in zwei Zweige: eine *Art. ophthalmica* und eine *Art. carotis cerebralis*, welche in die Schedelhöhle tritt. Innerhalb der Schedelhöhle gibt jede *Carotis* einen vorderen und einen hinteren Ast ab. Die paarigen vorderen Aeste sind durch feine Queranastomosen, welche eine *A. communicans anterior* vertreten, verbunden; die hinteren fliessen zusammen in eine einfache *A. basilaris*, die in eine *A. spinalis anterior* übergeht, in welche später die Aeste der *Artt. supravertebrales* einmünden.

Die Fortsetzung des mittleren Canales ist die die Speiseröhre bogenförmig umfassende Aortenwurzel. Bei ihrer Vereinigung zur hinteren Aorta besitzen die beiderseitigen Aortenwurzeln eine sehr ungleiche Weite: die rechte Aortenwurzel ist weit, weil sie nur wenige Gefässe abgegeben hat und bildet so den eigentlichen Anfang der Aorta; die linke ist bei ihrem Eintritte sehr verengert, weil aus ihr vorher die *Art. coeliaco-mesenterica* abgegangen ist, die, in Betracht ihres Durchmessers, als ihre Hauptfortsetzung erscheint. — Fortsetzungen des dritten Canales sind zwei Aeste: der erste wird nach Abgabe von Zweigen für den Senker des Unterkiefers und einige Schultermuskeln zu einem starken Seitenlängsstamme (*Arteria cutanea*) [4]), der in Begleitung einer entsprechenden Vene, zwischen den die Schulter vorwärts und den sie abwärts ziehenden Muskeln

1) J. Müller hat hierauf zuerst aufmerksam gemacht. S. Burdach Phisiologie Bd. IV. p. 164, wo auch der Bau der Carotidendrüse erläutert ist.

2) Vom Ende des Gefässcanales aus pflegt neben dem *Oesophagus* ein obliterirtes Gefäss (*Ductus Botalli*) hinterwärts zur Aortenwurzel erstreckt zu sein.

3) *A. lingualis Auct.*

4) Dieser schon Swammerdam bekannte Ast ist von Burow l. c. p. 11 genauer beschrieben und auf die Hautrespiration bezogen.

verlaufend, nach hinten erstreckt und für die Haut des ganzen Rückens bestimmt ist, an welcher er mit zahlreichen Zweigen sich vertheilt. Die zweite Fortsetzung des dritten Canales ist die *Art. pulmonalis.* — Jede Aortenwurzel gibt vor geschehener Vereinigung zur einfachen Aorta mehre Aeste ab. Ausser kleineren für den Kehlkopf, den *Oesophagus* und die Schultergegend bestimmten Arterien, sind besonders hervorzuheben: 1. eine *Art. supravertebralis,* die über den Querfortsätzen der vorderen Wirbel von vorne nach hinten erstreckt, sowol durch die *Foramina intervertebralia* in den Canal der oberen Wirbelbogen tretende Gefässe, als auch nach Analogie von Intercostalarterien verlaufende Zweige abgibt; und 2. eine *Art. subclavia.* Die linke Aortenwurzel entlässt ausserdem bei ihrer Vereinigung mit der rechten die *Art. coeliaco-mesenterica*, welche die Hauptfortsetzung ihres Stammes bildet.

Die Verbindung der beiden Aortenwurzeln geschieht weit hinten in der Gegend des sechsten Wirbels. Die einfache *Aorta descendens* entlässt Gefässe für Fettkörper, Nieren und Geschlechtstheile [5]); die Zahl der Nierenarterien beträgt 5 bis 6. — In der Mitte der Länge des *Os coccygis* erfolgt die Theilung der *Aorta* in zwei *Artt. iliacae communes.*

[Vgl. Burow de vasis sanguiferis Ranarum Regiomont. 1834. 4. — Otto in Carus und Otto Erläuterungstafeln etc vgl. Anat. Heft VI.]

§. 113.

Unter den *Gymnophiona* zeigt *Coecilia* folgendes Verhalten: Ein langer musculöser *Bulbus*, an dessen Ausgangsstelle vom Ventrikel ein Klappen-Apparat liegt, beginnt eng und erweitert sich später. Die vordere Hälfte seines Hohlraums ist durch ein queres *Septum*, dessen hinterer Rand frei ist, in zwei Räume getheilt, in einen oberen oder dorsalen und einen unteren oder ventralen. Der dorsale Raum führt in einen Lungenarterienstamm, welcher zur Lunge erstreckt ist. Aus dem ventralen oder unteren Hohlraume gehen zwei sehr lange *Trunci arteriosi* hervor. Jeder ist dicht neben der *Trachea* nach vorn bis zum Zungenbein-Apparate erstreckt und bildet hier ziemlich dicht hinter dem Schedel einen Bogen, aus welchem Kopfarterien hervorgehen. Die Fortsetzung jedes Bogens ist als Aortenwurzel hinterwärts gerichtet. Die Verbindung beider Aortenwurzeln zur einfachen Aorta erfolgt, hypaxonisch, oberhalb und wenig vor dem Herzen Jede Aortenwurzel gibt während ihres Verlaufes mehre zur Wirbelsäule tretende und in den *Canalis vertebralis* eintretende, meist schräg von hinten nach vorne gerichtete Aeste ab.

[Vgl. Rathke in Müller's Archiv 1853. Ich untersuchte *Coec. annulata.*]

---

5) Bemerkenswerth ist der schon von Burow l. c. p. 13. hervorgehobene Umstand, dass jede der 5 oder 6 für Nieren und Hoden bestimmten Aeste der Niere der einen und dem Hoden der entgegengesetzten Seite einen Zweig gibt. Aehnlich ist das Verhältniss der Arterien beim weiblichen Geschlechte.

§. 114.

Bei den *Amphibia monopnoa* ist 1. die Trennung der Blutaufnehmenden oder Vorhofs-Abtheilung des Herzens in zwei Vorhöfe auch äusserlich angedeutet. Es besitzt 2. die Blutaustreibende oder Ventricular-Abtheilung desselben Einrichtungen, durch welche ihre Scheidung in zwei Abtheilungen entweder angelegt oder durchgeführt ist. Ersteres bei der *Sauria, Ophidia* und *Chelonia*, letzteres bei der *Crocodila*. Im Entwickelungsplane des Gefässsystems liegt ferner: 1. die primordiale Lage des Herzens in der Nähe der Kiemenspalten und 2. die Anwesenheit mehrer den Schlund umfassender arterieller Gefässbogen (primordialer) Aortenbogen), welche jederseits zu einer Aortenwurzel sich verbinden; so wie 3. das successiveSchwinden der meisten dieserBogen, und der sie verbindendenAnastomosen: *Ductus Botalli*, so dass jede Aortenwurzel perennirend entweder durch Vereinigung von zwei Gefässbogen gebildet wird (viele *Sauria*), oder dass sie die Fortsetzung eines einzigen aus dem Herzen hervorgehenden arteriellen Gefässstammes ist (einige *Sauria, Ophidia, Chelonia, Crocodila*).

[Baer (Ueber Entwickelungsgesch. d. Thiere Bd. 2 S. 159) hat wol zuerst darauf aufmerksam gemacht, dass aus dem Herzen der Eidechsen-Embryonen, ganz ebenso wie aus dem der Vögel, allmälich fünf Paar Gefässbogen hervorgehen, die in ein Paar Aortenwurzeln sich sammeln und zwischen denen eben so allmälich von vorne nach hinten vier Paar Kiemenspalten sich entwickeln, von welchen zwar die vorderste früher sich schliesst, als die hinteren, die aber einige Zeit hindurch alle zugleich offen sind, wie auch alle fünf Gefässbogen zugleich Blut führen. — Rathke hat in seinen Untersuchungen über die Entwickelungsgeschichte der Natter und der Schildkröte Beobachtungen über die Succession der Entwickelung und des Schwindens dieser primordialen Aortenbogen niedergelegt.]

§. 115.

Das Herz der *Ophidia, Sauria* und *Chelonia* besitzt folgende gemeinsame Einrichtungen: 1. die Trennung der beiden durch ein vollständiges *Septum* geschiedenen Vorhöfe ist auswendig durch eine Furche bezeichnet. — 2. In dem Ventrikel begrenzen Fleischbalken verschiedener Dicke und verschiedener Ausdehnung, welche von seinen Wandungen ausgehen, zahlreiche grössere und kleinere Hohlräume, die in die gemeinsame Höhle sich öffnen. — 3. Der äusserlich einfache Ventrikel besitzt innerhalb seines Hohlraumes die Anlage einer Scheidewand, die mehr oder minder ausgeführt ist. Sie besteht in Sehnen- oder Fleischbrücken, welche von der Grenze des *Septum atriorum* aus, zu den Wandungen des Ventrikels sich erstrecken. Die Scheidewand grenzt zwei Räume unvollkommen von einander ab: einen engeren, linken, mehr dorsal gelegenen, meist dickwandigeren, dem das *Ostium* des linken, und einen weiteren, rechten, ventralen, dem das *Ostium* des rechten Vorhofes entspricht. Jener, in welchen arterielles Blut einströmt und der, seinen Lagenverhältnissen nach, die Anlage eines linken Ventrikels ist, hat die Bezeichnung eines *Cavum arteriosum* erhalten; dieser, in welchen zunächst venöses Blut einströmt und der, seinen Lagenverhältnissen gemäss, die Anlage eines rechten Ventrikels ist, heisst *Cavum venosum*. — Aus dem *Cavum arteriosum* entstehen keine Gefässstämme. — Die Arterienstämme gehen vielmehr mit drei *Ostia* aus dem *Cavum venosum* hervor; von diesen *Ostia* gehört eines der *Arteria pulmonalis* an; die beiden anderen führen in *Trunci arteriosi*. — Jedes *Ostium* ist mit drei halbmondförmigen Klappen versehen. — Der Zwischenraum, welcher die beiden *Ostia* der *Trunci arteriosi* von dem *Ostium* der Lungenarterie trennt, ist Ausgangspunkt einer zur rechten Wand des Ventrikels erstreckten Muskelleiste oder muskulösen Klappe; diese trennt das *Cavum venosum* unvollständig in zwei Hohlräume: einen vorderen und einen hinteren, die bei der Kammer-Systole vollständig von einander geschieden werden; sie vermag während des letzten Theiles der Kammer-Systole den Eingang in die Lungenarterie abzusperren. 4. Ein einfacher *Bulbus arteriosus* fehlt. Seine Stelle ist bei den *Sauria* und *Chelonia* vertreten durch die mehr oder minder zusammenhangenden Anfänge der arteriellen Gefässstämme, deren *Lumina*, namentlich bei der *Sauria*, nur durch einfache *Septa* geschieden sind. Dieser mehre gesonderte Gefässbahnen enthaltende Kegel ist vom *Pericardium* bekleidet und ermangelt fast immer einer Belegung mit quergestreiften Muskelfasern, die nur bei einigen *Chelonia* wahrgenommen ist.

§. 116.

Das Herz der meisten *Sauria* [1]) liegt in geringer Entfernung vom Zungenbein-Apparate; unter den *Kionocrania* am weitesten von ihm entfernt bei den *Varani*; weiter noch bei *Amphisbaena*. — Bei den meisten *Sauria*, namentlich bei den bisher untersuchten *Scincoidea*, *Chalcidea*, *Ascalobota*, *Pachyglossa*, sowie auch bei der Gattung *Lacerta* ist die Scheidung des Ventrikels in ein *Cavum arteriosum* und *C. venosum* sehr unvollkommen; die *Varani* sind dagegen durch den Besitz eines fast vollständigen, nur an einer Stelle, in der Nähe des *Ostium venosum dextrum* durchbrochenen *Septum* ausgezeichnet. — Die Wandungen der grossen Gefässstämme sind zunächst ihrem Ursprunge mit einander verwachsen. — Eigenthümlichkeit der meisten *Sauria* ist die, dass jede ihrer Aortenwurzeln einen Gefässbogen aufnimmt, der vom Anfange einer *Art. carotis communis* ausgeht, dass demnach die Aortenwurzel jeder Seite durch zwei Aortenbogen gebildet wird. — Das nähere Verhalten der grossen Gefässstämme ist dies: den drei *Ostia arteriosa* der Herzkammer entsprechen, ausser der Lungenarterie, zwei *Trunci arteriosi* Der linke *Truncus ar-*

---

1) Man vgl. über das Gefässsystem der *Sauria* besonders A. Corti de systemate vasorum Psammosauri grisei. Vindobon. 1841. 4. c. f. Otto in Carus und Otto Erläuterungstfln. für vgl. Anatomie Hft. VI.

teriosus ist nur als Aortenwurzel fortgesetzt; der rechte gibt dagegen, ehe er als Aortenwurzel sich fortsetzt, einen *Truncus impar* ab, der sogleich in paarige *Artt. carotides communes* sich spaltet. Jede der letztern entlässt, zunächst ihrer Basis, einen auswärts gerichteten arteriellen Bogen, der in die Aortenwurzel seiner Seite einmündet. Es erhalten sich demnach perennirend diejenigen primitiven Aortenbogen, deren ursprüngliche Aeste die *Artt. carotides* waren. Diese Anordnung scheint den meisten *Kionocrania* zuzukommen; sie ist beobachtet bei *Scincus, Anguis, Pseudopus, Lacerta, Salvator* (*Tejus*) *literatus, Platydactylus, Uromastix, Iguana.* — Bei *Podinema Teguixin* sind dagegen die von den Carotidenstämmen ausgehenden Bogen obliterirt gefunden. Bei den *Varani* (*Psammosaurus, Varanus*), so wie auch bei *Chamaeleo* und bei *Amphisbaena* fehlen diese vorderen Bogen ganz, so dass die Aortenwurzel jeder Seite einfach entsteht.

[Das nähere Verhalten der arteriellen Gefässe ist, nach der Untersuchung von Corti, bei *Psammosaurus* folgendes: die Wände der aus dem Ventrikel mit drei *Ostia* hervorgehenden Gefässstämme sind eng an einander geschlossen und bilden daher einen gemeinsamen Kegel. Von dem rechten *Truncus arteriosus* geht, nach Entstehung der *Artt. coronariae cordis*, sogleich ein *Truncus caroticus* ab. Der unpaare *Truncus caroticus* theilt sich vor der Luftröhre in zwei Aeste: eine *A. carotis communis dextra* und *sinistra.* Vor dieser Theilung gibt er ab: 1. eine *A. thoracica interna,* welche, nach Abgabe einer *Art. pericardiaca*, paarige, längs der Innenseite der Bauchmuskeln nach hinten erstreckte *Artt. mammariae internae* entlassen; diese anostomosiren nach Abgabe mehrer vorzüglich für die Bauchwandungen bestimmter Zweige mit vorwärts verlaufenden aus den *Artt. iliacae internae* entstandenen *Artt. epigastricae.* 2. eine *A. bronchialis.* 3. untergeordnete Zweige für die vorderen Grenzen der *Thorax.*

Jede *Art. carotis communis* ist zur Seite des *Oesophagus* vorwärts erstreckt. Ihre Zweige sind: 1. eine *Art. oesophago-trachealis posterior*; 2. eine *Art. hyoideo-mandibularis* [1]). Von den zwei Aesten dieser Arterien versorgt der eine den Schlund, den *M. pterygoideus*, die zwischen Unterkiefer und Zungenbein gelegene Strecke der Hautoberfläche, die Oberfläche der Kiefergegend, die Schläfengegend und die Gegend des äusseren Gehörganges. Der zweite vertheilt sich an Zungenbeinmuskeln, an dem Boden der Mundhöhle, an der Zunge, dem Zungenbeine, der Vorderwand der Speiseröhre und Luftröhre und am Kehlkopfe; 3. eine Arterie, welche, nach Abgabe von Zweigen an die Muskeln der Nackengegend, als *A. carotis posterior* mit zwei Zweigen zwischen Hinterhaupt und Atlas und zwischen dem ersten und zweiten Wirbel in den Canal der oberen Wirbelbogenschenkel tritt; die Zweige münden in die *Art. basilaris* und *spinalis anterior* ein. — Nach Abgabe dieser Zweige zerfällt die *A. carotis communis* in eine *A. carotis externa* und *interna.* Die Hauptzweige der *A. carotis externa* sind: 1. eine *A. maxillaris interna* für Gehörorgan, Kiefermuskeln, Unterkieferzähne, Schlund und einige Zungenmuskeln, 2. eine *Art. supraorbitalis*, welche hinter der *Orbita* zwischen die Schedeldecken und die harte Hirnhaut tritt und, nach Abgabe von Zweigen für einige Augenmuskeln, für die Thränendrüse, die Haut der Jochbeingegend und die Seitenwand der Nasenhöhle als *Art. frontalis* und *dorsalis nasi* fortgesetzt ist; 3. eine *A. ophthalmica*, welche über

1) *R. trachelicus Corti.*

den *Bulbus* fortgesetzt über dem *N. opticus* bis zu seinem *Chiasma* tritt und in den vorderen Ast der *A. carotis interna* übergeht. Ihre Zweige sind bestimmt für die Augenlider, die meisten Augenmuskeln und den *Bulbus*; 4. eine *A. alveolaris superior*, im *Canalis alveolaris* des Oberkiefers verlaufend und *R. R. nasopalatini*, *dentales* und *labiales superiores* abgebend. — Die *Art. carotis interna* tritt, unter Bildung von Windungen, durch den *Canalis caroticus* in die Schedelhöhle und fliesst durch einen vorwärts gerichteten Ast zusammen mit der Fortsetzung der *A. ophthalmica*, durch einen hinterwärts gerichteten mit der unpaaren *A. spinalis anterior*. Ein ein- und vorwärts verlaufender Zweig verschmilzt mit dem gegenständigen unter dem *Chiasma* und bildet den vorderen Schluss des hinten durch die Wurzeln der *A. spinalis* begrenzten *Circulus Willisii*.

Aus dem rechten *Truncus arteriosus* entsteht der gemeinschaftliche Stamm der beiden *Artt. subclaviae*. Jede *Art. subclavia* gibt zuerst mehre *Artt. intercostales* ab und ist dann in eine *Art. axillaris* und eine vorwärts gerichtete *A. subvertebralis* getheilt. Die *A. subvertebralis* liegt hart an der Seite der Wirbelkörper und gibt *R. R. spinales* ab, die durch die *Foramina intervertebralia* treten; ausser ihnen Zweige für die hypaxonischen Halsmuskeln. — Die zur Aortenwurzel werdende Fortsetzung des rechten *Truncus arteriosus* gibt mehre *Artt. intercostales* ab; die Fortsetzung des linken *Truncus arteriosus* entlässt zwei viscerale Aeste: eine *A. oesophagea* und eine *A. mesenterica communis* (welche *Artt. mesenterica anterior*, *posterior*, *colica* und *haemorrhoidalis* enthält), ehe sie, bedeutend verengt, mit der rechten zur Bildung der *Aorta* verschmilzt. Die *Aorta* entlässt an visceralen Aesten: 1. eine unpaare *A. coeliaca*, bestimmt für Magen, *Duodenum*, Milz, *Pancreas* und Leber; 2. mehre paarige *Artt. spermaticae internae*, die auch in den Nebennieren sich vertheilen; 3. ein Paar *Artt. renales*. Ihre vertebralen Zweige sind paarige *Artt. intercostales*. Vor der Beckengegend gibt sie ab paarige *Artt. iliacae internae* und *externae*. Ihr Stamm ist als *A. caudalis* fortgesetzt. — Aeste jeder *A iliaca interna* sind bestimmt für den Fettkörper, die Bauchwandung durch eine der *A. thoracica interna* entgegentretende *A. epigastrica*, für die Lumbalgegend und die äusseren vorderen Schenkelmuskeln, indem sie sowol eine *A. obturatoria*, als auch eine *A. circumflexa femoris anterior* abgibt.]

§. 117.

Das Herz der *Ophidia* ist ausgezeichnet: 1. durch seine Form, die gestreckt ist und 2. durch seine weite Entfernung vom Kopfe und vom Zungenbein. Letztere ist bei den *Jobola* bedeutender, als z. B. bei den *Coluber*-Arten. — Das Ende des Herzbeutels pflegt dem äusseren serösen Ueberzuge der Leber angewachsen zu sein. — *Cavum arteriosum* und *venosum* des Ventrikels sind immer unvollkommen geschieden. — Die Wände der drei ursprünglichen Gefässstämme sind bei den bisher untersuchten *Ophidia* gesondert. Der linke *Truncus arteriosus* ist, ohne Abgabe anderer Gefässe, als Aortenwurzel fortgesetzt; der rechte stärkere *Truncus arteriosus* entlässt, ausser den *Artt. coronariae cordis*, aus seinem Bogen einen gerade vorwärts erstreckten *Truncus caroticus impar* [1]) und

1) Es ist der gemeinsame Stamm der beiden ihrer Entstehung nach asymmetrischen *Artt. carotides communes* und der an *Artt. vertebrales* anderer Wirbel-

später, da wo er nach hinten sich umbiegt, einen zweiten vorwärts erstreckten Ast: ***Truncus subvertebralis anterior*** [2]); seine nach hinten gerichtete Fortsetzung fliesst endlich, nach Entsendung mehrer ***Artt. intercostales***, als rechte Aortenwurzel, mit der linken hinter dem Herzen über dem ***Tractus intestinalis*** zusammen zur hinteren ***Aorta posterior s. descendens.***

[Ein Bild der Vertheilungsweise der einzelnen arteriellen Gefässe gibt die folgende, wesentlich auf die Untersuchungen von Schlemm (Anatomische Beschreibung des Blutgefässsystemes der Schlangen in Tiedemann und Treviranus Zeitschrift für Physiologie Bd. 2. S. 101.) gestützte Uebersicht.

Der *Truncus caroticus impar* erstreckt sich unter dem *Oesophagus*, neben der *Vena jugularis sinistra* bis zum Kopfe. Seine in dieser Strecke abgehenden Zweige sind: 1. eine *Art. thyreoidea*; 2. *Artt. thymicae*; 3. ein nach hinten gerichteter Zweig (*R. recurrens*), der *R. R. tracheales* und *pericardiaci* abgibt; 4. zahlreiche *R. R. oesophagei.* Am linken Unterkieferwinkel entlässt er zuerst folgende Arterien für die linke Seite des Kopfes: 1. eine *Art. hyoidea sinistra*; 2. *Artt. pharyngeae* und *musculares*; 3. eine *Art. carotis communis sinistra.* Diese letztere gibt ab: eine *Art. mandibularis s. alveolaris inferior*, Gefässe für die Kaumuskeln und für die drüsigen Apparate der Kiefergegend, ferner einen für die Oberkiefer-Gaumengegend bestimmten Stamm, der *Art. maxillaris superior, infraorbitalis, palatina* entlässt, und tritt dann als *Artt. carotis interna anterior* in die Schedelhöhle. — Die Fortsetzung des *Truncus caroticus impar* tritt, nach Abgabe einiger Zweige für die Hinterhauptsgegend und nahe gelegene Muskeln der linken Seite, an der Grenze von Schedel und Wirbelsäule in den epaxonischen Spinalcanal. Sie bildet einen Querstamm. Dieser Querstamm ist Ausgangspunkt folgender Gefässe: 1. einer den Spinalcanal, als rechte Kopfarterie (*A. carotis communis dextra*), verlassenden Arterie, die, nach Abgabe von Zweigen für die rechte Hinterhauptsgegend, einer *Art. hyoidea sinistra* und mehrer *Artt. pharyngeae* und *musculares*, in Betreff ihrer Verzweigung übereinstimmend mit der *Art. carotis communis sinistra* sich verhält. 2. paariger vorwärts gerichteter *Artt. carotides posteriores*; 3. einer nach hinten gerichteten unpaaren *A. spinalis anterior.* — Das Verhalten der Hirnarterien ist dieses: die beiden *Artt. carotides anteriores* anastomosiren; die beiden *Artt. carotides posteriores* vereinigen sich gleichfalls zu einer unpaaren *Art. basilaris.* Diese spaltet sich wieder in paarige Seitenschenkel, welche in die *Artt. carotides anteriores* einmünden. So ist ein *Circulus Willisii* gebildet. Aus dem vorderen Theile dieses Gefässkreises geht eine unpaare *Art. olfactoria* ab.

Der *Truncus subvertebralis impar* ist anfangs unter den hypaxonischen Muskeln, weiterhin über ihnen, unter den Wirbelkörpern, rechts von deren absteigenden Leisten vorwärts erstreckt. Er entlässt — ausser *R. R. oesophagei* — wesentlich *Artt. intercostales.* Anfangs entstehen mehre Paare solcher Arterien aus gemeinsamen dorsalen Aesten des *Truncus*; weiter vorwärts gehen paarige Intercostalar-

---

thiere theilweise erinnernden *Artt. carotides internae posteriores.* — Schlemm hat ihn als *Art. cephalica,* Cuvier als *Art. carotis communis* bezeichnet.

2) Schlemm hat diesen unpaaren Ast, der der hypaxonischen *Aorta descendens* für die vor dem Herzen gelegene Strecke des Rumpfes entspricht, als *Art. collaris* bezeichnet. Cuvier nennt ihn *Arteria vertebralis.*

terien einzeln von seinem Stamme ab. — Aus diesen Intercostalarterien treten *R. R. spinales* ab.

Der linke *Truncus arteriosus* gibt vor seinem Zusammenflusse mit dem verengten Ende des rechten keine Gefässe ab. Die *Aorta* ist demnach vorwaltend durch ihn gebildet. Der Zusammenfluss der beiden Aortenwurzeln erfolgt entweder dicht hinter dem Herzen oder etwas jenseits desselben. Die Aorta ist anfangs links von der Wirbelsäule, später median gelagert. Die Aorta entlässt Zweige für den Rumpf und für die Eingeweide. Die Rumpfzweige sind dorsale, unpaare Stämme, welche durch die hypaxonischen Muskeln zur Wirbelsäule treten und in paarige *Artt. intercostales* sich spalten. Diese geben *R. R. spinales* ab. Die Eingeweide-Arterien sind untere Aeste; nämlich 1. zahlreiche (zehn bis zwölf) *Artt. hepaticae*, welche zum Theil noch Zweige für den pneumatischen Apparat (*Artt. bronchiales*) und für den *Oesophagus* abgeben; 2. mehre (vier) *Artt. gastricae*; 3. eine beträchtlche *Art. mesenterica anterior*; 4. eine minder weite *A. mesenterica posterior*; 5. einzelne Arterien für *Rectum* und Cloake; 6. mehre (sechs) *Artt. renales* für jede Niere, die auch zum Theil an den Geschlechtsapparat fortgesetzt sind; 7. kleine Zweige für die Harnleiter; 8. paarige *Artt. genitales.*]

§. 118.

Das Herz der *Chelonia* ist breit, endet hinten stumpf und liegt in weiter Entfernung vom Zungenbein-Apparate, oberhalb der *Ossa coracoidea* des Schultergürtels. Der äussere Sack des *Pericardium* hangt mit dem Ende des Ventrikels durch ein Band zusammen, in welchem eine in die Pfortader sich einsenkende Vene verläuft. — Ausgangspunkt der zur rechten Wand des Ventrikels erstreckten Klappe ist bei einigen Schildkröten ein an der Grenze der *Ostia* der Lungenarterie und der *Trunci arteriosi* gelegener Knorpel, in dem bisweilen ein Knochenkern angetroffen wird [1]). — Die Wandungen der drei vom Herzen ausgehenden Arterienstämme sind zunächst ihrem Ursprunge eng mit einander verwachsen, bilden daher eine Art *Bulbus*; dieser wird bei *Emys europaea* von einem Ringe quergestreifter Muskeln umfasst [2]). Das Verhalten der beiden erst jenseits des Herzens zur unpaaren Aorta zusammenfliessenden *Trunci arteriosi* ist dies: der *Truncus dexter* gibt sogleich nach seinem Austritte einen sehr kurzen vorderen Stamm: *Arteria anonyma* ab, aus welcher paarige *Artt. carotides* und paarige *Artt. subclaviae* hervorgehen. Der *Truncus sinister* entlässt vor seiner Vereinigung mit dem rechten die Eingeweide-Arterien. (*Art. cardiaca* für *Oesophagus* und *Cardia*, *Art. gastro-epiploica* und *Art. mesenterica Bojanus*). Seine nach Abgabe dieser Gefässe als Aortenwurzel fortgesetzte Strecke ist eng, so dass die Aorta vorzugsweise eine Fort-

1) Von Bojanus entdeckt bei *Emys europaea.* Er kömmt nicht allen Schildkröten zu. Ueberhaupt bietet bei den einzelnen Gruppen der Chelonier die nähere Anordnung des Herzens einzelne Verschiedenheiten dar, deren Darlegung erst nach umfassenderen Vergleichungen erfolgen kann. — Eine Abbildung des Herzens von *Chelonia mydas* s. bei Carus und Otto Erläuterungstfln. für vergleichende Anatomie Hft. 6. Tafel 5.

2) S. die Abb. bei Bojanus Tb. XXIX. Fig. 170. 171.

setzung des rechten *Truncus arteriosus* ist. — In Betreff der Vertheilung der einzelnen Arterien ist Folgendes hervorzuheben: Jeder der beiden oberflächlich am Halse vorwärts steigenden Stämme: *Trunci carotici* entlässt vorne 1. einen Ast (*A. hyoidea*), der an dem *Pharynx*, der *Trachea*, dem *Larynx*, den Muskeln des Zungenbeins und der Zunge sich vertheilt. 2. einen *R. mylohyoideus* für den entsprechende Muskel, 3. eine äussere Kopfarterie: *A. carotis externa* und 4. eine innere Kopfarterie: *A. carotis interna* 3); ausser diesen Arterien aber auch 5. einige vordere *R. R. intervertebrales*, welche, durch die vordersten *Foramina intervertebralia* tretend, in die *Arteria spinalis* einmünden. — Nur die vordersten *R. R. intervertebrales* der Halsgegend entstehen aus dem *Truncus caroticus communis*; die meisten der Halsgegend, sowie die der Brust- und Schwanzgegend aus epaxonischen Längsstämmen, die den oberen Wirbelbogenschenkeln parallel verlaufen. Am Halse liegt ein solcher Stamm, längs der oberen Wirbelbogen, als *R. communicans* zwischen der *A. carotis externa* und der *A. subclavia*. Jenseits dem Halse verläuft in der Rumpfgegend über den Querschenkeln der Wirbel, in dem von ihnen und dem Rückenschilde unten und oben begrenzten Canale, zur Seite der abortiven Rückenmuskeln, gleichfalls ein Längsstamm, der die *Art. subclavia* mit der *Art. iliaca* verbindet und der, ausser den *Artt. intervertebrales*, auch die einzelnen Quer-Arterien abgiebt, welche den *Art. intercostales* entsprechen. Eine Fortsetzung dieses Astes ist eine über den Querfortsätzen gelegene dorsale Schwanzarterie, welche *Artt. intervertebrales* und Arterien für die dorsalen Muskeln der Schwanzgegend abgibt. — Die einzelnen *Artt. intercostales* jeder Seite münden in einen Seitenlängsstamm (*Art. mammaria interna Boj.*), der vorne durch eine, der *Art. intercostalis prima* entsprechende, Arterie mit der *A. subclavia* communicirt, hinten in die *Art. iliaca* einmündet. — Ein epigastrischer Längsstamm (*Art. epigastrica*) verbindet die *Art. iliaca* mit einem Arterienstamme der Vorderextremität. — Aus dem Stamme der *Aorta* entstehen symmetrische und paarige *Artt. spermaticae*, *suprarenales*, die *Artt. iliacae*, *Artt. renales* und *Art. hypogastricae* worauf sie hypaxonisch als *Art. caudalis* fortgesetzt ist 4).

§. 119.

Die Eigenthümlichkeiten des Herzens der *Crocodila* bestehen: 1. in dem Besitze eines vollständigen undurchbrochenen *Septum*, das die Blut

---

3) Ein *Circulus Willisii* ist gebildet dadurch, dass eine einfache *Arteria basilaris* durch zwei Gefässschenkel, in die sie sich spaltet, mit je einer *Art. carotis interna* in Verbindung steht und dass zwei vordere Aeste derselben *Artt. carotides* mit einander durch einen queren *R. communicans* verbunden sind. S. die Abb. bei Bojanus Tb. XXI. Fig. 91.

4) Es liegen dieser Darstellung die Untersuchungen von Bojanus über das Gefässsystem von *Emys europaea* wesentlich zu Grunde.

austreibende Abtheilung desselben in zwei von einander völlig abgeschlossene Hohlräume: einen rechten oder vorderen und einen linken oder hinteren Ventrikel sondert; 2. in dem Ausgange eines *Truncus arteriosus* aus jedem dieser Ventrikel, nämlich des *Truncus dexter* aus dem linken, des *Truncus sinister* aus dem rechten, 3. in der Anwesenheit einer Oeffnung, welche die Hohlräume der eng an einander geschlossenen beiden *Trunci arteriosi* in der Gegend, die nach ihrer Lage an den *Bulbus arteriosus* der *Amphibia dipnoa* erinnert [1]), mit einander verbindet. — Das Herz liegt über dem *Sternum*. Der äussere Sack des Herzbeutels ist dem Bauchfelle hinten angewachsen [2]). Der linke Ventrikel ist dickwandiger, aber minder geräumig, als der rechte; die Höhle des letzteren reicht bis zur Herzspitze; die des linken erreicht diese nicht. Der rechte Ventrikel enthält eine Muskelleiste, welche schmal vom *Septum*, hinter dem Ursprunge der Lungenarterie entstehend, zu seiner äusseren Wand erstreckt ist. — An dem *Ostium venosum* jedes Ventrikels liegen zwei häutige Klappen Aus dem linken Ventrikel geht ein *Truncus arteriosus dexter* hervor; an seinem *Ostium* liegen zwei halbmondförmige Klappen. — Aus dem rechten Ventrikel entstehen: 1. der *Truncus arteriosus sinister*; 2. der *Truncus pulmonalis*. Die Bahnen beider sind an ihrem Ursprunge durch ein einfaches, beiden gemeinsames *Septum* geschieden. Zwei halbmondförmige Klappen liegen am Beginne jeder Gefässbahn. — Die Wandungen der drei genannten Gefässbahnen [3]) sind anfangs eng mit einander verwachsen; bilden so eine Art von *Bulbus*. Im Bereiche dieser Strecke communiciren die Hohlräume der beiden *Trunci arteriosi* durch eine Oeffnung mit einander [4]); diese liegt nahe dem Ursprunge der Semilunarklappen. — Jeder der beiden *Trunci arteriosi* ist fortgesetzt in eine Aortenwurzel. Beide entlassen, vor ihrer Vereinigung zur unpaaren Aorta, Aeste. Aus dem *Truncus arteriosus dexter*, welcher ausschliesslich arterielles Blut führt, entstehen, je nach den Arten, in nicht ganz gleicher Weise: der gemeinsame Stamm einer vorderen Körperarterie (*Truncus caroticus impar*) und *Artt. sub-*

---

1) Es liegt also im Organisationsplane aller Amphibien, dass die Behälter arteriellen und venösen Blutes, innerhalb des Herzens durch kein vollständiges, undurchbrochenes *Septum* von einander geschieden sind. Sie communiciren entweder innerhalb des Ventrikels (*Dipnoa, Streptostylica* und *Chelonia*) oder innerhalb des *Bulbus arteriosus* (*Crocodila*).

2) Seine Innenfläche ist auch mit der Herzspitze durch Ligament verbunden.

3) Eine Eigenthümlichkeit ist die Erweiterung zweier dieser Gefässbahnen: nämlich der *Art. pulmonalis* und des *Truncus arteriosus dexter*; ersterer vor ihrer Spaltung; des letzteren vor Abgabe von Aesten.

4) Es verläuft nämlich der *Truncus arteriosus dexter* im Bereiche des *Bulbus* unter den beiden anderen Gefässen. Ein einfaches *Septum* scheidet seine Bahn von der des *Truncus arteriosus sinister*. Dies *Septum* besitzt eine derbe cartilaginöse Textur; in ihm liegt die Oeffnung.

claviae [5]). Aus dem *Truncus arteriosus sinister*, der wesentlich venöses Blut führt, entsteht, kurz bevor er als Aortenwurzel mit der gegenständigen zur Bildung der Aorta zusammenfliesst, eine *Art. coeliaca.* — Der Durchmesser der beiden zusammenfliessenden Aortenwurzeln ist sehr ungleich, indem die linke, nach Abgabe der genannten Eingeweide-Arterie, sehr eng wird, die Aorta also wesentlich eine Fortsetzung der rechten Aortenwurzel ist. — Die wesentlichste Eigenthümlichkeit der arteriellen Gefässe der *Crocodila* besteht in dem Verhalten der vorderen für die Regionen des Halses und Kopfes bestimmten Gefässe. Die genannte vordere Körperarterie *(Truncus caroticus communis)* verläuft nämlich, wie bei Vögeln, unpaar, zwischen den hypaxonischen Muskeln vorwärts und spaltet sich erst in der Nähe des Kopfes in paarige *Artt. carotides communes.* Ausser ihr sind am Halse dünne, paarige, neben den *N. N. vagi* und den *V. V. jugulares* verlaufende Arterien vorhanden, welche die Haut, die ventralen Halsmuskeln, sowie Kehlkopf und Zunge mit Zweigen versorgen [6]).

[Die erste völlig genaue Beschreibung des Crocodilherzens hat geliefert: Panizza: Biblioteca italiana April 1833. und in seiner grossen Schrift: Sopra il sistema linfatico dei Rettili ricerche zootomiche Pavia 1833. p. 11. — Martin Saint-Ange hat fast gleichzeitig eine wesentlich übereinstimmende Darstellung geliefert. Später hat auch Bischoff (Müller's Archiv 1836) eine Beschreibung veröffentlicht.]

II. Vom venösen Gefässsysteme.

§. 120.

Sammelpunkt des venösen Körperblutes der Amphibien ist ein mit dem rechten Vorhofe des Herzens communicirender *Sinus venosus.* Derselbe ist — anscheinend immer — rhythmisch contractil durch Belegung mit quer gestreiften Muskelprimitivbündeln. — In ihn senken vordere und hintere Venenstämme sich ein. — Die vorderen Venenstämme sind paarig. Sie pflegen, als *Venae anonymae*, symmetrisch zu sein; doch ist ungleiche

---

5) Ueber die Variationen liegen Beobachtungen vor von H. Rathke in Müller's Archiv. Jahrgg. 1840 S. 186. Gewöhnlich gehen aus dem *Truncus arteriosus dexter* zwei Gefässstämme hervor: 1. eine *Art. anonyma:* der gemeinsame Stamm der hypaxonischen vorderen Körperarterien (*T. caroticus impar*) und der *Art. subclavia sinistra* und 2. eine *A. subclavia dextra* — Ausnahmen sind: 1. die Entstehung des *Truncus caroticus impar* mit zwei Wurzeln, deren jede Ast einer *Art. anonyma* ist; und 2. die Theilung des *Truncus caroticus impar* in paarige Stämme, die beide hypaxonisch zum Kopfe treten. Als individuelle Eigenthümlichkeit beobachtet bei *Crocodilus acutus.*

6) Nähere Angaben darüber finden sich bei Rathke a. a. O.

Stärke der beiden vorderen Venenstämme nicht ausgeschlossen, dadurch dass in den einen mehr, in den anderen weniger vordere Venen eintreten, wie dies bei *Ophidia* vorkömmt. — Der hintere Venenstamm: *V. cava* ist immer unpaar. — Jede *V. anonyma* pflegt durch den Zusammenfluss folgender Venen zu entstehen: 1. einer durch die Vereinigung der Kopf- und Halsvenen gebildeten *V. jugularis*; 2. einer durch die Vereinigung querer Venen entstandenen *V. vertebralis anterior*; 3. bei Anwesenheit von Schultergürtel, Vorderextremität und Brustbein, der durch Zusammenfluss der Venen der betreffenden Gegenden gebildeten Stämme; 4. des durch Zusammenfluss querer Wirbelvenen der jenseits dem Herzen gelegenen Strecke der Rumpfgegend gebildeten Längsstammes: *V. vertebralis posterior.* (An das System der *V. azygos* und *V. hemiazygea* der Säuger erinnernd.) — Die *V. V. vertebrales* sind entweder paarig oder unpaar (*Ophidia*); sie liegen entweder unter oder über den Querschenkeln der Wirbel (ersteres bei den meisten Amphibien; letzteres bei den *Chelonia*). — Wurzeln der *V. cava*, die anfangs ein hypaxonischer Stamm ist und später in die Leber tritt, sind immer *V. V. renales* und *suprarenales revehentes*; sie wird immer verstärkt durch Venen der inneren Geschlechtstheile; nur bei Crocodilen zugleich durch unmittelbare Anastonosen mit den *V. iliacae*; sie nimmt bei oder nach ihrem Durchtritte durch die Leber Lebervenen auf; gewöhnlich sämmtliche. Ausnahmen sind bei Cheloniern beobachtet, wo einzelne Lebervenen direct in das Herz einmünden. — In den Organisationsplan sämmtlicher Amphibien gehört eine Pfortader-mässige Vertheilung von Venen der hinteren Körpergegenden innerhalb der Nieren [1]). — Zwei Venen: *V. V. iliacae* sind die Stämme, aus denen in jede Niere mehr oder minder zahlreiche Venen treten. Diese Venen: *Venae renales advehentes* vertheilen sich in den Nieren nach Analogie der Leber-Pfortader. Ihre Endzweige sammeln sich in grössere Zweige und Aeste: *Venae renales revehentes.* Diese werden, nebst ähnlich sich

---

1) Jacobson hat das Nieren- und Nebennieren-Pfortadersystem nachgewiesen, nachdem Swammerdam Biblia naturae p. 834 es schon beim Frosche erkannt hatte. Ersterer hat es bei Batrachiern, Sauriern, Ophidiern und Cheloniern nachgewiesen. (De systemate venoso peculiari in permultis animalibus observato. Hafniae 1821. Isis 1822. S. 114.) — Bojanus hatte die pfortadermässige Vertheilung der Venen in den Nieren verkannt und irrig angegeben, dass das System der hinteren Hohlvene ausschliesslich durch Venen der inneren Geschlechtstheile (*Venae spermaticae*) und durch *V. V. suprarenales* gebildet würde. — Bei den *Urodela* ist sie nachgewiesen durch Rusconi u. A. — Bei den Crocodilen durch Nicolai Isis 1826. S. 407. und durch Panizza (Sopra il sistema linfatico delle Rettili pag. 13.). Nicolai hat nach Jacobson's Entdeckung l. c. die ersten ausführlichen und erweiterten Bestätigungen derselben geliefert durch Beschreibung der Venen vom Crocodil, von *Emys europaea*, von *Rana* und *Bufo*. — Das Nebennieren-Pfortadersystem ist später wieder bei Schlangen durch Ecker, bei Sauriern durch Corti beschrieben.

verhaltenden Venen der Nebennieren, zu Wurzeln der Hohlvene. — Die Entstehung der *V. V. iliacae* ist verschieden. Bei den geschwänzten Amphibien ist es eine unpaare hypaxonische Schwanzvene: ***V. caudalis***, die an der Grenze von Schwanz- und Rumpfgegend in zwei Schenkel sich spaltet. Bei Mangel von Hinterextremitäten werden diese paarigen Schenkel nur durch eintretende Rumpfvenen verstärkt und entlassen, als *V. V. iliacae*, die *V. V. renales advehentes* (*Ophidia*). Bei Anwesenheit von Hinterextremitäten vereinigen sich deren Venenstämme je mit einem Schenkel der *V. caudalis* zu je einer *V. iliaca*. Wenn die Schwanzgegend abortiv ist [2]), sind es fast ausschliesslich die Venen der Hinterextremitäten und der Beckengegend, welche die *V. V. iliacae* zusammensetzen (*Batrachia*). Bei den *Chelonia* endlich tragen paarige, über den Wirbelquerfortsätzen gelegene Schwanzvenen, mit den Venen der Hinterextremitäten und mit Rumpfvenen, zur Bildung der *V. V. iliacae* bei. — In die Zusammensetzung des Leber-Pfortadersystemes gehen beständig ein: 1. Venen des *Tractus intestinalis*, der Milz und des *Pancreas* 2. vordere ventrale zwischen *Peritoneum* und Bauchmuskeln verlaufende Venen [3]), die — mit Ausnahme der *Ophidia*, wo sie durch einen ursprünglich unpaaren Stamm vertreten sind — paarig entstehend, entweder alsbald zu einem äusseren Stamme (*V. abdominalis inferior s. anterior*) zusammentreten, oder erst spät, zunächst der Leber oder in ihr mit einander in Höhlenverbindung stehen (*Monopnoa Monimostylica*). Sie wurzeln in den *V. V. hypogastricae* oder in den *V. V. iliacae* Sie pflegen durch Aufnahme von Venen der Blase, der Bauchwandungen und namentlich der Bauchmuskeln, oft auch der Fettkörper verstärkt zu werden. — 3. Venen des Herzens tragen zur Bildung des Pfortadersystemes bei einigen Amphibien bei [4]). — Die Anordnung der Venen der Extremitäten erinnert an diejenigen der Säuger [5]). — Zwischen den Blättern der harten Hirnhaut sind bei einigen *Amphibia* venöse *Sinus* erkannt worden [9]).

[Das Venensystem der *Urodela* ist durch Rusconi dargestellt worden. S. über Proteus: De la Sirène mise en parallèle etc.; über *Salamandra*: Histoire naturelle,

---

2) Untersuchungen an *Gymnophiona* fehlen noch.

3) Es war Bojanus (Anatome testudinis p. 129.), der zuerst diesen weiteren Bereich des Leber-Pfortadersystemes bei der Schildkröte wahrnahm. Jacobson hat, ohne Berücksichtigung dieser Angaben, die *V. abdominalis anterior* bei Amphibien fast aller Ordnungen, als Wurzel des Leber-Pfortadersystemes nachgewiesen.

4) *Batrachia. Chelonia.* — Gruby hatte das schon früher bekannte Verhalten dieser Vene zum Leber-Pfortadersysteme beim Frosche unrichtig aufgefasst, wie Rusconi und Gruby selbst bemerken.

5) Sie ist im Einzelnen nur mangelhaft untersucht. Am ausführlichsten durch Bojanus an der Schildkröte.

6) Eine Beschreibung und Abbildung derselben bei *Emys europaea* bei Bojanus Anatome testudinis p. 93. Tb. XXI. Fig. 93.

développement et métamorphose de la salamandre terrestre Pavie 1854. p. 90 und Tb. VI mit der betreffenden Erklärung; von den Benennungen ist abzusehen; sie sind ungleich und verworren.

Ueber *Rana* Swammerdam Biblia Naturae p. 834. — Burow de vasis sanguiferis Ranarum. Regiomont 1834. 4. — J. Müller in seinem Archiv 1834 S. 298 — Gruby in den Annales des sciences natur. T. XVII. 1842. p. 209. — Bei Mangel einer Schwanzgegend fehlt der *V. iliaca* jeder Seite die Wurzel aus einer *Art. caudalis*. Sie ist wesentlich auf Kosten der durch eine quere oder schräge Anastomose mit einander verbundenen Schenkelvenen (*V. ischiadica* und *cruralis*) gebildet und erscheint als Fortsetzung der *V. ischiadica*; Venen der Fettkörper, der Oviducte, der Beckengegend, so wie eine von vorn nach hinten erstreckte Längsvene (*V. subvertebralis posterior*), die Rumpfvenen aufnimmt, münden in sie ein. — Der Stamm der hinteren Hohlvene (*V. cava posterior*) nimmt, ausser den *V. V. renales revehentes* und den Venen der Geschlechtstheile, bis zu seinem Eintritte in die Leber keine weiteren Venen auf. — Ein Zusammenhang der erwähnten *V. subvertebralis posterior* mit vorderen Venenstämmen ist nicht erkannt. — Eine für den Lebensplan der *Batrachia* sehr wichtige, durch zahlreiche Kopfzweige gebildete, durch Rumpfhautzweige verstärkte *V. cutanea* ist vom Kopfe zur Schultergegend und von hier aus längs der Haut der Rumpfgegend, in Begleitung der *Art. cutanea* und eines *R. cutaneus N. vagi*, nach hinten erstreckt; dann durchbohrt ihre umgebogene Fortsetzung den *M. obliquus externus*, verläuft wieder vorwärts und mündet in die *V. subclavia*. — Die dem Leber-Pfortadersysteme angehörige mit zwei Wurzeln, die als Fortsetzungen der *V. V. crurales* erscheinen, aus der Anastomose der Schenkelvenen entstehende, dann unpaar werdende *V. abdominalis anterior* nimmt vor ihrem Eintritte in die Leber eine von dem Herzen absteigende *V. cordis* auf. —

Ueber das Venensystem der *Ophidia* ist besonders zu vergleichen die Arbeit von Schlemm in Tiedemann und Treviranus Zeitschr. f. Physiologie Bd. 2. — Bei Mangel von Extremitäten ist jede der beiden, neben den *Ureteres*, dann an den Aussenrändern der Nieren gelegenen *Artt. iliacae* wesentlich die Fortsetzung eines der paarigen Schenkel, in welche die hypaxonische *V. caudalis* bei ihrem Eintritt in die Rumpfhöhle über der Cloake sich spaltet. — Iede wird verstärkt durch hintere *V. V. intercostales*. Aus der hinter der Herzgegend gelegenen Strecke der Rumpfgegend treten mehre *V. V. intercostales* zusammen zur Bildung einer unpaaren *V. subvertebralis posterior*. Die Venen der vor dem Herzen gelegenen Strecke des Rumpfes vereinigen sich zu einer unpaaren *V. subvertebralis anterior*. — Eine durch den Zusammenfluss dieser *V. V. subvertebrales* mit *V. jugularis dextra* gebildete *V. anonyma* mündet in den *Sinus venosus*. — Die *V. jugularis sinistra* senkt sich unmittelbar in den rechten Vorhof des Herzens. — Die *V. abdominalis anterior* entsteht mit einer einzigen Wurzel, also unpaar, aus der rechten *V. iliaca*. Durch Aufnahme von Venen der Bauchwandungen und einzelner successive eintretender Venen des *Tractus intestinalis*, des *Pancreas* und der Milz erweitert sie sich allmählich und tritt, als Pfortaderstamm, in die Leber. Dieser letztere ist in einer Furche bis vorn, zum Anfange der Leber erstreckt und nimmt in dieser Strecke, während er sich vertheilt und an Umfang verliert, noch Venen der Rumpfwandungen und *V. V. oesophageae* auf — Brücke (Beiträge zur vergleichenden Anatomie und

Physiologie des Gefässsystems S. 31) hat hervorgehoben, dass der Stamm dieser Venen nach Anfüllung mit Injectionsmasse ein schraubenförmiges Ansehen annimmt. An seiner Innenwand befindet sich eine wenig vorspringende schraubenförmige Leiste, welche, bei vollständiger Anfüllung der Vene, mit scharfer Kante, nach Art einer Spiralklappe, stärker nach innen vorragt. Brücke hat auch eine Abbildung dieser Vene geliefert Tb. VII.

In Betreff des Venensystems der *Sauria* finden sich einige Bemerkungen bei Corti de systemate vasorum Psammosauri grisei. Vindobon. 1847. 4.

Das Venensystem der *Chelonia* ist erläutert durch Bojanus Anatome tesdudinis Tb. XXV. pag. 123 sqq. und in Bezug auf das Nieren-Pfortadersystem durch Jacobson l c., so wie ganz besonders genau durch Nicolai Jsis 1826. S. 409. Die wesentlichste Eigenthümlichkeit besteht in der Anwesenheit von Längsvenenstämmen, welche, *V. V. vertebrales* vertretend, zur Seite der oberen Wirbelbogenschenkel, also epaxonisch gelegen, die entsprechenden Arterien begleiten; in der Region des Halses ist ein solcher Venenstamm (*V. jugularis Bojanus*) vorhanden; in der vom Rückenschilde bedeckten Rumpfgegend auf den Wurzeln der Wirbelquerschenkel, in dem vom Rückenschilde überwölbten Canale ein zweiter (*V. azygos Bojanus*), der vorne mit dieser sogenannten *V. jugularis* communicirt und hinten mit der *V. iliaca* anastomosirt, also eine Communication der hinteren und vorderen Venen nach Art der *Artt. subvertebrales* anderer Amphibien vermittelt, und zugleich Quervenen aufnimmt, die nach Analogie von *V. V. intercostales* verlaufen; über den Querfortsätzen der Schwanzgegend liegt ein dritter Stamm, der gleichfalls mit der V. *iliaca* in Höhlenverbindung steht. — Die *V. V. abdominales anteriores* sind paarig. Iede tritt, nach Aufnahme einer Scheukelvene (*V. peronea)* und mehrer Venen der Beckengegend und der Bauchwandungen, in die Leber. Die paarigen *V. abdominales anteriores* sind bei ihrem Eintritte in die Leber durch eine Quer-Anastomose verbunden. In diese tritt eine Herzvene ein. — Ein zweiter, aus Venen des *Tractus intestinalis,* der Milz und des *Pancreas* gebildeter Pfortaderstamm tritt isolirt in die Leber. — Die verhältnissmässig wenig umfängliche *V. cava* tritt in die Leber und wird durch Aufnahme mehrer Lebervenen verstärkt. — Einige Lebervenen treten einzeln in den *Sinus venosus* des Herzens.

Das Venensystem der Crocodile ist aufgeklärt durch Nicolai Isis 1826 S. 408 und später dargestellt durch Panizza (Sopra il sistema linfatico delle rettili ricerche zootomiche p. 13. Tb. IV). Die *V. renalis advehens* jeder Seite entsteht aus einem der beiden Schenkel, in die die hypaxonische *V. caudalis* an der Grenze von Schwanz- und Rumpfgegend sich spaltet. In jeden dieser Schenkel münden Venen der Cloake, des *Rectum,* Beckenvenen und die Venen der Hinterextremitäten. — Zunächst ihrem Ursprunge sind die beiden *V. V. renales advehentes* durch eine Quer-Anastomose mit einander verbunden. Iede verläuft nicht am Aussenrande, sondern in einer Furche an der unteren Fläche der entsprechenden Niere und zwischen den Windungen ihrer Substanz in Begleitung des Harnleiters. — Der durch beträchtlichere Weite ausgezeichnete Anfang der *V. cava* liegt zwischen den Nieren. — Er wird nicht ausschliesslich durch *V. V. renales revehentes* zusammengesetzt, vielmehr mündet ein aus der Wurzel der *V. renalis advehens* abgehender Zweig, der keine Pfortadermässige Vertheilung erfährt, direct in eine der *V. renales reve*-

hentes ein. Durch dieses anatomische Verhalten ist wieder ein leiser Uebergang zu den eigenthümlichen Anordnungen des Venensystems der Vögel vermittelt. Fortsetzungen der *V. V. iliacae* sind die *V. V. abdominales anteriores*[1]). Sie treten paarig über den Bauchmuskeln zur Leber; jede in den Lappen ihrer Seite. In der Leber stehen sie unter einander durch Anastomosen in Verbindung. Der aus Venen des *Tractus intestinalis*, der Milz und des *Pancreas* gebildete Pfortaderstamm tritt isolirt in die Leber und steht innerhalb derselben mit den *V. V. abdominales* in Verbindung.]

1) Das Verhalten der *V. V. vertebrales* ist noch nicht aufgeklärt.

III. Vom lymphatischen Systeme.

§. 121.

Das lymphatische System [1]) der Amphibien ist ausgezeichnet durch folgende Verhältnisse: 1. durch den Reichthum an lymphatischen Bahnen und Räumen und die verhältnissmässig beträchtliche Weite derselben;

1) Das lymphatische System der Amphibien wurde ungefähr gleichzeitig durch Hewson nnd Monro entdeckt. Die ersten Mittheilungen von Hewson, betreffend das lymphatische System einer *Chelonia*, befinden sich in deu Philosophical Transactions Vol. LIX. 1769. p. 199. — Vergl. W. Hewson Works edited by G. Gulliver. London 1846. 8. p. 147, in welcher Ausgabe auch die für die Wissenschaft unfruchtbar gebliebenen Streitschriften mit Monro Abdruck gefunden haben. — Eine sehr genaue und ausführliche Darstellung des Verlaufes der Lymphbahnen bei *Emys europaea* lieferte Bojanus in seiner Anatome Testudinis europaeae Tb. XXVII. pag. 142. Die wesentlichsten Bereicherungen der Wissenschaft durch seine Darstellungen bestehen nicht nur in dem genauen Nachweise der Communication der Chylusgefässe mit Lymphräumen, sondern auch des Verhältnisses der lymphatischen Bahnen zu den Blutgefässen und ihrer vorderen Communicationen mit dem Venensysteme. — Fohmann das Saugadersystem der Wirbelthiere 1. Hft. 1827. p. 11. hat hervorgehoben, dass bei Schlangen nicht nur die *Aorta*, sondern auch deren Aeste und Zweige von lymphatischen Scheiden umfasst werden. — In das Iahr 1832 fällt die Entdeckung der Lymphherzen bei *Batrachia*, *Urodela* und *Sauria* durch J. Müller. — Es folgte im Jahre 1833 ein grosses Werk von Panizza: Sopra il sistema linfatico dei Rettili richerche zootomiche Pavia 1833. fol.; dasselbe enthält artistisch schön ausgeführte bildliche Darstellungen des Lymphsystemes von Repräsentanten aller Amphibien-Ordnungen. Der Verfasser ist in Bezug auf das lymphatische System der *Chelonia* und *Ophidia* wesentlich zu denselben Resultaten gelangt, wie Hewson, Bojanus, Fohmann; in Bezug auf die hinteren und vorderen Lymphherzen der Frösche, wie Müller; er hat die Kenntnisse des lymphatischen Systemes überhaupt durch Untersuchung von Repräsentanten bis dahin ununtersucht gebliebener Ordnungen erweitert, sein Verhältniss zu den Blutgefässen überall erörtert; bei Schlangen eine Communication des Lymphsystemes mit der *V. anonyma* und zwei hintere, unter Vermittelung von pulsirenden Lymphherzen, deren Lage er genau, unter Berücksich-

2. durch die Verhältnisse, in denen die lymphatischen Bahnen zu Blutgefässen stehen, die sie entweder zu begleiten, oder scheidenartig zu um-

---

tigung der osteologischen Verhältnisse beschreibt, mit *V. V. iliacae* entdeckt; bei Crocodilen gleichfalls zwei hintere Communicationen, doch ohne Erkennung der Lymphherzen, beobachtet. — Es folgten zahlreiche Angriffe gegen die Panizza'schen Darstellungen durch Rusconi. Sie betreffen theils die Panizza'sche Untersuchungsmethode der Lymphgefässe mit Quecksilber und die Naturwidrigkeit der nach solchen Präparaten gelieferten bildlichen Darstellungen, theils Panizza'sche Detailangaben, namentlich über Salamander und Frosch, deren theilweise Unrichtigkeit nachgewiesen wird, theils endlich sind sie subjectiver, übermässig gehässiger Art; um so widriger, je mehr Rusconi's Schriften — bei aller Anerkennung ihres Strebens und Werthes — so vielfach an ähnlichen Fehlern leiden, wie die, welche er seinem Gegner vorwirft z. B. mangelnde Correspondenz zwischen Abbildungen und Text, unrichtige Auffassung des Wahrgenommenen u. s. w. — Der Kern der Rusconi'schen Aufsätze ist zusammngefasst in seinen Riflessioni sopra il sistema linfatico dei Rettili Pavia 1845. 4. Mit 4 Tafeln Abbildungen, worin werthvolle Details über das Lymphsystem von *Salamandra*, *Rana*, *Testudo* gegeben sind. — Eine Schrift von Jos. Meyer Systema Amphibiorum lymphaticum disquisitionibus novis examinatum. Berol. 1845. 4. bereichert die Kenntnisse durch Entdeckung je zweier vorderer zwischen dorsaler und ventraler Muskelmasse in der Schultergegend gelegener pulsirender Bläschen, welche bei *Salamandra* und *Triton* die Communication des lymphatischen Systems mit den vordern Venen vermitteln. Der Kern der genannten Abhandlung besteht aber darin, dass sie die lymphatischen Blutgefässscheiden und die lymphatischen Hohlräume, als dem lymphatischen Systeme fremd hinzustellen sich bemühet. Hauptgrund hierfür ist dem Verfasser der Umstand, dass die genanuten Hohlräume anders eingerichtet sind, als die lymphatischen Gefässe der warmblütigen Wirbelthiere, dass sie namentlich überhaupt keinen Gefässartigen Charakter besitzen oder wenigstens der Klappen zu ermangeln scheinen. Das falsche Postulat des Verfassers ist demnach Identität der Einrichtungen des nämlichen Systemes bei allen Wirbelthieren, selbst dann, wenn sie sich, wie die Amphibien von den Vögeln und Säugethieren, durch sehr wesentliche Verhältnisse, wie sie namentlich hier sowol die Temperatur des Körpers, als die Dauer der Erhaltung der Zuckungsfähigkeit der Muskeln nach dem Tode betreffen, unterscheiden. — Sowol die lymphatischen Blutgefässscheiden, als die weiteren, isolirten und circumscripten oder juxtaponirten Hohlräume dem lymphatischen Systeme zuzurechnen, erscheint gerechtfertigt nnd nothwendig: 1. wegen der Beschaffenheit ihres flüssigeu Inhaltes, bestehend in einer klaren, spontan gerinnenden, Lymphkörper enthaltenden Flüssigkeit; 2. wegen der nachgewiesenen Communication von Chylusgefässen mit einigen derselben. (Vergl. z. B. Bojanus Tb. XXVI fig. 157. 5. Receptaculum chyli s. recessus lateralis ductus thorcici, vasa chylifera ex intestinorum tractu excipiens und Rusconi Riflessioni Tb. I. fig. 2 in Betreff der *Cisterna chyli* des Frosches.) — Die grossentheils in der Umgebung der grossen Gefässstämme, namentlich der *Aorta* und der Aortenwurzel liegenden Scheiden als Stellvertreter der grösseren Lymphgefässstämme *(Ductus thoracici)* der warmblütigen Wirbelthiere aufzufassen nöthigt: 1. die Analogie ihres anatomischen Verlaufes mit den grossen Lymphgefässstämmen der letzteren. Dieselbe ergibt sich namentlich durch Vergleich ihrer Lagenverhältnisse mit denen der Vögel. Man vgl. z. B. die Abbildungen, welche Lauth von den Lymphgefässstämmen der Gans gegeben hat (Annales des sciences naturelles T. 3. Decembre 1824. Tb. XXI. und Tb. XXV). 2. die nachgewiesene Communication von Enden oder Fortsetzungen dieser Scheiden fassen pflegen; 3. durch die — fast allgemein nachgewiesene — Communication des lymphatischen Systemes mit vier Stellen des Venensystemes: zweien, durch welche Lymphe in die Bahnen der *V. V. iliacae* und durch diese mittelbar in die *V. cava posterior* übergeführt wird, und zweien, durch welche sie in die vorderen Venenstämme (*V. V. anonymae*) oder die sie zusammensetzenden Aeste gelangt; 4. durch den Besitz rhythmisch contractiler herzartiger Gebilde: Lymphherzen, welche Lymphe bei allen Amphibien in Venen überführen, die mit den *V. V. iliacae* zusammenhangen, bei einigen (*Urodela* und *Batrachia*) zugleich in Venen, die in die *V. V. anonymae* übergehen.

§. 122.

Bei den *Amphibia dipnoa* liegen die hinteren, wie die vorderen Lymphherzen mehr oder minder oberflächlich unter der Haut. — Bei *Salmandra* und *Triton* liegen die hinteren Lymphherzen dicht hinter den *Ossa ileum*, an der Grenze der dorsalen und der ventralen Muskelmasse. Zwei vordere contractile Anschwellungen [1]) liegen dicht hinter einander jederseits in der Schultergegend, an der Grenze der dorsalen und ventralen Muskelmasse, unter den oberflächlichen Muskeln des Humerus. — Bei den *Batrachia* liegt jedes hintere Lymphherz hinter dem *Os ileum*, seitwärts vor dem After. Jedes der beiden vorderen Lymphherzen liegt, bedeckt von dem hinteren Theile der *Scapula*, über dem Querfortsatze des dritten Wirbels.

Bei den *Amphibia monopnoa* sind nur hintere Lympherzen nachgewiesen. Diese behaupten ihre Lage an der Grenze von Schwanz- und Rumpfgegend. — Sie liegen auf Querschenkeln von Wirbeln, also auf Querfortsätzen oder Rippen. — Jedes pflegt auszumünden in eine kleinere Vene, welche mit der *V. iliaca* mittelbar in Höhlenverbindung steht. — Bei den *Ophidia* und den mit verkümmertem Becken versehenen *Sauria* liegt jedes auf der hintersten Rippe oder auf dem ersten Querfortsatze der Schwanzgegend. Ein freier Knochenfortsatz, welcher von Rippe oder Querfortsatz sich erhebt, bildet ein Dach über dem Lymphherzen. — Aehnliche Fortsätze benachbarter Querschenkel pflegen zuführende Lymph-

---

und Räume mit dem Venensysteme. Bereits Hewson (Works p. 147) hatte bei *Chelonia* gefunden, dass ein Stamm, der aus einem Geflechte hervorgeht, das den *Ductus thoracicus* und die Lymphgefässe derselben Seite des Halses verbindet, eintritt in den Vereinigungswinkel der *V. V. jugularis* und *subclavia*. Dieser Stamm liegt an der Innenseite der *V. jugularis*. Ein anderer, an ihrer Aussenseite gelegener Stamm scheint ein wenig oberhalb des Winkels, den die genannten beiden Venen bei ihrer Vereinigung bilden, einzumünden. Bojanus bildet Tb. XXVI. fig. R. R. ab· Emissarium ductus thoracici utrumque, ex ultimo crure in venam jugularem sui lateris ducens. — Ferner hat J. Müller den Zusammenhang der Lymphherzen mit subcutanen und intermuskularen Lymphräumen beim Frosche längst nachgewiesen. Archiv 1834. S. 297.

1) S. ihre Abbildung bei Meyer l. c. Tb. V. Fig. 27. b.

gefässe und den Anfang der ausführenden Vene zu bedecken. — Bei den mit ausgebildetem Becken versehenen *Sauria* und bei den *Crocodila* liegt jedes Lymphherz auf dem Ende des Querfortsatzes des ersten Schwanzwirbels, in der Furche zwischen dorsaler und ventraler Muskelmasse. Eine Bedachung durch einen freien Knochenschenkel des Querfortsatzes fehlt. — Bei den *Chelonia* behauptet das Lymphherz eine übereinstimmende Lage, dicht hinter dem oberen Ende des *Os ileum*, auf dem Querfortsatze des ersten Schwanzwirbels, unter einer medianen Platte des Rückenschildes.

[Die Entdeckung der hintern und bald darauf auch der vorderen Lymphherzen durch J. Müller (Poggendorf's Annalen der Chemie und Physik 1832. Hft. 8. — Philosophical Transactions 1833. — Müller's Archiv 1834. S. 296) schloss an die durch Marshal Hall gemachte Beobachtung eines rhythmisch contractilen, anscheinend lymphatischen Caudal-sinus beim Aal und an Panizza's Entdeckung paariger Blasen, durch welche das lymphatische System bei Vögeln, an der Grenze von Schwanz- und Rumpfgegend mit kleinen, in die *V. V. hypogastricae* mündenden Venen communicirt, unmittelbar sich an. — Müller wies die Communication jedes hinteren Lymphherzens der *Batrachia* mit einer kleinen, in die *V. ischiadica* mündenden Vene, die jedes vorderen mit einem Zweige der *V. jugularis* nach. — An der Grenze von Rumpf- und Schwanzgegend, unter Vermittlung rhythmisch-contractiler lymphatischer Herzen, Statt findende Verbindungen des Lymphsystems mit Venen, die in die *V. V. iliacae* einmünden, wurden alsbald von J. Müller bei *Salamandra* und *Lacerta*, von Panizza (Sopra il sistema linfatico delle Rettili richerche zootomiche Tb. VI. fig. 3) bei *Coluber flavescens* und später von Müller (Abhandlungen der Berliner Academie der Wissensch. Berlin 1841. S. 31. Mit Abb.) in den Ordnungen der *Chelonia* und *Crocodila* entdeckt. — Dass bei *Urodela myctodera* (*Salamandra* und *Triton*) jederseits zwei vordere pulsirende lymphatische Bläschen am Rumpfe in der Schultergegend vorkommen, die mit kleinen Venen anastomosiren, wurde viel später erkannt durch J. Meyer (Systema amphibiorum lymph. Berol. 1845. 4. p. 16). — An die genannten Entdeckungen von J. Müller und Panizza schloss sich sehr bald Ed. Weber's sehr genaue Special-Beschreibung der Lymphherzen von *Python tigris* (Müller's Archiv 1835. S. 535). Später folgte eine solche derselben Organe bei *Pseudopus Pallasii* durch J. Hyrtl (Beiträge zur vergleichenden Angiologie. Aus dem ersten Bande der Denkschriften d. kais. Academie d. Wissensch. zu Wien. 1849. S. 13). — An den Lymphherzen ist die Anwesenheit quergestreifter Muskel-Primitivbündel nachgewiesen. — Das bereits von Müller als nothweudig aufgestellte Postulat der Anwesenheit von Einrichtungen, durch welche an den Grenzen der *Ostia lymphatica* der Rücktritt des Herz-Inhaltes in die Lymphbahnen, an der der *Ostia venosa* der Rücktritt des in die Venen eingetriebenen *Fluidum* in das Herz verhindert wird, wurde durch Weber's Versuche erhärtet. Wahrscheinlich sind, wie bereits Müller vermuthete, an beiden Stellen Klappen-Apparate vorhanden.]

§. 123.

In Betreff der weiteren Lymphbehälter ist Folgendes hervorzuheben: Vorläufig sind subcutane oder oberflächlich gelegene Lymphbahnen [1]) von

---

1) Zu diesen subcutanen Lymphbehältern gehören einmal die bekannten, unter der Haut einheimischer Frösche vorkommenden Lymphbehälter, deren Abhildungen

tiefer gelegenen zu unterscheiden. — Abgesehen von den oberflächlicheren Lympbbehältern, verlaufen mehr oder minder canal- oder gefässförmige Lymphbahnen, der Längen-Axe des Körpers folgend, in den Regionen des Rumpfes und des Schwanzes. — Sie folgen dem Verlaufe der grossen Arterienstämme. — Der Plan [2]) ihrer anatomischen Anlage ist Folgender: Bei den geschwänzten Amphibien weicht ein hypaxonischer Caudalstamm an der Grenze von Schwanz- und Rumpfgegend auseinander in paarige Schenkel. — Bei Anwesenheit von Hinterextremitäten münden deren Lymphbehälter in je einen dieser Schenkel ein. — Jeder dieser Schenkel communicirt mittelbar mit einer *Vena iliaca.* — Ein allgemein vorkommender hypaxonisch gelegener, dem Verlaufe der Aorta folgender Behälter pflegt mit dem Vorderende des Caudalbehälters zusammenzuhangen. — Sein einfacher Stamm, weicht vorne in zwei Schenkel, entsprechend den beiden Aortenwurzeln, aus einander. — Diese streben zu den beiden vorderen Venenstämmen [3]). — Dieser hypaxonische Stamm erin-

---

in den Schriften von Dugès und J. Meyer gegeben sind. — Ferner gehören dahin Längsstämme, welche bei Repräsentanten der *Urodela* vorkommen und an der Grenze der dorsalen und der ventralen Muskelmasse verlaufen. Bei *Menobranchus lateralis* z. B. liegt ein solcher Längsstamm hart am unteren Rande der dorsalen Rumpfmuskelmasse von hinten nach vorne erstreckt. Er liegt hinten ganz subcutan; weiter vorne unter einer ganz dünnen, oberflächlichen Hautmuskelschicht; noch weiter vorn bedeckt von den Muskeln, die vom Rücken zum *Humerus* absteigen, ziemlich weit oberhalb des oberen Randes der *Scapula.* Er geht vor der Gegend der *Scapula* in eine längliche Erweiterung über. Diese liegt auf den Enden zweier Rippen. Ein vom Ende der vordersten dieser Rippen ausgehender, aufsteigender, in ein *Ligamentum intermusculare* tretender Knorpelfortsatz ist über ihr Vorderende gespannt. Die Erweiterung scheint vorne blind zu enden, in der That hangt sie aber zusammen mit einem feinen Längsgefässe. An der zweiten der genannten beiden Rippen communicirt die Erweiterung mit einem längs dieser Rippe absteigenden Gefässe. (Vene?) — Ein ähnliches Längsgefäss, wie bei *Menobranchus* besitzt auch *Menopoma*; es verläuft längs dem Stamme des *N. lateralis vagi.* — Desgleichen habe ich ähnliche an der Grenze der dorsalen Muskelmasse verlaufende Gefässe bei *Triton* nnd *Salamandra* gefunden, die vorne mit den von Meyer beschriebenen Anschwellungen zu communiciren scheinen. Diese Lymphgefässstämme erinnern an die subcutan in der Classe der Fische vorkommenden.

2) Dieses Schema ist unter Berücksichtigung der Abbildungen und Beschreibungen von Bojanus und Panizza entworfen.

3) Der sichere Nachweis ihres Ueberganges in diese Venenstämme fehlt noch zum Theil. So z. B. bei den *Urodela,* wo Panizza ihren Uebergang in *V. V. subclaviae* blos vermuthet. — Auffallend erscheint die sehr positiv hingestellte Behauptung von Rnsconi (Hist. nat. d. l. Salamandre terr. p. 81), dass bei dem Salamander die die Aorta umgebenden Lymphbahnen mit mehren Oeffnungen in diese einmünden. Es ist dies ein Ergebniss von Injectionen, die wol nie ganz zuverlässig sind. Bei Injectionen der Aorta des Frosches füllen sich, namentlich während des Winters, ebenfalls sehr leicht lymphatische Räume an. Nicht minder beim Stör nach Injection der *Art. coeliaco-mesenterica.*

nert, vermöge seiner Lagen-Verhältnisse und seiner Theilung an den *Ductus thoracicus* der höheren Wirbelthiere, zunächst der Vögel. — Andere Lymphbehälter steigen, vom Kopfe aus, zu denselben Venenstämmen hinterwärts. — Sie sind gewöhnlich in mehrfacher Zahl vorhanden. Zwei pflegen an der unteren Grenze der dorsalen Muskelmasse zu liegen [4]); andere oberflächlicher. — Mit den Enden dieser vorderen Stämme communiciren die Lymphbehälter der Vorder-Extremitäten. — Sowol die Enden dieser vorderen Stämme, als auch die paarigen Schenkel des einfachen hypaxonischen Stammes münden mittelbar in die vorderen Venenstämme (*V. V. anonymae*).

Das nähere Verhalten der Lymphbehälter zu den Blutbahnen bietet, nach Maassgabe der vorliegenden Untersuchungen, bei den verschiedenen Amphibien sehr erhebliche Unterschiede dar. Sie umgeben bei manchen die Blutbahnen, namentlich die Arterien, scheidenartig [5]); bei anderen werden die Blutgefässwände unmittelbar von Lymphe umspült. — Bei einigen Amphibien sind nicht nur die Arterienstämme, sondern auch ihre Aeste und Zweige, bis in die feinsten Vertheilungen von Lymphbahnen

4) Diesen entsprechen die subcutanen Lymphstämme am Rumpfe der *Urodela* ihrer Lage nach. Die Uebergänge sind noch nicht studirt.

5) Je nach den verschiedenen Ordnungen der Amphibien sind die Verhältnisse ungleich; zum Theil auch je nach den Körperregionen. Die Einzel-Angaben der Untersucher, namentlich Panizza's und Rusconi's, weichen zugleich erheblich von einander ab. Für *Salamandra* z. B. gibt Panizza an, Lymphbehälter verlaufen beständig zu den Seiten der Venen (l. c. p. 42); Rusconi dagegen beobachtete dies Verhältniss zu den Venen selten, sah jedoch, dass sie die Arterien theils umhüllen, theils einschliessen, dass in ersterem Falle also die Wände der Lymphbahnen zu Arterien, wie der Herzbeutel zum Herzen sich verhalten, im andern Falle aber die Blutgefässwände unmittelbar umspült werden von der Lymphe (S. Rusconi Rifless. Tb. I. fig. 6. 8. 10.). Namentlich ist nicht nur der Stamm der *Aorta*, sondern es sind auch ihre sämmtlichen zu den Bauch-Eingeweiden tretenden Verzweigungen eingeschlossen von lymphatischen Scheiden (Hist. nat. d. l. Salam. p. 77. Riflessioni p. 87. Tb. 2). Alle diese näheren Verhältnisse der Lymphbahnen zu den Gefässen müssen an den einzelnen Arten der verschiedenen Gruppen und hier wieder in allen Lebensphasen anatomisch und physiologisch studirt werden. Bei Schlangen, bei *Lacerta, Chamaeleo, Rana* liegen Arterien, und zum Theil auch Venen, frei in Lymphräumen; bei *Chelonia* wird die *Aorta* durch einen Lymphbehälter, ähnlich wie das Herz vom Herzbeutel, doppelt umfasst; die meisten Blutgefässe sind von geflechtartigen lymphatischen Bahnen umsponnen. Bei Crocodilen ist nur letzteres Verhältniss beobachtet. — Dass alle lymphatischen Räume immer frei mit einander communiciren, ist mehr als zweifelhaft. Die physikalischen Verhältnisse der Lymphbewegung sind überhaupt noch unaufgeklärt. Klappen, wie sie bei Vögeln und Säugethieren vorkommen, sind nicht nachgewiesen. Bindegewebsbrücken verbinden oft, z. B. bei Schlangen die Innenwand der Lymphräume mit der Aussenwand der Blutgefässe. — Die Vertheilung des Flimmer-Epitheliums in der Bauchhöhle, so wie im *Pericardium* der *Amphibia dipnoa* steht, nach unabgeschlossenen Beobachtungen, die ich gemacht, in einem gewissen Verhältnisse zu den lymphatischen Bahnen.

umhüllt [6]). Andere Lymphbahnen folgen gewissen Venen, z. B. den *V. V. abdominales anteriores* der *Batrachia.*

Ein weiterer Chylusbehälter ist in der Bauchhöhle fast allgemein nachgewiesen [7]). — Einzelne Eingeweide, z. B. die Blase, das Herz pflegen von reichen Lymphräumen umsponnen zu sein. — Eine lymphatische Drüse von der Grösse der Milz ist an der Wurzel des *Mesenterium* bei *Crocodilus acutus* beobachtet [8]).

IV. Von den Gefässdrüsen und Fettkörpern.

§. 124.

In den Organisationsplan der Amphibien gehört das Vorkommen von Gebilden, welche, nach Lage und Bau, den Thymusdrüsen anderer Wirbelthiere homolog sind. Dieselben sind immer paarig. Sie liegen in unmittelbarer Nähe der *V. V. jugulares* und der diese begleitenden Lymphgefässe [1]). Im Uebrigen zeigen sich ihre Lagenverhältnisse in so ferne verschieden, als sie entweder ganz in der Nähe des Kopfes oder entfernter von demselben, am Eingange in die Brusthöhle gelegen sind. Erstere Lagenverhältnisse behaupten sie bei vielen *Amphibia dipnoa*; letztere kommen ihnen zu bei den *Monopnoa.* Bei den *Urodela perennibranchiata, derotremata* und bei den *Gymnophiona* liegt jede *Thymus* unter der Haut an der unteren Grenze der dorsalen Muskelmasse und zwar bei *Siredon* und den *Proteidea* über und zum Theil vor den Kiemen, bei *Menopoma* vor dem oberen Ende der Kiemenspalte, bei *Coecilia* über den Zungenbeinmuskeln, hinter den Unterkiefermuskeln. Jede *Thymus* besteht aus drei bis fünf in der Längenrichtung des Körpers an einander gereiheten, meist blassen Läppchen [2]).

---

6) Z. B. bei *Salamandra* nach Rusconi, bei *Coluber* und bei *Python tigris* nach Fohmann und Weber.

7) Er liegt unter der Wirbelsäule z. B. bei *Salamandra* nach Panizza in der Nähe der Hohlvene, zwischen den beiden Lamellen des *Peritoneum.* Vergl. über die *Cisterna chyli* von *Emys:* Bojanus Tb. XXVI.

8) Von Owen.

1) Noch liegen keine zusammenhangenden Beobachtungsreihen über ihr Verhalten in den verschiedenen Lebensstadien vor.

2) Simon (A physiological essay on the thymus gland. Lond. 1845. 4.) hat diese Gebilde bei den *Urodela perennibranchiata* und *derotremata* entdeckt; bei *Coecilia* kenne ich sie durch eine Mittheilung des Dr. G. Fischer in Hamburg, der sie bei seinen neurologischen Untersuchungen entdeckt hatte, schon seit 10 Jahren. Bei *Proteus*, wo Simon das Gebilde vermisste, finde ich fünf Läppchen; bei *Coecilia annulata* vier; bei *Menopoma* drei; bei *Menobranchus* ist die *Thymus* durch ihren Umfang ausgezeichnet.

Bei *Salamandra* liegt jederseits ein einziger verhältnissmässig kleiner Drüsenkörper über dem Ende der verbundenen hinteren Zungenbeinhörner an der *V. jugularis.* — Bei den Larven von *Rana* hat ein entsprechendes Gebilde seine Lage oberhalb der Kiemenbogen. — Bei definitiv entwickelten Fröschen bildet es eine scheinbar blinde Anschwellung am Stamme jeder *V. jugularis externa* in der Zungenbeingegend, da wo der *M. sternohyoideus* an das Zungenbein sich anheftet; dicht neben dieser pflegt noch ein gewöhnlich isolirter in fettige Substanz mehr oder minder vollständig umgewandelter Körper vorzukommen.

Bei den *Amphibia monopnoa* liegt jede *Thymus* zur Seite einer *V. jugularis*, entfernter vom Kopfe [3]), bei den *Sauria*, den *Chelonia* und *Crocodila* an der Grenze von Hals und Thorax. Jede *Thymus* besteht in einem einfachen Körper. Seine Form wechselt; er ist rundlich bei den untersuchten *Sauria*, länglicher bei den *Ophidia.* — Bei sehr jungen Schildkröten [4]) (*Chelonia* und *Crocodila*) sind diese Gebilde viel länger und umfangreicher als bei älteren.

§. 125.

Ein unpaares Gebilde, welches, nach Lage und Bau, der *Thyreoidea* entspricht, ist bei den *Gymnophiona* und *Urodela* noch nicht nachgewiesen. Bei den *Batrachia* liegt die *Thyreoidea* ausserhalb des Herzbeutels, unter der Stelle wo der *Bulbus arteriosus* in seine beiden Bogen sich theilt [1]). — Bei den *Amphibia monopnoa* liegt sie ausserhalb des Herzbeutels, vor ihm, an der Ventralseite der grossen Gefässstämme [2]). Sie ist beim Crocodil zweilappig.

§. 126.

Den Nebennieren [1]) nach Lage und Bau [2]) entsprechende Gebilde kom-

3) Sie sind erwähnt z. B. von Schlemm l. c. S. 108.

4) Bei der neugeborenen *Chelonia mydas* nimmt jede *Thymus*, ähnlich wie bei Vögeln, die ganze Länge des Halses, vom Unterkiefer bis zum Anfange des *Thorax* ein. Vielleicht schwinden die *Thymus* nach absolvirter Entwickelung ganz. Es ist wenigstens auffallend, dass Bojanus in seiner so genauen Anatomie der erwachsenen *Emys europaea* ihrer nicht gedenkt. — Bei einem neugeborenen *Crocodilus acutus* ist sie länglich, bandförmig, zwischen *N. vagus* und *V. jugularis* gelegen, verdeckt vom Aussenrande des *Musculus sternomandibularis* und nimmt die ganze Länge des Halses ein.

1) Burow de vasis sanguiferis Ranarum p. 16. erwähnt ihrer ausdrücklich.

2) Bojanus (Tab. XXVII. Fig. 156.) hatte sie bei *Emys*, Cuvier bei Sauriern, er und Schlemm bei Schlangen (s. Schlemm in Tiedemann und Treviranus Zeitsch. f. Physiol. Bd. 2. S. 108.), Panizza beim Crocodil (Sopra il sistema linfatico dei Rettili ricerche zootomiche. Pavia 1833. Tb. 4. Fig. 1. Nr. 10.) gekannt; nur war sie oft als *Thymus* bezeichnet worden.

1) In Betreff ihrer Verhältnisse zu sympathischen Ganglien behalte ich mir weitere Mittheilungen vor.

2) Mikroskopisch untersucht von Ecker. (Der feinere Bau der Nebennieren. Braunschw. 1847. 4.)

men allen Amphibien zu. Sie besitzen zuführende Venen, deren pfortadermässig vertheilte Zweige in abführende Venen sich sammeln, die in das Hohlvenensystem übergehen [3]). Bei den *Gymnophiona* und *Urodela* liegen sie als goldgelbe Streifen am Innenrande und an der Unterfläche jeder Niere [4]). Bei den *Batrachia* [5]) liegen sie gleichfalls an der Ventralseite der Nieren als gelbe Körper, welche sehr innig mit der Wand der venösen *Sinus* und der Venennetze, die den *V. V. renales revehentes* angehören, zusammenhangen. — Bei den *Amphibia monopnoa* zeigen die Nebennieren, hinsichtlich ihrer Lagen-Verhältnisse, deutlichere Beziehungen zu den Keimbereitenden Geschlechtstheilen, als zu den Nieren. Bei den *Ophidia* [6]) liegen sie, als schmale, längliche, oft sehr gestreckte Körper von derbem Gefüge und gelblicher Färbung den *V. V. renales revehentes* oder dem durch ihre Vereinigung gebildeten Stamme der *V. cava* eng an. Sie liegen in einiger Entfernung von den Nieren. Ihre Lage entspricht zumeist derjenigen der Keimbereitenden Geschlechtstheile; an der Innenseite derselben gelegen, ist die Nebenniere der linken Seite, gleich dem Geschlechtstheil, weiter nach hinten gerückt, als die der rechten Seite. — In der Ordnung der *Sauria* liegen sie gleichfalls, als mehr oder minder umfängliche Körper an der *V. cava*, vor den Nieren, unmittelbar neben den Keimbereitenden Geschlechtstheilen [7]). — Bei den *Chelonia* liegen sie, als platte, Läppchen bildende Körper von okergelber Farbe an der Bauchseite der Nieren an der Oberfläche von *Venae renales revehentes* [8]). — Bei den *Crocodila* liegen sie dicht vor den Keimbereitenden Geschlechtstheilen, als gelbe längliche oder rundliche Körper [9]).

§. 127.

Die meisten Amphibien besitzen locale Fettanhäufungen: Fettkörper.

3) Von Jacobson entdeckt.

4) Rathke hat sie bei den *Myctodera* zuerst erkannt.

5) Es sind Swammerdam's Corpora heterogenea. Biblia Naturae Tb. XLVI. f. 1. n. n., welche durch Rathke: Beiträge zur Geschichte der Thierwelt Hft. 4. S. 34. zuerst als Nebennieren erkannt wurden.

6) Morgagni hat sie bei der Viper entdeckt. Cuvier (Leçons d'Anat. comp. V. p. 248.) hatte ihrer Anwesenheit bei den *Ophidia* nur im Allgemeinen gedacht. Retzius hat sie bei einzelnen Schlangen specieller beschrieben. Isis 1852. S. 529. Desgleichen Nagel l. c.

7) Nagel scheint sie in dieser Ordnung zuerst beobachtet zu haben (Müller's Archiv 1836. S. 378). Die Nebennieren der männlichen *Sauria* liegen dicht an der Hohlvene; jede liegt zugleich sehr eng an dem spiralig gewundenen Anfange des Samenleiters. In den meisten Beschreibungen sind die Nebennieren mit diesem confundirt worden.

8) Morgagni, Bojanus und Cuvier haben sie beschrieben.

9) Sie sind von Nagel (Müller's Archiv 1836. S. 377.) zuerst erwähnt worden.

Sie sind bei den einzelnen Gruppen, nach Lage und Bau, verschieden Ausserdem pflegen sie, je nach der Jahreszeit, typische, je nach zufälligen Bedingungen [1]), individuelle Verschiedenheiten, in Betreff ihres Umfanges darzubieten.

In der Ordnung der *Urodela* kommen Fettkörper vor, welche läng der Innenränder der Keimbereitenden Geschlechtstheile zwischen Peritonealfalten liegen. — Bei den *Gymnophiona* kommen lange gelappte Fettkörper vor, die in der hinteren Hälfte der Rumpfhöhle in Bauchfellfalten zu den Seiten des *Tractus intestinalis* liegen. — Bei den *Batrachia* liegen sie vor den Nieren und den Keimbereitenden Geschlechtstheilen und besitzen fingerförmige freie Fortsätze. Sie sind bei einheimischen geschlechtsreifen Batrachiern im Herbste und Winter von beträchtlichem Umfange; im Frühlinge um die Begattungszeit verkümmert. — Kleinere Fettanhäufungen werden bei einigen *Batrachia*, namentlich bei den Arten der Gattung *Bufo* in der Jnguinalgegend, zunächst den hinteren Lymphherzen, angetroffen; andere in der Axillargegend zunächst den vorderen Lymphherzen.

Bei den *Ophidia* liegen paarige, aus einzelnen in Längsreihen angeordneten Lappen bestehende Fettkörper zu den Seiten des *Tractus intestinalis* in der hinteren Hälfte der Rumpfhöhle. Die beiden Längsreihen sind oft über dem Darme durch Commissuren von Fettläppchen mit einander verbunden. — Eine wesentlich übereinstimmende Lage besitzen die Fettkörper der *Amphisbaenoidea* und einiger fusslosen *Scincoidea*, z. B. der *Acontias*. — Bei den meisten *Sauria Kionocrania* und den *Chamaeleonidea*, liegen paarige compacte Fettkörper in Bauchfellfalten vor dem Becken an der Ventralseite des Rumpfes. — Bei Repräsentanten der *Chelonia* werden von Bindegewebe durchzogene knollenförmige Fett-Massen gleichfalls an bestimmten Körperstellen angetroffen. Sie kommen namentlich einmal in der *Regio ischiadica* und zweitens in der *Regio axillaris* vor [2]).

---

1) Namentlich nehmen sie z. B. bei *Salamandra* und bei Batrachiern nach langem Fasten an Umfang ab oder schwinden.

2) Solche Massen, die ich bei verschiedenen Cheloniern an den kurz bezeichneten Stellen angetroffen, und die, gemäss ihren Lagenverhältnissen, mit denen der Bufones übereinstimmen, also ebenfalls den Communicationen der lymphatischen Bahnen mit dem Venensysteme nahe liegen, sehe ich z. B. besonders gross und ausgedehnt bei *Chelydra serpentina*. Ein mächtiger, circumscripter Fettkörper liegt jederseits subcutan an der hinteren Grenze des oberen Endes des *Os ileum*; an jeden reihet sich ein zweiter, der die Inguinalgegend einnimmt und weit ausgedehnt ist. — Vor dem dorsalen Schenkel der *Scapula* und einwärts von ihm liegt jederseits ein anderer Fettkörper, länglich und nicht ganz so mächtig. Er hangt gleichfalls mit einem zweiten, aber kleineren zusammen, der die vorderen Venenstämme umgibt.

[S. über dieselben: v. Wittich (Siebold u. Kölliker Zeits. Bd. 4. S. 147). Das Vorkommen der Fettkörper bei *Siredon* ist erwähnt von Cuvier (Reptiles douteux bei Humboldt l. c. p. 116.) u. von Rathke in Meckel's Archiv 1829. S. 212. — Bei Batrachiern pflegen die Fettkörper im Frühlinge, um die Zeit der Begattung zu atrophiren und später an Umfang wieder zuzunehmen. — Beziehungen der Fettkörper zur Entwickelung der Eier bei Arten der Gattung *Triton* sind erkannt worden von Finger (de Tritonum genitalibus eorumque functione. Marburgi 1841. 4. p. 10. 11.) Um die Zeit des ersten Eintrittes der Geschlechtsreife, bei Ausbildung der Eier, schwinden die Fettkörper. Nach Austritt der Eier gewinnen sie wieder an Umfang.]

§. 128.

Eine Eigenthümiichkeit einiger *Batrachia* beiderlei Geschlechtes besteht darin, dass an der vorderen Grenze ihres Keimbereitenden Geschlechtstheiles, also sowol der Hoden, als der Ovarien, obschon ausserhalb der Begrenzungen beider, mehr oder minder beträchtliche Anhäufungen eierähnlicher Körper in einem mehr oder minder fettreichen Stroma vorkommen. Dieses pflegt vom eigentlichen Fettkörper nicht scharf abgegrenzt zu sein.

[Sie sind Rathke (Beiträge zur Geschichte d. Thierwelt Abth. 3. S. 29) nicht ganz unbekannt geblieben. — Jacobson (Det kongelige Danske Videnskabernes selskabs Naturvidenskabelige og matematiske Afhandlinger T. 3. 1828. p. XLII) hat sie bei *Bufo cinereus* sorgfältig beschrieben. — Bidder (Untersuchungen über die männlichen Geschlechts- und Harnwerkzeuge der nackten Amphibien. Dorpat. 1846. S. 27) hat sie nicht nur bei Männchen von *Bufo cinereus,* sondern auch von *Bufo agua* beobachtet und Tb. I. fig. 2 und 3 abgebildet. — v. Wittich (Siebold und Kölliker Zeitschrift Bd. 4. S. 160) hat ihnen besondere Aufmerksamkeit gewidmet. Die vor den Geschlechtsdrüsen angehäuften Körper sind durchaus Eierähnlich: Zellen je mit einem Kerne. Neben grösseren völlig Eierähnlichen Körpern kommen zahlreiche kleinere vor, wie jüngere, im Wachsen begriffene Eier sich verhaltend. — v. Wittich hat das Organ bei den verschiedenen einheimischen Krötenarten studirt. Bei *Bufo variabilis* beginnt dies Gebilde schon zu Anfang des dritten Lebensjahres mit Eintritt der Geschlechtsreife zu verkümmern. Bei *Bufo calamita* scheint es sich ebenso zu verhalten. Bei *Bufo cinereus* pflegt es sich während des ganzen Lebens zu erhalten. Doch verkümmern die Eiähnlichen Körper; die Capsel verschrumpft; der Inhalt wird pigmentirt und feinkörnig. — Analoge Anhäufungen bilden sich während der fötalen Entwickelung anderer *Batrachia*, um vollständiger zu verkümmern. — Ich habe bei lange fortgesetzten Beobachtungen an *Bufo cinereus* diese Anhäufungen Eierähnlicher Körper, mit Ausnahme sehr weniger Individuen, in beiden Geschlechtern constant angetroffen. Die nicht in der Rückbildung begriffenen Eierähnlichen Körper waren in der Regel weder bei Männchen, noch bei Weibchen pigmentirt. Einer gefälligen Mittheilung des Herrn Professor Bergmann verdanke ich aber die Gelegenheit zur Untersuchung zweier Weibchen von *Bufo cinereus* im Laufe des vorigen Sommers, also nach der Begattungszeit. Hier kamen an der Stelle der ungefärbten Eierähnlichen Körper, schwarz pigmentirte, von wirklichen Eiern durch nichts zu unterscheidende Körper ausserhalb der Begrenzung der beiden Ovarien, mit und neben ungefärbten, vor. — Da diese Gebilde oder Zellen-Anhäufungen beiden Geschlechtern eigen sind, darf von einem Vergleiche des dem männlichen Geschlechte zukommenden Körpers, mit einem Ovarium nicht die Rede sein. Das

Organ der Männchen ist, nach Lage und Bau homolog einem vom Ovarium verschiedenen Organe der weiblichen Kröten. Die nach dem Typus von Eiern sich entwickelnden Zellen liegen in beiden Geschlechtern dem Keimbereitenden Geschlechtstheile zunächst, doch ausserhalb seiner Begrenzungen. Sie sind provisorische, der Resorption anheimfallende Bildungen. — Die durch v. Wittich hervorgehobenen Unterschiede, in Betreff der Schicksale dieses Gebildes bei den *Bufones*, lassen, neben so manchen anderen bekannten Thatsachen, erkennen, wie concret und scharf ausgeprägt die Organisationsverhältnisse der einzelnen Arten der *Batrachia* sind.

Achter Abschnitt.

Von dem Urogenital-Apparate.

I. Von den Harnorganen.

§. 129.

Bei Amphibien kommen zwei Arten von Harndrüsen vor, welche ausserhalb des Peritonealsackes liegen: 1. embryonale, vor absolvirter Entwickelung schwindende oder verkümmernde Primordial-Nieren oder Wolff'sche Körper [1]) und 2. persistirende: Nieren.

Das Vorkommen von Primordial-Nieren gehört in den Entwickelungs-Plan der — und zwar wahrscheinlich aller — *A. dipnoa* und aller *A. monopnoa*. — Unter den *Amphibia dipnoa* sind es nur Repräsentanten der *Urodela myctodera* und der *Batrachia*, bei denen ihr Vorkommen bisher constatirt ist.

Gemeinsame Eigenthümlichkeiten dieser Organe in beiden Unterklassen der Amphibien bestehen darin, dass: 1. ihre volle Ausbildung in einen Zeitraum des Embryonallebens fällt, in welchem die Nieren noch nicht

1) Ueber die Beschaffenheit ihres Secretes liegt noch wenig Positives vor. Volkmann (de colubri natricis formatione Lips 1834. p. 11.) u. Rathke (Entwickelungsgesch. d. Natter S. 208.) fanden bei Schlangen gegen das Ende des Fötallebens im Ausführungsgange eine breiige Masse, ähnlich dem Secrete der Nieren.

angelegt oder ausgebildet sind; 2. dass sie im Laufe der fötalen Entwickelung verkümmern und ausser Function treten, indem ihr secernirender Apparat schwindet; 3. dass sie aus Blinddärmchen bestehen, welche in einen gemeinsamen Ausführungsgang sich einsenken, der in die Cloake führt.

Die wesentlichsten Verschiedenheiten der Primordialnieren bei den Amphibien betreffen: 1. die Ausdehnung ihres Blindröhrensystems und 2, das Verhältniss ihrer Röhren zu Gefässknäueln, die den *Glomeruli Malpighiani* der Nieren entsprechen.

Die Eigenthümlichkeiten der *Amphibia dipnoa* (der einheimischen *Batrachia* und *Urodela myctodera*) bestehen darin dass: 1. nur in den der Kiemengegend zunächst gelegenen Anfang eines seitlich von der Wirbelsäule bis zur Grenze der Schwanzgegend erstreckten Ganges hohle, gewundene und unter einander verschlungene Blinddärmchen sich einsenken; 2. dass die Anwesenheit der Primordialnieren mit der einer *Allantois*, deren Bildung aus dem Entwickelungsplane der *A. dipnoa* ausgeschlossen ist, nicht zusammenfällt; 3. dass in die blinden Anfänge der einzelnen Röhren keine Gefässknäuel hineinragen [2]). — Die näheren Verhältnisse eines einzigen, grösseren, der Drüse blos anliegenden Gefässknäuels [3]) sind noch nicht aufgeklärt.

Bei den *Amphibia monopnoa* sind die Primordialnieren anfangs durch die ganze Länge der Rumpfwirbelsäule erstreckt. Später entspricht ihre Längenausdehnung nicht mehr derjenigen der Rumpfwirbelsäule. Ihr Gang ist in seiner ganzen Länge mit Blinddärmchen besetzt. Gefässknäuel sind von den blinden Anfängen der einzelnen Blinddärmchen umschlossen [4]). Es fällt die Anwesenheit der Primordialnieren zusammen mit derjenigen einer *Allantois* [5]).

---

2) v. Wittich hat bei seinen sorgfältigen Untersuchungen, welche auch Verschiedenheiten in der näheren Anordnung der Röhren bei den *A. dipnoa*, namentlich bei den verschiedenen *Batrachia* kennen lehren, die wieder bis in die einzelnen Species hineinreichen, Flimmer-Bewegung in den Röhren der Primordial-Nieren bei den *A. dipnoa* vermisst. l. c S. 134.

3) Vgl. über denselben Bidder l c. S. 58. und v. Wittich S. 130. — Seine Anwesenheit beweiset vorläufig, dass das Vorkommen von arteriellen *Glomeruli* im Bildungsplane der Primordialnieren liegt. Sie sind hier zwar angelegt, doch sind die sonst generellen festen Beziehungen zu den Harncanälchen noch nicht gewonnen.

4) Ihre Entdeckung hat die Wissenschaft Rathke (Entwickelungsgesch. d. Natter S. 96.) zu verdanken. Solche *Glomeruli* sind später durch Kölliker u. Remak bei *Lacerta* nachgewiesen. Kölliker u. Remak (Froriep's Notizen 1845. Bd. 35. S. 308.) haben Flimmer-Bewegung in den Blinddärmchen, namentlich zunächst den *Glomeruli*, beobachtet.

5) Die Verhältnisse der Primordial-Niere zu der bleibenden Niere und zu dem Geschlechtsapparate sind, nach Maassgabe der bisherigen Untersuchungen, folgende: 1. bei den *Urodela* und *Batrachia* wird der Ausführungsgang der Primordialniere

[Die Primordialnieren sind in der Classe der Amphibien entdeckt, oder wenigstens, nachdem Emmert und Hochstetter (Reil's Archiv f. Physiol. Thl. 10. S. 94.) sie früher gesehen, richtig aufgefasst worden durch Rathke, der sie bei Sauriern, Ophidiern und Cheloniern nachwies (Beiträge zur Geschichte der Thierwelt Thl. 3. Halle 1825. S. 135. 136.). — In der Unterclasse der *A. dipnoa* wurden sie entdeckt durch J. Müller (Bildungsgeschichte der Genitalien. Düsseld. 1830. 4. S. 10. Tfl. 1.). — Es folgten diesen Entdeckungen zahlreiche Einzel-Untersuchungen. Man vgl., ausser den monographischen Arbeiten von Rathke über die Entwickelung von Schlangen und Schildkröten, Reichert das Entwickelungsleben im Wirbelthierreiche. Berl. 1840. 4. — Bidder Untersuchungen über die männlichen Geschlechts- und Harnwerkzeuge der nackten Amphibien. Dorpat 1846. 4. — Heinrich Meckel zur Morphogie der Harn- und Geschlechtswerkzeuge der Wirbelthiere. Halle 1848. 8. — Marcusen in der Gazette médicale de Paris. 1851. Avril p. 274 u. in Froriep's Tagesberichten 1851. N. 339. — v. Wittich in Siebold und Kölliker's Zeitschrift Bd. 4. S. 125. — Eine Paradoxie von H. Meckel, durch die er die Primordialnieren der *A. dipnoa*, unter der Benennung „Müller'scher Drüse," den bleibenden Nieren der *A. monopnoa*, der Vögel und Säugethiere parallelisirte, bewirkte eine Verwirrung der Nomenclatur.]

§. 130.

Die Nieren aller Amphibien sind paarig; meistens ganz symmetrisch; supraperitoneal gelegen. — An- oder Abwesenheit einer Harnblase gehört in den Kreis der besonderen Eigenthümlichkeiten einzelner Gruppen. — Die Harnblase ist, wo sie vorkömmt, immer eine ventrale Aussackung

---

bei Entwickelung der bleibenden Niere zum *Receptaculum* der Harncanäle dieser letzteren, die anfangs in seine ganze Länge einmünden. — Er entwickelt sich ferner zum leitenden Apparate beider Geschlechtsdrüsen (*Vas deferens* und Eileiter). — Dieser leitende Geschlechtstheil behält in beiden Geschlechten Beziehungen zu den *V. urinifera*. Letztere münden entweder einzeln successive in eine mehr oder minder lange Strecke des Canales, der als Recipient von Samen und Harn fungirt, ein (männliche *Perennibranchiata*, *Derotremata*, *Triton*, *Bombinator*, *Discoglossus*) oder vorzugsweise in sein hinteres Ende (*Salamandra*) oder sie münden in einen Canal (*Ureter*) gesammelt, in das letzte Ende des Canales (weibliche *Urodela*, beide Geschlechter bei *Rana*, *Bufo*). Da der Canal selbst bei den männlichen *Ranae* und *Bufones* mehr oder minder atrophirt und nur an seinem Ende eine canalförmige Höhle (*Bufo*) oder eine sackförmige Blase (*Rana*) behält, fungirt er hier nicht sowol als Samenleiter, wie als Samenbehälter (Samenblase). So nach den Untersuchungen von v. Wittich. 2. Bei den *Amphibia monopnoa* wird der Ausführungsgang der Primordialniere, nach den bisherigen Untersuchungen, nicht zum Recipienten der Harncanäle der bleibenden Niere. — Er entwickelt sich aber zum leitenden Geschlechtstheil und zwar bei *Lacerta* (nach den Untersuchungen von Bidder l. c. S. 70.) in beiden Geschlechtern, indem er bei dem einen zum *Vas deferens*, bei dem anderen zum Eileiter entwickelt wird; bei *Tropidonotus natrix* (nach den Untersuchungen von Rathke l. c. S. 210.) nur im männlichen Geschlechte, wo er zum *Vas deferens* sich entwickelt, während im weiblichen Geschlechte die Eileiter unabhängig von ihm und selbstständig angelegt werden. — Nach demselben Beobachter sind, den Eileitern der weiblichen Geschlechter entsprechende, Gebilde auch bei männlichen Nattern in der Anlage vorhanden. Jedoch erhalten sie sich nur kurze Zeit, um bald zu verkümmern und spurlos zu schwinden.

der Cloake. — Das Parenchym der Nieren enthält mit blinden Anfängen versehene Röhren [1]). — Der blinde Anfang jeder Röhre ist blasig erweitert, bildet eine Capsel. — Der Hohlraum dieser Capsel umschliesst, gewöhnlich und vielleicht immer, ein Gefässknäuel (*Glomerulus Malpighianus*) [2]). — In den Harncanälchen einiger Amphibien ist entweder nur zunächst den blinden Anfängen [3]), oder in weiterer Ausdehnung (*Triton*), ein Flimmer-Epithelium beobachtet.

§. 131.

Allen *Amphibia dipnoa* [1]) kommt eine Harnblase zu. — Die Nieren der *Gymnophiona* und *Urodela* sind lang, gestreckt, schmal; im Allgemeinen hinten breiter, als vorne; hinten pflegen die breiten Theile beider Nieren ganz dicht an einander gerückt zu sein. Bei *Menopoma* reichen ihre hinteren Enden etwas über die hintere Grenze der Cloake hinaus. — Bei vielen *Urodela*, namentlich bei *Siredon*, bei *Menobranchus*, bei *Triton* ist jede Niere vorne sehr schmal oder in einen bandförmigen Zipfel ausgezogen. — Bei den *Myctodera* besteht diese vorderste Nierenstrecke beständig, (*Triton*) [2]) oder wenigstens oft (*Salamandra*) aus discreten Läppchen. — Vom Aussenrande der Niere ausgehende Canäle münden bei allen *Urodela* in den leitenden Geschlechtstheil: *Vas deferens* oder Eileiter. — Diese Canäle sind nach Zahl, nach Insertionsstellen und nach Art ihres Inhaltes, bei beiden Geschlechtern, verschieden. — Bei den männlichen Thieren sind sie zahlreich und treten zu keinem einfachen *Ureter* zusammen; bei den weiblichen *Urodela*, wo die *Vasa urinifera* einen Sammelpunkt in einem längeren einfachen *Ureter* haben, mündet dieser in den Eileiter. — Bei den männlichen *Urodela* treten vom Aussenrande der Niere abgehende Canäle, theils successive in den ganzen Canal des *Vas deferens*, theils in Büscheln [3]), unter spitzen Winkeln aus dem dickerem Theile und

1) Vgl. Th. von Hessling Histologische Beiträge zur Lehre von der Harnabsonderung. Jena 1851. 8. Die Weite der Röhren ist verschieden. Müller traf sie am weitesten an bei *Proteus*.

2) Die *Glomeruli* sind sehr gross bei *Proteus*.

3) So namentlich bei Fröschen und Kröten, wo Bowman es entdeckte. Das Flimmer-Epithelium ist in den Froschnieren nicht immer wahrnehmbar; eine irrige Angabe ist aber die, wonach es nur im Sommer vorkommen soll; ich habe es während des Winterschlafes bei *R. esculenta* oft gesehen.

1) Bei den *Urodela* und *Batrachia* erhalten die Nieren zahlreiche einzelne Arterienstämmchen aus der Aorta. Hyrtl zählte bei *Proteus* 18, bei *Triton* 12, bei *Salamandra* 10, bei *Batrachia* 5.

2) Vgl. z. B. die Abbildung von Bidder (Unters. Tb. 2. Fig. IV.).

3) Diese Büschel von Canälen sind — namentlich bei *Triton* und *Salamandra* — gewöhnlich als Samenblasen oder Anhänge des Samenleiters bezeichnet worden. Als solche sind sie auch bei *Siredon* von Home (Philosoph. Transact. 1824. p. 422.) beschrieben. — Ihre Zahl ist verschieden je nach den Arten; am grössten bei *Triton taeniatus*, wo 16 bis 20 Canäle vorkommen. — Zweifel können noch darüber aufkommen, ob sämmtliche Canäle harnführend sind; die meisten sind es gewiss; einige scheinen indessen blinde Anfänge zu besitzen.

dem Ende der Niere kommend, in das Ende des *Vas deferens* über. Diese Canäle selbst sind theils *Vasa spermatica*, theils *Vasa urinifera*; ob einige derselben zugleich Samen und Harn führen, ist zweifelhaft. — Bei den weiblichen Thieren mündet der am Aussenrande der Niere verlaufende *Ureter* in das Ende des Eileiters, kurz vor dessen Eintritt in die Cloake.

Die Blase der *Gymnophiona* ist durch ihre Länge ausgezeichnet. — Die der meisten *Urodela* besitzt einen ungetheilten Grund; die der *Myctodera*: *Triton* und *Salamandra* ist zweihörnig.

§. 132.

Bei den *Batrachia* ist die Längenausdehnung der Nieren [1]) innerhalb der Rumpfhöhle, je nach den Entwickelungsstadien, verschieden. — Ihre ersten Anlagen sind zu den Seiten der ganzen Rumpfwirbelsäule erstreckt. — Bald darauf erscheinen die beiden Enden jeder Niere in schmale Zipfel ausgezogen. — Bei *Bombinator* sind die Nieren platt, vorne und hinten zugespitzt [2]). — Bei den meisten *Batrachia* sind sie ziemlich dicke, vorne und hinten abgerundete, im hinteren Theile der Rumpfhöhle gelegene Körper. — Bei allen männlichen *Batrachia* treten *Sperma* und Harn führende Canäle aus der Niere in einen gemeinsamen Ausführungsgang über. Der als Ausführungsgang dieser zwiefachen Secrete benutzte Canal ist nicht bei allen *Batrachia* morphologisch identisch. Zum Ausführungsgange von Harn und *Sperma* wird bei wenigen, namentlich bei *Bombinator igneus* und *Discoglossus pictus*, unter Mangel eines eigentlichen *Ureter*, das *Vas deferens*, in welches nicht nur *Vasa efferentia testis*, sondern auch aus der Niere austretende *Vasa urinifera* einzeln einmünden [3]). — Bei der überwiegenden Mehrzahl der *Batrachia* (*Rana*, *Bufo* u. A.) männlichen Geschlechtes, fungirt dagegen ein am Aussenrande jeder Niere verlaufender, erst hinten von ihr sich entfernender Canal, der dem blos Harn führenden *Ureter* der weiblichen *Batrachia* seiner Lage nach vollkommen entspricht, als *Canalis uro-spermaticus*. Jeder *Ureter* stehet bei den Männchen mit dem hintersten, oft blasig erweiterten Ende (Samenblase) eines *Vas deferens* in Höhlenverbindung und mündet bei Weibchen in das Ende des Eileiters.

§. 133.

Bei den *Amphibia monopnoa* reichen die Nieren niemals weit vorwärts, sondern liegen in der hinteren Hälfte der Rumpfhöhle. — Die Verschiedenheiten, welche die Harnorgane bei ihnen darbieten, betreffen

1) Das Auftreten ihrer ersten Anlagen beim Embryo coincidirt mit dem der Lungen. — Die ursprüngliche Länge ihrer Anlagen ist zuerst beobachtet worden von Rathke (Beiträge z. Gesch. d. Thierwelt. Halle 1820.). — Abgebildet sind diese Entwickelungsstadien der Nieren von *Bufo* bei J. Müller de gland. secern. Struct. Tb. XII.

2) Durch v. Wittich hervorgehoben.

3) Nach der interessanten Entdeckung von v. Wittich l. c. S. 135. u. 172.

die grössere oder geringere Entfernung der hinteren Nierenenden von der Cloake, die vollkommen oder unvollkommen symmetrische Lage der beiden Nieren, ihre Formverhältnisse, die Anordnung ihrer Windungen, so wie endlich die An- oder Abwesenheit einer Harnblase.

Die Harnorgane der *Ophidia* sind ausgezeichnet durch folgende Verhältnisse: 1. die Nieren enden ziemlich weit vor der Cloake; die jenseits ihrer Enden frei gelegenen Fortsetzungnn ihrer Harnleiter sind daher von beträchtlicher Länge; 2. die symmetrische Lage beider Nieren ist dadurch beschränkt, dass die rechte weiter nach vorne erstreckt ist, als die linke; 3. eine Harnblase fehlt. Die Nieren sind gestreckt länglich [1]), pflegen zahlreiche quere Einschnitte zu besitzen, die von den Rändern in die ventrale Seite eingehen, scheinen daher aus der Länge nach aneinander gereiheten Lappen zu bestehen. Diese Quereinschnitte sind bisweilen durchgehend (*Boa murina*), öfter alterniren die inneren und äusseren Randeinschnitte derartig, dass die Nierenmasse, von der Ventralseite aus betrachtet, spiralförmig gewunden erscheint, wobei die zahlreichen, grösseren, rundlichen Lappen einseitig am Harnleiter haften. Aus den einwärts offenen Einschnitten ihrer Windungen treten in Aeste gesammelte Harncanäle in den *Ureter*; in die auswärts gelegenen Einschnitte der Windungen treten die Zweige der *Vena renalis advehens*. — Der am Vorderende der Niere beginnende Harnleiter ist längs dem Innenrande derselben nach hinten, dann aber frei zur Cloake erstreckt. Er pflegt verhältnissmässig weit zu sein. Er mündet seitlich in die Cloake; bei männlichen Schlangen auf einer Papille, die aus einer Grube vorragt und die zugleich Ausmündungsstelle des *Vas deferens* ist; bei weiblichen Thieren neben dem *Ostium* des Eileiters, mit dessen Endabschnitt sein letztes Ende auswendig durch Bindegewebe eng zusammenzuhangen pflegt. — Bei den *O. eurystomata* liegen die Nieren eingeschlossen in eigenen häutigen Capseln.

Die Harnorgane der *Sauria* besitzen folgende gemeinsame Eigenthümlichkeiten: 1. die Nieren liegen im hintersten Theile der Rumpfhöhle; ihre Enden liegen seitwärts von der Cloake und über ihr; sie sind gewöhnlich dicht an einander gerückt; 2. eine Harnblase ist immer vorhanden [2]). — Bei *Amphisbaena* reicht die rechte Niere sehr wenig weiter vorwärts, als die linke. — Bei den *Kionocrania* und *Chamaeleonidea* liegen die beiden Nieren ganz symmetrisch. — Schräge oder quere Furchen pfle-

1) Bei einigen *Typhlops* sind die Nieren wenig gestreckt und erscheinen oberflächlich höckerig.

2) Ihre Anwesenheit gehört wesentlich in den Organisationsplan der *Sauria*; sie kömmt auch den *Amphisbaenoidea* zu; desgleichen den Gattungen *Typhline* und *Acontias*; bei dem grossen *Acontias niger* ist sie sehr umfänglich, von cylindrischer Form.

gen Einschnitte in die zusammenhangende Nierensubstanz zu bilden und den Anschein zu bewirken, als bestände jede Niere aus einzelnen Lappen. Der der inneren Fläche seiner Niere eng anliegende Harnleiter tritt von derselben alsbald seitwärts in die Cloake. — Die Harnblase ist sehr umfänglich. Sie pflegt mit engem Halse von der Ventralseite der Cloake auszugehen.

Eigenthümlichkeiten der Harnorgane bei den *Chelonia* sind: 1. die Lage der Nieren in der Beckenhöhle, in der Nähe der Cloake; 2. der Besitz einer umfänglichen Harnblase. — Die Nieren sind ziemlich dick, kurz, mehr oder minder dreiseitig; zahlreiche, schmale Windungen sind durch seichtere, grössere Inseln durch tiefere Einschnitte gesondert. — Mehre grössere Harncanäle senken successive in einen der Innenfläche der Niere eng anliegenden *Ureter* sich ein. Derselbe verlässt die Niere und mündet in sehr geringer Entfernung von ihr. Die Ausmündungsstellen der *Ureteren* liegen nach vorne, dicht am Blasenhalse. Die Blase ist häufig zweihörnig.

Bei den *Crocodila* liegen die Nieren in der Beckengegend und enden nahe der Cloake; eine Harnblase fehlt. Jede Niere ist ein an der Dorsalseite gewölbter, an der Ventralseite flacher Körper. Ihre Oberfläche besitzt hirnartige, durch Furchen begrenzte Windungen. Der Harnleiter liegt im grössten Theile seiner Länge tief eingesenkt in der Niere, verdeckt von den an der Ventralseite vorspringenden Lappen; an ihrem unteren Ende tritt er aus derselben hervor und hat eine kurze Strecke freien Verlaufes zur Cloake. Die Ausmündungsstellen der Harnleiter liegen dicht hinter dem Ende des *Rectum*.

[Man vgl. über die Anordnung der Nieren und den Verlauf der Harncanälchen besonders die schönen Untersuchungen von J. Müller de glandul. secernent. structura Lips. 1830. fol. pag. 86. Tb. XII.]

II. Vom Geschlechts-Apparate.

§. 134.

Sämmtliche Amphibien sind getrennten Geschlechtes [1]). — Sowol die Keim bereitenden, als auch die leitenden Geschlechtstheile sind paarig; meistens sind sie zugleich völlig symmetrisch angeordnet. — Die Enden der leitenden oder ausführenden Geschlechtstheile münden in die Cloake. — Hoden und Eierstöcke liegen eingesackt im *Peritoneum*. —

1) Die Geschlechtstheile der *Gymnophiona* sind noch zu wenig studirt worden, um eine vollständige Darstellung zu erlauben.

Im Plane der Anordnung der leitenden Geschlechtstheile liegt ihre Umfassung von freien Peritonealfalten. Diese Falten, welche freie Ligamente bilden, sind oft durch eingelagerte glatte Muskelfasern contractil. — Das Parenchym der Hoden besteht in Röhren. Diese gehen über in weitere *Vasa efferentia*. — Letztere münden in einen ausführenden Canal. — Dieser ausführende Canal ist entweder gemeinsames ***Receptaculum*** von *Sperma* und Harn (*Amphibia dipnoa*) oder führt blos Samen aus (*Amphibia monopnoa*). — Unter der ersten Bedingung entspricht er, seinen Lagenverhältnissen, seiner Ausdehnung und seinem Entwickelungsgange nach, wie auch nach Uebereinstimmung seiner Lagenverhältnisse mit denen des Eileiters, entweder einem *Vas deferens* (*Urodela* und einige *Batrachia*) oder er ist ein *Ureter*, der als *Canalis urospermaticus* fungirt (viele *Batrachia*), wobei ein vorhandenes, dem *Vas deferens* homolog angelegtes, Rohr als leitender Apparat nicht in Function tritt, aber durch seinen Endtheil mit dem *Ureter* in Höhlenverbindung steht. — Die Eier entwickeln sich zwischen an einander geschlossenen, in einander übergehenden häutigen Platten. Durch die reifen Eier von einander entfernt, können diese Platten die Gestalt eines Sackes annehmen (*Urodela*, *Batrachia*). — Die Eileiter sind immer getrennt von den Eierstöcken. — Die Ureteren münden entweder ein in den Endabschnitt der Eileiter (*A. dipnoa*) oder münden neben ihnen in die Cloake (*A. monopnoa*). — Gefurchte Copulationsorgane fehlen entweder (*A. dipnoa*), oder sind vorhanden (*A. monopnoa*). — Dieselben sind in letzteren Falle entweder paarig (*Monopnoa streptostylica*) oder unpaar (*Monopnoa monimostylica*). — Das Vorkommen accessorischer drüsiger Apparate ist nicht ausgeschlossen.

§. 135.

Die *Amphibia dipnoa* besitzen ganz symmetrisch gelagerte Geschlechtstheile. — Gefurchte, zum Abflusse des Samens geeignete Copulationsorgane fehlen ihnen [1]). — Wenige [2]) besitzen ein in dem Hohlraume der Cloake gelegenes undurchbohrtes Wärzchen (*Papilla genitalis*). — Im Organisationsplane der männlichen *Urodela* und *Batrachia* liegt eine Fusion derjenigen Canäle, welche Samen oder Eier ausführen, mit denjenigen, die die Ausführung des Harnes besorgen. — In der embryonalen Anlage ist diese Fusion deutlich vorhanden. Es gibt ein Entwickelungs-Stadium, in welchem diese Fusion bei den beiden Geschlechtern, wie bei Repräsentanten beider Ordnungen in gleicher Weise Statt hat. — Nach definitiv absolvirter Entwickelung ist eine Fusion zwar er-

1) Ein *Penis*, dessen Anwesenheit, nach einer mangelhaften Beobachtung von Nitzsch, bei *Coecilia* vermuthet wurde, fehlt durchaus, wie bereits durch Bischoff und Rathke nachgewiesen ist.

2) Die Gattung *Triton*.

halten, aber die in der ersten Anlage gegebenen Verhältnisse sind verschiedenartig modificirt und zwar, sowol je nach den beiden Geschlechtern, wie nach den verschiedenen Thieren.

§. 136.

Die Ovarien der *A. dipnoa* bieten Verschiedenheiten dar in Betreff ihrer Gestalt, wie der näheren Anorduung des *Stroma*, an dem die Entwickelung der Eier Statt hat. — Die Form derselben correspondirt im Allgemeinen der Gesammtform der Thiere. Sie sind gestreckt bei den *Gymnophiona* und *Urodela*, mehr oder minder rundlich bei den *Batrachia*. — Je nach der Jahreszeit sind sie verschiedentlich ausgedehnt: bei *Triton* und bei den einheimischen *Batrachia* im Vorfrühlinge oder Spätfrühlinge (*Rana esculenta*); bei *Salamandra* zu Ende des Sommers sehr bedeutend. — Um die Zeit der Reife der Eier erscheinen bei den *Urodela* und *Batrachia* die Eierstöcke als geschlossene hohle Säcke, indem die ursprünglich an einander liegenden Platten ihres *Stroma* durch die ausgebildeten Eier von einander gedrängt sind. — Die Höhlen der Säcke sind einfach und ungetheilt bei den untersuchten *Urodela*. — Bei den untersuchten *Batrachia* sind sie durch innere Scheidewände in einzelne Hohlräume zerfallen [1]). — Die Eierstockseier erreichen einen sehr verschiedenen Umfang [2]); derselbe ist unter den *Batrachia* am beträchtlichsten bei den Gattungen *Notodelphys* und *Breviceps*. — Die Eier einiger *Urodela*, z. B. der Gattung *Siren*, und der meisten *Batrachia*, sind schwarz pigmentirt; unter den *Batrachia* ermangeln sie des schwarzen Pigmentes bei den Gattungen *Alytes* und *Breviceps*. — Die reifen Eier treten durch Ruptur des Peritoneal-Ueberzuges des Eierstockes in die Bauchhöhle, um von den *Ostia* der Eileiter aufgenommen zu werden. — Diese Eileiter sind lange, gewundene, verhältnissmässig weite Canäle. — Ihre Anfänge liegen vor den Ovarien. — Sie besitzen trichterförmige Eingänge, die, ziemlich eng an den Bauchwandungen angeheftet, den Ovarien von vorne zugewendet sind. — Ihre Ausmündungen in die Cloake bilden oft Vorragungen in dieselbe. — Die Dicke ihrer Wandungen pflegt, je nach den Entwickelungsstadien der Eier, verschieden zu sein. Schon vor Aufnahme der letzteren hat, namentlich bei Batrachiern, eine Verdickung ihrer Wandungen Statt. — Sie besitzen, ausser ihren Bauchfell-Ueberzügen, eine Muskelhaut und eine durch drüsigen Bau ausgezeichnete Schleimhaut. Diese ist secernirend. Es erhalten nämlich die Eier

---

1) In Betreff der Eierstöcke von *Coecilia* vgl. Rathke in Müller's Archiv 1852. S. 351. Dieser Beobachter vermisste einen Hohlraum in jedem Eierstocke.

2) Er ist ziemlieh beträchtlich bei den *Proteidea*; wie ich ihn z. B. bei *Menobranchus* finde. So ist er es auch bei *Proteus*, wie aus einer Abbildung von Rusconi hervorgeht. (Descrizione di un proteo feminino notabile per lo sviluppo delle parti della generazione im Giornale di Fisica di Pavia 1826. 1.)

in den Eileitern eine eiweissartige Umhüllung; die Bildung einer derberen Schale (*Testa*), die bei den *A. monopnoa* erfolgt, bleibt dagegen immer aus. — Bei den einheimischen *Tritones* trifft man gleichzeitig keine grössere Anzahl von Eiern in den Eileitern, vielmehr treten dieselben successive, zu zweien oder dreien, in den Eileiter über. Bei *Salamandra maculata* erfolgt die Entwickelung der Embryonen innerhalb der Eileiter; die Anzahl der gleichzeitig in ihnen sich entwickelnden Eier ist sehr bedeutend, man trifft ihrer zwanzig bis dreissig in jedem Eileiter an — oft nicht in gleichmässig fortgeschrittener Entwickelung. — Bei den einheimischen *Batrachia* ist der mit starken Muskelschichten belegte Endabschnitt jedes Eileiters weiter, als dessen übrige Abschnitte. Er bildet eine weite Tasche [3]). Das engere Rohr des Eileiters geht bald glockenstielartig in ihn über, bald bildet der weitere Endabschnitt an seinem Anfange eine einseitige blinde Aussackung (*Bufo*). Um die Begattungszeit strotzt dieser Endabschnitt von den in seiner Höhle angesammelten Eiern.

§. 137.

Gemeinsame Eigenthümlichkeit des männlichen Geschlechts-Apparates der bisher untersuchten *Urodela* [1]) ist die, dass Sperma und Harn, unter Mangel eines selbständigen Harnleiters, ausgeführt werden durch ein, seiner Lage und Entwickelung nach, dem weiblichen Eileiter homologes *Vas deferens*. — *Vasa efferentia* verlassen jeden Hoden als schräge oder quere, meist netzförmig verbundene Canäle, die zum Innenrande jeder Niere treten und mittelbar in sie übergehen. — Ihr Inhalt wird durch andere Canäle, welche vom Aussenrande jeder Niere ausgehen, in das *Vas deferens* übergeführt, das auswendig, mehr oder minder entfernt von jeder Niere in einer Peritonealfalte liegt und hinten in die Cloake ausmündet. — In die Cloake pflegen accessorische drüsige Gebilde auszumünden.

Die Verschiedenheiten des männlichen Geschlechts-Apparates der einzelnen *Urodela* betreffen die Hoden selbst, die Länge und die Windungen des *Vas deferens*, die Einmündungsstellen der aus den Nieren austretenden *Vasa uro-spermatica* in dasselbe, die Anordnung der accessorischen Drüsen und die An- oder Abwesenheit einer *Papilla genitalis*.

Jeder Hode ist entweder ein einfacher, ungetheilter Körper, oder er besteht aus mehren in einer Längsreihe gelegenen Lappen, die durch Anastomosen der aus jedem austretenden *Vasa efferentia* verbunden sind. — Einfach, länglich, ungetheilt ist jeder Hode bei *Menopoma*. Bei *Meno-*

---

3) Dieselbe hat von einigen Anatomen, z. B. von Rathke, die Bezeichnung: *Uterus* erhalten.

1) Es fehlen noch Untersuchungen an *Siren*, *Amphiuma*, *Salamandra maxima*.

branchus und bei den *Myctodera* besteht er in der Regel aus mehren in einer Längsreihe gelegenen Lappen [2]). — Individuelle und temporäre Verschiedenheiten betreffen den Umfang, den Fettreichthum und die Farbe des Hodens.

Die *Vasa efferentia testis*, bei lappiger Anordnung des Hodens von jedem seiner Lappen ausgehend, sind theils in schräger, theils in querer Richtung zum Innenrande der Nieren erstreckt. Sie pflegen unter einander in netzförmiger Verbindung zu stehen. Die meisten sammeln sich in einen, dem Innenrande der Niere parallelen, ihr eng anliegenden Längscanal. Von diesem ausgehende Canäle treten in die Nierensubstanz. Von dem Aussenrande jeder Niere ausgehende Canäle treten in das *Vas deferens*. — Ob innerhalb der Niere eine Fusion der aus dem Längscanale hervorgehenden Samencanälchen mit Harncanälchen Statt findet, oder ob erstere die Nierensubstanz rein durchsetzen, um erst an ihrem Rande in weitere *Ductus uriniferi* einzumünden, ist noch unklar.

Das *Vas deferens* ist ein langer, gewöhnlich gewundener Canal, der ziemlich weit vor dem Anfange des Hodens und der Niere, nahe der Lungenwurzel blind beginnt, immer in einiger Entfernung vom Aussenrande der Niere, eingefasst von einer Peritonealfalte verläuft und in die Cloake einmündet [3]). — In seinen Endabschnitt münden vom äussern Nierenrande ausgehende Harncanäle [4]).

Bei den männlichen *Urodela* besitzt die Cloake eigenthümliche Drüsen. Solche sind beobachtet bei den *Proteidea*, bei *Siredon* und bei den *Myctodera*. — Diese Drüsen [5]) sind allgemein Follikel, welche, in der Circumferenz der Cloake gelegen, mit zahlreichen *Ostia* in dieselbe ausmünden. — Bei *Menobranchus* ist die Cloake inwendig mit dicht gestellten Franzen besetzt, welche zum Theil aus dem After frei herausragen. — Bei *Triton* liegt, zunächst den Einmündungsstellen der *Vasa deferentia* in die Cloake, eine um die Begattungszeit stark entwickelte *Papilla genitalis*. Neben dieser münden, um dieselbe Zeit turgescirende und einen schleimigen Saft absondernde, paarige Drüsen von röhrigem Baue: die sogenannten Beckendrüsen. — Von diesen sind noch unterschieden *Folliculi anales*.

---

2) Bei *Salamandra maculata* besteht jeder Hode aus drei bis fünf Lappen. Auf die individuellen Verschiedenheiten, die, in Betreff der Anzahl der Lappen bei *Tritones* und bei *Salamandra* herrschen, haben Dufay, Rathke l. c. S. 37. 39. 41. und Finger l. c. S. 14. 15. aufmerksam gemacht. Desgleichen Prévost und Dumas l. c. und die späteren Untersucher.

3) Bei *Menopoma* z. B. geschieht seine Ausmündung auf einer kleinen Papille.

4) S. §. 131.

5) Sie sind näher beschrieben von Dufay, Funk, Rathke, Finger, Duvernoy bei den *Myctodera*; bei *Siredon* von Rathke und Müller; bei *Proteus* von Rathke und Rusconi.

[Die ersten Untersuchungen über den männlichen Geschlechts-Apparat bei Repräsentanten der *Urodela* lieferte Dufay (Mémoires de l'académie des sciences de Paris 1729) bei seinen Studien der Arten der Gattung *Triton*. Er schilderte Hoden, *Vas deferens*, den milchigen Inhalt desselben, die von dem Ende der Niere in das *Vas deferens* einmündenden Canäle, gefüllt mit einem milchigen Inhalte, ähnlich dem des *Vas deferens*, und die accessorischen Geschlechtsdrüsen. Der Zusammenhang zwischen Hoden und *Vas deferens* blieb ihm unklar. Rathke (Beiträge zur Gesch. d. Thierwelt 1820 S. 135.) gab eine genaue Schilderung des *Vas deferens*, kannte seinen vordern geschlossenen Theil, blieb jedoch über die Verbindungen zwischen Hoden und *Vas deferens* im Unklaren. Die von der Niere zum Ende des *Vas deferens* erstreckten Canäle sind ihm Anfänge des Samenleiters: Samenblasen. — Die nächste Arbeit über *Triton* lieferten Prévost und Dumas (Annales des sciences natur. Tome 1. Mars 1824. p. 281.) Sie erwähnen der verschiedenen Formverhältnisse des Hoden. Sie sahen aus dem Hoden 6 bis 8 Gefässe hervorgehen (ein Schreib- oder Druckfehler macht sie zu *Vaisseaux sanguins*), welche allmählich in einen gemeinsamen Sammelcanal eintreten. Dieser verläuft neben dem *Ureter* (*Vas deferens*) und öffnet sich mit diesem in die Cloake durch die nämliche Oeffnung. Celles-ci (les uretères) servent donc à la fois à l'évacuation de la semence et à celle de l'urine. Ausserdem kennen sie *Vasa urinifera*. On voit avec étonnement se détacher du bord extérieur des reins des uretères nombreux disposés en faisceau, qui viennent tous aboutir à l'orifice génito-urinaire. En temps ordinaire, ils contiennent une liqueur limpide qui présente tous les caractères de l'urine; mais au printemps et dans les mâles seulement, ils se trouvent gorgés d'un liquide blanc, laiteux, si analogue par son apparence à celui des canaux déférens, que nous crûmes au premier moment, que le sperme refluait dans les uretères. Le microscope vint dissiper notre erreur; car ce liquide ne contenait point d'animalcules et l'on y voyait seulement un nombre prodigieux de globules d'une forme et d'une dimension identiques avec celles des globules du lait. Ce n'était donc point de la semence? Ce n'était pas non plus de l'urine? Et l'on ne saurait former que des conjectures sur l'origine et la destination de cette singulière liqueur, que l'on retrouve constamment chez les mâles, à l'approche de l'accouplement. Es folgt eine Beschreibung der Spermatozoiden. — Im Wesentlichen gab Duvernoy eine ähnliche Darstellung, wie seine unmittelbaren Vorgänger, vervollständigt durch die Erkenntniss direct in das *Vas deferens* vom Hoden aus eintretender Samencanäle. Duvernoy erwähnt des Längscanales, in den die meisten Samencanäle sich sammeln gleichfalls. Er hält die von der Niere aus in das Ende des *Vas deferens* erstreckten Canäle bei *Salamandra* (Rathke's Samenblase) für ein Paquet des uretères und bezeichnet ihren Inhalt, um die Zeit der Begattung, als einen milchigen Urin. — Bidder (Untersuchungen S. 31) hat den Gegenstand nochmals sorgfältig verfolgt, Duvernoy's Darstellung wesentlich bestätigt, Spermatozoïden in den *Vasa efferentia testis* und im *Vas deferens* angetroffen, die anastomotische Verbindung der in das Ende des Samenleiters einmündenden Gänge (der sogenannten Samenblasen) mit Harncanälchen nachgewiesen. In ihrem milchigen Inhalte, will er, in Gegensatz zu seinen Vorgängern, auch Spermatozoiden angetroffen haben, obgleich dieser weisse Inhalt auch ausser der Paarungszeit nicht ganz fehlt (S. 35). Aus einer Verkennung des vordersten Nierenendes von Seiten Duvernoy's, in welches *Vasa efferentia* des Hodens eintreten, schliesst er auf eine schon vor Einmündung in das *Vas deferens* Statt findende Fusion von Samencanälchen und Harncanälchen. Die Anfüllung des Paketes von Harncanälchen mit Spermatozoiden erklärt er sich durch einen Rücktritt der letzteren in die Harncanäle. — In Betreff der Annahme von Communicationen der Samencanälchen mit

Harncanälchen der Nierensubstanz waltet wahrscheinlich eine Täuschung ob. — v. Wittich klärte endlich die genetischen Verhältnisse des *Vas deferens* auf (l. c.). — Später gaben Martin Saint-Ange (Étude de l'appareil reproducteur dans les cinq classes d'animaux vertébrés. Paris 1854. 4.) eine sehr oberflächliche und Lereboullet (Recherches sur l'anatomie des organs génitaux des animaux vertébrés. Nov. Act. Acad. Caes. Leop. 1851) eine genaue neue Darstellung der Verhältnisse der männlichen Geschlechtsorgane bei *Triton*. Die männlichen Geschlechtstheile der *Perennibranchiata, Derotremata*, so wie des Salamanders, sind in den Schriften von Rusconi, Rathke, Bidder und v. Wittich ebenfalls befriedigend aufgeklärt. Rücksichtlich der Bezeichnungen der ausführenden Canäle herrscht, namentlich bei Rusconi und Bidder, Unbestimmtheit. — Eine von Rathke u. Müller gemeinschaftlich angestellte Untersuchung der Geschlechtsorgane von *Siredon* (Meckel's Archiv für Anatomie und Physiologie 1829. S. 212) erfüllte den Zweck, alle Zweifel, dass der Axolotl wirklich ein vollkommen entwickeltes Thier sei, zu heben.

§. 138.

Hinsichtlich des männlichen Geschlechts-Apparates der *Batrachia* gilt Folgendes: Gemeinsam ist allen die Einrichtung, dass Sperma und Harn durch einen gemeinschaftlichen paarigen Längscanal ausgeführt werden. Als gemeinsamer Ausführungscanal fungirt entweder ein, seiner Lage und Entwickelung nach, dem weiblichen Eileiter homologes *Vas deferens* oder ein dem *Ureter* der weiblichen Thiere homologer *Ureter*.

Ein vermöge seiner Lagenverhältnisse, seiner Entwickelung, wie auch seiner Homologie mit dem weiblichen Eileiter, dem *Vas deferens* der *Urodela* entsprechender paariger Gang kömmt allen *Batrachia* zu. — Sein näheres Verhalten ist verschieden. — Als Ueberbleibsel des Ausführungsganges der Primordialniere ist er 1. entweder nur in dem ersten Lebensjahre hohl, um später zu obliteriren und fast völlig zu schwinden (*Rana*), oder 2. er erhält sich perennirend hohl (mehre *Bufones, Pelobates, Bombinator, Discoglossus*). — Unter der ersten Bedingung fungirt er niemals als Samen und Harn ausführender Canal. — Unter der zweiten Bedingung verhält er sich functionel verschieden. Entweder fungirt er nicht als Samen und Harn ausführender Canal (*Bufo*), oder er fungirt als Samenleiter und Harnleiter (*Bombinator, Discoglossus*).

Bei denjenigen *Batrachia*, deren *Vas deferens* nicht als *Canalis urospermaticus* fungirt, — also namentlich bei *Rana* und *Bufo* — pflegt die Anordnung des Geschlechts-Apparates folgende zu sein: Die beiden Hoden liegen symmetrisch zwischen und unter den Nieren. — Jeder Hode ist ein ovaler, ziemlich derber, oberflächlich ebener, ungelappter, gelblich weisser, von einer *Tunica albuginea* umschlossener, nicht selten oberflächlich pigmentirter Körper. — Das zwischen beiden Hoden ausgespannte *Peritoneum* umhüllt jeden derselben, mit Ausnahme der Eintrittsstellen der Gefässe und der Austrittsstellen der *Vasa efferentia* und ist dann unter der ventralen Fläche der entsprechenden Niere fortgesetzt. — Die vom Hoden ausgehenden *Vasa efferentia* sind wenig gewundene, in querer

Richtung verlaufende, mit einander anastomosirende Gänge, welche zum Innenrande der Nieren streben. — Das Sperma gelangt in den *Ureter*; die Art, wie es in denselben übergeführt wird, ist noch unaufgeklärt.

Was die näheren Verhältnisse des dem *Vas deferens* der *Urodela* homologen Ganges anbetrifft, so zeigen sich dieselben nach definitiver Entwickelung verschieden. Bei *Rana*, namentlich *R. esculenta*, ist er ein dünnes pigmentirtes Fädchen, ohne Spuren eines Hohlraumes. Sein Ende hangt zusammen mit einer eigenthümlichen hohlen Erweiterung (*Vesicula seminalis*), die, mit dem *Ureter* verbunden, in die Cloake ausmündet. Dieselbe liegt an der Aussenseite des *Ureter*. In die äussere Circumferenz ihres Hohlraumes münden zahlreiche, dicht an einander gedrängte, kurze Schläuche. — Bei den *Bufones* (*B. calamita, variabilis, agua*) pflegt der genannte Gang eine Strecke weit hohl zu bleiben; seine Länge ist beträchtlicher; er reicht über die Niere hinaus nach vorn; hier ist er oft bis zur Lungenwurzel zu verfolgen, mindestens bei jungen Thieren; sein vorderes Ende pflegt fadenförmig, obliterirt, ohne Hohlraum zu sein. Zunächst seiner Verbindung mit dem *Ureter*, an der Grenze der Cloake, besitzt er eine kleine blasige Anschwellung. — Zur Begattungszeit wird bei den *Bufones* das Bläschen, wie der Gang, strotzend voll von Spermatozoïden gefunden.

Batrachia, bei denen das *Vas deferens* als *Canalis urogenitalis* fungirt, sind *Bombinator igneus* und *Discoglossus pictus* [1]). Gemeinsam ist ihnen der Mangel eigener Ureteren. *Vasa efferentia testis* treten bei ihnen unmittelbar, ohne vorgängigen Uebergang in *Vasa urinifera*, welche vielmehr isolirt einmünden, in das *Vas deferens* [2]), das sackförmige Erweiterungen darbietet.

[Die Geschichte des männlichen Geschlechts-Apparates der *Batrachia* beginnt mit Swammerdam's Untersuchungen an *Rana esculenta*. Swammerdam — der zuletzt Prometheisch gefesselte und gefolterte Zergliederer — kannte fast sämmt-

1) Nach v. Wittich's Beobachtungen; s. über *Bombinator* l. c. S. 135 u. 174; über *Discoglossus* S. 171. — So schliessen Einzel-Bildungen bei Batrachiern — trotz der Verschiedenheit des gesammten Bauplanes dieser Ordnung, der demjenigen der *Chelonia* durchaus verwandt ist — an solche der *Urodela* sich an. Ein derartiger Zusammenhang der Verhältnisse einzelner Organe und Anordnungen bekundete sich schon in dem Baue des Gehör-Apparates der *Pelobatoidea*, in der Hautfärbung bei *Phrynidium (Atelopus) varium* u. s. w. Fortgesetzte Untersuchungen werden gewiss weitere Zusammenhänge solcher Art zu Tage fördern.

2) Bei *Bombinator* sah v. Wittich, dass nur wenige, meist gestreckt und mässig gewunden, durch die Breite des vorderen Nierentheiles verlaufende Canäle zur Begattungszeit mit Sperma angefüllt waren, während die übrigen gewundenen und viel engeren Harncanälchen kein Sperma führten. Daher scheint es, dass die *Vasa efferentia testis*, zwar den Harncanälchen juxtaponirt, durch die Nierenmasse hindurchstreichen, ohne aber direct mit ihnen zu communiciren. Bei *Discoglossus pictus* endlich fehlt das Maschennetz der *Vasa efferentia testis* zwischen Hoden und Niere und es mündet ein einziger Canal in den vordersten Theil des *Vas deferens*.

liche einzelne Theile des Geschlechts-Apparates, bis auf die verkümmerte Anlage des *Vas deferens*, nämlich: Hoden, Ureteren, die *Vasa efferentia* der Hoden, Samenblase. — Der feinere Bau der Hoden wurde von ihm dahin erläutert, dass sie aus Röhren bestehen, die mit blinden Anschwellungen beginnen. „Universa eorum substantia veluti ex globubis composita esse videtur. Anatome quam clarissime docet, globosas istas particulas tantummodo apices esse totidem ductuum seminalium, qui simul omnes versus testiculi centrum contendunt, et quorum nonnulli insuper duplicati, sive in ramos sunt divisi." — Die *Vasa efferentia* waren ihm bekannt: „Ex interno testiculorum latere nonnulla pullulant vascula seminalia maiuscula, alia simplicia, alia in ramos partita, quae semen per totidem quasi rivulos e testiculis avehunt." — Ihr Uebergang zu den Nieren, ihr Eintritt in deren häutige Bekleidung und ihre Einmündung in den Ureter waren ihm bekannt: „Seminalia haecce vascula paullatim versus renes, quibus testiculi incumbunt, progrediuntur et tunicam renum investientem perforantes variisque ramis percursantes, tandem in vas deferens sese inserunt." — Er erkannte in dem *Ureter* einen Harn und Samen ausführenden Canal. „Vasa haec deferentia externam renum oram occupant, ibique cum vasculis seminalibus modo memoratis conjunguntur. Heic vero probe animadvertendum est, quod renes suum quoque lotium per idem istud deferens vas, per quod testiculi in coitu semen suum, excernunt quemadmodum in hominibus etiam semen atque urina eandem per urethram evacuantur." „Ureteres simul vasorum deferentium munere funguntur." — Es war ihm sicher, dass die Harn und Samen ausführenden Canäle den Ureteren homolog seien: „At observatum dein ureteres etiam in rana femina similem in modum esse comparatos." — Diese vortreffliche Darstellung Swammerdam's blieb fast unbeachtet. Roesel, der „die edle Malerkunst zu seiner Profession erwählt", der, „um in selbiger so vollkommen zu werden, als es nur immer seine Kräfte zulassen wollten, die genaue Betrachtung derer Werke der Natur, derer Geschöpfe und ihrer Affecten niemalen aus der Acht gelassen, weil doch nur derjenige der beste Maler ist, der die Natur am besten nachzuahmen weiss", wodurch es geschehen, „dass er auch Manches beobachtet, so eigentlich eben nicht zu seiner Kunst gehört, doch aber die Aufmerksamkeit eines jeden Menschen verdient" — hat in seiner unsterblichen Historia naturalis ranarum nostratium Norimb 1758. p. 22. die Swammerdam'schen Beobachtungen zwar erwähnt, war aber nicht Anatom genug, um sich vollständig zu orientiren; doch finden sich bei ihm Kenntnisse von der verschiedenen Ausbildung, in der die Anlage des *Vas deferens* bei den verschiedenen einheimischen Batrachiern verharrt. — Durch Cuvier (Vorlesungen über vergl. Anatomie Th. 4. Leipz. 1810. S. 413.) wurden Rückschritte gemacht. — Prévost und Dumas (Observations relatives à l'appareil générateur des animaux mâles in den Annales des sciences natur. T. I. Paris 1824. p. 279), denen die Swammerdam'schen Untersuchungen bekannt waren, gaben, nach eigenen Beobachtungen, eine der seinigen wesentlich conforme Darstellung und Abbildung. — Rathke blieb in seinen Beiträgen zur Geschichte der Thierwelt Halle 1824. 25. über die Wege, in welchen der Samen ausgeführt wird, im Unklaren, wies aber die verkümmerte Anlage des *Vas deferens* nach. Diese zog auch J. Müller's und Burow's Aufmerksamkeit auf sich. Es wurde geltend gemacht, dass dieser Anlage des *Vas deferens* die Function eines Samen ausführenden Canales zukommen könne und die Swammerdam'schen Beobachtungen bezweifelt. — J. Müller (De gland. secern. struct. Lips. 1830) reproducirte die Swammerdam'sche Darstellung. — Diese letztere wurde dann in aller Kürze durch Duvernoy (Comptes rendus hebdomad. 1844. T. XIX p. 957.) und ausführlicher durch Bidder (Vergleichend. anat. und histol. Untersuchungen über die männl. Geschlechts- und Harnwerkzeuge der nackten Amphibien. Dorpat

1846, 4.) bestätigt. Bidder wurde es ferner wahrscheinlich, dass die Samencanäle innerhalb der Niere in die feinsten Nierencanälchen übergehen. Endlich bestritt Bidder die Existenz jener Anlage des *Vas deferens* bei *Rana*, sah sie bei *Bufones* und betrachtete sie hier functionel als Samenblase. Bidder hatte in seiner Abhandlung den der Niere anliegenden *Ureter* der männlichen *Batrachia* von dem entfernt von der Niere liegenden *Vas deferens* der *Urodela* nicht unterschieden. — Es blieb übrig, diesen Fehler zu eliminiren, und das ist in einer ausgezeichneten Arbeit von v. Wittich in Siebold und Kölliker's Zeitschr. Bd. 4. S. 125 auf überzeugende Weise an der Hand der Entwickelungsgeschichte, zahlreicher Beobachtungen und vollen Besitzes der historischen Data geschehen. Eine lange, freilich oft unterbrochene Beschäftigung mit dem Gegenstande, so wie ein reiches Material, das ich sorgfältig durchmustert, geben mir das Recht, meine volle Uebereinstimmung mit v. Wittich auszusprechen.]

§. 139.

Bei den *Amphibia monopnoa* bleiben die Ausführungsgänge der Geschlechts- und Harndrüsen getrennt. Beide Geschlechter besitzen Copulationsorgane. Im männlichen Geschlechte bestehen die Hoden in gewundenen Röhren. *Vasa deferentia* führen das Sperma in die Cloake.

Die beiden grossen Abtheilungen der *Amphibia monopnoa* verhalten sich, in Betreff der Anordnung ihrer Copulationsorgane, wesentlich verschieden. Bei den *Streptostylica* sind sie paarig, längs dem Schwanze, hinter der Cloake gelegen; sie sind ausstülpbare, hohle Kegel; bei den *Monimostylica* liegt ein einfaches medianes Copulationsorgan im Hohlraume der Cloake.

Die *Amphibia monopnoa* sind theils vivipar, theils ovipar. Vivipare Arten kommen nur unter den *Streptostylica* vor; es sind dies: einige *Sauria*, viele *Ophidia*. Die *Monimostylica* sind sämmtlich ovipar. — Bei allen *Monopnoa* erhalten die Eier in den Oviducten nicht nur eine Eiweissschicht, sondern auch eine Schalenhaut (*Testa*). — Die *Testa* ist in beiden Ordnungen, in Betreff ihrer Derbheit, verschieden; sie pflegt dünner bei den *Streptostylica*, derber und kalkhaltiger bei den *Monimostylica* zu sein [1]). — Bei den viviparen *Streptostylica* erfolgt die Entwickelung der Eier innerhalb der Oviducte; ihren Eiern mangelt die *Testa* nicht; nur pflegt sie dünner zu sein, als bei den oviparen Arten. Die Entwickelung ihrer Eier erfolgt also unabhängig vom mütterlichen Organismus, da jeder organische Zusammenhang der Mutter mit dem von seiner Schalenhaut umfassten Eie ausgeschlossen ist. — Bei allen *Amphibia monopnoa* hat

1) Bei reifen *Fötus* der *Monopnoa streptostylica* ist eine zahnartige Bewaffnung in der Zwischenkiefergegend, die später schwindet und im Allgemeinen derjenigen der Vögel-Fötus entspricht, beobachtet. Ihre Bestimmung ist Förderung des Durchbruches des reifen Fötus durch die Eischale. J. Müller hat sie bei Fötus von Eidechsen und Schlangen beschrieben (Archiv 1841. S. 329). Während der Correctur bin ich auf eine neuere Abhandlung aufmerksam gemacht von D. Weinland in den Würtemberger naturwiss. Jahresheften XII. 1856. p. 90. Tb. I., wo sie bei mehren Eidechsen und Schlangen nachgewiesen ist.

während der embryonalen Entwickelung die Bildung eines *Amnion* und einer *Allantois* Statt.

§. 140.

Die männlichen *Streptostylica* bieten hinsichtlich ihrer beständig paarigen Copulationsorgane folgendes Gemeinsame dar. 1. Der Eingang zur Höhle jedes Kegels liegt seitlich hinter dem als Querspalt erscheinenden After; hinten endet seine Höhle blind. — 2. Die innere Auskleidung jedes Hohlraumes steht in Continuität sowol mit der äusseren Haut der After- und Schwanzgegend, als auch mit der Schleimhaut der Cloake. — 3. Die Wand jedes von den ventralen Muskeln der Schwanzgegend umfassten Cylinders wird wesentlich gebildet zu äusserst aus einer elastischen Schicht, inwendig aus einer Schleimhaut; zwischen beiden liegen cavernöse Räume. — 4. Das hintere, blinde, nicht mehr hohle Ende des Cylinders wird auswendig umfasst von einem Muskel, der vom hinteren Theile des Schwanzes auszugehen pflegt und das Copulationsorgan zurückzieht. — 5. Eine von der Ausmündungsstelle des *Vas deferens* in die Cloake beginnende, anscheinend immer gewundene Rinne ist bis zum Ende des Hohlcylinders fortgesetzt. — 6. Der Cylinder ist ausstülpbar. Der umgestülpte Cylinder ist ein äusserer *Penis*. Die äussere Bekleidung des letzteren ist die innere des Hohlkegels; seine äussere Rinne die innere desselben Hohlkegels. — Bei den weiblichen *Streptostylica* [1]) sind nach demselben allgemeinen Plane angelegte Copulationsorgane ganz abortiv vorhanden. Sie sind sehr kurz, besitzen jedoch die nämlichen Muskeln, wie im männlichen Geschlechte.

§. 141.

Bei den *Ophidia* sind die keimbereitenden Geschlechtstheile: Hoden und Eierstöcke durch geringe Asymmetrie ihrer Lage ausgezeichnet. Dieselbe ist derartig, dass der rechte Hode, wie auch der rechte Eierstock etwas weiter vorwärts gelegen ist, als der linke. Eine Consequenz dieses Verhältnisses ist grössere Länge des rechten *Vas deferens* und des rechten Eileiters. — Der rechte Hode wird zugleich nicht selten umfänglicher angetroffen, als der linke; der rechte Eierstock enthält häufig viel mehr Eier, als der linke [1]).

Jeder Hode liegt vor der Niere seiner Seite; seine Form pflegt mehr oder minder länglich zu sein; eine häutige Hülle umgibt ihn nach Art einer *Albuginea*. Fortsätze dieser Haut pflegen sich nach innen in Quereinschnitte des Hodens zu erstrecken; dicht am Hoden, wo das *Vas deferens* abgeht, liegt oft ein kleines gewundenes Knäuel; anscheinend sind

1) Sie kommen sowol den *Ophidia*, als den *Sauria* zu.

1) Ich habe dies sowol bei *O. Eurystomata*, als bei *O. Angiostomata* gefunden; unter letzteren z. B. bei *Onychocephalus dinga*, den ich durch Prof. Peters Güte zu untersuchen Gelegenheit hatte.

es Samengefässe [2]). Das *Vas deferens* verläuft am Innenrande des Hodens; es ist lang; als gewundener, anfangs weiterer, dann engerer Canal, dessen sehr kurze und sehr zahlreiche schraubenförmige Windungen durch Bindegewebe eng an einander geheftet sind, ist es bis zur Cloake fortgesetzt, in deren Wand es, etwas seitlich, dicht neben dem Harnleiter, ausmündet. Die Umgebung der Einmündungsstellen der Urogenital-Gänge ist oft etwas trichterförmig vertieft.

Was die Ovarien anbetrifft, so sind die Eier immer so gelagert, dass sie, der Länge nach, an einander gereihet sind, wobei entweder die entsprechenden Enden je zweier Eier einander berühren, oder je zwei Eier durch einen Hohlraum von einander getrennt sind. Der Eileiter bildet Windungen; diese sind oft schraubenförmig (*Trigonocephalus*, *Typhlops* u. A.). Er ist zugleich sehr erweiterungsfähig. Zahlreiche, dicht an einander gedrängte Längsfalten, welche in seiner Höhle häufig sich zeigen, schwinden bei seiner Ausdehnung. — Der Oviduct ist bei den oviparen Schlangen blos Leitungs-Apparat; bei den viviparen hat die Entwickelung der Embryonen in seinem Hohlraume statt. Zu den viviparen Schlangen gehören namentlich viele *Jobola* [3]). — Die Texturverhältnisse des Eileiters pflegen, je nach seinen einzelnen Strecken oder Regionen ungleichartig zu sein. Bei der Gattung *Vipera* ist z. B. der vorderste Theil des Oviductes weit und dünnhäutig; ein folgender dickwandigerer Abschnitt ist mit Querreihen unregelmässig gestalteter Papillen besetzt; ein dritter Abschnitt besitzt dichtgestellte Längsfalten; eine kurze Endabtheilung ist durch ihre Weite ausgezeichnet [4]) und besitzt Längsfalten [5]); die Cloake ist ganz kurz.

Die nähere Beschaffenheit der männlichen Copulationsorgane [6]) bietet

2) Ob diese Gefässe Ueberreste der Primordial-Nieren-Canäle sind, oder nicht, ist noch nicht genügend ermittelt.

3) Ein absoluter Unterschied findet in dieser Beziehung zwischen den Giftschlangen und den nicht giftigen nicht Statt, wie bereits Leuckart, Baer, Schlegel hervorgehoben haben. Schlegel l. c. p. 86 hebt hervor, dass z. B. die *Naja* ovipar sind. Arten der Gattung *Coronella*, z. B. *C. laevis*, sind lebendig gebärend, andere Eier legend. *Boa murina* ist lebendig gebärend, andere *Boae* legen Eier.

4) Diese erweiterte Endabtheilung kömmt vielen Schlangen zu.

5) Bei Arten der Gattung *Trigonocephalus* dagegen in querer Richtung gelagerte circuläre, kammartig vorspringende Falten.

6) Die abortiven Anlagen der Copulationsorgane der weiblichen Schlangen, welche meistens oder vollständig unbeachtet geblieben sind, bestehen in cylindrischen, kurzen, engen, am Ende zugespitzten Kegeln. Sie sind von denen des männlichen Geschlechtes vorzüglich verschieden durch Kürze, Enge ihrer Höhle und abweichende Textur ihrer Schleimhaut. Bei weiblichen *Trigonocephali* inserirt sich an jedem, ganz wie im männlichen Geschlechte, ein langer vom Schwanzende kommender Muskel, der die Spitze umfasst; ein zweiter Muskel, der von der Seite des Schwanzes umfasst von seinen ventralen Muskeln entsteht, befestigt sich, wie gewöhnlich, an

bei den verschiedenen *Ophidia* Unterschiede dar. Diese bestehen zunächst darin, dass jeder der beiden Hohlkegel entweder bis zu seinem Ende hin einfach bleibt, oder in zwei Kegel gespalten ist. Es ist also auch das ausgestülpte Copulationsorgan jeder Seite entweder einfach oder doppelt. — Das einfache Copulationsorgan besitzt eine einfache Rinne; das gespaltene oder doppelte eine einfach beginnende und dann zweischenkelig werdende Rinne; dieselbe reicht bis zum Ende jedes *Penis.* [7]) — Andere Unterschiede betreffen die Textur und die Beschaffenheit der inneren Auskleidung jedes Copulationsorganes. — Bei einigen Schlangen ist die Schleimhaut des *Penis* glatt, wie z. B. bei *Python.* — Bei vielen ist eine Strecke der Schleimhaut mit mehren spitzen Stacheln besetzt (z. B. bei *Trigonocephalus*); sie bilden bisweilen concentrische Querreihen (*Crotalus*); jede dieser Querreihen würde einen Ring bilden, wäre sie nicht durch die Rinne unterbrochen. Bei Anwesenheit dieser Stacheln sind dieselben im eingezogenen Zustande der Ruthe vorwärts, auf der ausgestülpten Ruthe rückwärts gerichtet. — Bei andern Schlangen werden die Querreihen von Stacheln durch Querreihen weicherer halskrausenähnlicher Falten vertreten, oder durch quergestellte weiche Blätter (*Boa murina*).

Accessorische Drüsen und Afterdrüsen an der Wurzel des Schwanzes, oft dicht über der Cloake am After gelegen, kommen mindestens vielen Schlangen zu. Sie pflegen beiden Geschlechtern eigen zu sein [8]).

§. 142.

Bei den *Sauria* liegen die Hoden ganz symmetrisch oder fast symmetrisch vor den Nieren. — Ieder Hode ist ein ungetheilter, scheibenförmiger oder rundlicher Körper, dessen aus gewundenen Samencanälchen bestehende Substanz von einer gewöhnlich dünnen *Albuginea* überzogen ist. An der Innenseite des vorderen Hodenendes austretende *Vasa effe-*

---

der Eingangsstelle des Hohlkegels in die Cloake, an die Aussenwand jenes und besonders dieser letzteren.

7) Die Unterschiede der Copulationsorgane sind noch in geringem Maasse studirt. Eine Endspaltung jedes derselben kömmt z. B. vor bei Arten der Gattungen *Crotalus* und *Trigonocephalus*, bei *Hydrophis schistosus*, bei *Boa murina*, bei *Python tigris*; Schlegel l. c, p. 46. fand sie bei *Coluber canus*; Carus und Otto bei einer *Coronella* (*Anguis scytale!*).

8) Einzelne Beispiele sind folgende: Bei *Trigonocephalus lanceolatus fem.* liegt z. B. eine aus zwei ganz eng verbundenen Seitenhälften bestehende Drüse (Afterdrüse) an der Rückwand der Cloake und überragt nach hinten die hintere Lefze des Afters. — Bei *Boa murina* liegen paarige sackförmige mit *Smegma* gefüllte Drüsen: wie Aussackungen der Cloake erscheinend, zu jeder Seite des Anfanges des Copulationsorganes. Diese sackförmigen Drüsen, die, ähnlich beschaffen, auch vielen *Coluber*-Arten z. B. *Coluber variabilis*, *korros* u. A. zukommen, hat man bei Weibchen oft mit den Anlagen der Copulatiosorgane verwechselt. — Bei den *Typhlops* liegt ein unpaarer drüsiger Sack an der hinteren Lefze des Afters.

rentia gehen über in ein nach Analogie des weiblichen Eileiters gelegenes Canalsystem. Dieses liegt in einer Peritonealfalte längs der Innenseite des Hodens, ziemlich entfernt von derselben. Die gelbe Nebenniere liegt ihm sowol, wie der Hohlvene sehr eng an. Es beginnt blind, weit vor der Communication mit den *Vasa efferentia testis*. Es macht den Eindruck eines Gefässknäuels oder eines aus breiten, queren, schraubenförmigen dicht an einander gedrängten Windungen bestehenden Körpers. Sein Canalsystem [1]) ist der Anfang des in einer Peritonealfalte längs der Ventralseite der Nieren verlaufenden ziemlich weiten *Vas deferens*. Dieses pflegt kurze schraubenförmige, eng an einander geheftete Windungen zu bilden. Nahe seinem Ende findet sich häufig eine kleine Erweiterung. Zuletzt mündet es verengt auf einer kleinen Papille, neben dem *Ureter* in die Cloake aus.

Die Ovarien zeigen sich in der Regel unterschieden von denen der *Ophidia* sowol durch ihre Form, als auch durch die Lagerung der Eier. Bei den untersuchten *Kionocrania* und *Chamaeleonidea* liegen die rundlichen Eier nicht reihenweise hintereinander, sondern zusammengehäuft: bei *Amphisbaena* liegen sie in der vorderen Strecke des Eierstockes der Länge nach an einander gereihet, wie bei Schlangen; in seinem hintern Theile sind sie gehäuft. — Die Eier vieler *Sauria*, z. B. *Draco*, *Chamaeleo* erreichen einen bedeutenden Umfang. Die Eileiter [2]) pflegen weit, schraubenförmig gewunden zu sein. In ihrem Haltbande finden sich oft glatte Muskelfasern; die meisten *Sauria* scheinen ovipar zu sein; einzelne sind vivipar [3]).

Die näheren Verhältnisse der paarigen Copulations-Organe zeigen bei den einzelnen *Sauria* Unterschiede [4]). Dieselben betreffen, soweit sie be-

---

1) Dieser gewöhnlich als Nebenhode bezeichnete vordere Abschnitt des *Vas deferens* ist, wenigstens bei einigen *Sauria*, kein ganz einfacher gewundener Canal. Bei Entwirrung der Windungen werden z. B. bei *Euprepes Sebae* mit dem Hauptcanale in Verbindung stehende kurze Nebencanäle erkannt. Vielleicht Ueberreste der Primordial-Nierencanäle.

2) Jeder besitzt oft eine Enderweiterung; als Beispiel nenne ich *Platydactylus guttatus*.

3) Dahin gehören unter den einheimischen *Sauria*: *Zootoca crocea*, *Anguis fragilis*; auch Arten der Gattung *Seps* werden als vivipar genannt. Es gilt von ihnen im Allgemeinen das Nämliche, wie von den viviparen Schlangen.

4) Diese Unterschiede sind noch wenig studirt worden. Eine Duplicität oder vielmehr Endspaltung jedes Copulationsorganes kömmt vor bei der Gattung *Lacerta* z. B. bei *L. ocellata*; bei *Platydactylus guttatus*. — Die Copulationsorgane der *Chamaeleonidea* sind durch ihre Kürze ausgezeichnet. — Bei mehren untersuchten *Varanida* ist die Innenwand des Hohlkegels mit queren, concentrischen, halskrausenartig vorspringenden Falten besetzt. Die Rinne unterbricht diese Faltenreihen derartig, dass die einzelnen Falten nicht völlig ringförmig sind. Das ausgestülpte Copulationsorgan geht in einen zugespitzten Endkörper (*Penis*) über. Seine Spitze

kannt sind, namentlich ihre Statt findende oder ausbleibende Endspaltung, ihre Länge, ihre innere Auskleidung und histologische Beschaffenheit.

Einigen *Sauria* kommen accessorische drüsige Apparate [5]) zu: Afterdrüsen.

§. 143.

Gemeinsame Eigenthümlichkeiten des Geschlechts-Apparates der *Monimostylica* bestehen: 1. in dem Besitze eines innerhalb der Höhle der Cloake gelegenen einfachen Copulationsorganes und 2. in der Beerenform, welche ihre reifen Eierstockseier annehmen und in der derberen Kalkschale, welche die Eier während ihres Durchtrittes durch den Eileiter erhalten.

Das einfache Copulationsorgan liegt an der ventralen Wand der Cloake. Seine äussere Bekleidung ist eine Fortsetzung der Schleimhaut der letzteren. Paarige von der Unterfläche einiger Wirbel der hinteren Rumpfgegend ausgehende Muskeln enden an seiner Basis. — Die Anlage dieses Copulationsorganes ist derartig, dass paarige längs der ventralen Cloakenwand erhobene und ihr angeschlossene Seitenwülste in einen freien Endtheil übergehen. Diese Seitenwülste begrenzen eine von ihrer Wurzel bis zum Ende des Copulationsorganes erstreckte Rinne. — Am Ende des Copulationsorganes liegt ein undurchbohrter und ungefurchter kleinerer Wulst, der durch seine Lage an eine Eichel erinnert. — Die Grundlage der die Rinne begrenzenden Seitenwülste besteht in fibrösen Körpern. Jeder dieser fibrösen Körper enthält entweder nur Spuren von cavernösen Räumen oder ermangelt derselben ganz. Die Vertheilung der cavernösen Räume [1]) pflegt nämlich derartig zu sein, dass sie sowol in den Begrenzungen der Rinne am Anfange der fibrösen Körper vorkommen, als auch in der Eichel ausgebildet sind. — Diese beiden cavernösen Strecken: die an der Wurzel des Copulationsorganes und die der Eichel sind verbun-

---

bildet eine dachartige Vorragung über einer Aushöhlung, deren untere Begrenzung in eine Spitze (eine Art Eichel) ausgeht. Die Grundlage des *Penis* bildet ein fibröser Körper. An seiner Basis liegen in die Eichel fortgestzte cavernöse Räume. — Eine beträchtliche Drüse liegt nahe der Basis jedes Copulationsorganes.

5) Dahin gehört z. B. *Platydactylus guttatus mas*. Dicht hinter der hinteren Lefze des Afters, nach aussen hin, öffnet sich mit verhältnissmässig weitem kreisrunden *Ostium* ein ziemlich weiter häutiger, subcutaner, mit *Smegma* erfüllter Sack. Eine besondere Eigenthümlichkeit ist noch die, dass der vordere Bogen der kreisförmigen Oeffnung und ein entsprechender Abschnitt des Sackes von einem knochenharten, gebogenen, subcutanen Hartgebilde unterstützt wird.

1) Die cavernösen Räume sind studirt worden durch Cuvier Vorlesungen über vgl. Anatomie Thl. 4. S. 509; an *Emys europaea* von Bojanus. Vergl. Tb. XXX seiner Anatome testud.; ferner von J. Müller; S. seine Abhandlung: Ueber zwei verschiedene Typen in dem Baue der erectilen männlichen Geschlechtsorgane der Struthionen. Abhandlungen der Berliner Acad. der Wissensch. 1838.

den durch paarige Venen oder durch venöse Geflechte, welche zu jeder Seite der Rinne verlaufen.

Eine gemeinsame Eigenthümlichkeit der *Monimostylica* ist die, dass ihr Peritonealsack in der Beckengegend, jederseits von der Grenze der Cloake, in der Gegend der Wurzel des Copulationsorganes eine mehr oder minder enge trichterförmige Aussackung zu bilden pflegt. Diese Aussackungen sind als Peritoneal-Canäle bezeichnet [2]). — Jede Aussackung ist bei den *Chelonia*, und zwar anscheinend ausnahmslos, an ihrem Ende blind geschlossen. — Bei den *Crocodila* ist ihr Verhalten in soferne verschieden befunden, als jeder sogenannte Peritonealcanal entweder ein blind geschlossenes Ende oder eine feine Endöffnung besitzt oder zu besitzen scheint, die an der Wurzel des *Penis* in die Cloake ausmündet.

§. 144.

Bei den *Chelonia* liegen die Hoden etwas auswärts von den Nieren und hinter ihnen. Längs dem Innenrande des Hodens austretende quere enge *Vasa efferentia* münden in die Seite eines blind beginnenden ausführenden Längscanals [3]). Dieser hat die Gestalt eines vielfach verschlun-

2) Diese Peritonealcanäle sind zuerst bei einem weiblichen amerikanischen Alligator von Plumier beschrieben worden. S. Schneider Historia Amphibiorum II. p. 102. „Un peu au dessus de l'anus, dans l'anus même en avançant vers le rectum, on y voit une petite éminence pointue et une petite caroncule à chaque côté de cette éminence. Chaque caroncule a une ouverture, qui se ferme par une manière de valvule annulaire et plissée et cette ouverture conduit dans la capacité qui est entre le péritoine et les intestins." Später sind die Oeffnungen beim Nilcrocodil vom älteren Geoffroy Saint-Hilaire (Déscription des reptiles de l'Egypte p. 237) wieder gefunden. — Eine ausführliche Abhandlung über dieselben lieferten Isidore Geoffroy und Martin (Annales des sciences natur T. XIII p. 153; auch Heusinger Zeitschrift für organ. Physik Thl. 2. S. 439). Dass diese Peritonealaussackungen bei Schildkröten jemals offene Mündungen besitzen, muss ich mit Mayer (Analect. S. 44) und Müller entschieden in Abrede stellen; wenigstens habe ich sie bei keiner je gesehen. — Was die Crocodile anbetrifft, so scheinen bei ihnen Verschiedenheiten vorzukommen. Bei einigen untersuchten Arten der Gattung *Crocodilus* habe ich nicht eine Spur von Oeffnung wahrnehmen können. Anders bei zwei männlichen Exemplaren von *Alligator lucius*, wo bei früheren Untersuchungen eine sehr feine Oeffnung am Ende jeder Einsackung deutlich von mir erkannt ist. Auch Owen (Proceedings of the committee of science and correspondence of the zoological society of London Part. 1. 1841. p. 141) hat sehr feine Oeffnungen gesehen bei *Crocodilus acutus*: „The peritoneal canals opened externally on two small papillae placed on either side of the root of the penis; they also communicated at about a line distant from their external aperture with the cavernous structure of the penis."

3) Eine durchaus abweichende Darstellung des Verhaltens dieses Canales, die auch zu den Beschreibungen Anderer z. B. des Bojanus nicht stimmt, gab von *Emys serrata* Treviranus l. c. Aus dem hinteren Rande jedes Hodens entspringen etwa 12 etwas weitere Gefässe, worin die Samenröhren sich vereinigen; diese gehen zum gemeinschaftlichen Ausführungsgang des Samens: einem kurzen aber

genen Gefässknäuels. Derselbe ist ziemlich weit und besitzt z. B. bei *Chelodina flavilabris* fünf oder sechs ganz kurze quere blind beginnende Divertikel. Sein Ende hat einen gestreckten Verlauf; die Ausmündungsstelle des Ausführungscanales in die Cloake liegt neben derjenigen des *Ureter* auf einer kleinen Papille.

Das Copulationsorgan verhält sich nicht bei allen *Chelonia* gleichartig, bietet vielmehr grosse Verschiedenheiten dar. — Es besitzt entweder ein ungetheiltes, also einfaches freies Ende oder es geht in paarige freie Enden aus. Unter der ersten Bedingung bleibt auch seine Rinne, welche an der Grenze des Einganges in die Blase beginnt, einfach; unter der zweiten Bedingung ist sie an der Wurzel der paarigen freien Enden in so viele Schenkel getheilt, als freie Enden vorhanden sind. — Ein ungetheiltes freies Ende besitzt der *Penis* bei den bisher untersuchten *Testudinea* und *Euereta*; er besitzt ein Paar gefurchter seitlicher Fortsätze und ein unpaares medianes freies Ende bei *Chelodina flavilabris*; er geht in vier (jederseits zwei) freie Enden aus bei den *Trionychoidea*.

In die Cloake münden, wenigstens bei *Testudinea* und *Emydea* beider Geschlechter, paarige Säcke: *Bursae anales* [4]).

[Die grossen Verschiedenheiten des männlichen Geschlechts-Apparates der *Chelonia*, die namentlich ihre Copulationsorgane betreffen, haben längst die Aufmerksamkeit der Anatomen gefesselt. S. Schneider allgemeine Naturgesch. d. Schildkröten. Leipz. 1783. S. 144. und G. R. Treviranus in Tiedemann's und Treviranus Zeitschrift für Physiologie Thl. 2. S. 284. Tb. XIII.

Eine Abbildung des *Penis* von *Emys europaea* hat geliefert: Bojanus Anatome testudinis Tb. XXX fig. 184. 185; die des *Penis* von *Chelonia imbricata* und von *Emys serrata*: Treviranus l. c. Tb. XIII. fig. 1. 2.

Die Eigenthümlichkeiten des *Penis* der *Trionychoidea* sind durch Untersuchung desjenigen von *Cycloderma frenatum* zuerst erkannt worden durch Peters (Vgl. die Abbildung in Peters Reise nach Mozambique. Amph. Tb. 2. fig. 5; in demselben Werke Tb. 2. fig. 2 und 3 hat auch Peters die eigenthümliche Zusammensetzung des knöchernen Bauchschildes von *Cycloderma* erläutert, wie ich nachträglich zu bemerken nicht unterlassen will.) — Eine gemeinschaftlich mit Peters angestellte Untersuchung liess wesentlich ähnliche Verhältnisse des *Penis* bei *Trionyx aegyptiacus* und *Emyda granosa* erkennen. Desgleichen fand ich ein viergetheiltes *Penis*-Ende bei *Trionyx* (*Gymnopus*) *ocellatus* und *ferox*. Zwischen den beiden hintersten Schenkeln des *Penis* liegt die unpaare Eichel. — Die *Vasa efferentia testis*, so wie der Bau des Hodens sind zuerst erkannt von Morgagni Adversaria anatomica omnia Venet. 1762. fol. p. 110.]

---

weiten, dem hinteren Rande des Hodens parallelen, an dem Hodenende geschlossenen Canale. Sie öffnen sich seitwärts an mehren Stellen in letzteren. Nach Aufnahme der Samenleiter vereinigt sich der gemeinschaftliche Sammelgang mit einer einfachen, aber langen und vielfach gewundenen Samenblase.

4) S. eine Abbildung derselben von *Emys europaea* bei Bojanus Tb. XXX. Duvernoy hat sie bei *Chelydra serpentina* und bei *Cistudo carolinae* beobachtet.

§. 145.

Bei den *Crocodila* liegen die in eine Peritonealfalte eingesackten Hoden, als länglich-ovale Körper theils vor, theils einwärts von den Nieren. — Bei *Crocodilus niloticus* besteht jeder Hode aus zwei an der dorsalen Seite der Länge nach zusammenhangenden Massen. Von dem Aussenrande des Hodens treten mehre enge, gewundene schräg auswärts und dann hinterwärts gerichtete Canäle in ein *Vas deferens* über. — Dieses ist ein über dem Bauchfelle gelegener, ziemlich dickwandiger Längscanal, der einen gestreckten Verlauf hat. Das *Vas deferens* besitzt eine blasige Enderweiterung. Es mündet in den Anfang der Rinne an der Basis des *Penis*. — Die einfache Rinne des letzteren ist ziemlich tief. Ihre seitlichen Begrenzungen ermangeln aller Falten und Lappen. Die Rinne reicht bis zum äussersten freien Ende des *Penis*. Dieses letztere überragt frei eine unter ihm gelegene Eichel. — Eine unter dem freien *Penis*-Ende gelegene trichterförmige Vertiefung ist nämlich durch ein medianes verticales *Septum* in zwei Seitenhälften getheilt. Das freie kurze stumpfe Ende dieses *Septum* repräsentirt die Eichel.

Gedruckt bei Julius Sittenfeld in Berlin.

Berichtigungen.

Seite 5 Zeile 8 statt Notadelphys lies: „Notodelphys".
- 7 - 21 statt Monimoslylica lies: „Monimostylica".
- 23 - 27 statt Iguaoa lies: „Iguana".
- 18 Anmerk. 2. statt occygis lies: „coccygis".
- 16 Anmerk. 2. statt Atelopus varius lies: „Phrynidium varium".
- 47 Zeile 24 statt Chloroechis lies: „Dendroaspis".
- 87 - 2 u. Anmerk. 3. statt „Notadelphys" lies: „Notodelphys".
- 175 Anmerk. 3. letzte Zeile hinter „Organe" einzuschalten: „und Stenson'schen Gänge."
- 219 Anmerk. Zeile 3 v. unten statt Observations anatomique la Sirène lies: „Observations anatomique sur la Sirène".
- 220 Zeile 4 von oben statt Mussé lies: „Musée".
- 225 - 24 statt anostomosiren lies: „anastomosiren".
- 235 - 9 statt tesdudinis lies: „testudinis".
- 237 - 11 v. unten statt thoricici lies: „thoracici".